| 站在巨人的肩上
Standing on the Shoulders of Giants

站在巨人的肩上

Standing on the Shoulders of Giants

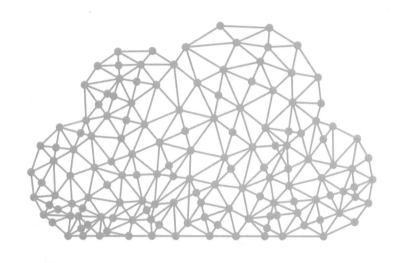

Kong入门与实战

基于Nginx和OpenResty的云原生微服务网关

闫观涛 著

人民邮电出版社

北京

图书在版编目（CIP）数据

Kong入门与实战：基于Nginx和OpenResty的云原生微服务网关 / 闫观涛著. -- 北京：人民邮电出版社，2021.1
（图灵原创）
ISBN 978-7-115-55490-1

Ⅰ. ①K… Ⅱ. ①闫… Ⅲ. ①计算机网络－应用程序－程序设计 Ⅳ. ①TP393.09

中国版本图书馆CIP数据核字(2020)第245680号

内 容 提 要

本书是一本介绍云原生微服务网关 Kong 的入门与实战书，内容全面务实、由浅入深，几乎涵盖 Kong 相关的所有知识点。全书共 12 章，包括 Kong 的基础知识点概述、安装和基本概念、管理运维、基本功能、配置详解、Lua 语言、日志收集与分析、指标监控与报警、Kong 的高级进阶、内置插件与自定义插件、高级案例实战。本书配有大量的实战示例，尤其是第 12 章的 9 大新颖场景案例，使读者从理论到实战学以致用。

本书适合软件开发人员、测试人员、运维人员、安全人员、架构师、技术经理等 IT 资深人士阅读。

◆ 著　　 闫观涛
　 责任编辑　王军花
　 责任印制　周昇亮

◆ 人民邮电出版社出版发行　　北京市丰台区成寿寺路11号
　 邮编　100164　　电子邮件　315@ptpress.com.cn
　 网址　https://www.ptpress.com.cn
　 天津画中画印刷有限公司印刷

◆ 开本：800×1000　1/16
　 印张：24.25
　 字数：573千字　　　　　　 2021年 1 月第 1 版
　 印数：1 - 3 000册　　　　　 2021年 1 月天津第 1 次印刷

定价：109.00元

读者服务热线：(010)84084456　印装质量热线：(010)81055316
反盗版热线：(010)81055315
广告经营许可证：京东市监广登字 20170147 号

推 荐 语

随着微服务的不断兴起，微服务网关和服务网格已经是必不可少的服务治理基础设施了。虽然 Kong 凭借其完备的功能和优越的性能，已成为各大互联网公司实施微服务的重要技术选型之一，但是它配置比较复杂，上手难。本书从 Kong 的基本原理出发，由浅入深地介绍了 Kong 的方方面面。本书最后还专门设计了非常实用的实战章节，如果你在工作中遇到了相关场景，可以直接借鉴和参考这里面的例子。总而言之，这本书将是你入门和实践 Kong 的利器。

刘超，网易研究院云计算首席架构师

本书凝结了作者在工作中的实战经验，从概念、原理、安装部署、使用、管理，再到监控报警、插件开发、案例实践，向读者完整地呈现了 Kong 的整个画像。书的内容循序渐进、深入浅出、图文并茂、全面详尽。对于渴望了解与应用 Kong 网关，以及所在企业正从传统架构向微服务容器架构迁移的读者来说，这是一本具有较大参考价值的书。

刘生权，美团研究员/技术总监

当我拿到这本书时，有一种惊喜的感觉，因为这是目前为数不多的由国人出品的关于 Kong 的书。当我怀着欣喜的心情读完这本书后，能够感受到作者多年来对于云原生微服务网关的深刻理解和认识。这本书由浅入深，从基本概念到应用实战，对 Kong 进行了庖丁解牛、细致入微的分析和讲解，从而让读者对 Kong 有了一个更全面、更体系化的认识。此书值得大家拥有，我相信你一定能从中得到不少的收获。

周晶，新浪微博平台研发技术专家

随着业务的高速发展，系统变得越来越复杂，因此不可避免地要对系统做拆分。对于 Web API 服务来说，则会衍生出内网 API 服务、公网 PC/App API 服务、三方应用私有 API 服务、三方应用开放 API 服务等众多分散的种类，这就引发了服务的精细化统一管控和治理问题。同时，基本上每个公司都会去建立统一可控的接入层网关及 API 网关，所有流量都经过此网关，而 Kong 拥有诸如多套环境路由、负载均衡、服务发现、鉴权、验签、灰度、A/B 测试、缓存前置、请求聚合、细粒度流控、降级、熔断、监控、跨域问题等通用能力。此外，公司也需要可视化的服务管理配置及治理能力，而 Kong 不仅提供了上面的诸多能力，还提供了插件机制，使我们能通过二次开发来实现可扩展性。本书系统介绍了 Kong 的用法，如果你有面向 API 的通用切面问题，本书会给你答案。

张开涛，阿里巴巴集团高德架构师

如果你正在考虑实施一个 API 网关的开源框架，那么 Kong 会是一个比较不错的选择。Kong 提供了诸如 HTTP 路由认证、请求限流、请求转换、指标监控、自定义开发等一系列 HTTP 网关所必备的基础功能，可以为你提供一站式的解决方案。本书对 Kong 进行了全家桶式的详解，会给网关新手和实践者带来不一样的启发，让你应用和实施 Kong 时可以事半功倍。

王新栋，京东架构师

作为开源的 API 网关，Kong 在云原生领域得到了广泛的应用，它支持跨平台和异构环境，甚至支持边车代理模式的控制平面和数据平面的部署方式。此外，其商业公司 Kong 还在 2019 年专门发起了基于 Envoy 的服务网格通用控制平面 Kuma。本书将会成为你了解和应用 API 网关并踏向服务网格领域的阶梯。

宋净超，蚂蚁金服云原生布道师，ServiceMesher 社区和云原生社区联合创始人

Kong 是目前使用最为广泛的开源微服务 API 网关之一，本书系统地介绍了与其相关的每个知识点，从基本概念、安装部署和基本使用开始，带领读者快速入门。书中介绍的配置优化、日志收集和监控报警，对于 Kong 在生产环境中的稳定运行和性能提升都至关重要；自定义插件的扩展机制也让读者充满了无限遐想。书中最后给出的 9 大经典实战案例，将理论与实战相融合，经典实用。总之，本书既可以作为让你快速入门的书，也可以作为进阶学习的参考资料。换言之，一书在手，用 Kong 无忧。

马树东，北森云计算 PaaS 平台数据服务架构师

本书是国内第一本对 Kong 做了详尽介绍的书，是作者在实践中的经验总结。书中不仅深入讲解了 Kong 的各个方面（包括部署、运维、调优），还结合实践案例，讲述了如何在 Kong 上扩展定制自己的业务，让读者对 Kong 的能力和使用有一个更深的认识。如果你对 API 网关感兴趣，本书将是一个不错的选择。

王磊，北森云计算 PaaS 平台微服务架构师

作为国内第一本介绍 Kong 的书，本书的编写完全基于作者在实战中积累的丰富经验，既有详细的功能介绍，也有翔实的案例分析，具备非常强的实战价值。在作者所在的公司里，Kong 为业务的微服务化演进做出了强有力的支撑，为业务提供了高度的灵活性、稳定性、治理能力等，

保障了国内市场份额第一的 HCM SaaS 软件的稳定运行。因此，我相信本书对于希望在微服务演进中采用 Kong 的企业，会起到有效且系统化的指导和借鉴作用。

冷昊，北森云计算 PaaS 平台基础体系部副总裁

微服务已经成为越来越多公司的标配，如何做好微服务治理也就成了大家比较关注的话题。Kong 以其自身的独特优势成了微服务的最佳拍档，而如何学习和用好 Kong 就成为时下一个重要的问题。在此，作者将自身的实战经验总结成册，从 Kong 的引入到 Kong 的核心业务实战案例，详细介绍了每一个细节，其目的是让每一位读者都能够快速了解和掌握 Kong 的核心知识。在当下这个数字化转型与企业级 SaaS 服务加速推进的时代，相信这样的一本书一定能让越来越多的企业与个人将 Kong 应用到各自的微服务治理中，去展示 Kong 强大的一面。

孙江，北森云计算高级副总裁

书如其名，这是一本循序渐进、能帮你学习和深入了解 Kong 的书。本书凝聚了作者在微服务网关实践中的大量经验，读起来通俗易懂、畅快淋漓，其中的附录部分还可作为"参考字典"常伴手边。在第一次看到本书的时候，我就有种迫不及待地想将本书分享出去的冲动。本书中，Kong 的着眼点落在了目前大热的服务网格/微服务体系上，除此之外，Kong 在运维基础设施中还可以发挥更大的作用。最后，相信读者能够参考并结合本书的经典实战案例，在生产环境中发挥出更大的价值。

徐东，蓝鸟云联合创始人

能够看到一本系统介绍 Kong 的中文书面世，尤其是其中还涵盖了 2.0 版本的最新功能，我感到由衷的高兴。本书深入浅出、内容全面、案例实用。社区一直都是我们 Kong 公司发展的重中之重，来自中国社区的用户活跃度较高，技术水平较强，是我们社区发展不可或缺的中坚力量。我也希望以本书为契机，可以让更多的朋友迅速了解并且掌握 Kong 的社区版本，更欢迎大家踊跃提供反馈、建议或者贡献代码，共同将 Kong 打造成下一代云原生网关的工业标准。

戴冠兰，Kong 公司官方核心技术负责人

致　　谢

　　感谢人民邮电出版社以及工作严谨高效的编辑王军花和王彦在书稿审核过程中对笔者细致入微的高标准建议，感谢各位领导、全体参与人员及家人在编写过程给予的理解和支持，在此一并表示衷心的感谢。他们是 agentzh、Harry Bagdi、Kevin Chen、Kaitlyn Barnard、Marco Palladino、Augusto Marietti、Thibault Charbonnier、刘超、刘生权、宋净超、张开涛、戴冠兰、周晶、尹君、王新栋、孙江、冷昊、王磊、马树东、徐东、张庆化、纪伟国和王朝晖（排名不分先后）。最后还要特别感谢我所在的北森公司，感谢有您。

前　　言

目前，无论是在国内还是国外，互联网公司广泛使用基于 Nginx 或 OpenResty 的网关服务作为反向代理接入层，但这两者的学习成本、实施成本、维护成本较高，尤其是个性化的二次开发、系统文档的匮乏和陡峭的学习曲线让大多数 IT 人员望而却步，而 Kong 则是在它们的基础之上采用全新的思维和概念重新构建而来的，是一个具有分布式、高性能、高并发、可伸缩和可扩展等特性的微服务生态层。相较之下，Kong 更加灵活、易用，且开源，可以轻松地在公有云、私有云和混合云等多种云原生环境中部署运行。目前，微服务大行其道，而网关在微服务中的地位和作用又非常重要，这两者互相依赖、息息相关、必不可少。鉴于此，我基于自己多年的实践经验编写了本书，希望能够为 Kong 的普及和发展尽自己的一份力量。

Kong 不仅功能全面，而且生态体系完整。Kong 与 LVS、Consul、Redis、Cassandra、PostgreSQL、MySQL、Elasticsearch、Kafka、Grafana、Prometheus、Filebeat、Logstash、Kibana、Zipkin、Kong Ingress Controller、C/Go 语言等紧密联系、完美融合，共同形成了一个有机云原生体系。基于此，本书将遵循从入门到实践的学习路线。全书共分为 12 章，涵盖了基础知识、概念、原理、安装配置、使用、管理、框架原理、监控报警、开发指南、案例实践等内容，不仅内容翔实、图文并茂，还由浅至深、循序渐进，几乎全方位地涵盖了网关的方方面面，是应用 Kong 之必备宝典。尽管我多次进行文字校对核实，但是不可避免还会有疏漏之处，若各位读者有任何的建议和意见，欢迎来信，我将不胜感激。大家可以通过电子邮件 KongGuide@outlook.com 或微信（KongGuide）与我取得联系，我在这里再次表示感谢。

读者对象

本书适合软件开发人员、测试人员、运维人员、安全人员、架构师、技术经理等 IT 资深人士阅读。

读者要求

本书假定读者已经具备了一定的基础，即已经了解或熟悉了 Linux、Nginx、OpenResty、微服务、Docker、Kubernetes、Java、Lua、Go 等相关的基本知识。如果读者了解这些相关知识，就可以比较流畅地阅读本书；如果不了解也没有关系，只要同时学习相关知识即可。

运行环境

Linux 系统有众多的发行版本，在企业当中使用相对较多的是侧重于稳定性的 CentOS 系统，本书选择的是 CentOS 7（Linux 内核版本 3.10）。读者也可以根据自己的喜好自由选择，比如 Ubuntu 和 RedHat 系统等。

本书特点

本书的主要特点如下。

- 内容全面：几乎涵盖 Kong 网关的所有知识点，内容丰富翔实。
- 实例演示：每个知识点都配有相应的实战示例，从理论到实战，一应俱全。
- 深入浅出：从安装到配置、应用到管理、设计到开发，环环相扣、逐层递进。
- 案例经典：9 大新颖场景案例，既巩固理论又增强实战，使读者可以学以致用。
- 图文并茂：图解知识、双色印刷、层次分明、重点突出，读者阅读体验更佳。

在正式学习 Kong 之前需要说明的是，本书的编写着重于 Kong 的实战应用。我希望通过对 Kong 的系统介绍，能够在最短的时间内尽可能地为读者呈现一个较为完整的知识结构，并且希望能够为读者的实际工作和学习提供指导和参考。建议读者在学习本书的同时，能够加强动手实践，以达到事半功倍的效果。

本书结构

这是一本关于开源网关反向代理 Kong 的入门与实战书，全书共分为 12 章。

- 第 1 章：让读者学习、了解或回顾最基础的相关知识点。
- 第 2 章：介绍了 Kong 的多种部署方式、基本的启动配置、数据库的安装、Kong 最基本的对象概念和对象之间的结构关系。
- 第 3 章：介绍了强大、易用的 Konga 可视化后台运维管理系统，它将为后期的管理和维护工作带来巨大的便利。
- 第 4 章：通过 8 个最常用的场景示例来让读者直观地感受 Kong 的基本功能和作用，包括路由转发、负载均衡、灰度发布、蓝绿部署、正则路由、HTTPS 跳转、混合模式和 TCP 流代理。

- 第 5 章：读者可以了解核心配置文件，这将有助于我们了解整个 Kong 的工作机制和原理，并有助于后期的运维管理、优化调整。
- 第 6 章：带领读者快速掌握 Lua 编程的基础知识和注意事项，从而为读者能够编写出解决实际问题的个性化需求插件和功能打下基础。
- 第 7 章：介绍了 ELK（Elasticsearch、Logstash、Kibana）与 Kong 深入结合和集成的优势、日志数据收集、数据聚合和统计分析，这些为 Kong 和业务的问题排查以及问题的诊断提供了有力的决策支持。
- 第 8 章：将 Prometheus、Grafana 与 Kong 深入结合，为 Kong 提供了各项指标的实时监控，使之变得可观测、可视化；还介绍了邮件、企业微信报警，从而使我们可以智能地感知系统的运行状态。
- 第 9 章：主要介绍了 Kong 的内部负载均衡、健康检测的内部机制、系统优化、共享内存、缓存管理、定时管理、进程管理、协程管理、HTTP2、WebSocket、gRPC、LVS、Consul、Kubernetes、安全、火焰图等重要内容，这些是我们全面掌控和应用 Kong 的必经之路。
- 第 10 章：介绍了 7 大类内置插件的安装、配置及应用，涉及身份验证、安全防护、流量控制、无服务器架构、分析监控、信息转换器、日志记录等内容。
- 第 11 章：主要介绍了自定义插件的运行原理，PDK，如何开发、测试、安装和运行自定义插件，以及如何通过调用 C 语言和 Go 语言编译调用 so 动态链接库等，通过这一章的介绍可以使我们通过强大的自定义插件扩展机制，来满足企业的个性化定制开发需求。
- 第 12 章：通过 9 大实用的典型案例，充分详细地介绍了 Kong 插件内部的运行原理和运行效果，为开发者直接应用或二次开发打下了坚实的基础。这些案例经典、实用且具有广泛的使用价值和参考意义。

资源及反馈

为了方便读者学习和实践，本书在图灵社区（iTuring.com）本书主页提供了完整的示例源代码及更多资料。如果在阅读过程中有任何问题或者发现了错误，可以在页面提交勘误，也可以添加 Kong 勘误反馈微信（KongGuide）与作者沟通，进行反馈。

目　　录

第 1 章　基础知识点概述 ………………… 1
  1.1　网关 ……………………………… 1
  1.2　微服务 …………………………… 1
  1.3　Nginx ……………………………… 2
  1.4　OpenResty ………………………… 3
  1.5　Kong ……………………………… 5
  1.6　Kong 的插件 ……………………… 5
  1.7　服务网格 ………………………… 7
  1.8　小结 ……………………………… 8

第 2 章　Kong 的安装和基本概念 ………… 9
  2.1　Kong 的安装部署 ………………… 9
    2.1.1　环境介绍 …………………… 10
    2.1.2　直接安装 …………………… 10
    2.1.3　容器安装 …………………… 10
    2.1.4　Kubernetes 安装 …………… 11
  2.2　Kong 数据库的安装部署 ………… 11
    2.2.1　PostgreSQL ………………… 11
    2.2.2　Cassandra ………………… 12
    2.2.3　DB-less …………………… 12
  2.3　Kong 基础配置 …………………… 15
  2.4　Kong 的启动和停止 ……………… 16
  2.5　Kong 的基础对象 ………………… 17
    2.5.1　路由 ………………………… 18
    2.5.2　服务 ………………………… 19
    2.5.3　上游 ………………………… 20
    2.5.4　目标 ………………………… 22
    2.5.5　消费者 ……………………… 22
    2.5.6　插件 ………………………… 22
    2.5.7　证书 ………………………… 24
    2.5.8　SNI ………………………… 24
    2.5.9　对象之间的关系 …………… 24
  2.6　小结 ……………………………… 26

第 3 章　Kong 的管理运维 ………………… 27
  3.1　Konga 介绍 ……………………… 27
  3.2　源码安装 ………………………… 28
    3.2.1　安装 Git 和 Node.js ……… 28
    3.2.2　安装 Konga ………………… 28
    3.2.3　配置 Konga ………………… 28
    3.2.4　启动 Konga ………………… 29
  3.3　容器安装 ………………………… 29
  3.4　连接 Konga 与 Kong ……………… 30
  3.5　Konga 模块与功能 ……………… 31
    3.5.1　首页仪表盘 ………………… 32
    3.5.2　集群节点信息 ……………… 33
    3.5.3　服务管理 …………………… 34
    3.5.4　路由管理 …………………… 36
    3.5.5　消费者管理 ………………… 36
    3.5.6　插件管理 …………………… 38

3.5.7 上游管理 ………………………… 39
3.5.8 目标节点管理 …………………… 39
3.5.9 证书管理 ………………………… 40
3.5.10 用户管理 ………………………… 41
3.5.11 快照管理 ………………………… 41
3.5.12 系统设置 ………………………… 42
3.6 All-In-One …………………………… 43
3.7 小结 …………………………………… 45

第 4 章 Kong 的基本功能 ……………… 46
4.1 路由转发 ……………………………… 46
 4.1.1 配置服务 …………………………… 46
 4.1.2 配置路由 …………………………… 47
 4.1.3 测试转发请求 ……………………… 48
4.2 负载均衡 ……………………………… 48
 4.2.1 案例准备 …………………………… 49
 4.2.2 配置服务 …………………………… 52
 4.2.3 配置路由 …………………………… 53
 4.2.4 配置上游 …………………………… 54
 4.2.5 添加目标节点 ……………………… 55
 4.2.6 验证结果 …………………………… 56
4.3 灰度发布 ……………………………… 58
4.4 蓝绿部署 ……………………………… 60
4.5 正则路由 ……………………………… 60
4.6 HTTPS 跳转 …………………………… 61
4.7 混合模式 ……………………………… 63
 4.7.1 案例准备 …………………………… 63
 4.7.2 部署网格集群 ……………………… 64
 4.7.3 验证网格集群 ……………………… 65
 4.7.4 配置路由及限速 …………………… 65
 4.7.5 验证 ………………………………… 67
4.8 TCP 流代理 …………………………… 67
4.9 小结 …………………………………… 70

第 5 章 Kong 的配置详解 ……………… 71
5.1 常规通用配置 ………………………… 71
5.2 Nginx 通用配置 ……………………… 72
 5.2.1 代理 / 监听类 ……………………… 72
 5.2.2 工作进程类 ………………………… 74
 5.2.3 请求类 ……………………………… 74
 5.2.4 SSL/TLS 类 ………………………… 75
 5.2.5 真实 IP 类 ………………………… 75
 5.2.6 其他类 ……………………………… 76
5.3 指令注入配置 ………………………… 77
5.4 数据存储配置 ………………………… 78
5.5 存储缓存配置 ………………………… 80
5.6 DNS 解析配置 ………………………… 81
5.7 路由同步配置 ………………………… 82
5.8 Lua 综合配置 ………………………… 83
5.9 混合模式配置 ………………………… 83
5.10 小结 ………………………………… 84

第 6 章 Lua 语言 ………………………… 85
6.1 简介 …………………………………… 85
6.2 环境 …………………………………… 85
6.3 注释 …………………………………… 86
6.4 变量 …………………………………… 86
6.5 数据类型 ……………………………… 87
6.6 字符串 ………………………………… 87
6.7 运算符 ………………………………… 88
 6.7.1 算术运算符 ………………………… 88
 6.7.2 关系运算符 ………………………… 89
 6.7.3 逻辑运算符 ………………………… 89
 6.7.4 连接运算符 ………………………… 89
6.8 控制语句 ……………………………… 90

	6.8.1 分支语句 ······ 90	7.5	Logstash ······ 111
	6.8.2 循环语句 ······ 91		7.5.1 安装 ······ 111
	6.8.3 中断语句 ······ 92		7.5.2 配置 ······ 111
6.9	函数 ······ 93		7.5.3 启动 ······ 111
	6.9.1 可变参数 ······ 94	7.6	Kibana ······ 112
	6.9.2 多值返回 ······ 94		7.6.1 安装 ······ 112
	6.9.3 命名参数 ······ 95		7.6.2 配置 ······ 112
6.10	表 ······ 95		7.6.3 启动 ······ 112
	6.10.1 表的构造 ······ 95		7.6.4 应用 ······ 113
	6.10.2 表的引用 ······ 97	7.7	Elasticsearch 的辅助工具 ······ 116
	6.10.3 表的迭代 ······ 97	7.8	小结 ······ 118
	6.10.4 表的操作 ······ 98	**第 8 章**	**指标监控与报警 ······ 119**
	6.10.5 元表 ······ 99	8.1	Kong 的监控指标 ······ 119
	6.10.6 类对象 ······ 100	8.2	Prometheus ······ 122
6.11	模块 ······ 101		8.2.1 安装 ······ 122
	6.11.1 模块定义 ······ 101		8.2.2 配置 ······ 122
	6.11.2 加载函数 ······ 101		8.2.3 启动 ······ 123
	6.11.3 加载机制 ······ 102		8.2.4 验证 ······ 123
6.12	小结 ······ 103	8.3	Grafana ······ 125
第 7 章	**日志收集与分析 ······ 104**		8.3.1 安装 ······ 125
7.1	日志的分类与配置 ······ 104		8.3.2 配置 ······ 125
	7.1.1 访问日志的属性 ······ 104		8.3.3 启动 ······ 125
	7.1.2 访问日志的配置 ······ 105	8.4	监控指标的可视化 ······ 126
	7.1.3 错误日志的配置 ······ 106	8.5	监控指标的报警 ······ 129
7.2	ELK+Filebeat 的选择 ······ 107		8.5.1 邮件报警 ······ 129
7.3	Filebeat ······ 107		8.5.2 企业微信报警 ······ 133
	7.3.1 安装 ······ 107	8.6	小结 ······ 135
	7.3.2 配置 ······ 107	**第 9 章**	**高级进阶 ······ 136**
	7.3.3 启动 ······ 109	9.1	负载均衡的原理 ······ 136
7.4	Elasticsearch ······ 109		9.1.1 基于 DNS 的负载均衡 ······ 136
	7.4.1 安装 ······ 109		9.1.2 基于环形均衡器的负载均衡 ······ 137
	7.4.2 配置 ······ 109		
	7.4.3 启动 ······ 110		

目　录

9.2　健康检测的原理 …………………140
　　9.2.1　健康检测的原理 ………………140
　　9.2.2　健康检测的类型 ………………142
9.3　集群机制的原理 …………………143
　　9.3.1　单节点 Kong ……………………144
　　9.3.2　多节点 Kong 集群 ……………144
　　9.3.3　数据库缓存 ……………………144
9.4　缓存管理 …………………………145
　　9.4.1　`lua_shared_dict` ………………145
　　9.4.2　`lua-resty-lrucache` ……………149
　　9.4.3　`lua-resty-mlcache` ……………150
9.5　定时器 ……………………………155
　　9.5.1　`ngx.timer.at` …………………155
　　9.5.2　`ngx.timer.every` ………………156
　　9.5.3　参数控制和优化 ………………157
9.6　进程管理 …………………………157
　　9.6.1　主/工作进程 ……………………158
　　9.6.2　单进程 …………………………158
　　9.6.3　辅助进程 ………………………158
　　9.6.4　信号进程 ………………………159
　　9.6.5　特权代理进程 …………………159
9.7　协程管理 …………………………159
　　9.7.1　`ngx.thread.spawn` ……………159
　　9.7.2　`ngx.thread.wait` ………………160
　　9.7.3　`ngx.thread.kill` ………………161
9.8　Kong 参数优化 ……………………161
　　9.8.1　惊群效应 ………………………161
　　9.8.2　参数优化 ………………………162
9.9　Kong 与 HTTP2 …………………165
9.10　Kong 与 WebSocket ……………167
9.11　Kong 与 gRPC …………………171
9.12　Kong 与 LVS ……………………173
　　9.12.1　基本概念 ………………………173
　　9.12.2　LVS 的三种模式 ………………175
　　9.12.3　LVS 负载均衡算法 ……………178
　　9.12.4　Keepalived+LVS+Kong
　　　　　　实践 …………………………179
9.13　Kong 与 Consul …………………184
　　9.13.1　整体框架结构图 ………………185
　　9.13.2　Kong+Consul 实践 ……………186
9.14　Kong 与 Kubernetes ……………192
　　9.14.1　基本概念 ………………………192
　　9.14.2　安装 Kong Ingress Controller …193
　　9.14.3　验证 Kong Ingress Controller …194
9.15　Kong 的安全 ……………………198
　　9.15.1　通过 3 层或者 4 层网络控制 …198
　　9.15.2　Kong API 本地回环 …………199
9.16　火焰图 ……………………………199
　　9.16.1　概念 ……………………………199
　　9.16.2　安装火焰图工具 ………………200
　　9.16.3　生成火焰图 ……………………201
9.17　小结 ………………………………203

第 10 章　内置插件 …………………204

10.1　插件分类 …………………………204
10.2　环境准备 …………………………204
10.3　身份验证 …………………………207
　　10.3.1　基本身份验证 …………………207
　　10.3.2　密钥身份验证 …………………211
　　10.3.3　HMAC 身份验证 ………………213
　　10.3.4　OAuth 2.0 ………………………216
10.4　安全防护 …………………………223
　　10.4.1　IP 限制 …………………………223
　　10.4.2　机器人检测 ……………………224
　　10.4.3　CORS …………………………227
10.5　流量控制 …………………………228
　　10.5.1　请求大小限制 …………………228

		10.5.2	终止请求	230
10.6	无服务器架构			232
		10.6.1	AWS Lambda	232
		10.6.2	Azure Functions	235
		10.6.3	Serverless Functions	237
10.7	分析监控			240
		10.7.1	Prometheus	240
		10.7.2	Zipkin	242
10.8	信息转换器			244
		10.8.1	请求转换器	244
		10.8.2	响应转换器	246
		10.8.3	Correlation ID	247
10.9	日志记录			249
		10.9.1	UDP 日志	249
		10.9.2	HTTP 日志	253
		10.9.3	Kafka 日志	255
		10.9.4	MySQL 日志	261
10.10	小结			264

第 11 章　自定义插件　265

11.1	简介		265
	11.1.1	基本插件	265
	11.1.2	高级插件	266
11.2	原理		266
11.3	详解 PDK		269
	11.3.1	单个属性	269
	11.3.2	kong.client	270
	11.3.3	kong.ctx	273
	11.3.4	kong.ip	274
	11.3.5	kong.log	275
	11.3.6	kong.nginx	277
	11.3.7	kong.node	277
	11.3.8	kong.request	278
	11.3.9	kong.response	284

	11.3.10	kong.router	288
	11.3.11	kong.service	289
	11.3.12	kong.service.request	290
	11.3.13	kong.service.response	296
	11.3.14	kong.table	298
11.4	插件开发		299
11.5	插件测试的运行环境		299
11.6	插件的制作与安装		300
11.7	插件测试与运行		302
11.8	插件与 C 语言		304
11.9	插件与 Go 语言		306
	11.9.1	Go 安装	306
	11.9.2	开发流程	307
	11.9.3	开发示例	308
11.10	小结		311

第 12 章　高级案例实战　312

12.1	案例 1：智能路由		312
	12.1.1	插件需求	313
	12.1.2	插件开发	313
	12.1.3	插件部署	315
	12.1.4	插件配置	316
	12.1.5	插件验证	317
12.2	案例 2：动态限频		317
	12.2.1	插件需求	318
	12.2.2	插件开发	319
	12.2.3	插件部署	325
	12.2.4	插件配置	325
	12.2.5	插件验证	327
12.3	案例 3：下载限流		327
	12.3.1	插件需求	328
	12.3.2	插件开发	328
	12.3.3	插件部署	329
	12.3.4	插件配置	329

	12.3.5 插件验证 …… 330	12.7.2 插件开发 …… 348
12.4	案例 4：流量镜像 …… 331	12.7.3 插件部署 …… 350
	12.4.1 插件需求 …… 332	12.7.4 插件配置 …… 351
	12.4.2 插件开发 …… 332	12.7.5 插件验证 …… 352
	12.4.3 插件部署 …… 333	12.8 案例 8：WAF …… 352
	12.4.4 插件配置 …… 334	12.8.1 插件需求 …… 353
	12.4.5 插件验证 …… 334	12.8.2 插件开发 …… 353
12.5	案例 5：动态缓存 …… 335	12.8.3 插件部署 …… 358
	12.5.1 插件需求 …… 335	12.8.4 插件配置 …… 359
	12.5.2 插件开发 …… 336	12.8.5 插件验证 …… 360
	12.5.3 插件部署 …… 339	12.9 案例 9：跨数据中心 …… 361
	12.5.4 插件配置 …… 340	12.9.1 插件需求 …… 361
	12.5.5 插件验证 …… 341	12.9.2 源码调整 …… 362
12.6	案例 6：IP 地址位置 …… 342	12.9.3 插件开发 …… 363
	12.6.1 插件需求 …… 342	12.9.4 插件部署 …… 364
	12.6.2 插件开发 …… 343	12.9.5 插件配置 …… 365
	12.6.3 插件部署 …… 345	12.9.6 插件验证 …… 365
	12.6.4 插件配置 …… 345	12.10 小结 …… 366
	12.6.5 插件验证 …… 346	附录 A Kong CLI …… 367
12.7	案例 7：合并静态文件 …… 347	附录 B Kong PDK 索引表 …… 370
	12.7.1 插件需求 …… 347	

第 1 章
基础知识点概述

追本溯源，温故而知新。在正式学习 Kong 之前，让我们先简单学习和回顾一下与其相关的一些概念与知识点。本书所讲解的内容都是围绕这些概念与知识点展开的，比如 Nginx、OpenResty 和微服务等。对于初学者来说，建议在学习本书的同时，也了解一下这些相关知识，这将有助于你更加深入地理解 Kong 底层的原理和机制。如果你已经知道或熟悉这些内容了，则可以直接跳至第 2 章。

1.1 网关

网关是一种高性能、低延迟的流量负载均衡服务，是大型分布式系统中用来保护内部服务的一道安全屏障。它可以对请求实施统一拦截，并帮助开发人员轻松地向外界提供服务，使得开发人员不必考虑路由、版本、缓存、认证、授权、身份验证、限流、熔断、灰度、过滤、转换、计费、审计、脱敏、日志和监控等事情，只需要专注于业务的实现即可。网关的更多功能见图 1-1。另外，除了将网关应用于常见的代理服务之外，还可以将之广泛应用于 WAF（Web 应用防火墙）、CDN（内容分发网络）、边缘计算（Edge Computing）、IoT（物联网）、在线聊天、在线直播等多个领域。

1.2 微服务

传统的单体架构模式有架构臃肿、边界模糊、迭代缓慢、耦合度高、定位问题困难、无法独立上线、可靠性和稳定性较差以及牵一发而动全身的缺点。而新兴的微服务分布式架构模式则提倡将单一的应用程序划分成一组微小的服务。在这种模式下，可以将应用程序按照业务划分解耦为多个独立的服务单元。这些服务单元分别部署、运行在互相隔离的进程或容器环境中，它们之间采用轻量级的通信机制相互调用，不同的微服务可以采用不同的开发语言和存储技术。各个微服务通过相互协调、互相配合来满足企业越来越复杂的业务需求，并最终为用户提供价值。

比如对于一个电商系统来说，可以按照业务将其垂直划分为用户、产品、价格、促销、订单、库存、评论和推荐等不同的微服务子系统，这些微服务子系统可以由不同的团队来维护，可以采用不同的跨平台系统和技术。另外，一个成熟的微服务体系还会涉及部署、运维、监控、报警、日志、链路、熔断、限流、降级、注册发现和负载均衡等。

图 1-1 网关功能示意图

如图 1-2 所示，不同的微服务可以由不同的语言开发而成，并通过 Restful 的方式通过网关向外提供服务接口，各个微服务既可以独立部署运行，也可以根据不同的业务场景进行再组合。其中，客户端和服务器之间的流量叫作南北流量，不同服务器之间的流量叫作东西流量。

1.3 Nginx

Nginx 是一个高性能、高并发、轻量级的 Web 服务器，采用模块化的架构设计，提供通用的标准模块功能。我们可以通过 C 语言开发自定义模块来扩展 Nginx 的功能，从而将它打造成一个全能的应用服务器。

目前，Nginx 是互联网应用的标配组件，其主要的使用场景包括负载均衡、反向代理、代理缓存和限流等。Nginx 内核设计小巧、简洁，内部采用的是多进程模型，即单个主进程（master）对应多个工作进程（worker），其中主进程负责处理外部信号、读取配置文件以及初始化工作进程，工作进程则采用异步非阻塞的 epoll 事件模型来处理网络请求，该模型可以轻松地同时处理成千上万个请求（C10K）。

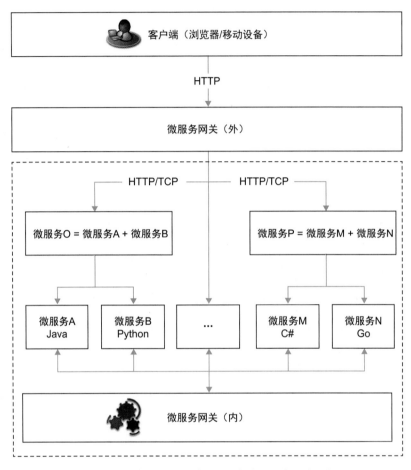

图 1-2　微服务架构（网关承载南北／东西流量）

1.4　OpenResty

　　OpenResty 是一个基于 Nginx 与 LuaJIT 的高性能 Web 平台，其内部集成了大量精良的 Lua 库、第三方模块以及大部分依赖项。它是由赫赫有名的 agentzh 创立并发起的，用于搭建能够处理超高并发、扩展性极高的动态 Web 应用服务和动态网关。图 1-3 给出了 Nginx Lua 在执行阶段的顺序，读者可以使用 Lua 脚本语言在 Nginx 请求处理的各个阶段实施拦截并执行各种 Lua 代码，调用 Nginx 支持的各种 C 以及 Lua 模块来实现各种个性化的业务需求。总之，OpenResty 使你不再需要用 C、C++ 编写复杂的扩展模块，使用 Lua 就能够快速地构建出高性能网关系统。

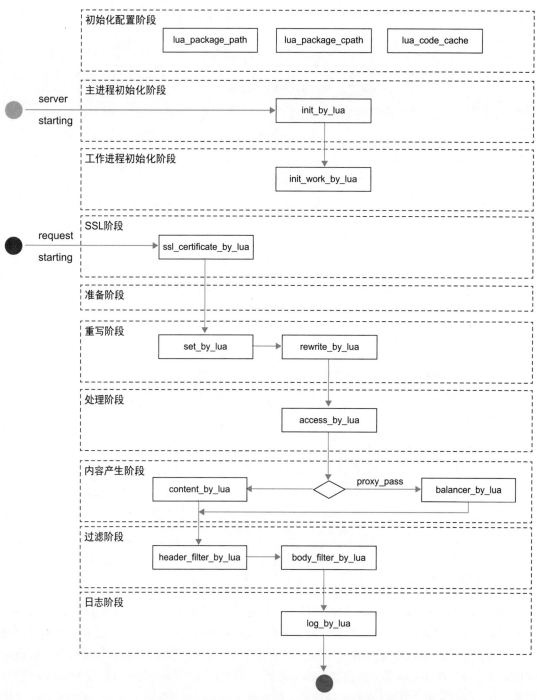

图 1-3 Nginx Lua 在执行阶段的顺序

1.5 Kong

Kong 的原意为金刚，用来形容强健、力量、坚固和稳定，是由位于美国旧金山加利福尼亚的 Kong 公司开发的 API 网关和 API 服务管理层。它基于 Nginx 和 OpenResty，是一个具有分布式、高性能、高并发、可伸缩、可扩展，提供动态负载均衡、散列负载均衡、动态配置、服务注册、服务发现、服务熔断、健康检测、故障恢复、授权认证、速率限制、缓存处理、指标监控、日志收集、插件扩展、亚毫秒级延迟等特性和功能的微服务抽象层。Kong 作为一个优秀的开源云原生项目，最早被列入了 CNCF（Cloud Native Computing Foundation，云原生计算基金会）。Kong 的 Logo 如图 1-4 所示。

图 1-4　Kong 的 Logo

Kong 目前在 GitHub 上的星数超过了 25 000，有 180 多名贡献者，社区成员超过了 20 000，在国内外共举办了线上线下会议 200 多场。Kong 除了被初创公司应用以外，还被全球至少 5000 家公司以及政府组织采用。Kong 管理了 65 000 多个 API，每天为 200 000 名开发者提供数百亿的请求支持。

1.6　Kong 的插件

Kong 提供了 7 大类 60 多种插件模块作为支持，包括身份验证、安全防护、流量控制、分析监控、信息转换器、日志记录等，这些插件模块在集群中支持热加载、即插即用。如果这些插件都还不能满足你的个性化业务需求，还可以通过 Kong 所具有的灵活强大的扩展机制，自定义个性化的插件模块。

由于 Kong 的内部设计为插拔体系结构，在这种体系结构中，外部 Lua 脚本插件可以独立存在于 Kong 的主代码库之外，与 Kong 完全解耦，因此只需要实现标准的插件模块接口，就可以将自定义逻辑注入从请求到响应的整个生命周期。

图 1-5 给出了传统的设计架构。可以看出，业务的 API 接口无论是私有的、公开的还是合作伙伴的，每个业务所需的身份验证、限速、日志、监控、缓存等功能，都需要开发人员自主实现（不同的语言体系），再内嵌耦合到应用程序中，这些将会给后期的维护升级以及管理工作带来一系列负面反应，耗费大量的人力和物力成本。

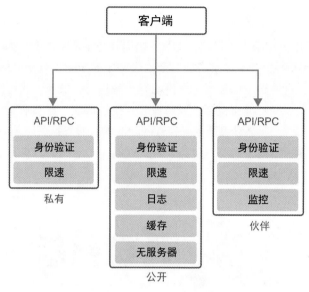

图 1-5　传统的设计架构

而 Kong 的设计则完全不同。如图 1-6 所示，Kong 采用插件的方式统一收纳管控这些业务通用的功能，使它们之间边界清晰、彼此隔离、互不影响。Kong 提供了最基础的服务框架，从而使每个业务微服务团队可以专注于自己的业务领域，最终实现了快速敏捷的开发，减少了运维和管理成本，提升了整个团队的迭代效率。

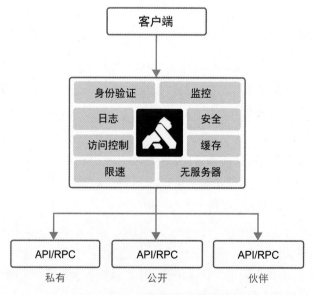

图 1-6　Kong 的插件设计架构

1.7 服务网格

服务网格（Service Mesh）是一个基础设施层，用于处理服务之间的通信，负责向结构复杂的云原生应用程序传递可靠的网络请求。在实践中，服务网格通常被实现为一组和应用程序部署在一起的轻量级网络代理，对于应用程序和使用者来说，它是透明的、无感的。

通俗直观地来看，服务网格提供了以下代理功能：

- 路由
- 熔断
- 负载均衡
- 服务发现
- 健康检测
- 重试
- 身份验证

- 限流
- 限频
- 监控
- 度量
- 灰度
- ……

如果一个系统采用多种语言开发，那么这些代理功能的调用库需要用每种语言都实现一遍，再与业务系统耦合在一起，显然，开发、维护和管理成本都是巨大的，我们称这种方式为客户端侵入式代理模式（intrude proxy）。另一种方式是通过 Nginx、OpenResty、Kong 进行集中式的集群部署，然后所有请求都通过此代理被统一管理和实现，这种方式我们称为集中代理模式（center proxy），如图 1-7 所示。

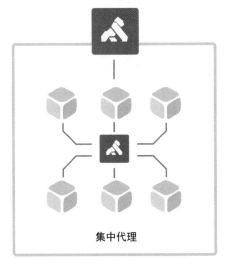

图 1-7　集中代理模式

除了上述两种模式之外，还有一种目前最为流行的方式是边车代理模式（sidecar proxy）。这是对前两种模式的一个折中。在这种模式下，那些代理功能既不是耦合在应用程序中，也不是集中式的集群部署，而是作为独立进程被部署在应用程序的旁边，即每一个服务器上或 Pod 中，这样一个服务器上的多个应用程序就能共享这个代理，然后通过控制平面（control plane）和数据平面（data plane）进行统一管理，如图 1-8 所示。

- 控制平面：节点以控制平面的角色运行，会将最新配置信息更新给数据平面的节点。
- 数据平面：节点以数据平面的角色运行，会从控制平面的节点接收最新的配置信息并提供代理服务。

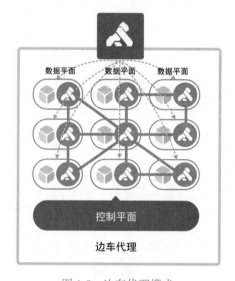

图 1-8 边车代理模式

通过这种模式，Kong 可以很方便地部署实现类似的服务网络边车代理模式，并提供以上所有的代理功能。读者也可以将此模式应用于公有云、私有云以及公私结合的混合云中。

1.8 小结

本章简单回顾了与 Kong 相关的一些概念和知识点，Kong 围绕它们而展开。

在下一章中，我将会介绍 Kong 运行环境的安装部署和基本操作，并带大家了解 Kong 的基本概念。

第 2 章
Kong 的安装和基本概念

实践是检验真理的唯一标准，是学习 Kong 的必经之路，为此我们需要一个正式的实践环境。本章将会介绍 Kong 的安装部署，基本的启动、停止以及最基础的概念。

2.1 Kong 的安装部署

Kong 是云原生的，与平台无关，支持多种部署环境，可以安装到公有云、私有云、混合云和裸金属服务器等多种环境中，比如常见的 CentOS、Ubuntu、RedHat、macOS、Docker、Kubernetes 以及云平台厂商 Amazon AWS、Google Cloud Platform 等（如图 2-1 所示）。你既可以根据实际需要选择单个或多个云供应商进行分布式的部署和迁移，也可以将 Kong 与你的私有云紧密集成。Kong 可以帮你灵活、快速地构建出高可用、易扩展的网关集群。

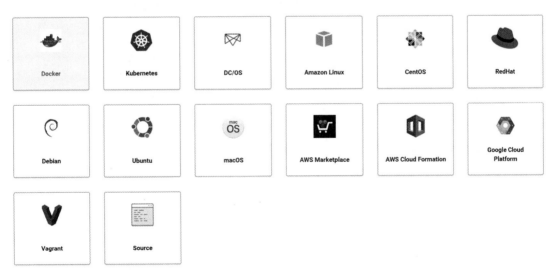

图 2-1　Kong 支持的多种部署环境

在本章中，我们将重点介绍 Kong 在 CentOS 和 Docker 上的安装和运行。

注意：如果通过源码编译来安装，因为有诸多系统基础配置和依赖项，会导致安装时间较长，所以本书涉及的安装部署大部分会选择容器的方式，以便读者尽快入门。

2.1.1 环境介绍

这里我们准备了两台 CentOS 机器作为后续实践 Kong 的基础环境，其详细的配置见表 2-1，读者可根据自己的实际情况选择。

表 2-1　Kong 的安装部署环境

服务器配置项	服务器配置值
IP	192.168.8.1/192.168.8.2
CPU	Intel(R) Xeon(R) Silver 4114 CPU @ 2.20 GHz(4 cpus)
内存	8 GB
硬盘	200 GB
网卡	10 000 Mbit/s
系统	CentOS 7（Linux 内核版本 3.10）

2.1.2 直接安装

不像其他软件那样（安装过程冗长、复杂且存在各种依赖项错误），Kong 的安装过程非常简洁，只需要下载已编译的 rpm 安装包，再执行以下三行命令安装即可：

```
$ sudo yum install epel-release                              -- 配置仓库
$ sudo yum install kong-2.0.0.el7.amd64.rpm --nogpgcheck     -- 安装部署
$ kong version                                               -- 验证安装
```

当然，也可以在直接更新存储仓库后，通过 yum 在线安装最新版本。

2.1.3 容器安装

Docker（一个开源的应用容器引擎）运行在 CentOS 7 系统上，要求系统为 64 位、系统内核版本为 3.10 以上。只需要在 CentOS 上安装 Docker 基础服务，然后直接下载获取 Kong 的镜像即可完成容器安装：

```
$ sudo yum update                                -- 更新 yum
$ curl -sSL https://get.docker.com/ | sh         -- 执行 docker 安装脚本
$ sudo systemctl enable docker                   -- 开机启动
$ sudo service docker start                      -- 启动 docker 服务
$ docker version                                 -- 查看 docker 版本
$ docker pull kong:2.0                           -- 获取镜像
```

2.1.4 Kubernetes 安装

安装 Kubernetes 时，我们采用 Helm 工具。Helm 是 Kubernetes 的一个包管理工具，用于简化 Kubernetes 应用的部署和管理。读者也可以通过 Kubernetes Dashboard 或 Rancher 等容器管理平台来部署、管理和编排容器。相关代码如下：

```
# 使用 DB-less 模式安装
$ kubectl apply -f https://bit.ly/kong-ingress-dbless
# 使用 PostgreSQL 数据库模式（备）安装
# kubectl apply -f https://bit.ly/kong-ingress

# 或者使用 Helm 工具安装
$ helm repo add kong https://charts.konghq.com
$ helm repo update
# Helm 工具 2
$ helm install kong/kong
# Helm 工具 3
$ helm install kong/kong --generate-name --set ingressController.installCRDs=false
```

2.2　Kong 数据库的安装部署

Kong 数据库支持 PostgreSQL、Cassandra 和 DB-less（无数据库）三种安装模式。这三种模式各有特点，适用于不同的场景。

2.2.1　PostgreSQL

PostgreSQL 是一个免费、开源的关系数据库服务器（ORDBMS），由加州大学计算机系开发，近年来在全球的普及度快速增长，其标称是世界上最先进的开源关系型数据库。它功能强大，支持大部分传统的 SQL 标准并且提供了很多现代特性，比如复杂查询、外键、触发器、视图、事务完整性以及多版本并发控制等。同时，PostgreSQL 也可以通过许多方法实现扩展，比如增加新的数据类型、函数、操作符、聚集函数、索引方法和过程语言等。PostgreSQL 凭借其经过验证的架构、可靠性、数据完整性、强大的功能集、可扩展性以及软件背后开源社区的奉献精神，赢得了良好的声誉。

执行如下代码，安装 PostgreSQL 数据库：

```
$ docker pull postgres:9.6                                    -- 拉取镜像
$ mkdir -p /opt/postgres/data                                 -- 创建数据存储目录
$ docker run -d --name postgres \                             -- 容器运行
    -e POSTGRES_PASSWORD=password \                           -- 设置环境变量
    -p 5432:5432 \                                            -- 端口映射
    -v /home/software/postgres/data:/var/lib/postgresql/data \
postgres:9.6
```

下面简要介绍其中部分项的含义。

- `-e POSTGRES_PASSWORD=password`：设置环境变量，指定数据库的登录口令为 `password`，默认的用户名为 `postgres`。
- `-p 5432:5432`：端口映射，将容器的 5432 端口映射到外部机器的 5432 端口，之后可以通过命令 `CREATE DATABASE "kong" WITH ENCODING='UTF8'` 或 PG Admin 4 来创建数据库。
- `-v`：映射外部存储目录。

2.2.2 Cassandra

Cassandra 是一个开源的分布式 NoSQL 数据库系统，最初由 Facebook 开发，支持结构化数据、半结构化数据和非结构化数据存储，具有高可用、高性能、高可靠、可扩展、无单点以及支持多数据中心集群部署等特点，被 Digg、Twitter 等知名站点相继采用，是目前一种流行的分布式数据存储方案。

执行如下代码，安装 Cassandra 数据库：

```
$ docker pull cassandra:3.11                                    -- 拉取镜像
$ mkdir -p /opt/cassandra/data                                  -- 创建数据存储目录
$ docker run -d --name cassandra \                              -- 容器运行
    -e CASSANDRA_BROADCAST_ADDRESS=192.168.8.160 \              -- 广播地址
    -p 7000:7000 \                                              -- 端口映射
    -v /home/software/cassandra/data:/var/lib/cassandra \       -- 数据存储目录映射
cassandra:3.11
```

下面简要介绍其中部分项的含义。

- `-e`：广播给其他节点的地址。
- `-p`：端口映射，将容器的 7000 端口映射到外部机器的 7000 端口。
- `-v`：映射外部存储目录。

2.2.3 DB-less

除了 PostgreSQL 和 Cassandra 外，还可以使用 DB-less 模式，此时使用 YAML 或者 JSON 文件直接进行声明式配置即可。

DB-less 模式与声明性配置相组合，具有以下优势。

- 减少过多依赖：所有配置都加载并存储在内存中，不需要数据库的安装和管理。
- 适用于 CI/CD 场景：配置文件可以保存在 Git 存储仓库中，方便使用。

如果需要在这种模式下使用 Kong，请先将 /etc/kong/kong.conf 配置文件中的 `database` 指令设置为 `off`，或者将环境变量 `KONG_DATABASE` 设置为 `off`，之后再启动 Kong：

```
$ export KONG_DATABASE=off                              -- 设置环境变量
$ kong start -c kong.conf                               -- 启动 Kong
```

Kong 启动后，通过 `curl http://127.0.0.1:8001` 命令直接访问 Admin API（管理端口），此时将返回整个 Kong 的配置信息，通过查看其中的 `database` 是否为 `off`，可以验证 Kong 是否运行在 DB-less 模式下：

```
$ curl http://127.0.0.1:8001 -i
HTTP/1.1 200 OK
Date: Thu, 12 Mar 2020 04:15:57 GMT
Content-Type: application/json; charset=utf-8
Connection: keep-alive
Access-Control-Allow-Origin: *
Server: kong/2.0.0
Content-Length: 8825
X-Kong-Admin-Latency: 122

{
    "configuration:" {
        ...
        "database": "off",   -- 返回 off 表明 Kong 已经运行在 DB-less 模式下
        ...
    },
    ...
    "version": "1.1.0"
}
```

上面的配置信息表明 Kong 当前已经运行在了 DB-less 模式下，但尚未加载任何声明性配置。这意味着该节点的配置为空，没有任何类型的路由与服务数据。此时，执行 `curl http://127.0.0.1:8001/routes` 命令，可以看到 `data` 返回为空：

```
$ curl http://127.0.0.1:8001/routes -i
HTTP/1.1 200 OK
Date: Thu, 12 Mar 2020 04:12:00 GMT
Content-Type: application/json; charset=utf-8
Connection: keep-alive
Access-Control-Allow-Origin: *
Server: kong/2.0.0
Content-Length: 23
X-Kong-Admin-Latency: 121
{"next":null,"data":[]}      -- data 返回空，表明无任何路由与服务数据
```

下面创建一个包含路由与服务数据的声明性配置文件 kong.yml。先用如下命令生成此文件：

```
$ kong config -c kong.conf init                    -- 生成 kong.yml 文件
$ kong config -c kong.conf parse kong.yml          -- 编辑后，检查配置文件是否存在语法错误
```

注意：kong.yml 文件生成的路径在当前目录中，该文件中包含了声明各类实体及彼此关系的语法示例。在默认情况下，所有示例都被注释掉了，可以通过编辑（删除 # 标记）取消对示例的注释。

生成的 kong.yml 文件如下，其中配置了一个服务 my-service：

```
_format_version: "1.1"                     -- 格式版本
services:                                  -- 服务数据
  - name: my-service
    url: http://example.com
plugins:                                   -- 插件数据
  - name: key-auth
routes:                                    -- 路由数据
  - name: my-route
    paths:
    - /
consumers:                                 -- 消费者数据
  - username: my-user
    keyauth_credentials:
    - key: my-key
```

之后，验证该文件是否运行在 DB-less 模式下，如果验证通过，就可以对其加载声明性配置。有两种方法可以将声明性配置加载到 Kong 的内存中：通过 kong.conf 配置文件和通过 Admin API。前者是编辑 kong.conf 配置文件中的 declarative_config 指令（或使用等效的 KONG_DECLARATIVE_CONFIG 环境变量）：

```
$ export KONG_DATABASE=off
$ export KONG_DECLARATIVE_CONFIG=kong.yml
$ kong start -c kong.conf
```

后者是使用 Admin API 管理的 /config 端点将声明性配置加载到正在运行的 Kong 节点中：

```
$ http http://127.0.0.1:8001/config config=@kong.yml
```

总结一下，在 DB-less 模式下，使用 Kong 的注意事项如下。

- **内存缓存要求**：路由、服务等实体的配置必须符合 Kong 的缓存大小，请参考 kong.conf 配置文件中的 mem_cache_size。
- **没有中央数据库协调**：由于每个节点都是完全独立配置的，所以没有集群传播机制。
- **只读的 Admin API**：因为需要通过文件的形式声明配置，所以只能通过 GET 方法获取 API，其他操作都将返回 HTTP 状态码 405（表示 Method Not Allowed，即请求的方法不对）。
- **插件的兼容性**：大部分内置插件都可以运行，但有些插件由于需要数据库协调或创建外部内容而无法运行，比如与身份验证插件相关的插件或 Redis 限速插件。

2.3 Kong 基础配置

在默认情况下，Kong 监听以下端口：

- 8000：监听来自客户端的 HTTP 请求流量，并将其路由转发给上游服务器；
- 8443：监听传入的 HTTPS 请求流量，并将其路由转发给上游服务器；
- 8001：监听来自 Kong Admin API 的 HTTP 请求流量；
- 8444：监听来自 Kong Admin API 的 HTTPS 请求流量。

Kong 的数据库有 3 种，分别为 PostgreSQL、Cassandra 和 DB-less，这里主要介绍基于 PostgreSQL 的配置，具体的配置步骤如下。

(1) 复制一份 Kong 的配置文件。进入 /etc/kong 目录，将 kong.conf.default 文件复制一份，并将其改名为 kong.conf：

```
$ cp /etc/kong/kong.conf.default /etc/kong/kong.conf
```

(2) 在 PostgreSQL 上创建名为 kong 的数据库：

```
CREATE USER kong; CREATE DATABASE kong OWNER kong;
```

除了可以使用上述命令外，我们还推荐使用可视化工具 pgAdmin 4（PostgreSQL 数据管理工具）来创建。

(3) 使用 Vim 打开 kong.conf 配置文件，定位到 `DATASTORE`，打开数据库的注释并配置以下信息：

```
database = postgres          -- 数据库的类型
pg_host = 192.168.8.10       -- 数据库的 IP 地址
pg_port = 5432               -- 数据库的端口
pg_user = kong               -- 用户名
pg_password = ******         -- 密码
pg_database = kong           -- 数据库的名称
```

(4) 定位到 `NGINX`，打开注释，把代理服务端口 8000 调整为 80，管理服务端口 8443 调整为 443：

```
proxy_listen = 0.0.0.0:80, 0.0.0.0:443 ssl
-- 为了方便使用，这里我们把 8000 调整为 80，8443 调整为 443
admin_listen = 0.0.0.0:8001, 127.0.0.1:8444 ssl
-- 管理端口保持不变
```

注意：这里我们将 `admin_listen` 的值由 `127.0.0.1` 调整为了 `0.0.0.0`，是因为后面需要通过此 Admin API 进行外部访问，而 `127.0.0.1` 只能实现本地访问。

2.4　Kong 的启动和停止

除了上面的基础配置之外，在 Kong 启动前还需要初始化数据库，下面的命令将连接数据库并生成 Kong 所需要的表结构信息：

```
$ kong migrations bootstrap                    -- Kong 初始化数据库
```

如果是容器安装，需要执行以下命令初始化数据库：

```
$ docker run --rm \
    -e "KONG_DATABASE=postgres"      \
    -e "KONG_PG_HOST= { postgres ip }"   \
    -e "KONG_PG_USER=postgres"   \
    -e "KONG_PG_PORT=5432"    \
    -e "KONG_PG_PASSWORD=******"    \
    -e "KONG_PG_DATABASE=kong"    \
kong:latest kong migrations bootstrap
```

初始化后，执行以下命令启动 Kong：

```
$ kong start -vv
```

注意：这里使用了 -vv，这意味着我们将看到详细的启动过程的日志参数信息，这对我们查看配置是否正确非常有用。更多的命令详情请见附录 A。

如果是容器安装，需要使用以下方式启动 Kong：

```
$ docker run  --name  kong  --net=host \
    -e "KONG_DATABASE=postgres"    \           # 数据库类型：postgres 或 cassandra
    -e "KONG_PG_HOST= { postgres ip }"   \     # PostgreSQL 数据库的 IP 地址
    -e "KONG_PG_USER=postgres"   \             # 数据库的用户名
    -e "KONG_PG_PORT=5432"    \                # 数据库的端口
    -e "KONG_PG_PASSWORD=******"    \          # 数据库的密码
    -e "KONG_PG_DATABASE=kong"    \            # 数据库的名称
    -e "KONG_PROXY_ACCESS_LOG=/dev/stdout"   \
    -e "KONG_ADMIN_ACCESS_LOG=/dev/stdout"   \
    -e "KONG_PROXY_ERROR_LOG=/dev/stderr"   \
    -e "KONG_ADMIN_ERROR_LOG=/dev/stderr"   \
    -e "KONG_ADMIN_LISTEN=0.0.0.0:8001"   \
    -e "KONG_ADMIN_LISTEN_SSL=0.0.0.0:8444"   \
    -p 80:8000  \                              # 容器代理端口到外部的映射
    -p 443:8443  \                             # 容器 SSL 代理端口到外部的映射
    -p 8001:8001  \                            # 容器管理端口到外部的映射
    -p 8444:8444  \                            # 容器 SSL 管理端口到外部的映射
kong:latest
```

之后，在浏览器中打开 http://192.168.8.1，若显示 {"message":"no route and no API found with those values"}，则表示 Kong 启动成功。

若想停止 Kong，主要有以下 2 种方式。

- 优雅地关闭正在运行的 Kong 节点，即等待当前正在进行的请求完成后再关闭，直到达到所设定的超时时间：

  ```
  $ kong quit -t 10          -- 等待10秒
  ```

- 直接停止正在运行的 Kong 节点：

  ```
  $ kong stop
  ```

如果需要重新载入 Kong，则执行 `$ kong reload` 命令重新载入运行的 Kong 节点。

在重新载入时，会先等当前请求完成并将其关闭后，再启动新的工作进程，同时采用之前生成的 /usr/local/kong/.kong_env 环境配置文件（注意不是 /etc/kong/kong.conf 文件）。如果需要调整配置文件，建议调整原始的 kong.conf 文件或同时调整这两个文件，不然对环境配置文件进行的所有更改都将丢失。

除了上面介绍的方式之外，还可以通过 systemd 的方式管理 Kong 的启动、停止、重新载入以及状态等，相关的命令如下：

```
$ sudo systemctl start kong              -- 启动Kong服务
$ sudo systemctl stop kong               -- 停止Kong服务
$ sudo systemctl enable kong             -- 设置Kong服务开机自启动
$ sudo systemctl disable kong            -- 设置Kong服务停止开机自启动
$ sudo systemctl restart kong            -- 重新启动Kong服务
$ sudo systemctl status kong             -- 查看Kong服务的当前状态
```

2.5　Kong 的基础对象

在正式学习 Kong 之前，有必要先了解一下它的基础对象，这有助于我们了解 Kong 在运行时的内部运行机制和结构关系。

Kong 的基础对象主要分为 8 大类，有：

- 路由（route）
- 服务（service）
- 上游（upstream）
- 目标（target）
- 消费者（consumer）
- 插件（plugin）
- 证书（certificate）
- SNI（Server Name Indication，服务器名称指示）

下面将详细介绍这些基础对象。

2.5.1 路由

路由定义了客户端请求与服务之间的匹配规则,它支持精确匹配、模糊匹配以及正则匹配,是请求的入口点。每个路由都与特定的服务相关联,一个服务下可以有一个或多个与之相关联的路由,每个路由匹配到的请求都将被代理到与该路由关联的服务。路由和服务的组合提供了自由、灵活、多变的路由机制,基于此,我们可以定义更为具体(细粒度)的匹配入口点。

注意,一个路由至少需要一个匹配规则和协议。针对不同的协议,必须设置以下属性中的至少一个。

- 对于 HTTP 协议,至少设置 methods、hosts、headers 或 paths。
- 对于 HTTPS 协议,至少设置 methods、hosts、headers、paths 或 snis。
- 对于 TCP 协议,至少设置 sources 或 destinations。
- 对于 TLS 协议,至少设置 sources、destinations 或 snis。
- 对于 GRPC 协议,至少设置 hosts、headers 或 paths。
- 对于 GRPCS 协议,至少设置 hosts、headers、paths 或 snis。

关于路由的更多属性信息,详见表 2-2。

表 2-2 路由的属性及其说明

属性名称	说 明
name	表示路由名称。这是可选属性
protocols	允许的协议列表。将其设置为 ["https"] 时,HTTP 请求将通过升级到 HTTPS 请求得到答复。其默认值为 ["http", "https"]
methods	路由匹配的 HTTP 方法列表,如 GET、POST、PUT、DELETE 等,这是半可选属性
hosts	路由匹配的域名列表。不仅支持精确匹配域名,还支持泛域名,这是半可选属性
paths	路由匹配的路径列表。既支持精确前缀匹配,也支持正则匹配,这是半可选属性
headers	路由匹配的请求头列表。需要注意的是,请求头中的域名需要使用 hosts 属性来指定,这是半可选属性
https_redirect_status_code	当路由的所有属性(协议除外)都匹配,但请求的协议是 HTTP 而不是 HTTPS 时,该状态码将响应为指定值,可将 HTTP 协议强行切换成 HTTPS。如果该字段的值被设置为 301、302、307 或 308,则 Location 响应报头由 Kong 注入。其接受的值为 426、301、302、307 或者 308,默认值为 426
regex_priority	优先级值。当多个路由同时使用正则表达式且都匹配时,regex_priority 大的路由具有更高优先级。当两条请求的路径都匹配且相同,同时 regex_priority 也相同时,将使用最先创建的 (created_at) 路由。注意:对于普通的非正则表达式来说,路由的优先级是不同的(较长的路径会优先匹配)。其默认值为 0。这是可选属性
strip_path	当请求匹配到路由中的某一条路径时,将先从请求 URL 中删除此路径前缀,再将请求转发至上游服务。其默认值为 true。这是可选属性
preserve_host	当请求匹配到路由中的某一条域名时,将在请求头中使用此域名。如果该值设置为 false,则请求头中的域名将是上游服务的域名。这是可选属性

(续)

属性名称	说明
snis	使用流路由时,与此路由相匹配的 SNI 列表,这是半可选属性
sources	使用流路由时,与此路由相匹配的传入连接的 IP 源地址列表。其中,每个条目都是一个对象,其字段为 ip(可选项,使用 CIDR 范围表示法)和 port。这是半可选属性
destinations	使用流路由时,与此路由相匹配的请求连接的 IP 目的地址列表。其中,每个条目都是一个对象,其字段为 ip(可选项,使用 CIDR 范围表示法)和 port。这是半可选属性
tags	与路由相关的一组可选字符串,用于分组和过滤。这是可选属性
service	路由所关联的服务。这是路由代理最终要访问的对象。这是可选属性

2.5.2 服务

服务是用于管理上游微服务的入口点,用于将客户端的请求流量发送给对应的上游服务器,其主要属性是 protocol、host、port 和 path。服务与路由相关联,一个服务下可以包含多个路由。路由是客户端请求的入口点,定义了匹配客户端请求和服务的规则。具体为客户端请求先与路由作匹配,如果匹配成功,Kong 就将请求代理到该路由相关联的服务。表 2-3 列举了更多的服务属性参数信息。

表 2-3 服务属性及其说明

属性名称	说明
name	服务的名称。这是可选属性
retries	代理失败后的重试次数,其默认值为 5。这是可选属性
protocol	与上游服务器通信的协议。可接受的值是 GRPC、GRPCS、HTTP、HTTPS、TCP、TLS,默认值为 HTTP
host	上游服务器的名称或域名
port	上游服务器的端口。其默认值为 80
path	从请求到上游服务器之间要附加使用的路径。这是可选属性
connect_timeout	建立从请求到上游服务器的连接的超时时间(以毫秒为单位)。其默认值为 60000,这是可选属性
write_timeout	将请求代理传输到上游服务器两个连续写操作之间的超时时间,即 Kong 发送数据到上游服务器的超时时间(以毫秒为单位)。其默认值为 60000,这是可选属性
read_timeout	将请求代理传输到上游服务器两个连续读操作之间的超时时间,即 Kong 从上游服务器接收数据的超时时间(以毫秒为单位)。其默认值为 60000,这是可选属性
tags	与服务关联的一组可选字符串,用于分组和过滤,这是可选属性
client_certificate	在与上游服务器进行 TLS 握手时所使用的客户端证书。这是可选属性
url	通过自动拆分 URL,快速、一次性、同时设置 protocol、host、port 和 path,而不需要分别填写这 4 个值

2.5.3 上游

上游服务表示一个虚拟主机，我们可以对上游服务的多个目标节点进行负载均衡和健康检测。负载均衡支持多种散列（也称哈希）的目标节点选择策略。健康检测有主动和被动两种模式，该机制既可以将探测到的不健康上游服务目标节点禁用，使之不再参与负载，也可以将之启用后重新参与负载。更多的上游属性信息，详见表 2-4。

注意：有关主动和被动健康检测的详细介绍，请查看 9.2 节。

表 2-4 上游属性参数详细说明

属性名称	说　明
name	上游的名称，此名称必须与服务的 host 属性值相同
algorithm	使用的负载均衡算法。可接受的值有 consistent-hashing（一致性散列）、least-connections（最少连接）、round-robin（轮询）。其默认值为 round-robin。这是可选属性
hash_on	负载均衡所使用的散列值来源。可接受的值有 none、consumer、ip、header、cookie。其中，none 是没有散列的加权循环方案。默认值为 none。这是可选属性
hash_fallback	当 hash_on 没有返回散列值来源时（例如头丢失或没有 consumer 标识），此值将用作散列输入的内容。其可接受的值有 none、consumer、ip、header、cookie。其默认值为 none。这是可选属性
hash_on_header	从 header name 中取值作为散列输入。当且仅当 hash_on 属性为 header 时才需要。这是半可选属性
hash_fallback_header	从 header name 中取值作为散列输入。当且仅当 hash_fallback 属性为 header 时才需要。这是半可选属性
hash_on_cookie	从 cookie name 中取值作为散列输入。当且仅当 hash_on 属性或 hash_fallback 属性为 cookie 时才需要。如果请求中没有指定的 cookie，则 Kong 将生成一个值并在响应中设置 cookie。这是半可选属性
hash_on_cookie_path	在响应头中设置 cookie 路径。当且仅当 hash_on 属性或 hash_fallback 属性为 cookie 时才需要，其默认值为 /。这是半可选属性
slots	负载均衡器算法中的插槽数（从 10 到 65536），其默认值为 10000。这是可选属性
healthchecks.active.https_verify_certificate	使用 HTTPS 协议执行主动健康检测时，是否检查远程主机 SSL 证书的有效性，其默认值为 true。这是可选属性
healthchecks.active.unhealthy.http_statuses	当主动健康检测的探针返回值是 HTTP 状态数组中的某一个值时，表明上游服务目标节点存在问题，并将被视为不健康。其默认值为 [429, 404, 500, 501, 502, 503, 504, 505]。这是可选属性
healthchecks.active.unhealthy.tcp_failures	主动健康检测的 TCP 失败次数。如果达到此值，上游服务目标节点将被认为不健康。其默认值为 0，这是可选属性
healthchecks.active.unhealthy.timeouts	主动健康检测的超时次数。如果达到此值，上游服务目标节点将被认为不健康。其默认值为 0，这是可选属性
healthchecks.active.unhealthy.http_failures	主动健康检测的 HTTP 失败次数。如果达到此值，上游服务目标节点将被认为不健康。其默认值为 0，这是可选属性

(续)

属性名称	说　明
`healthchecks.active.unhealthy.interval`	对不健康的上游服务目标节点进行主动健康检测的间隔时间（以秒为单位）。若其值为0，则表示关闭或不执行针对不健康节点的主动健康检测。其默认值为0，这是可选属性
`healthchecks.active.http_path`	进行主动健康检测时使用的HTTP请求路径，其默认值为 `/`。这是可选属性
`healthchecks.active.timeout`	主动健康检测的套接字的超时时间（以秒为单位），其默认值为1。这是可选属性
`healthchecks.active.healthy.http_statuses`	当主动健康检测的探针返回值是HTTP状态数组中的某一个值时，表明上游服务目标节点正常，将被视为健康，其默认值为 `[429, 404, 500, 501, 502, 503, 504, 505]`。这是可选属性
`healthchecks.active.healthy.interval`	对健康的上游服务目标节点进行主动健康检测的间隔时间(以秒为单位)。若值为0，则表示关闭或不执行针对健康节点的主动健康检测。其默认值为0。这是可选属性
`healthchecks.active.healthy.successes`	主动健康检测的HTTP成功次数（由 `healthchecks.active.healthy.http_statuses` 定义）。如果达到此值，则认为上游服务目标节点是健康的。其默认值为0，这是可选属性
`healthchecks.active.https_sni`	使用HTTPS执行主动健康检测时用作SNI的主机名。当使用IP配置上游服务目标节点时，此功能特别有用，这样可以使用适当的SNI验证目标主机的证书。这是可选属性
`healthchecks.active.concurrency`	主动健康检测能够并行的数量。其默认值为10，这是可选属性
`healthchecks.active.type`	执行主动健康检测时所使用的协议类型。其可接受的值是 `TCP`、`HTTP`、`HTTPS`、`GRPC`、`GRPCS`，默认值为 `HTTP`。这是可选属性
`healthchecks.passive.unhealthy.http_failures`	由被动健康检测所观察，代理流量中HTTP失败的次数（由 `healthchecks.passive.unhealthy.http_statuses` 定义）。如果达到此值，则认为上游服务目标节点是不健康的。其默认值为0。这是可选属性
`healthchecks.passive.unhealthy.http_statuses`	当被动健康检测的探针返回值是HTTP状态数组中的某一个值时，代表不健康状态是由代理流量产生的。其默认值为 `[429, 500, 503]`。这是可选属性
`healthchecks.passive.unhealthy.tcp_failures`	被动健康检测所观察到的代理流量中TCP失败的次数。如果达到此值，则认为上游服务目标节点是不健康的。其默认值为0。这是可选属性
`healthchecks.passive.unhealthy.timeouts`	被动健康检测所观察到的代理流量中的超时次数。如果达到此值，则认为上游服务目标节点是不健康的。其默认值为0。这是可选属性
`healthchecks.passive.type`	执行被动健康检测时所使用的协议类型。其可接受的值是 `TCP`、`HTTP`、`HTTPS`、`GRPC` 和 `GRPCS`，其中 `HTTP` 和 `HTTPS` 选项是等效的。其默认值为 `HTTP`。这是可选属性
`healthchecks.passive.healthy.successes`	通过被动健康检测观察到的正常代理流量的成功次数（由 `healthchecks.passive.healthy.http_statuses` 定义）。如果达到此值，上游服务目标节点将被视为健康。其默认值为0。这是可选属性
`healthchecks.passive.healthy.http_statuses`	当被动健康检测的探针返回值是HTTP状态数组中的某一个值时，代表健康状态是由代理流量产生的。其默认值为 `[200, 201, 202, 203, 204, 205, 206, 207, 208, 226, 300, 301, 302, 303, 304, 305, 306, 307, 308]`。这是可选属性
`tags`	与上游相关的一组可选字符串，用于分组和过滤。这是可选属性
`host_header`	通过Kong代理请求时，主机头所使用的名称。这是可选属性

2.5.4 目标

目标节点代表一个真实的物理服务，通常为 IP 地址和端口的组合，其中端口用来标识后端上游服务器上的某个具体节点实例。每个上游都可以包含多个目标节点地址，在运行过程中可以动态地添加或删除。此外，每个目标节点还可以设置不同的权重。

因为上游维护着目标节点更改的历史记录，所以不能随意删除或修改目标节点。若要禁用目标节点，需要先发布一个权重为 0 的新目标节点，再使用 DELETE 方法将之删除。

更多的目标属性，详见表 2-5。

表 2-5　目标属性及其说明

属性名称	说明
target	目标地址（IP 地址或主机名）和端口（port）。如果主机名解析为 SRV 记录，则端口值将被 DNS 或 Consul 记录中的值覆盖
weight	目标在上游负载均衡器内获得的权重（0 到 1000）。如果主机名解析为 SRV 记录，则权重值将被 DNS 记录中的值覆盖。其默认值为 100，这是可选属性
tags	与目标相关的一组可选字符串，用于分组和过滤。这是可选属性

2.5.5 消费者

消费者代表一个具体的用户，是客户端请求的发起者。消费者 ID 可以作为主要数据存储，可以与业务数据库的用户信息相映射、关联，并为身份授权和鉴权功能提供更多策略。更多的消费者属性，详见表 2-6。

表 2-6　消费者属性及其说明

属性名称	说明
username	消费者的唯一用户名。username 属性或 custom_id 属性需要与请求一起发送。这是半可选属性
custom_id	用于存储实际业务消费者的唯一 ID。此字段或 username 属性需要与请求一起发送，用于识别消费者。这是半可选属性
tags	与消费者相关的一组可选字符串，用于分组和过滤。这是可选属性

2.5.6 插件

插件表示在请求/响应生命周期内执行的功能集。通过此机制，可以在 Kong 的服务和路由上添加、配置和扩展自定义功能，例如身份验证、限频以及其他特殊的个性化需求。在向服务或路由添加某个插件配置后，客户端对该服务的每个请求都将运行此插件。与此同时，插件也可以应用于某些特定消费者，或者被配置为全局插件。

对于每个请求，配置的插件只能运行一次。我们可以为插件设置外部参数，比如可以使用各种自定义的参数集合或 Kong 内置的上下文参数（如服务、路由、消费者、请求等上下文数据）。

目前，Kong 系统已经内置的插件提供身份验证、安全防护、流量控制、无服务器架构、分析监控、信息转换器、日志记录等多种功能，详细可查看第 10 章。

将插件应用到具有不同配置的不同对象实体时，其优先级顺序的规则为：插件配置的实体越多、越具体，其优先级就越高。具体地，当一个插件被配置多次时，其完整的优先级顺序如下。

- 插件组合配置：路由、服务和消费者（消费者必须经过身份验证）。
- 在路由和消费者的组合上配置的插件（消费者必须经过身份验证）。
- 在服务和消费者的组合上配置的插件（消费者必须经过身份验证）。
- 在路由和服务的组合上配置的插件。
- 在消费者上配置的插件（消费者必须经过身份验证）。
- 在路由上配置的插件。
- 在服务上配置的插件。
- 配置为全局运行的插件。

更多的插件属性参数信息，详见表 2-7。

表 2-7 插件属性及其说明

属性名称	说明
name	插件的名称
route	仅当此属性指定的路由接收到请求时，插件才会运行。其默认值为 null。这是可选属性
service	设置仅当指定服务中的某一个路由在接收到请求时，插件才会运行。其默认值为 null。这是可选属性
consumer	设置仅当插件匹配到指定的消费者时，插件才会运行。其默认值为 null。这是可选属性
config	插件配置的外部属性，这是可选属性
run_on	用于服务网格场景，控制插件将会在哪些 Kong 节点上运行。其接受的值如下所示。 ○ first：表示在请求遇到的第一个 Kong 节点上运行插件。具体为：在 API 网关场景中，源节点和目标节点之间只有一个 Kong 节点；在边车到边车的服务网格场景中，仅能在出站连接的边车上运行插件 ○ second：表示在请求遇到的第二个 Kong 节点上运行插件。此选项仅与边车到边车的服务网格场景相关，意味着仅能在入站连接的边车上运行插件 ○ all：表示在所有 Kong 节点上运行插件，即边车到边车的服务网格场景中的两个边车。这对于跟踪／记录插件很有用。 此属性可接受的值是 first、second 和 all，默认值为 first
protocols	触发此插件的请求协议列表。根据插件类型的不同，其默认值以及该字段允许的可能值也会不同。例如，仅在流模式下工作的插件仅支持 TCP 和 TLS。其默认值为 ["grpc", "grpcs", "http", "https"]
enabled	是否启用插件，其默认值为 true。这是可选属性
tags	与插件相关的一组可选字符串，用于分组和过滤。这是可选属性

2.5.7 证书

证书对象代表公共证书，可以选择与之相对应的私钥配对。这些对象被 Kong 用来处理加密请求的 SSL/TLS 终端，或在验证客户端/服务的对等证书时用作受信任的 CA 存储。证书可以选择与 SNI 对象关联，以将证书/密钥对绑定到一个或多个主机域名上。另外，如果除了主证书之外还需要中间证书，应该按照以下顺序将它们串联在一起：先是主证书在顶部，然后是中间证书。更多的证书属性信息，详见表 2-8。

表 2-8 证书属性及其说明

属性名称	说明
cert	SSL 密钥对的 PEM 编码的公共证书链
key	SSL 密钥对的 PEM 编码的私钥
tags	与证书相关的一组可选字符串，用于分组和过滤。这是可选属性
snis	包含零个或多个主机域名的数组，这些主机域名与此证书关联为 SNI

2.5.8 SNI

SNI 表示从域名到证书的多对一映射，用来解决一个服务器使用多个域名和证书的问题。一个证书对象可以同时有多个与之相关联的域名。当 Kong 接收到 SSL 终端的请求时，将使用与其中的域名属性相关联的 SNI 来查找对应的泛域名证书对象。

如表 2-9 所示，SNI 信息主要包括以下 3 个属性。

表 2-9 SNI 属性及其说明

属性名称	说明
name	与证书关联的 SNI 名称
tags	与 SNI 相关的一组可选字符串，用于分组和过滤。这是可选属性
certificate	与 SNI 域名相关联的证书的 ID (UUID)。只有证书具有与之关联的有效私钥，SNI 对象才能使用该证书

2.5.9 对象之间的关系

对象与对象之间的关系，如表 2-10 和图 2-2 所示。了解这些内容，有助于我们了解 Kong 的内部运行机制和结构关系。

表 2-10 对象之间的关系

对象	对象	关系	关联
服务	路由	1 : N	必须
服务	上游	1 : 1	可选

(续)

对　　象	对　　象	关　　系	关　　联
服务	插件	1：N	可选
路由	插件	1：N	可选
上游	目标	1：N	必须
证书	SNI	1：N	必须
消费者	插件	1：N	可选

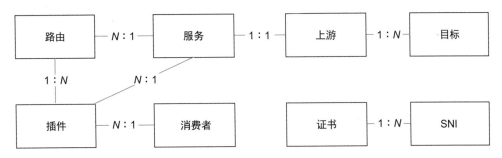

图 2-2　实体对象关系图

Kong 网关的框架流程为：请求 → 消费者 → 路由 → 插件 → 服务 → 插件 → 上游 → 目标，如图 2-3 所示。也就是说，请求会根据请求域名、请求路径、请求方法和请求头等条件经过消费者身份验证，再由路由策略进行路由匹配，匹配成功后会根据插件的优先级依次运行插件，之后经过服务，再次运行插件（如果有），最后经过上游服务的负载均衡策略，将请求发送至健康的目标节点。

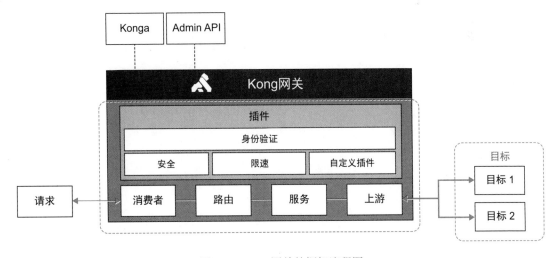

图 2-3　Kong 网关的框架流程图

2.6 小结

本章详细介绍了 Kong 在各种环境下的安装、启动和停止等基本操作，以及 Kong 支持的 PostgreSQL、Cassandra、DB-less 配置模式。由于 Kong 天然就是为云原生而设计的，可以轻松部署到公有云、私有云和混合云，因此读者可以根据自己的实际环境进行自由选择。另外，我们还介绍了 Kong 的基础对象：服务、路由、上游、目标、插件和证书等，以及这些对象之间的关系。学习这些内容，有助于我们了解 Kong 的内部运行机制和结构关系。

需要说明的是，本章的安装部署都是基于 CentOS 系统的。由于篇幅有限，我无法对每一个系统环境或平台进行逐一讲解。另外，Kong 提供了 RESTful Admin API 来管理整个 Kong 集群，读者如果需要实现自己的 Kong 管理系统，或者需要全面自动化地管理微服务，则可以调用这些管理接口。有关 Kong Admin API 的中文说明，请到图灵社区本书主页"随书下载"查看这部分外置的 PDF 内容，或通过 Kong 官网查阅相关资料。

第 3 章
Kong 的管理运维

优秀的管理工具可以有效地帮助我们提升工作效率，使我们的工作事半功倍、轻松高效。本章将会介绍开源可视化管理后台 Konga，它功能强大、简单易用、安全可靠。Konga 虽然不是 Kong 的官方应用，却是一款不可多得的后台运维管理系统。

3.1 Konga 介绍

Kong 目前的社区版是没有 Dashboard 管理后台的，因此只能通过 Restful API 接口对其调用，此时如果服务、路由、上游、插件等对象数据比较多，那么对 Kong 的管理将会变得非常不便。当前，用于管理 Kong 的平台除了付费企业版之外，在 GitHub 上开源且最优秀的是 Konga。Konga 是 Kong 的非官方应用，来自于荷兰阿姆斯特丹的软件工程师 pantsel，于 2016 年 10 月首次开源，采用 Node.js 编写，至今共正式发布 56 个版本，伴随着 Kong 一直在发展壮大。虽然 Konga 完全由 pantsel 个人在业余时间开发，但其界面交互非常人性化且功能强大。

Konga 具有如下主要功能。

- 管理 Kong Admin API 的所有对象。
- 支持多种数据源（数据库、文件、API 等）的导入。
- 管理多个 Kong 集群节点。
- 使用快照来备份还原和迁移 Kong 节点。
- 根据健康检测监控节点和 API 的状态。
- 电子邮件和异常通知。
- 多个用户的登录权限管理。
- 多种数据库的存储集成（如 MySQL、PostgreSQL、MongoDB）。

需要特别说明的是，通过 Konga 和 Kong Admin API 完成的操作都是即时生效的，比如常见的服务、路由、上游、插件参数等信息的添加或变更等，完全不需要像以前一样重载或重启 Nginx。

3.2 源码安装

因为 Konga 的源码存储托管在 GitHub 上，且基于 Node.js 语言开发，所以接下来需要安装 Git 工具和 Node.js 的基础运行环境。

3.2.1 安装 Git 和 Node.js

首先安装 Git 工具，并通过 `git --version` 命令查看是否安装成功；然后安装 Node.js，通过 `node -v` 命令查看是否安装成功。相关命令如下：

```
$ yum install -y git                                          -- 安装 Git
$ git --version                                               -- 若显示 1.8.3.1，表示安装成功
$ curl --silent --location https://rpm.nodesource.com/setup_10.x | sudo bash
$ yum install -y nodejs                                       -- 安装 Node.js
$ node -v                                                     -- 若显示 v10.20.1，表示安装成功
```

3.2.2 安装 Konga

将 Konga 的源代码克隆到本地后，进行安装，其中 npm 是 Node.js 的包管理工具，相关代码如下：

```
$ git clone https://github.com/pantsel/konga.git    -- 克隆 Konga 源代码
$ cd konga                                          -- 进入 Konga 目录
$ npm i                                             -- 安装 Konga，其中 i 是 install 的缩写
```

3.2.3 配置 Konga

在 Konga 目录中，有一个隐藏文件 .env_example，此文件为 Konga 的环境配置文件。下面的代码演示如何显示和复制该文件：

```
cat .env_example                                    -- 显示环境配置文件的内容
cp .env_example .env                                -- 复制一份环境配置文件
```

接着，使用 Vim 编辑此文件，将其参数调整为我们需要的参数，比如端口、数据库连接字符串等：

```
PORT=1337                                           -- 端口
NODE_ENV=development                                -- 环境变量
KONGA_HOOK_TIMEOUT=120000                           -- 等待启动完成的时间（毫秒）
DB_ADAPTER=postgres                                 -- 采用的数据库类型
DB_URI=postgresql://localhost:5432/konga            -- 数据库连接字符串
KONGA_LOG_LEVEL=warn                                -- 日志的级别
```

3.2.4 启动 Konga

将环境配置文件调整保存后，下面就可以启动 Konga 了：

```
$ npm start
```

如果是用于生产环境，那么需要完成数据库的迁移操作，即创建表到数据库：

```
$ node ./bin/konga.js  prepare
--adapter postgres --uri postgresql://localhost:5432/konga
$ npm run production
```

此时打开 http://192.168.8.3:1337，得到的界面如图 3-1 所示，接着初始化用户名和密码（或两者均填写 admin），登录 Konga 管理后台。

图 3-1　Konga 登录窗口

3.3　容器安装

若通过源码的方式安装，其过程会比较复杂，因此这里推荐通过容器的方式安装并运行 Konga。此时只需要一个 docker 命令即可，非常方便、快捷：

```
$ docker run -d -p 1337:1337
    --name konga
    -e "DB_ADAPTER=postgres"              -- 选择数据库类型
    -e "DB_HOST=192.168.8.10"             -- 数据库服务的 IP 地址
    -e "DB_PORT=5432"                     -- 数据库服务的端口
    -e "DB_USER=postgres"                 -- 数据库的用户名
    -e "DB_PASSWORD=postgres"             -- 数据库的密码
    -e "DB_DATABASE=konga"                -- 指定访问 konga 数据库
```

```
            -e "NODE_ENV=development"                            -- 环境变量
            docker.io/pantsel/konga:0.14.7                       -- konga 镜像
```

在上述代码中，NODE_ENV 为环境变量，有 development 和 production 两个取值。前者在初始化数据时运行，后者在初始化后的正式生产环境下运行。

3.4 连接 Konga 与 Kong

在正式管理 Kong 之前，需要先让 Kong 与 Konga 建立起连接。先点击 Konga 管理工具左侧菜单（在 3.5 节将会讲到）中的 CONNECTIONS，再点击 NEW CONNECTION 按钮，就可以添加 Kong 的管理接口 Admin API 了，如图 3-2 所示。这里分为四种类型的添加：

- ❏ DEFAULT
- ❏ KEY AUTH
- ❏ JWT AUTH
- ❏ BASIC AUTH

第一种类型 DEFAULT 直接添加管理接口的地址即可，后面三种则必须通过授权获得权限后才可以访问 Kong 的管理接口。这里需要注意的是，Kong 的配置文件 kong.conf 会默认 `admin_listen` 是 `127.0.0.1:8001`，这意味着只能通过本地访问到达管理接口，外部访问则不可以。因此，对于 DEFAULT 来说，需要将 kong.conf 配置文件中的 `admin_listen` 改为 `0.0.0.0`。注意：DEFAULT 类型的添加是不安全的，因为任何人都可以访问到管理接口，而后三种类型是安全的，因为需要授权认证。

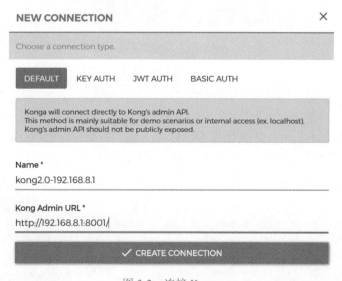

图 3-2 连接 Kong

这里我们采用 DEFAULT 类型添加 Konga 的管理接口地址。添加完成后，就可以看到左侧管理菜单发生的变化，并发现连接列表为绿色的连接状态，如图 3-3 所示。当然，也可以根据需要添加多个 Kong 集群节点，之后通过在 Connections 列表里点击 ACTIVATE 按钮对这些节点切换选择。

图 3-3　已连接的 Kong 列表

这里需要说明的是，如图 3-4 所示，点击屏幕右下角的按钮可以切换管理节点。

图 3-4　切换 Kong 管理节点

3.5　Konga 模块与功能

Konga 虽然看起来非常简洁有序，但其内部非常复杂，其中调用了非常多的 Kong Admin API 来协助我们更好地管理和运维 Kong。

进入 Konga 系统后，如图 3-5 所示，其左侧菜单包含以下模块。

❑ DASHBOARD：首页仪表盘。

图 3-5　Konga 的左侧管理菜单

- ❑ API GATEWAY
  - INFO：集群节点信息。
  - SERVICES：服务管理。
  - ROUTES：路由管理。
  - CONSUMERS：消费者管理。
  - PLUGINS：插件管理。
  - UPSTREAMS：上游管理。
  - CERTIFICATES：证书管理。
- ❑ APPLICATION
  - USERS：用户管理。
  - CONNECTIONS：节点连接管理。
  - SNAPSHOTS：快照管理。
  - SETTINGS：系统设置。

3.5.1 首页仪表盘

首页仪表盘如图 3-6 所示，从中可以看到当前 Kong 节点服务器的情况和请求数量，以及当前正在处理和已经处理的连接信息，详情如下。

图 3-6　首页仪表盘

下面简要介绍一下图 3-6 中的各项。

- CONNECTIONS：连接信息。
  - ACTIVE：当前活动的客户端连接数，包括正在等待的连接数。
  - READING：正在读取请求头的连接数。
  - WRITING：正在将响应写回到客户端的连接数。
  - WAITING：正在等待请求的空闲连接数。
  - ACCEPTED：已接受的客户端连接总数。
  - HANDLED：已处理的客户端连接总数。通常，其参数值与 ACCEPTED 项的值相同，除非达到了某些资源的限制（例如 `worker_connections` 的限制）。

- NODE INFO：节点信息。
  - HostName：当前 Kong 节点服务器的名称。
  - Tag Line：标语。
  - Version：节点的版本。
  - LUA Version：LuaJIT 的版本。
  - Admin listen：Kong 的管理端口。

- TIMERS：定时器信息。
  - Pending：等待运行的定时器。
  - Running：正在运行的定时器。

- DATASTORE INFO：数据库信息。
  - DBMS：当前数据库的类型。
  - Host：数据库的 IP 地址。
  - Database：数据库的名称。
  - User：登录的用户名。
  - Port：数据库的端口。

- PLUGINS：插件。绿色背景的是当前已经开启正在使用的插件，灰色背景的是已经安装但是未开启使用的插件。

3.5.2 集群节点信息

Konga 的 INFO 页面展示了集群节点的信息，包含非常细粒度的配置参数，由于篇幅所限，图 3-7 只展示了一部分。

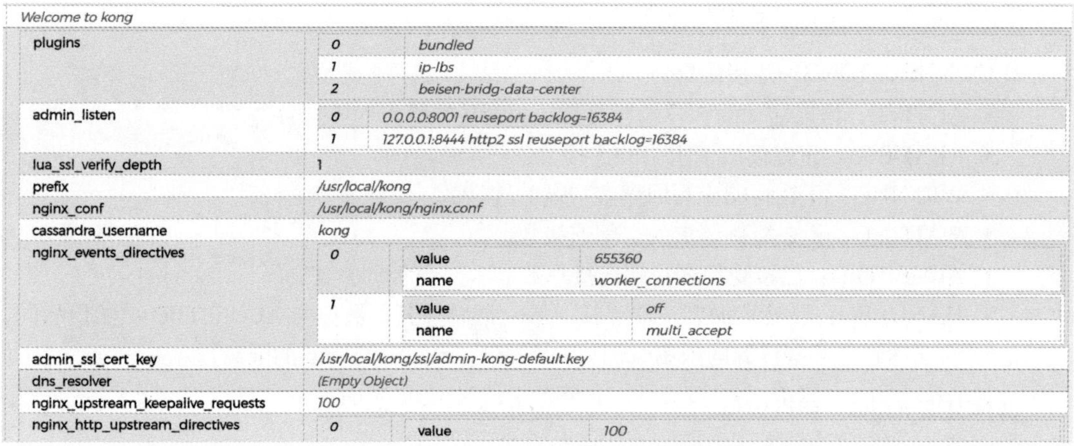

Welcome to kong				
plugins		0	bundled	
		1	ip-lbs	
		2	beisen-bridg-data-center	
admin_listen		0	0.0.0.0:8001 reuseport backlog=16384	
		1	127.0.0.1:8444 http2 ssl reuseport backlog=16384	
lua_ssl_verify_depth	1			
prefix	/usr/local/kong			
nginx_conf	/usr/local/kong/nginx.conf			
cassandra_username	kong			
nginx_events_directives		0	value	655360
			name	worker_connections
		1	value	off
			name	multi_accept
admin_ssl_cert_key	/usr/local/kong/ssl/admin-kong-default.key			
dns_resolver	(Empty Object)			
nginx_upstream_keepalive_requests	100			
nginx_http_upstream_directives		0	value	100

图 3-7　Konga 的 INFO 页面的一部分

下面简要介绍一下 INFO 页面中的部分项。

❑ plugins：插件信息。
  ▪ `enabled_in_cluster`：服务于集群且开启的和正在运行的插件。
  ▪ `available_on_server`：服务于集群且有效的插件（包括自定义插件）。

❑ Configuration：配置信息。
  详见本书第 5 章。

❑ Node：节点信息。
  ▪ `node_id`：节点的 ID 标识。
  ▪ `lua_version`：LuaJIT 的版本。
  ▪ `prng_seeds`：工作进程的信息。

3.5.3　服务管理

服务管理页面如图 3-8 所示。服务是一个总入口，我们不仅可以管理服务，还可以管理此服务下对应的路由信息和插件信息。在一个服务下，可以同时添加多个路由信息。另外，插件既可以添加在服务上，也可以添加在路由上，读者可以根据实际需要灵活运用。

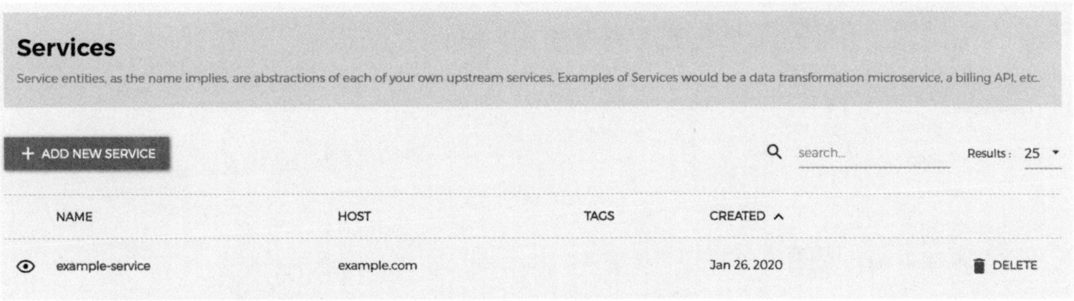

3.5 Konga 模块与功能

图 3-8 服务管理页面

这里有一个快速添加的技巧。如图 3-9 所示，在添加服务信息时，可以只在 Url 参数中输入地址，因为此时系统会帮助我们快速、自动地填写下方的 Protocol、Host、Port 和 Path 参数。比如在 Url 参数中输入 http://www.example.com/ 后，系统就会自动填写好后面 4 个参数的值，分别是 Protocol=http，Host=www.example.com，Port=80，Path=/。

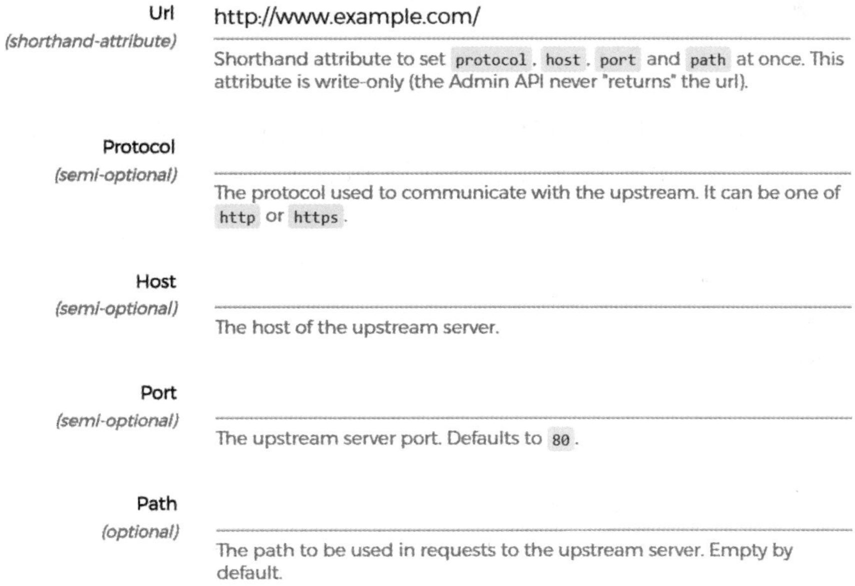

图 3-9 添加服务信息

关于对图 3-9 中参数的更详细的说明，详见 2.5.2 节。

接着，添加路由信息，如图 3-10 所示。此时需要注意的是，对于那些可以同时输入多个值的参数，每输入一个值后都需要按 Enter 键，并确认其输入背景变为了椭圆深灰色，否则添加无效。

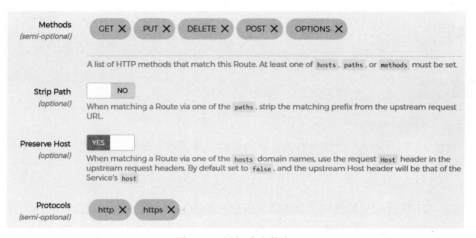

图 3-10　添加路由信息

多个值同时输入的效果如图 3-10 所示，为了区分，此输入框下方为一条蓝色的细线，其他输入框架下方为一条绿色的细线。

3.5.4　路由管理

路由管理页面如图 3-11 所示，在这里，既可以很方便地搜索服务信息和路由信息，也可以通过链接地址直接导航至要查看的服务和路由，还可以直接编辑或删除服务信息和路由信息。尤其当路由信息较多时，这里的路由搜索管理就变得非常有用。

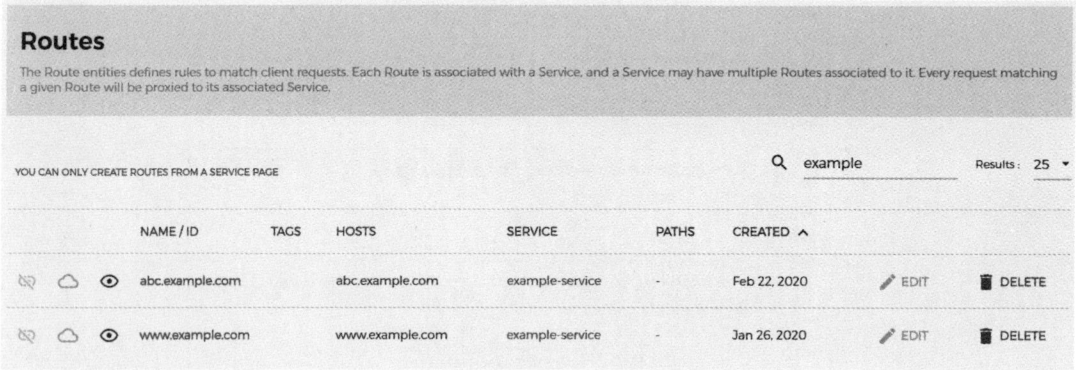

图 3-11　路由管理页面

3.5.5　消费者管理

消费者管理页面如图 3-12 所示。在这里，可以很方便地搜索消费者对应的认证信息、服务信息和路由信息。

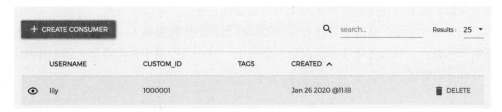

图 3-12　消费者管理页面

此外，还可以将消费者与业务数据库关联起来，通过将客户端传递的身份信息与身份验证内置插件相结合的方式来鉴权用户。如图 3-13 所示，在此添加一个消费者 lily。

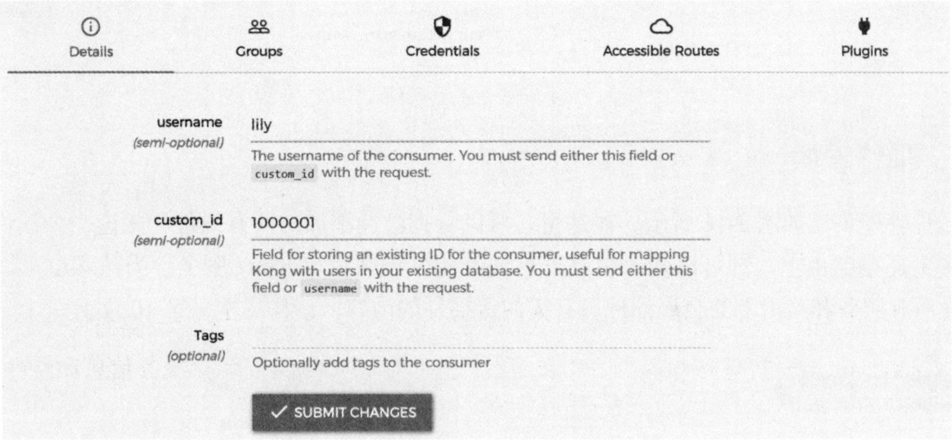

图 3-13　添加消费者 lily

如图 3-14 所示，消费者的身份验证内置插件包括 5 种：BASIC、API KEYS、HMAC、OAUTH2 和 JWT。在此以第 1 种为例，添加 lily 的用户名和密码。关于身份验证内置插件的内容，详见 10.3 节，那里将详细讲解常用的前 4 种。

图 3-14　Basic Auth 列表

除了可以在服务管理中的服务和路由上添加插件之外，还可以很方便、直观地在如图 3-15 所示的页面上添加插件。从图中可以看到，如果将插件添加到服务上，该插件将作用于所添加服务下的所有路由。如果将插件添加到单个路由上，则它只作用于单个路由。服务和路由上的插件也可以分别管理。

图 3-15 添加插件

3.5.6 插件管理

插件管理页面如图 3-16 所示。在这里，可以看到已经添加的所有插件，无论一个插件应用在服务上还是路由上，都可以随时将其开启或禁用，无须重启 Kong 服务。当然，也可以添加应用在所有服务和路由上的全局插件。有关内置插件的内容，请详见本书第 10 章。

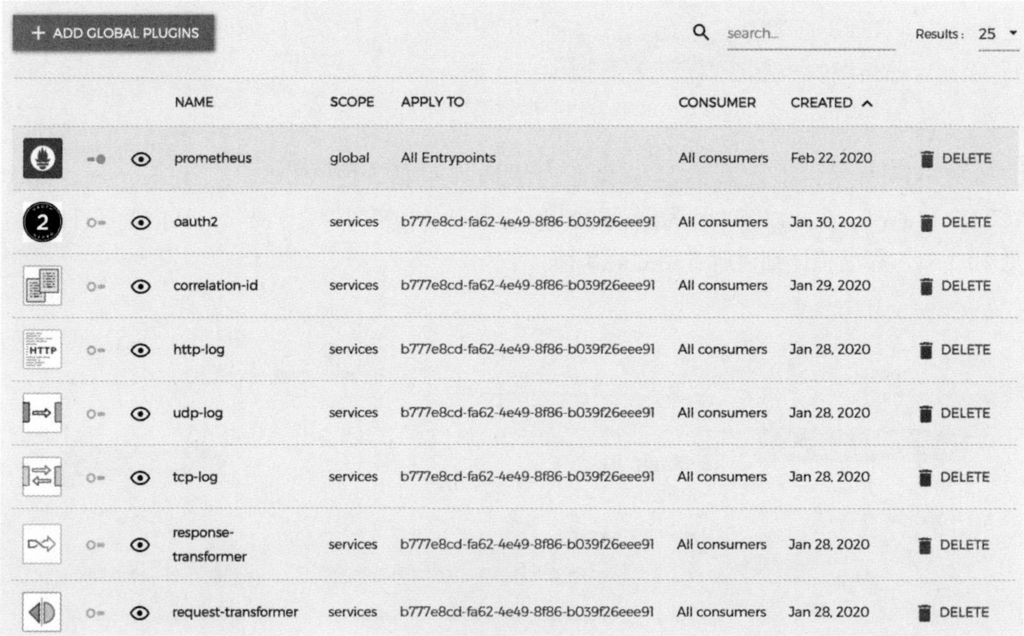

图 3-16 插件管理页面

3.5.7 上游管理

上游管理页面如图 3-17 所示。在这里，可以添加上游服务信息和目标节点信息，以及目标节点的主动健康检测和被动健康检测配置。在路由时，也可以这样配置：根据 IP 地址、请求头和 cookie 进行散列，以此决定是否将请求负载至对应的上游服务器。

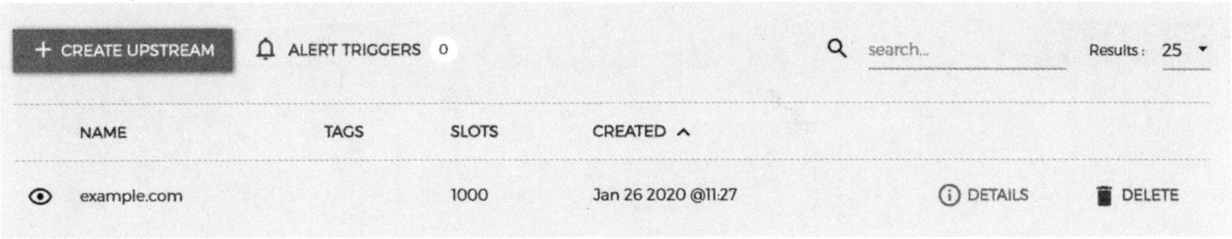

图 3-17　上游管理页面

需要特别说明的是，主动健康检测和被动健康检测可以联合使用。对于健康检测所返回的 HTTP 状态码，需要结合业务进行配置。健康检测可以实时探测服务的状态信息是否正常，并以此决定是否需要将有问题的上游服务目标节点剔除下线，使之不再参与服务的负载均衡。有关健康检测的详细介绍和原理，详见 9.2 节。

3.5.8 目标节点管理

目标节点管理页面如图 3-18 所示，在这里可以添加上游服务目标节点的信息（IP 地址和端口）。添加后如果把健康检测的配置打开，在此页面中就可以看到健康的节点是以绿色的心形作为标识，而不健康的节点是以红色的心形作为标识。除此之外，我们还可以很方便地调整上游服务目标节点的权重信息，以决定每台服务器所承受的负荷比例。

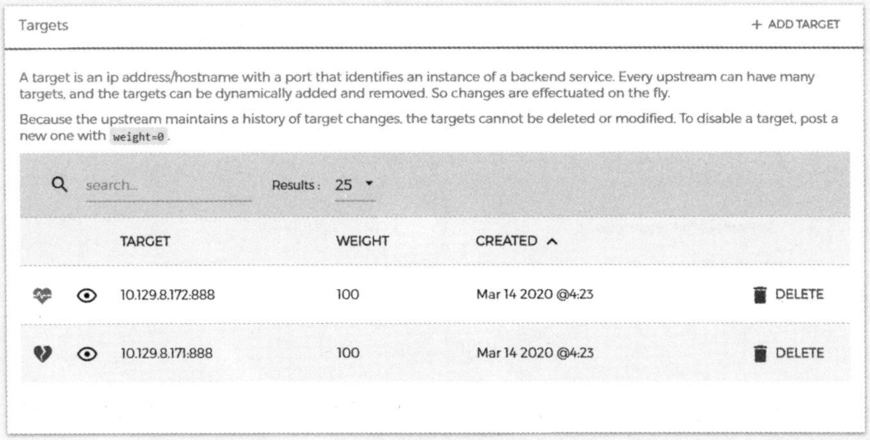

图 3-18　目标节点管理页面

3.5.9 证书管理

证书管理页面如图 3-19 所示，在这里可以管理域名 HTTPS 加密的 SSL/TLS 证书。你需要购买证书或自签证书，如图 3-20 所示，在此输入 cert SSL 密钥对的 PEM 编码的公共证书链，以及 PEM 编码的私钥。

图 3-19　证书管理页面

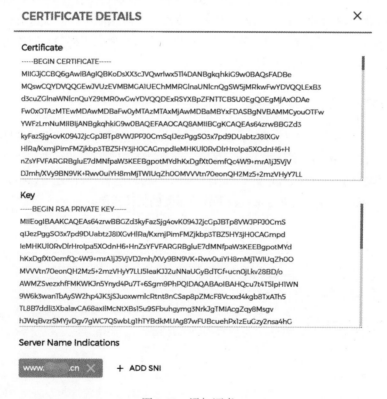

图 3-20　添加证书

SNI 可以关联到多个域名，它主要解决一台服务器只能使用一个域名证书的问题。有了 SNI，就可以实现一个服务器上有多个域名同时提供服务。此机制将在服务器与客户端进行

SSL/TLS 握手的过程中，根据 SNI 找到对应的证书进行安全校验。

特别需要说明的是，Kong 不仅支持单个 SNI 域名的设置，还支持通配符，如 *.example.cn。

3.5.10 用户管理

用户管理页面如图 3-21 所示，在这里可以添加 Konga 管理员（如图 3-22 所示），分配不同的管理角色，或者添加普通用户，并随时开启或禁用账号。

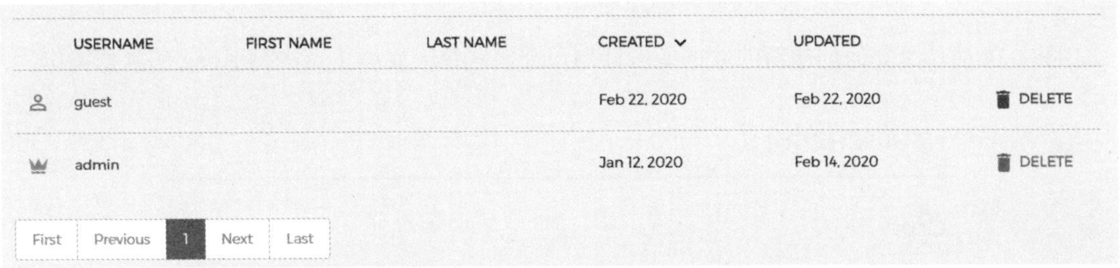

图 3-21　用户管理页面

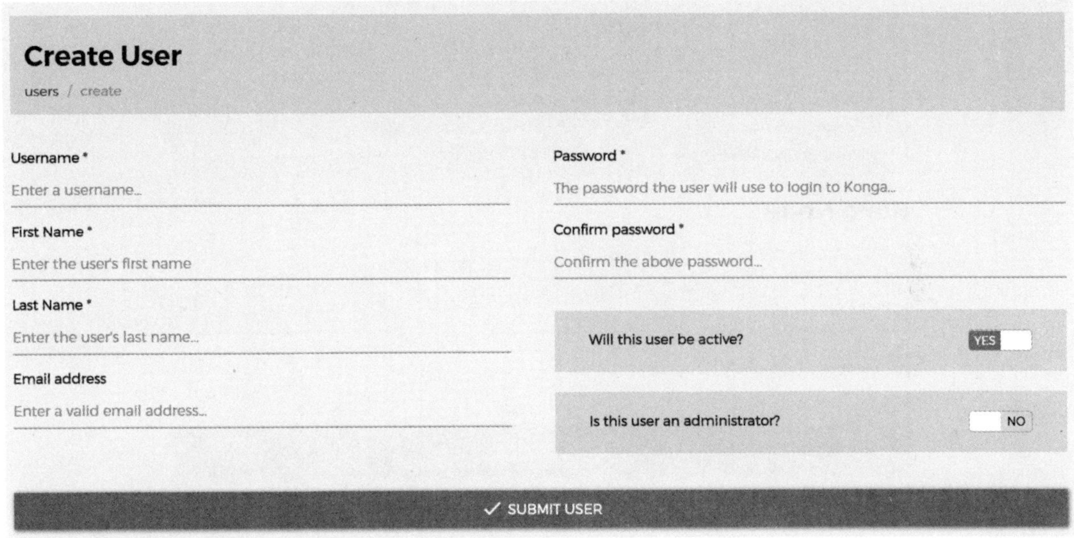

图 3-22　添加 Konga 管理员

3.5.11 快照管理

快照管理页面如图 3-23 所示，在这里可以立即备份 Kong 数据，或者通过计划任务的机制来定时备份 Kong 数据，还可以通过再导入备份数据的机制将数据恢复至 Kong 数据库。

图 3-23　快照管理页面

图 3-24 演示了如何创建新的数据备份计划，并设置每天凌晨 1 点进行 Kong 的数据备份。

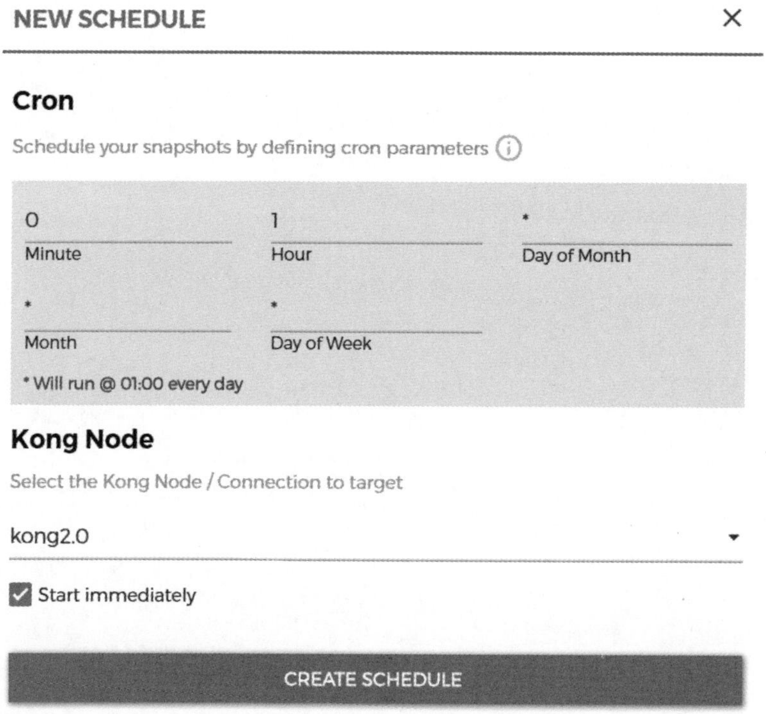

图 3-24　创建数据备份计划

3.5.12　系统设置

通过 Konga 的系统设置，可以设置首页仪表盘自动刷新的间隔时间、用户是否可以自主注册、当上游服务目标节点下线或未反应时是否进行邮件通知以及普通用户角色的细粒度权限分配等。请读者安装 Konga，直接登录系统查看更为详细的信息。

3.6 All-In-One

前面我们已经介绍了 Kong、PostgreSQL、Konga 的安装、初始化、启动等过程,下面将介绍另一种更为极速、快捷的组合安装启动过程,即 All-In-One(一键安装)。在这种方式下,所有内容一键式安装,立即启动、即刻使用。

首先需要安装 Docker compose,这是 Docker 提供的一个命令行工具,用来管理和运行由多个容器组成的应用,相关命令如下:

```
$ yum install epel-release                              -- 安装并启用 epel 源
$ yum install -y python-pip                             -- 安装 python-pip
$ pip install --upgrade pip                             -- 更新 pip
$ yum -y install python-devel python-subprocess32       -- 安装 python-devel/subprocess32
$ pip install docker-compose                            -- 安装 docker-compose
```

注意此安装过程的时间相对较长。

安装好后,将 docker-compose.yml 文件放置到服务器,此文件是在前面提到的 Kong、PostgreSQL、Konga 镜像容器的组合。这之后只需要运行 `docker-compose up` 命令即可完成 Kong、PostgreSQL 和 Konga 的安装初始化,然后启动,读者可通过控制台看到整个安装过程。

关于 docker-compose.yml 文件,请通过本书前言提供的方式下载,其内容如下:

```yaml
version: '3'
services:
  kong-database:
    image: postgres:9.6                                 -- PostgreSQL 的镜像
    container_name: kong-database
    ports:
      - 5432:5432                                       -- PostgreSQL 的端口
    environment:
      - POSTGRES_USER=kong
      - POSTGRES_DB=kong
      - POSTGRES_PASSWORD=kong
    volumes:
      - "/opt/kong-db-data-postgres:/var/lib/postgresql/data"

  kong-migrations:
    image: kong:latest                                  -- Kong 的镜像
    environment:
      - KONG_DATABASE=postgres
      - KONG_PG_HOST=kong-database
      - KONG_PG_USER=kong
      - KONG_PG_PASSWORD=kong
    command: kong migrations bootstrap                  -- Kong 数据库的初始化
    restart: on-failure
    depends_on:
      - kong-database
```

```yaml
kong:
    image: kong:latest                                          -- Kong 的镜像
    container_name: kong
    environment:
        - KONG_DATABASE=postgres
        - KONG_PG_HOST=kong-database
        - KONG_PG_USER=kong
        - KONG_PG_PASSWORD=kong
        - KONG_PROXY_ACCESS_LOG=/dev/stdout
        - KONG_ADMIN_ACCESS_LOG=/dev/stdout
        - KONG_PROXY_ERROR_LOG=/dev/stderr
        - KONG_ADMIN_ERROR_LOG=/dev/stderr
        - KONG_ADMIN_LISTEN=0.0.0.0:8001, 0.0.0.0:8444 ssl
    restart: on-failure
    ports:
        - 8000:8000                                             -- Kong 的代理端口
        - 8443:8443                                             -- Kong 的管理端口
        - 8001:8001                                             -- Kong SSL 的代理端口
        - 8444:8444                                             -- Kong SSL 的管理端口
    links:
        - kong-database:kong-database
    depends_on:
        - kong-migrations

konga:
    image: pantsel/konga:0.14.9                                 -- Konga 的镜像
    ports:
        - 1337:1337                                             -- Konga 的端口
    links:
        - kong:kong
    container_name: konga
    environment:
        - NODE_ENV=production
```

若看到以下信息，则表示 Kong 启动成功：

```
using the "epoll" event method
openresty/1.15.8.3
built by gcc 9.2.0 (Alpine 9.2.0)
OS: Linux 3.10.0-693.el7.x86_64
getrlimit(RLIMIT_NOFILE): 1048576:1048576
start worker processes
```

最后，访问以下地址即刻使用 Kong。

- Kong 的代理端口：http://ip:8000。
- Kong 的管理端口：http://ip:8001。
- Kong SSL 的代理端口：https://ip:8443。
- Kong SSL 的管理端口：https://ip:8444。

3.7 小结

本章详细介绍了 Kong 的开源可视化管理后台 Konga，虽然它非官方，但功能强大，界面交互非常人性化，非常易用，对于 Kong 的管理也是面面俱到。有了 Konga，后期的运维管理可以说如虎添翼。在此，笔者强烈推荐使用它。最后，本章还介绍了以容器组的方式一键式安装并启动 Kong、PostgreSQL 和 Konga。

至此，通过对第 2 章以及第 3 章的学习，相信读者已经初步具备了实战的条件和基础。在下一章中，我们将通过 8 个入门示例，让读者更加直观地感受 Kong 的强大魅力。

第 4 章 Kong 的基本功能

经过前面几章的学习，相信读者已经能够很好地掌握 Kong 的部署安装和基本管理了，接下来将介绍它最为常用的功能。

众所周知，学习 IT 知识的入门启蒙点通常是 Hello World，这与我们学习新知识时的标准思路相契合，即从最基本的应用学习开始，先遵循学习最小系统的原则，然后再由浅入深、循序渐进地学习。Kong 提供的功能众多，这些功能会让初识 Kong 的读者有纷繁复杂、眼花缭乱的感觉。本章将从 8 个应用场景开始，依次展示 Kong 最为常用的一些功能，包括路由转发、负载均衡、灰度发布、蓝绿部署、正则路由、HTTPS 跳转、混合模式、TCP 流代理。读者学完本章后，应该会对 Kong 的常用功能有一定的了解和掌握，从而轻松迈入云原生微服务网关世界的大门。

4.1 路由转发

路由转发在 OSI 协议模型的第 4 层和第 7 层最为常见。其中，第 4 层传输层基于 IP 地址和端口的组合，在将数据包转发到上游服务目标节点的过程中，只能通过从 TCP 流中读取解析到的少量报文信息来做出有限的路由决策；而 HTTP 协议是在第 7 层应用层执行的，可以比第 4 层解析出更多的信息，从而做出更加智能灵活的路由决策。

现在通过 Kong Admin API 创建一个简单的名为 helloworld 的路由转发服务。效果是当请求访问 example.com 域名时，会打开 helloworld.com，即访问 example.com 后看到的页面内容与打开 helloworld.com 后看到的一样。

首先需要添加服务和路由信息，因为当一个请求到达 Kong 网关之后要先进行路由匹配，匹配后再将请求转发到与路由匹配的服务上。一个服务是可以配置多条路由信息的，在这里只配置一条路由。注意：既可以使用 Kong API 管理配置信息，也可以使用 Konga 管理。

4.1.1 配置服务

此处通过 `curl` 命令将服务信息添加到 Kong，其中服务名称为 `example-service`，上游服务为 `helloworld.com`：

```
$ curl -i -X POST \
    --url http://localhost:8001/services/ \
    --data 'name=example-service' \
    --data 'url=http://helloworld.com'
```

此时如果收到以下信息回复，则表示服务信息添加成功：

```
HTTP/1.1 201 Created
Content-Type: application/json; charset=utf-8
Connection: keep-alive
{
    "host": "helloworld.com",
    "created_at": 1579388286,
    "connect_timeout": 60000,
    "id": "5736448f-4574-4d1c-84a1-4230f8557755",
    "protocol": "http",
    "name": "example-service",
    "read_timeout": 60000,
    "port": 80,
    "path": null,
    "updated_at": 1579388286,
    "retries": 5,
    "write_timeout": 60000,
    "tags": null,
    "client_certificate": null
}
```

对其中返回的服务属性内容的解释，具体请参考 2.5.2 节。

4.1.2 配置路由

接着同样通过 curl 命令将路由信息添加到 Kong，并将此路由信息与刚添加的服务 example-service 相关联，路由域名为 example.com：

```
$ curl -i -X POST \
    --url http://localhost:8001/services/example-service/routes \
    --data 'hosts[]=example.com'
```

此时若收到以下信息回复，则表示路由信息添加成功：

```
HTTP/1.1 201 Created
Content-Type: application/json; charset=utf-8
Connection: keep-alive
{
    "id": "087b1b0d-e0c4-44ba-90a7-7ec6d217f62b",
    "path_handling": "v0",
    "paths": null,
    "destinations": null,
    "headers": null,
    "protocols": [
```

```
    "http",
    "https"
],
"methods": null,
"snis": null,
"service": {
    "id": "5736448f-4574-4d1c-84a1-4230f8557755"
},
"name": null,
"strip_path": true,
"preserve_host": false,
"regex_priority": 0,
"updated_at": 1579388449,
"sources": null,
"hosts": [
    "example.com"
],
"https_redirect_status_code": 426,
"tags": null,
"created_at": 1579388449
}
```

对其中返回的路由属性内容的解释,请参考 2.5.1 节。

4.1.3 测试转发请求

通过 curl 命令请求 example.com,以验证 Kong 是否将请求正确地转发到了 helloworld.com 服务:

```
$ curl -i -X GET \
    --url http://localhost \
    --header 'Host: example.com'
```

请注意,在默认情况下,Kong 会处理 8000 端口上的代理请求。在这里,我们已经调整为了 80 默认端口,所以请求时不需要再写端口号。

此外,也可以通过本地 Host 将 example.com 域名指向网关的 IP 地址,然后通过桌面浏览器直接访问 http://example.com,之后可以看到 helloworld.com 站点的内容。

这里只是先通过一个简单的示例来说明路由转发最基本的功能,更为智能的路由请查看本书 12.1 节。

4.2 负载均衡

负载均衡(load balance)是通过负载均衡算法将大量并发的 HTTP 请求均衡地分发到后端的多个微服务节点上,以此减少用户的等待时间,提高系统吞吐量、增加系统的处理能力和可用性。

4.2.1 案例准备

此处我们用 Spring Boot Restful Web 微服务站点来模拟某系统的微服务用户管理（示例源代码按本书前言所提供的方式下载）。

如图 4-1 所示，微服务站点将部署在 2 台服务器，即 Node1（192.168.1.20）和 Node2（192.168.1.21）上，这两个站点均为 V1 版本，端口均为 9000，访问域名均为 http://www.kong-training.com。我们将通过 Kong 进行负载均衡，让这两台服务器承担相同比例的流量请求。

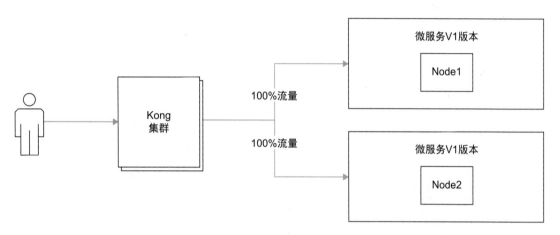

图 4-1　负载均衡示意图

如表 4-1 所示，用户资源的 Restful 接口有 6 个，主要用于对用户的管理操作。

表 4-1　用户资源的 Restful 接口

接口资源的请求地址	谓词	注释
user?companyId={companyId}&name={name}	GET	获取用户信息
user?companyId={companyId}	POST	添加用户信息
user?companyId={companyId}&name={name}	PUT	更新用户信息
user?companyId={companyId}&name={name}	DELETE	删除用户信息
user/all/{companyId}	GET	获取在指定公司下的用户信息
user/version	GET	获取用户资源的 API 版本信息

管理用户资源的示例代码如下：

```
package kong.training.rest;
// ……
@RestController
@EnableAutoConfiguration
@RequestMapping("user")
public class UserController {
```

```java
// 获取用户资源的 API 版本信息
@RequestMapping(value = "version", produces = { "application/json" })
public String getVersion() {
    return "v1.0";
    // return "v2.0";
}
// 根据用户 name/ 公司 ID 取得用户信息
@RequestMapping(value = "", produces = { "application/json" })
public User getUser(@RequestParam(value = "companyId", required = true)
    int companyId,@RequestParam(value = "name", required = true)
    String name) {
        User user = new User();
        user.setCompanyId(companyId);
        user.setUserId(userId);
        user.setName("tom");
        user.setAge(20);
        user.setEmail("tom@mail.com");
        return user;
}
// 根据公司 ID 取得所有用户信息
@RequestMapping(value = "all/{companyId}", method = RequestMethod.GET)
public List<User> getAllUser(@PathVariable("companyId") int companyId) {
    System.out.println(companyId);
    ArrayList<User> userList = new ArrayList<User>();
    User user = new User();
    user.setCompanyId(companyId);
    user.setName("tom");
    user.setEmail("tom@mail.com");
    userList.add(user);
    user = new User();
    user.setName("lily");
    user.setEmail("lily@mail.com");
    userList.add(user);
    return userList;
}
// 添加用户信息
@RequestMapping(value = "", method = RequestMethod.POST, headers =
    "Accept=application/json", produces = { "application/json" },
    consumes = { "application/json" })
public User addUser(@RequestParam(value = "companyId", required = true)
    int companyId, @RequestBody User user) {
        System.out.println(user);
        return user;
}
// 更新用户信息
@RequestMapping(value = "", method = RequestMethod.PUT,
    produces = { "application/json" })
public Boolean updateUser(@RequestParam(value = "companyId", required = true)
    int companyId, @RequestParam(value = "name", required = true) String name) {
        System.out.println(name);
        return true;
}
// 删除用户信息
@RequestMapping(value = "", method = RequestMethod.DELETE, produces = {
    "application/json" })
```

```
    public Boolean deleteUser(@RequestParam(value = "companyId", required = true)
        int companyId, @RequestParam(value = "name", required = true, defaultValue =
    "Just a test!") String name) {
            System.out.println(companyId);
            System.out.println(name);
            return true;
    }
}
```

如表 4-2 所示，健康检测的 Restful 接口有 2 个，health/ping 用于为服务的健康检测提供探测端点，health/node 用于请求时得知是哪一个后端节点在提供服务，这两个接口都可以用于健康检测。

表 4-2　健康检测的 Restful 接口

接口资源请求地址	谓　　词	注　　释
health/ping	GET	为健康检测提供探测端点
health/node	GET	获取是哪个后端节点提供服务

健康检测的示例代码如下：

```
package kong.training.rest;
import java.net.InetAddress;
import org.springframework.boot.autoconfigure.EnableAutoConfiguration;
import org.springframework.web.bind.annotation.RequestMapping;
import org.springframework.web.bind.annotation.RestController;
@RestController
@EnableAutoConfiguration
@RequestMapping("health")
public class HealthController
{
    // 获取当前服务器节点的 IP 地址
    @RequestMapping(value = "node", produces = { "application/json" })
    public String getNode()
    {
        try
        {
            InetAddress address = InetAddress.getLocalHost();
            return address.getHostAddress();
        }
        catch (Exception e)
        {
            e.printStackTrace();
        }
        return "error";
    }

    // 用于健康检测的探测接口
    @RequestMapping(value = "ping", produces = { "application/json" })
    public Boolean Ping()
    {
```

```
        return true;
    }
}
```

微服务的启动入口如下：

```java
package kong.training.rest;

import org.springframework.boot.autoconfigure.SpringBootApplication;
import org.springframework.boot.builder.SpringApplicationBuilder;

import java.util.HashMap;

@SpringBootApplication
public class KongApplication {
    public static void main(String[] args) {
        SpringApplication.run(KongApplication.class, args);
    }
}
```

4.2.2 配置服务

为了方便、直观地演示，并且使读者快速入门，我们不再使用 Admin API，而是采用 Konga 添加数据。先添加服务，点击 Konga 左侧菜单的 SERVICES，再点击 ADD NEW SERVICE，此时打开的添加服务页面如图 4-2 所示。

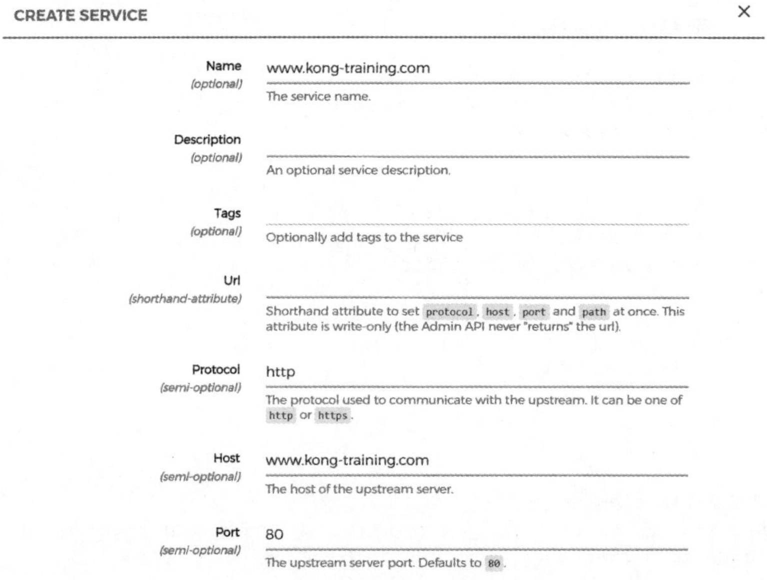

图 4-2　添加服务页面

对图 4-2 中部分项的解释如下所示。

- Name：服务的名称标识。这里将其设置为 www.kong-training.com。
- Protocol：访问上游服务时用的协议。这里将其设置为 http。
- Host：上游服务的名称。这里将其设置为 www.kong-training.com。

除上述几项之外，还有 Url，此项的作用是快速地解析输入的 Host、Port 和 Path 参数。信息都填写好后，点击 Submit 按钮提交。

4.2.3 配置路由

在 Services 列表，点击 Name 进入详情页，然后先点击 Routes，再点击 ADD ROUTE，进入添加路由页面，如图 4-3 所示。

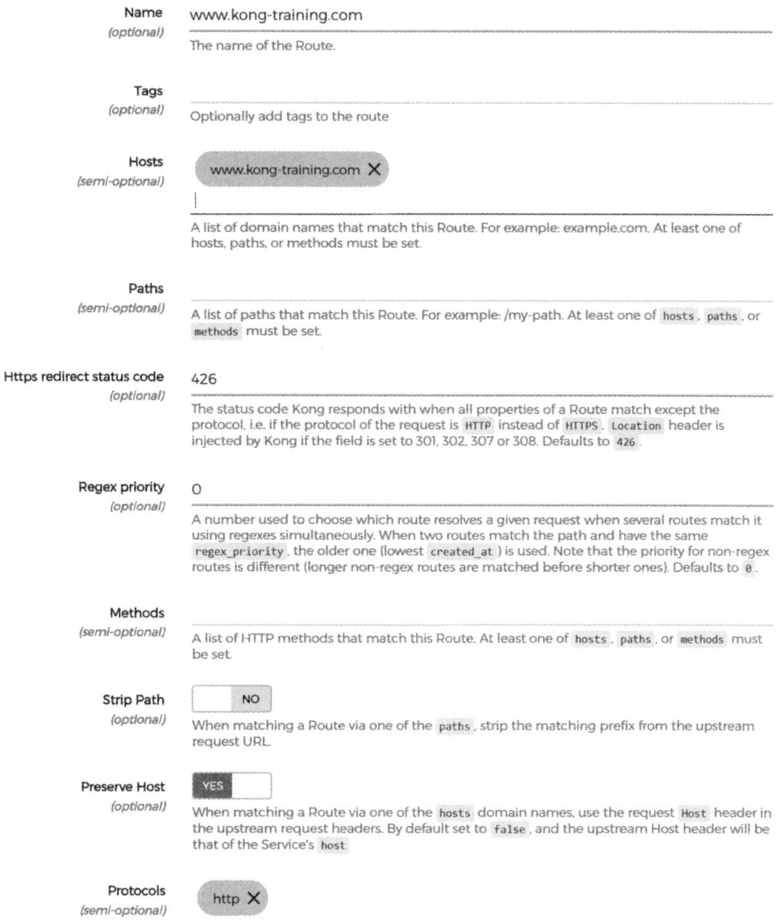

图 4-3　添加路由页面

对图 4-3 中部分项的解释如下所示。

- Name：路由的名称标识。这里将其设置为 www.kong-training.com。
- Hosts：与路由相匹配的域名，可以设置多个值。这里将其设置为 www.kong-training.com。
- Paths：路由路径，可以设置多个值，这里暂不设置。如果设置为 /users，表示在访问时需要在域名地址后面加此路径。Kong 网关不仅可以代理路由指定的后端微服务 API 请求，还可以代理路由整个域名下的所有请求。
- Strip Path：可选项，这里设置为 No。如果设置为 YES，则表示向上游服务器转发请求的过程中，如果路由与所配置的 Paths 属性中某条相匹配，就从请求 URL 中将对应的路径去掉。此功能非常有用，通过它可以非常灵活地设置自定义访问地址。
- Preserve Host：可选项，这里设置为 YES。表示向上游服务转发请求时，会附带当前请求的主机头（即 www.kong-training.com）。

4.2.4　配置上游

先点击 Konga 管理工具左侧菜单的 UPSTREAMS，再点击 CREATE UPSTREAM 按钮，如图 4-4 所示，就进入了添加上游页面。

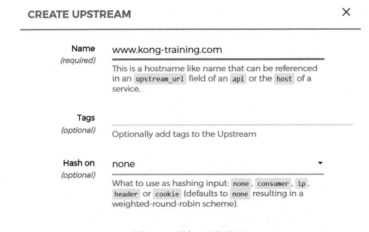

图 4-4　添加上游页面

这里只需要填写 Name：www.kong-training.com（上游服务的名称）即可，其他均为默认参数。然后点击 Submit 按钮提交保存，之后编辑此上游，设置主动健康检测，将为 0 的值暂时全部设置为 3（参数说明详见 2.5.3 节）。

注意：如果忘记或未配置上游信息，客户端请求将返回信息："`{"message":"name resolution failed"}`"，意思为 DNS 名称解析失败。

4.2.5 添加目标节点

在 UPSTREAM 列表中，点击刚添加的 www.kong-training.com 行后面的 DETAILS 按钮进入详情页，再点击 Targets，如图 4-5 所示，就进入了添加目标节点页面。

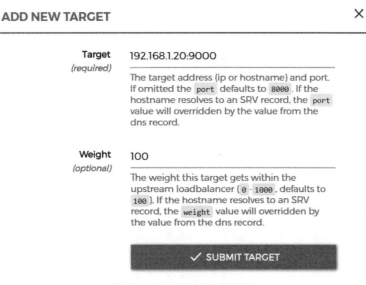

图 4-5　添加目标节点页面

这里分别填写 192.168.1.20 和 192.168.1.21 两个上游服务目标节点。

- Target：上游服务目标节点的 IP 地址 / 端口。这里的值是 192.168.1.20:9000。请自行填写另一个节点（192.168.1.21:9000）。
- Weight：权重。这里的值是 100，可根据不同的服务器配置情况设置不同的权重。

添加完成后，回到上游服务目标节点列表页，见图 4-6。

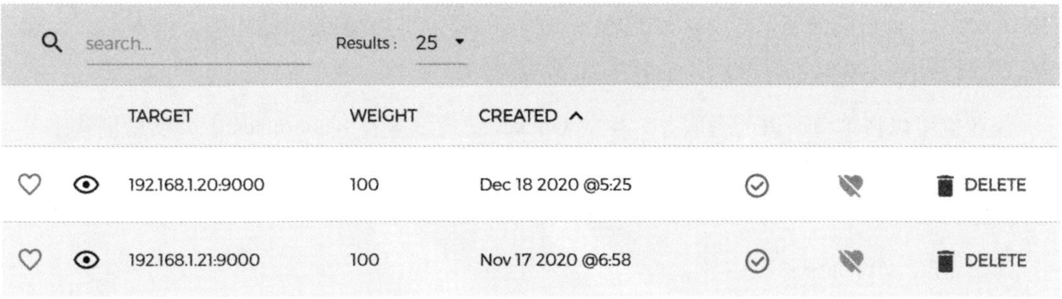

	TARGET	WEIGHT	CREATED			
♡ ⊙	192.168.1.20:9000	100	Dec 18 2020 @5:25	⊘		DELETE
♡ ⊙	192.168.1.21:9000	100	Nov 17 2020 @6:58	⊘		DELETE

图 4-6　已添加的目标节点列表

注意：如果忘记或未配置目标节点信息或者已配置目标节点，但目标节点全为不健康状态，客户端请求将返回信息："{"message":"failure to get a peer from the ring-balancer"}"，意思为不能从环形均衡器中获取有效的上游服务器目标节点。对环形均衡器的详细介绍，见 9.1.2 节。

4.2.6　验证结果

设置本机域名，将 www.kong-training.com 指向 Kong 网关的 IP 地址。

验证 1：打开浏览器输入 http://www.kong-training.com/user?companyId=100010&name=tom。

返回结果如下：

```
{
    "companyId": 100010,
    "userId": 10485760,
    "age": 20,
    "email": "tom@mail.com",
    "name": "tom",
    "online": 0
}
```

验证 2：打开浏览器并输入 http://www.kong-training.com/health/node。多次刷新页面，会发现多次返回的 IP 地址是交替变化的，这说明站点的负载均衡设置有效。

返回结果如下：

```
192.168.1.20
```

或

```
192.168.1.21
```

验证 3：将 Node1 上的微服务站点关闭，然后再刷新页面，会发现只返回 Node2 的 IP 地址 192.168.1.21，这说明故障节点 Node1 已经失效，且不再参与请求的负载均衡。将 Node1 微服务站点恢复打开后，就又可以看到 2 个 IP 地址交替返回。

读者也可以将本节所讲的微服务，生成 Docker 镜像部署在 Kubernetes 中，然后创建多节点实例，这样只需要在此 Kong 上游服务目标节点上配置一个 Kubernetes 服务入口点即可。下面具体说明该过程。

Dockerfile 文件如下：

```
FROM docker.io/library/java:latest                    -- Java 基础镜像
MAINTAINER kong                                       -- 维护人
```

```
COPY . /home/kong-training-spring-boot-web-restful    -- 复制jar文件
WORKDIR /home/kong-training-spring-boot-web-restful   -- 设置工作目录
EXPOSE 9000                                            -- 对外暴露端口
ENTRYPOINT ["java","-jar","kong.training.rest-1.0.0-SNAPSHOT.jar"]  -- 执行入口点
```

使用 Dockerfile 生成 Docker 镜像 kongguide/kong-training-spring-boot-web-restful，选择在 Kubernetes 环境运行：

```
$ docker build -t
kongguide/kong-training-spring-boot-web-restful .         -- 构建Docker镜像
# docker run --name kong -p 9000:9000
kongguide/kong-training-spring-boot-web-restful:latest    -- 非Kubernetes方式运行镜像(备)
```

进入 Kubernetes Dashboard，如图 4-7 所示，在左上角创建应用，在"应用名称"中填 kong-training；在"容器镜像"中填 kongguide/kong-training-spring-boot-web-restful:latest；在"容器组个数"中根据需要填写 1 或 n（容器组个数决定了能够创建微服务实例节点的个数），这里是 2；在"服务"中填外部，即采用外部负载均衡 Kong；最后点击部署。读者也可从 DockerHub 官网站点的 kongguide/kong-training-spring-boot-web-restful 目录下载并使用 Spring Boot Restful Web 微服务，这样就不需要自己生成镜像。

图 4-7 通过 Kubernetes Dashboard 部署微服务

部署完成后，即可看到容器组中有 2 个已经在运行的 kong-training 微服务实例节点，此时只需要在 Kong 上游服务目标节点中配置 Kubernetes 服务入口点 ip:30215 即可，如图 4-8 和图 4-9 所示。

容器组		
名称	节点	状态
✓ kong-training-7f97c9c885-pxk2q	byvl-app-7-137	Running
✓ kong-training-7f97c9c885-thqx9	byvl-app-7-135	Running

图 4-8　微服务运行实例 kong-training

服务			
名称	标签	集群 IP	内部端点
✓ kong-training	k8s-app: kong-training	10.1.97.178	kong-training:9000 TCP kong-training:30215 TCP
✓ nginx	app: nginx	10.1.129.142	nginx:80 TCP nginx:32694 TCP
✓ kubernetes	component: apiserver provider: kubernetes	10.1.0.1	kubernetes:443 TCP

图 4-9　Kubernetes 服务入口点

这种方式下具体的客户端请求过程为客户端流量 →Kong→Kubernetes 服务 →Kubernetes Pod，我们也可以将 Kong 以 Kong Ingress Controller 的方式运行，控制整个流量入口，详见 9.14 节。

注意：如果在 Kubernetes 中创建应用后，在部署过程中下载慢或不能下载镜像，则只需编辑部署 YAML 文件，设置为本地镜像，并将 `imagePullPolicy`（镜像下载策略）由 `Always`（总是拉取）调整为 `IfNotPresent`（若本地有，就使用本地镜像，不拉取）。

4.3　灰度发布

灰度发布是介于黑与白之间，能够平滑过渡的一种发布方式。灰度发布又称金丝雀，这是因为在 17 世纪时，英国矿井工人发现，金丝雀对瓦斯这种气体十分敏感。哪怕空气中只有极其微量的瓦斯气体，金丝雀也会立即停止歌唱；而当瓦斯含量超过一定限度时，虽然人类毫无察觉，金丝雀却早已毒发身亡。因此在当时采矿设备相对简陋的条件下，工人们每次下井都会带上一只金丝雀作为"瓦斯检测指标"，以便在危险状况下能够紧急撤离。

在本节中，灰度发布是指在生产环境中划分出一部分节点作为灰度节点，当准备上新版本的时候，先把这些灰度节点部署至灰度环境，并且切换一部分流量过来，以测试新版本的功能、性能和稳定性。经过以上流程，如果有问题，就可以尽早发现、及时解决。当灰度环境的版本没有问题时，再将所有旧版本都更新为新版本。

如图 4-10 所示，我们先部署一个节点 Node2，使之升级为 V2 新版本，并只让其接收 10% 的请求流量，用于验证新版本，如果测试通过，再把另一个节点 Node1 也升级为 V2 版本。

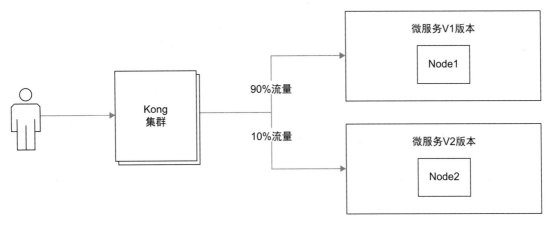

图 4-10　灰度发布示意图

下面将 Node2 上的微服务站点更新为 V2 版本。打开微服务示例的源代码，如下方代码所示，调整 UserController.java 文件中的 `getVersion` 方法为 v2.0 版本，最后重新编译部署至 Node2 节点：

```
@RequestMapping(value = "version", produces = { "application/json" })
public String getVersion() {
    return "v2.0"; // v1.0
}
```

如图 4-11 所示，在 4.2 节负载均衡示例的基础上，调整两个站点的权重比例为 90∶10。

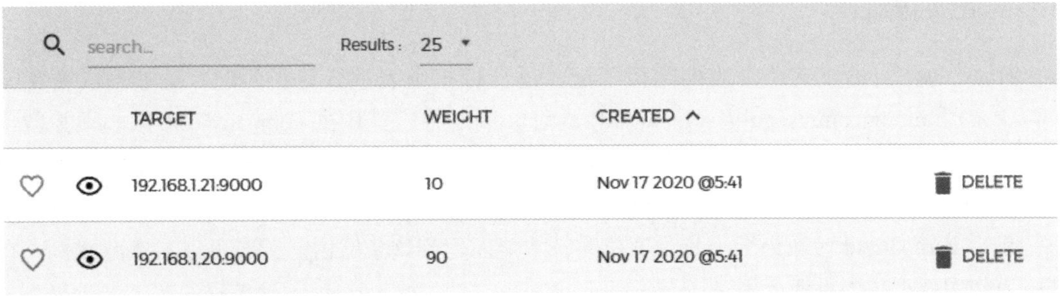

图 4-11　灰度环境不同的权重配置

接下来进行验证，访问 http://www.kong-training.com/health/node，然后多次刷新页面，可以发现返回 Node1 的比例为 90%，返回 Node2 的比例为 10%。

4.4 蓝绿部署

蓝绿部署是一种以可预测的方式发布服务的技术，其目的是减少发布过程中服务停止的时间。对于当前生产环境来说，V1 版本的微服务为绿色，再部署的新版本（即 V2 版本）为蓝色。测试时，先将流量全部切到蓝色环境 V2，如果测试没问题，就直接使用蓝色环境 V2；如果测试出现了问题，则可以通过负载均衡器快速回滚切换到绿色环境 V1。

同 4.3 节，只需要调整后端上游服务器的权重即可实现这种快速切换。具体地，把微服务 V1 版本的权重调整为 0，微服务 V2 版本的权重调整为 100。随后即可看到权重调整为 0 的服务器将不再接收任何请求，蓝绿请求过程见图 4-12。

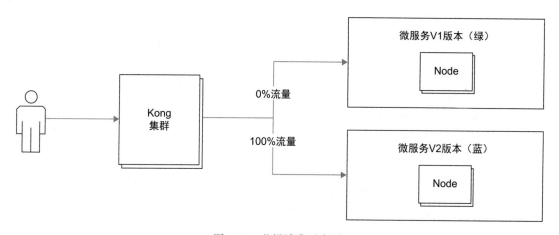

图 4-12 蓝绿请求示意图

4.5 正则路由

Kong 的路由不仅支持常规的路径匹配，还支持正则表达式路径匹配。假如现在要访问 www.kong-training.com/user/all/{companyId} 地址，同时限定其中的 companyId 参数必须为数字且为 8 位，则只需要在服务下再新添加一条新的路由信息，并把其中的 Paths 属性设置为正则表达式 /user/all/[0-9]{8}$ 即可，如图 4-13 所示。这样对于想要访问此微服务的用户来说，只有请求地址中 companyId 参数为数字且为 8 位时，才能匹配到这条路由。读者可以参考此案例，在实际工作中根据需要灵活运用。

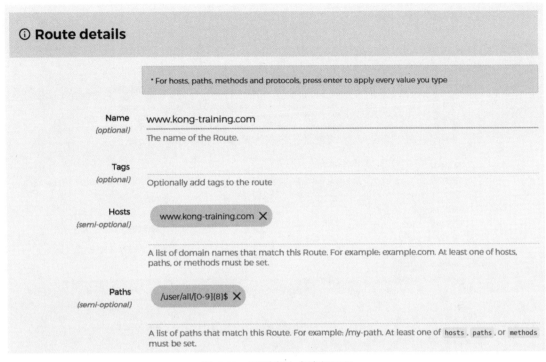

图 4-13　正则表达式路径匹配

4.6　HTTPS 跳转

HTTP 协议虽然应用广泛，却也存在着巨大的安全隐患，因为所有请求与响应的数据在网络上都是被明文传送的，导致数据可能会被随意嗅探、劫持或篡改，尤其对于那些对敏感信息安全要求极高的站点服务（如银行等），信息传输极不安全。而 HTTPS（Hyper Text Transfer Protocol over SecureSocket Layer，超文本安全传输协议）通过数字证书、加密算法以及非对称密钥等技术对信息加密处理，有效地保证了数据在传输过程中的安全性和完整性。

基于以上内容，需要实现一个结果，即只有 HTTPS 请求才能访问服务，如果是 HTTP 请求，则需要完成 HTTP 到 HTTPS 的自动跳转。假如用户在浏览器中输入了 http://www.kong-training.com 地址，而该服务并不允许用户使用 HTTP 协议访问，这就需要在网关层检测并强制将用户的请求自动跳转到 HTTPS，整个过程对用户来讲是透明、无感知的。

我们只需要在 Konga 管理工具的 www.kong-training.com 路由上将 Https redirect status code 设置为 301（表示 Moved Permanently，即永久重定向），将 Protocols 设置仅为 https 即可实现从 HTTP 到 HTTPS 的跳转（如图 4-14 所示）。

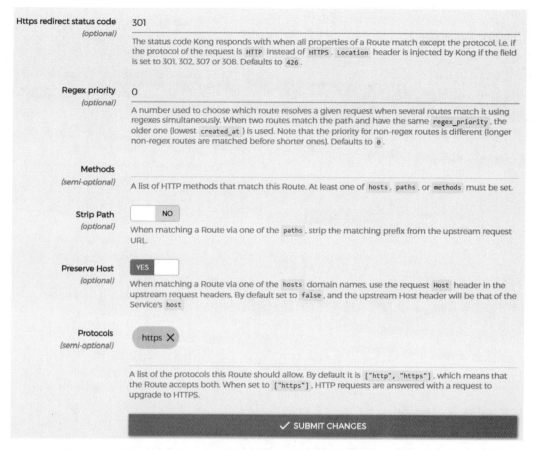

图 4-14 HTTP 跳转到 HTTPS 的相关设置

接下来是测试的过程，先打开 Chrome 浏览器，按 F12 键进入调试模式，然后输入 http://www.kong-training.com 地址后，会发现浏览器的第一次请求 Scheme 为 http 并返回了 301 状态码（表示跳转），之后的第二次请求 Scheme 为 https，并返回了 200 状态码，表示成功（如图 4-15 所示）。

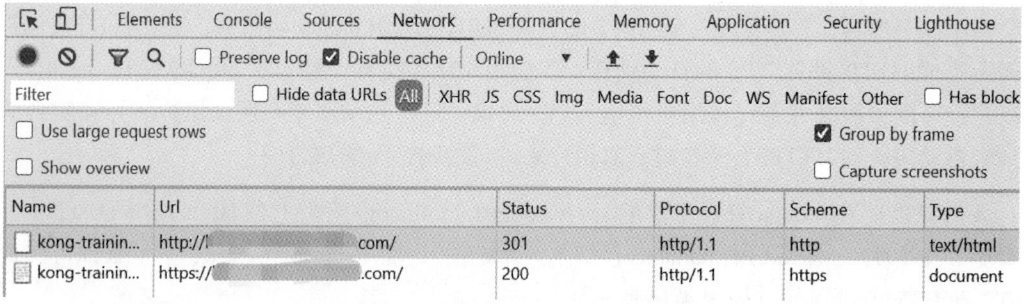

图 4-15 HTTP 跳转到 HTTPS 的过程

4.7 混合模式

混合模式（hybrid mode）不仅可以应用于公有云、私有云，还可以应用于混合云，它允许一部分 Kong 节点以控制平面的角色运行，而另一部分则以数据平面的角色运行。控制平面主要用于管理、注册整个服务网格的配置，数据平面主要用于代理网络流量。控制平面节点会将最新的配置信息实时传递给数据平面节点，数据平面节点运行时所需的数据全部缓存在内存中，并且本地磁盘上持久保存着其配置的副本，以保持高性能访问或在控制平面节点出现问题的情况下，数据平面节点也可以正常运行。

控制平面与数据平面的通信采用 WebSocket 长连接的全双工双向通信机制，实时且无延时地发送或接收数据，以此来达到控制整个服务网格的目的。

如图 4-16 所示，最上方的控制平面节点 Kong 将会管控整个集群范围内所有的数据平面节点，通过下发指令并推送给所有数据平面节点来控制其流量和行为，所有微服务之间通过数据平面节点进行通信。

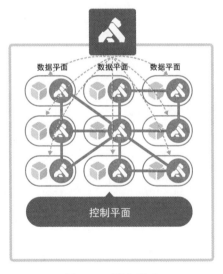

图 4-16 混合模式

4.7.1 案例准备

本节案例中的路由和上游服务等基础数据配置与 4.2 节中的负载均衡案例相同，不同的是 Node1、Node2 这两个节点上除了部署 Spring Boot Restful Web 微服务站点外，还需要部署 Kong，并且以数据平面的角色运行。原来节点之前的 Kong 则以控制平面的角色运行。

4.7.2 部署网格集群

部署 Kong 的过程请参考 2.1 节，下面是设置控制平面和数据平面的过程。

第 1 步：生成证书 / 密钥对。

Kong 需要生成一个共享的证书 / 密钥对，以此来保证控制平面和数据平面节点之间的通信安全性。该证书 / 密钥对会在控制平面和数据平面节点间共享，在 TLS 握手（mTLS）时用于身份验证。

登录 Kong 服务器，创建证书 / 密钥对：

```
$ cd /etc/kong
$ kong hybrid gen_cert
```

可以看到，会生成 2 个文件：cluster.crt 和 cluster.key。在默认情况下，这两个文件的有效期为 3 年，可以使用 --days 选项自行设置更长或更短的时间。

第 2 步：配置控制平面节点。

将节点的角色设置为控制平面，并配置证书。用 Vim 打开 /etc/kong/kong.conf 配置文件进行如下设置：

```
role = control_plane                    -- 设置以控制平面角色运行
cluster_cert = cluster.crt              -- 设置网格集群证书
cluster_cert_key = cluster.key          -- 设置网格集群证书密钥
cluster_listen = 0.0.0.0:8005           -- 设置网格集群监听地址
```

cluster_listen 用于存放数据平面连接的控制平面的服务器地址。如果有多个地址，请以逗号分隔，并确保属于同一网格集群内的所有数据平面都可以访问控制平面的网格集群通信端口 8005。

第 3 步：配置数据平面节点。

将节点的角色设置为数据平面，并配置证书。用 Vim 打开 /etc/kong/kong.conf 配置文件进行如下设置：

```
role = data_plane                                      -- 设置以数据平面角色运行
cluster_control_plane = cp_ip:8005                     -- 用于从控制平面自动同步最新配置
database = off                                         -- 关闭数据库，配置数据源从控制平面获得
cluster_cert = cluster.crt                             -- 设置网格集群证书
cluster_cert_key = cluster.key                         -- 设置网格集群证书的密钥
lua_ssl_trusted_certificate = cluster.crt              -- 设置 cluster.crt 为受信任的证书文件
```

注意：控制平面只能用于管理整个服务网格的配置，不能用于代理网络流量。

4.7.3 验证网格集群

本节验证网格集群是否已经部署和配置成功。在控制平面服务器上运行以下 curl 命令：

```
$ curl http://cp_ip:8000/clustering/status
{
    "c67262d2-0820-485f-8777-0829a4a0989d": {
        "config_hash": "e68f6aaf80dd47aa3c1e68a4d30cad6e",
        "last_seen": 1584841999,
        "ip": "192.168.1.20",
        "hostname": "data-plane-1"
    },
    "b99a3d19-bd7c-4de8-9f56-dd3d6213a428": {
        "config_hash": "e68f6aaf80dd47aa3c1e68a4d30cad6e",
        "last_seen": 1584842014,
        "ip": "192.168.1.21",
        "hostname": "data-plane-2"
    }
}
```

可以看到返回了 2 个数据平面节点 192.168.1.20 和 192.168.1.21，这说明网格集群已经部署和配置成功。

4.7.4 配置路由及限速

先登录 Konga，连接控制平面节点的管理端口，再添加服务、路由、上游和目标节点地址信息，请参考 4.2.2 节至 4.2.5 节。

可以看到，在控制平面未配置数据时，数据平面节点无任何路由数据，待其配置完成后，将会自动地下发配置数据到所有数据平面节点。

接下来设置限速功能以保护微服务，在 www.kong-training.com 服务中添加限速插件：点击 Konga 管理工具左侧菜单的 SERVICES 按钮，在列表中点击 www.kong-training.com，在此页面上再依次点击 Plugins→ADD PLUGIN→TRAFFIC CONTROL→ADD RATE LIMITING。此时打开的添加限速插件页面如图 4-17 所示。

读者也可以通过 Kong Admin API 实现服务注册、配置全自动化。

对图 4-17 中各项的解释如下。

- consumer：用于配置插件将应用于的目标消费者 ID。如果为空，插件将应用于所有消费者。
- second：用于设置每秒的最大请求数量，这里设置为每秒只能访问 3 次。
- minute：用于设置每分钟的最大请求数量。
- hour：用于设置每小时的最大请求数量。
- day：用于设置每天的最大请求数量。

- month：用于设置每月的最大请求数量。
- year：用于设置每年的最大请求数量。
- limit by：数据限制的标识方式，比如消费者、凭据以及 IP 地址。
- policy：用于设置计数器是存储在本地，还是集群。这里其值为 local，即本地。

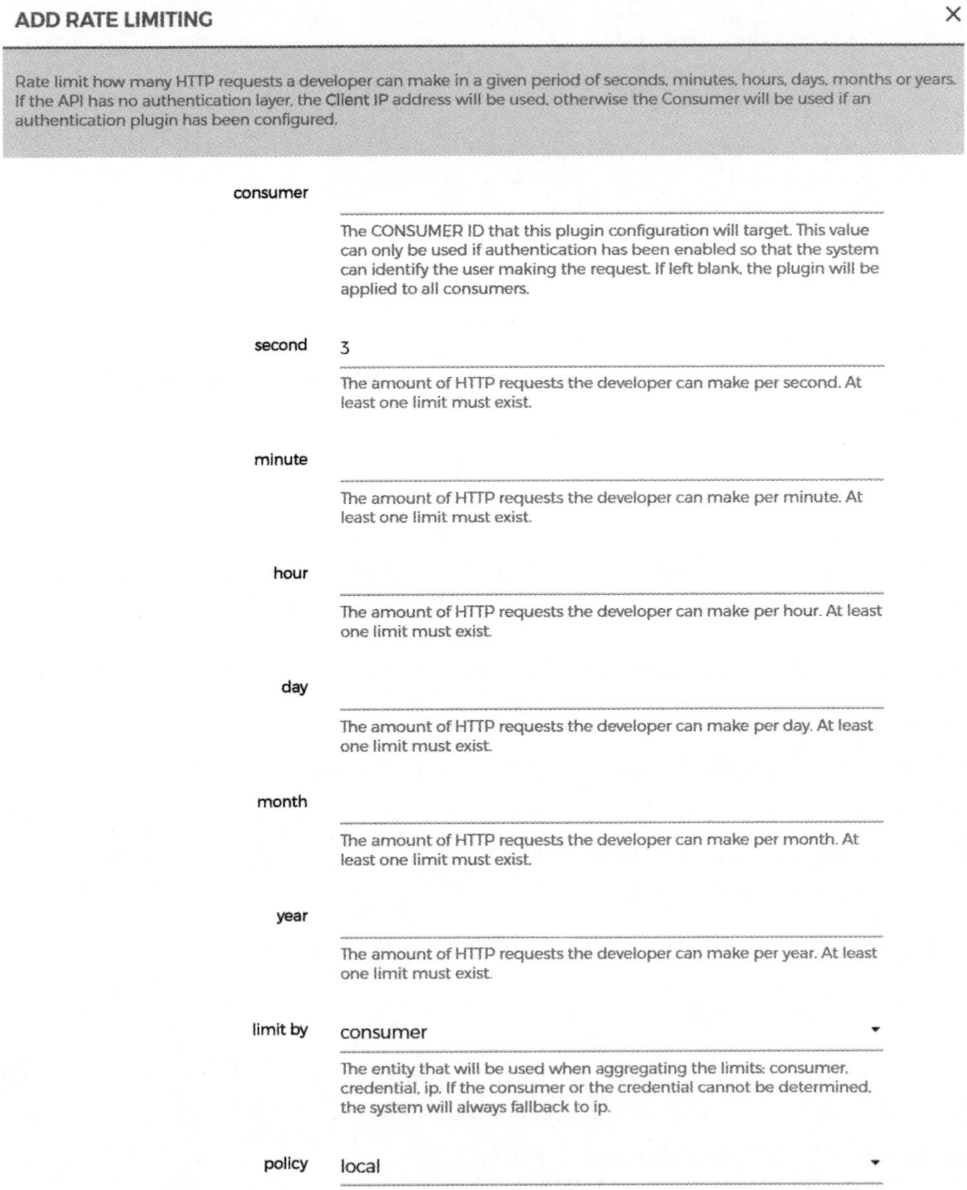

ADD RATE LIMITING

Rate limit how many HTTP requests a developer can make in a given period of seconds, minutes, hours, days, months or years. If the API has no authentication layer, the Client IP address will be used, otherwise the Consumer will be used if an authentication plugin has been configured.

consumer

The CONSUMER ID that this plugin configuration will target. This value can only be used if authentication has been enabled so that the system can identify the user making the request. If left blank, the plugin will be applied to all consumers.

second 3

The amount of HTTP requests the developer can make per second. At least one limit must exist.

minute

The amount of HTTP requests the developer can make per minute. At least one limit must exist.

hour

The amount of HTTP requests the developer can make per hour. At least one limit must exist.

day

The amount of HTTP requests the developer can make per day. At least one limit must exist.

month

The amount of HTTP requests the developer can make per month. At least one limit must exist.

year

The amount of HTTP requests the developer can make per year. At least one limit must exist.

limit by consumer

The entity that will be used when aggregating the limits: consumer, credential, ip. If the consumer or the credential cannot be determined, the system will always fallback to ip.

policy local

图 4-17 添加限速插件页面

4.7.5 验证

为了方便演示，直接使用桌面浏览器访问，此访问将会先被路由至数据平面节点，然后再路由到内部微服务。

验证 1

打开浏览器并输入 http://www.kong-training.com/user?companyId=100010&name=tom，结果如下：

```
{
    "companyId": 100010,            -- 公司 Id
    "userId": 10485760,             -- 用户 Id
    "age": 20,                      -- 年龄
    "email": "tom@mail.com",        -- 邮箱
    "name": "tom",                  -- 姓名
    "online": 0                     -- 在线状态
}
```

验证 2

快速多次刷新页面，可以看到返回了如下限速信息：

```
{"message":"API rate limit exceeded"}   -- 超过 API 速度限制
```

并且可以在返回的响应头中看到以下信息：

```
RateLimit-Limit: 3              -- 速度限制共 3 次
RateLimit-Remaining: 0          -- 速度剩余 0 次
```

读者可以根据实际的业务需求将微服务容器化，构建多个微服务互相访问，或者将微服务业务容器和数据平面容器同时放置在一个 POD 中（建议通过 Kubernetes Dashboard 或 Rancher 等容器管理平台来部署、管理和编排容器），再根据需求配置更为丰富的插件场景。

4.8　TCP 流代理

在前面的章节中，我们均基于第 7 层，即应用层的 HTTP 代理，本节将基于第 4 层，即传输层的 TCP 代理，我们将通过 Kong 代理后端的 MySQL 节点来说明 Kong 不仅支持 HTTP 代理，还支持 TCP 代理。读者也可以选择其他基于 TCP 协议的服务。在 192.168.8.3 的机器上运行以下命令，下载并运行 MySQL 服务器端 5.7 版本的镜像：

```
$ docker pull mysql:5.7                                    # 下载镜像
$ docker run -p 3306:3306 --name mysql \                   # TCP 端口映射
-v /usr/local/docker/mysql/logs:/var/log/mysql \           # 日志目录映射
    -v /usr/local/docker/mysql/data:/var/lib/mysql \       # 数据目录映射
    -e MYSQL_ROOT_PASSWORD=123456 \                        # 根密码
    -d mysql:5.7
```

之后，在 10.129.8.4 的机器上安装 MySQL 客户端，并验证客户端是否可以成功地连接到刚在 192.168.8.3 上安装的 MySQL 服务。在 `mysql -h192.168.8.3 -uroot -p123456 -P3306` 命令中，`-h` 是主机 IP 地址，`-u` 是用户名，小写 `-p` 是密码，大写 `-P` 是连接接口，这些参数名均和对应的值连在一起。如果连接成功，将出现 MySQL 命令提示符，在提示符后面输入 `show databases` 查看已建立的数据库，然后退出：

```
$ yum install mysql -y                              # 安装 MySQL 客户端
$ mysql -h192.168.8.3 -uroot -p123456 -P3306        # 验证客户端是否可以成功连接到 MySQL 服务
MySQL [(none)]> show databases;                     # 显示已建立的数据库
+--------------------+
| Database           |
+--------------------+
| information_schema |
| mysql              |
| performance_schema |
| sys                |
+--------------------+
MySQL [(none)]> exit
```

上面是通过 MySQL 客户端直接连接 MySQL 服务器端进行的测试，接下来我们在客户端和服务器端之间加上 Kong 中间代理，然后再让客户端去连接服务器端。

先添加服务。点击 Konga 左侧菜单的 SERVICES，再点击 ADD NEW SERVICE，此时打开的添加服务页面如图 4-18 所示。

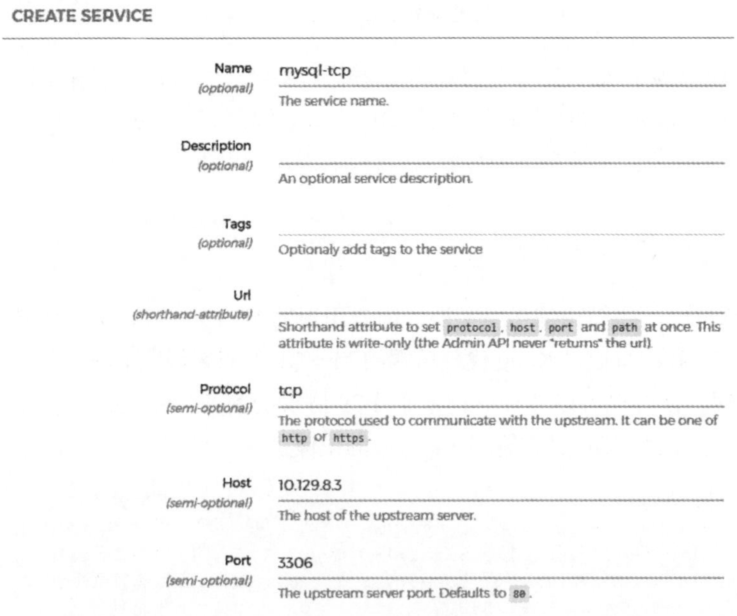

图 4-18 添加服务页面

下面简要介绍图 4-18 中的部分项。

- Name：服务的名称标识，这里为 mysql-tcp。
- Protocol：访问上游服务所需的协议，这里为 tcp。
- Host：上游服务的名称或 IP 地址，这里为 10.129.8.3。
- Port：上游服务的端口，这里为 3306。

上述信息都填写好后，点击 Submit 按钮提交。

然后在 Services 列表中点击 Name 进入详情页，点击 Routes，再点击 ADD ROUTE，进入添加路由页面，如图 4-19 所示。

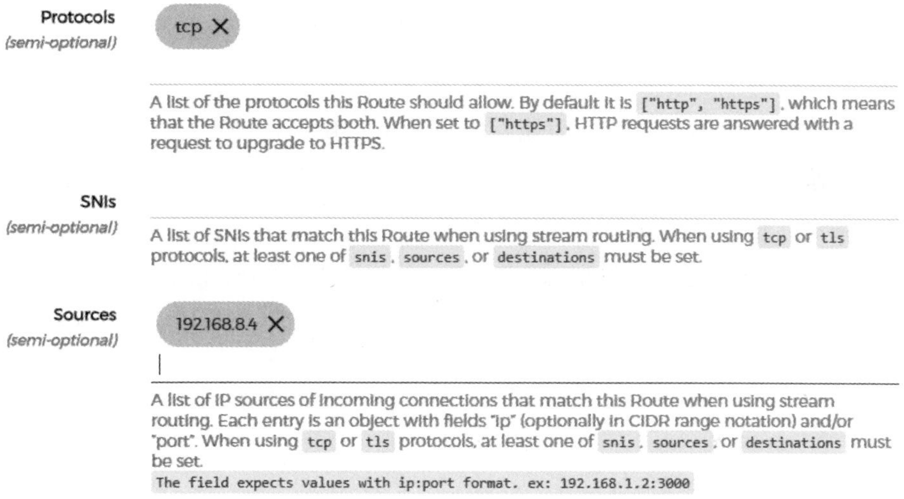

图 4-19　添加路由页面

下面简要介绍图 4-19 中的部分项。

- Protocols：请求所允许的协议列表。这里输入 tcp，输入后回车，可以同时设置多个值。
- Sources：请求所允许的 IP 源地址列表。这里输入 192.168.8.4，即 MySQL 客户端的 IP 地址，输入后回车，可以设置多个值。值也可以为 IP 地址的范围。

修改 /etc/kong/kong.conf 配置文件，将 `stream_listen` 流监听端口 7001 打开，并重新启动 Kong：

```
stream_listen = 0.0.0.0:7001 reuseport backlog=16384
```

再次用 MySQL 客户端进行连接验证，这次不再连接 10.129.8.3 的 3306 端口，而是连接 Kong 服务器 10.129.8.1 的 7001 端口，可以看到也成功连接了，这说明 Kong 代理后端服务有效：

```
$ mysql -h192.168.8.1 -uroot -p123456 -P7001        #验证客户端是否可以成功连接MySQL服务
MySQL [(none)]> show databases;
MySQL [(none)]> exit
```

读者也可以建立 MySQL 集群，并在 Konga 中创建上游服务，设置多个后端目标节点进行测试。除了使用 MySQL 客户端命令行测试外，读者还可以选择 Navicat、MySQL Workbench、SQLyog 等桌面版客户端进行连接测试。

4.9 小结

本章依次介绍了最基本、最常用的 8 个场景示例：路由转发、负载均衡、灰度发布、蓝绿部署、正则路由、HTTPS 跳转、混合模式、TCP 流代理，希望读者能够对 Kong 的功能和作用有一个更加直观的了解和认识。这些功能在日常工作中是最为常见的，是我们向成功迈出的第一步，请读者动手实践起来，感受 Kong 的无限魅力。

除了本章介绍的常用功能以外，在第 9 章、第 10 章和第 12 章中，我们还将会有更多的场景案例，供读者进一步深入学习和实战。

在下一章中，我们将详细介绍 Kong 的配置文件 kong.conf，此文件是 Kong 的核心配置。参数的优化、调整以及合理的资源分配决定了系统的软硬件资源是否能够达到最优的工作状态，这些将会直接关系到系统的稳定性和性能，以及对用户产生的影响，所以参数配置对于后期的运维管理至关重要。

第 5 章

Kong 的配置详解

本章将详细介绍 Kong 的配置文件，了解这些配置的含义有助于了解整个 Kong 的运行过程、工作机制，这对于后期 Kong 的管理运维、优化调整非常有帮助。Kong 的默认配置文件为 /etc/kong/kong.conf，此文件是 Kong 的核心配置文件。在 Kong 启动时，会根据此配置文件生成运行时所需的 Nginx 配置。

配置文件主要分为 9 大类，分别为：

- 常规通用配置
- Nginx 通用配置
- 指令注入配置
- 数据存储配置
- 存储缓存配置
- DNS 解析配置
- 路由同步配置
- Lua 综合配置
- 混合模式配置

5.1 常规通用配置

在常规通用配置中，主要是配置 Kong 的路径前缀、日志级别、日志路径和插件等信息，具体如下。

- prefix：Kong 的工作目录。此目录相当于 Nginx 运行时的路径前缀，包含临时文件和日志文件。如果需要查看错误日志或访问日志，可以直接访问该目录的 logs 文件夹。其默认值：/usr/local/kong/。
- log_level：Kong 网关错误日志的输出级别。可以由路径 <prefix>/logs/error.log 找到错误日志。其可选值有 debug、info、notice、warn、error、crit、alert 和 emerg，

分别对应调试、信息、提醒、告警、错误、严重、警报和紧急。在生产环境下建议调整该项为 warn 及以上级别。其默认值：notice。
- proxy_access_log：请求访问日志的路径。如果设置为 off/false，表示禁用日志输出；如果设置为相对路径，则访问日志放在以 prefix 为前缀的目录中。其默认值：logs/access.log。
- proxy_error_log：请求错误日志的路径。日志的输出粒度等级通过 log_level 属性调整。其默认值：logs/error.log。
- admin_access_log：Admin 端口请求访问日志的路径。如果设置为 off，表示禁用日志输出；如果设置为相对路径，则日志放在以 prefix 为前缀的目录中。其默认值：logs/admin_access.log。
- admin_error_log：Admin 端口请求错误日志的路径。日志的输出粒度等级通过 log_level 属性调整。其默认值：logs/admin_error.log。
- status_access_log：状态 API 请求访问日志的路径。如果设置为 off，表示禁用日志输出；如果设置为相对路径，则日志放在以 prefix 为前缀的目录中。其默认值：logs/status_access.log。
- status_error_log：状态 API 请求错误日志的路径。日志的输出粒度等级由 log_level 属性调整。其默认值：logs/status_error.log。
- plugins：Kong 在启动时加载的插件名称，表示需要加载的插件列表。插件名称之间用英文逗号分隔，默认通过 bundled 关键词来加载官方所发行的内置插件集合。需要注意的是，加载插件并不意味着使用插件，如果要使用，还需通过 Admin API 或 Konga 来做进一步的配置。如果不需要加载任何插件，可以将该值设置为 off。举个例子，plugins = bundled,custom-auth,custom-log 表示加载官方发行的内置插件集合和自定义的 custom-auth 与 custom-log 插件，指定的插件名称将在内部被替换为 kong.plugins.{name}。其默认值：bundled。
- anonymous_reports：当 Kong 出现错误时，将匿名发送错误堆栈跟踪数据至 Kong，以帮助官方进一步改进 Kong。其默认值：on。

5.2 Nginx 通用配置

在 Nginx 通用配置中，主要包含代理 / 监听类、工作进程类、请求类、SSL/TLS 类、真实 IP 类和其他类配置，具体如下。

5.2.1 代理 / 监听类

在代理 / 监听类配置中，主要包含 4 种，分别为代理端口的配置、Admin API 的配置、流模式配置以及状态 API 的配置。

- `proxy_listen`：代理端口的配置。用于配置 Kong 代理服务器的公共入口点，此地址端口将代理从客户端消费者到后端服务器的所有流量，以英文逗号分隔所监听 HTTP、HTTPS 请求的 IP 地址和端口，其中 IP 地址可以为 IPv4、IPv6 和域名。其默认值：`0.0.0.0:8000, 0.0.0.0:8443 ssl`。可以在每一对 IP 地址和端口后指定一些后缀，例如：`proxy_listen = 0.0.0.0:443 ssl,0.0.0.0:444 http2 ssl`。

  下面简要介绍一下不同后缀的含义。
  - `ssl`：要求通过特定 IP 地址 / 端口进行的所有连接都必须启用 TLS 握手。
  - `http2`：允许客户端以 HTTP/2 协议连接 Kong 代理服务器。
  - `proxy_protocol`：将为指定的 IP 地址 / 端口启用代理协议。
  - `transparent`：监听并响应在 iptables 中配置的所有 IP 地址和端口。
  - `deferred`：指示在 Linux 上使用延迟接受（`TCP_DEFER_ACCEPT` 套接字选项）。
  - `bind`：指示对指定的 `ip:port` 对进行单独的 `bind()` 绑定。
  - `reuseport`：指示为每个工作进程创建单独的监听套接字，允许内核在工作进程之间分发传入的请求连接。
  - `backlog`：设置挂起的 TCP 连接队列的最大长度，即最多能够允许多少个网络请求连接同时处于挂起状态。这个数字不能太小，以避免客户端由于连接到繁忙的 Kong 实例，从而看到连接被拒绝的错误信息。注意：在 Linux 系统中，该值受内核参数 `net.core.somaxconn` 的限制，因此为了使更大的 `backlog` 设置值能够生效，需要同时设置 `net.core.somaxconn` 的值或直接使其大于此 `backlog` 值。

- `admin_listen`：Admin API 的配置。用于配置 Kong 的 Admin API 所监听的 IP 地址和端口，此配置使得可以通过 Admin API 配置和管理 Kong。其默认值：`127.0.0.1:8001, 127.0.0.1:8444 ssl`。

- `stream_listen`：流模式配置。用于配置流模式所监听的 IP 地址和端口，并以逗号分隔，其默认值：`off`。此配置接受 IPv4、IPv6 和域名。可以在每一对 IP 地址和端口后指定一些后缀，这些后缀的含义如下。
  - `proxy_protocol`：将为指定的 IP 地址 / 端口启用代理协议。
  - `transparent`：监听并响应在 iptables 中配置的所有 IP 地址和端口。
  - `reuseport`：指示为每个工作进程创建单独的监听套接字，允许内核在工作进程之间分发传入的请求连接。
  - `backlog`：设置挂起的 TCP 连接队列的最大长度。注意：流模式不支持 `ssl` 后缀，每个 IP 地址 / 端口将接受启用或不启用 TLS 握手的 TCP 连接。在默认情况下，此值设置为 `off`，即禁用节点的流代理端口。

- `status_listen`：状态 API 的配置。用于配置状态 API 所监听的 IP 地址和端口，并以逗号分隔。状态 API 是只读的，允许监控工具来检索、查询当前 Kong 节点的度量指标、健康度和其他非敏感信息。可以通过将此值设置为 `off` 来禁用节点的状态 API。其默认值：`off`。

5.2.2 工作进程类

在工作进程类配置中，可以设置 Nginx 用户组、Nginx 生成的工作进程数、Nginx 是否作为守护进程运行，除此之外的更为高级的参数也可以通过注入配置的方式进行设置。

- `nginx_user`：Nginx 用户组。定义工作进程使用的用户组权限。如果省略了组，则使用名称与用户名相同的组。其默认值：`nobody`。
- `nginx_worker_processes`：Nginx 生成的工作进程数。其最优值取决于许多因素，包括（但不限于）CPU 核的数量。其值一般设置为 CPU 核的数量，也可以设置为 `auto`，即由系统来决定。默认值：`auto`。
- `nginx_daemon`：Nginx 是否作为守护程序运行。如果不是，则作为前台进程运行。主要用于开发或在 Docker 环境中运行 Kong 时使用。其默认值：`on`。

5.2.3 请求类

在请求类配置中，可以设置允许的最大请求体大小、用于读取请求体的缓冲区大小以及在请求错误时所使用的默认 MIME 类型。

- `client_max_body_size`：定义允许的最大请求体大小。如果请求体的大小超出此限制，将返回状态码 413（表示请求实体太大）。若将此值设置为 0，则将禁用此配置。该数字值可以加后缀（单位）`k` 或 `m`，请根据实际需求对其进行设置。其默认值：`0`。
- `client_body_buffer_size`：定义用于读取请求体的缓冲区大小。当客户端请求体的大小大于此值时，请求体将被缓冲到磁盘上。这时，访问或操作请求体的插件就可能无法正常工作，因此建议将此值设置得尽可能高，并将其保存在内存中。但同时也需要考虑在高并发环境下，需要有足够的内存空间被用来分配处理较大的请求体。
该数字值可以加后缀 `k` 或 `m` 表示以千字节或兆字节为单位的限制。其默认值：`8k`。
- `error_default_type`：当 Accept 请求头丢失且在 Nginx 返回请求错误时，所使用的默认 MIME 类型。其可设置的值是 `text/plain`、`text/html`、`application/json` 和 `application/xml`。其默认值：`text/plain`。

5.2.4 SSL/TLS 类

在 SSL/TLS 类配置中,将详细介绍与 Kong 的安全相关的一系列配置,具体如下。

- `ssl_cipher_suite`:定义 Nginx 服务器的 TLS 加密套件模式。可设置的值是 `modern`、`intermediate`、`old` 或 `custom`。其默认值:`modern`。
  - `modern`:现代的,支持 TLS 1.3 版本且无须向后兼容的新客户端。
  - `intermediate`:中间的,通用服务器的推荐配置。
  - `custom`:用户自定义。
  - `old`:旧的客户端或库(例如 Internet Explorer 8-Windows XP、Java 6 或 OpenSSL 0.9.8)。
- `ssl_ciphers`:定义 Nginx 提供的 TLS 密码列表,此列表必须符合 OpenSSL ciphers 定义的模式。如果 `ssl_cipher_suite` 的值不是 `custom`,则忽略此值。其默认值:`none`。
- `ssl_cert`:启用 SSL 时,`proxy_listen` 的 SSL 证书的绝对路径。其默认值:`none`。
- `ssl_cert_key`:启用 SSL 时,`proxy_listen` 的 SSL 密钥的绝对路径。其默认值:`none`。
- `client_ssl_cert`:客户端 SSL 证书的路径。如果 `client_ssl` 启用,它将用作 `proxy_ssl_certificate` 指令配置客户端 SSL 证书时的绝对路径。请注意,此值在节点上是静态定义的,无法基于每个 API 进行单独配置。其默认值:`none`。
- `client_ssl`:确定代理请求时,Nginx 是否应发送客户端 SSL 证书。其默认值:`off`。
- `client_ssl_cert_key`:客户端 SSL 密钥的路径。如果 `client_ssl` 启用,它将用作 `proxy_ssl_certificate_key` 指令配置客户端 SSL 密钥时的绝对路径。请注意,此值在节点上是静态定义的,无法基于每个 API 进行单独配置。其默认值:`none`。
- `admin_ssl_cert`:Admin API 的证书路径。如果 `client_ssl` 启用,它将用作 `admin_listen` 配置客户端 SSL 证书时的绝对路径。其默认值:`none`。
- `admin_ssl_cert_key`:Admin API 的密钥路径。如果 `client_ssl` 启用,它将用作 `admin_listen` 配置客户端 SSL 密钥时的绝对路径。其默认值:`none`。

5.2.5 真实 IP 类

在真实 IP 类配置中,主要介绍受信任的 IP 列表、真实的 IP 头以及是否递归地排除直至得到用户 IP。

- `trusted_ips`:受信任的 IP 列表。定义由那些已知可发送正确 X-Forwarded-* 报头的受信任的 IP 地址组成的列表,即上一级代理的 IP 地址或者 IP 段,如 CDN。来自受信任的 IP 地址的请求可以使 Kong 向上游转发 X-Forwarded-* 报头,而不受信任的 IP 地址发来的请求则会使 Kong 插入自己的 X-Forwarded-* 报头。此属性还可以在 Nginx 配置中设置 `set_real_ip_from` 指令。该属性接受相同类型的值(CIDR

地址块），是一个以逗号分隔的列表。若要信任所有的 IP 地址，请将此属性值设置为 `0.0.0.0/0,::/0`。另外，如果 `unix:` 指定了特殊值，则表示将信任所有 UNIX 域套接字。其默认值：`none`。

- `real_ip_header`：真实的 IP 头。定义请求头字段，可以得到真实的客户端 IP 地址。此值可以在 Nginx 配置中设置 `ngx_http_realip_module` 指令。建议将此值定义为 `X-Forwarded-For`。其默认值：`X-Real-IP`。
- `real_ip_recursive`：是否递归地排除直至得到用户 IP。如果其值为 `on`，则表示要递归排除 IP 地址。具体为：在 IP 地址串里，从右到左依次剔除在 `trusted_ips(set_real_ip_from)` 里出现过的 IP 地址，那些未出现的 IP 地址将被认为是用户 IP。其默认值：`off`。

5.2.6 其他类

除了前面的配置类外，还有一些其他类，比如是否在响应头中注入一系列值以及对数据库在内存中的缓存大小的配置。

- 是否在响应头中添加一系列值。

    配置项：`headers`。

    默认值：`server_tokens, latency_tokens`。

    说明：在客户端响应头中插入以逗号分隔的响应头列表。

    可以注入的值如下。

    - `Server`：注入 `Server: kong/x.y.z` 标识和版本。
    - `Via`：注入 `Via: kong/x.y.z`，代理请求成功后注入。
    - `X-Kong-Proxy-Latency`：从代理接收到请求到返回响应所花费的时间（以毫秒为单位），包括运行所有插件和请求上游服务的时间。
    - `X-Kong-Upstream-Latency`：从请求上游服务到响应所花费的时间（以毫秒为单位）。
    - `X-Kong-Admin-Latency`：处理 Admin API 请求所花费的时间（以毫秒为单位）。
    - `X-Kong-Upstream-Status`：上游服务返回的 HTTP 状态码。
    - `server_tokens`：与上方的 `Server` 和 `Via` 类似，是一个标识。
    - `latency_tokens`：同指定的 `X-Kong-Proxy-Latency`、`X-Kong-Admin-Latency` 和 `X-Kong-Upstream-Latency` 等。
    - `off`：不会将上述的任何值注入响应头。自定义插件中注入的除外。

- 数据库在内存中的缓存大小。

    配置项：`mem_cache_size`。

默认值：128MB。

说明：数据库实体在内存中的缓存大小可设置的单位为 K 和 M，最小建议值为几 MB，建议根据实际需要调大此值。

5.3 指令注入配置

nginx.conf 文件中的配置可以通过指令动态注入，而无须自定义 Nginx 配置模板。所有配置属性均遵循命名方案 nginx_<namespace>_<directive>，其效果为将 <directive> 指令注入与之对应的 Nginx 配置块 <namespace> 中。例如 nginx_proxy_large_client_header_buffers = 8 24k 将会在 server {} 块中注入指令 large_client_header_buffers = 8 24k。

注入 Nginx 配置模板支持以下名称空间。

- nginx_http_<directive>：将 <directive> 指令注入 Kong 的 http {} 区块。
- nginx_proxy_<directive>：将 <directive> 指令注入 Kong 的 server {} 区块。
- nginx_http_upstream_<directive>：将 <directive> 指令注入 Kong 的 upstream {} 区块。
- nginx_admin_<directive>：将 <directive> 指令注入 Kong Admin API 的 server {} 区块。
- nginx_stream_<directive>：将 <directive> 指令注入 Kong 的流模块 stream {} 中（仅在 stream_listen 启用时有效）。
- nginx_sproxy_<directive>：将 <directive> 指令注入 Kong 的流模块 server {} 中（仅在 stream_listen 启用时有效）。

与其他配置属性一样，Nginx 伪指令在使用大写字母和前缀时，也可以通过环境变量注入 KONG_，例如 KONG_NGINX_HTTP_SSL_PROTOCOLS 将在 Kong 的 http {} 区块中插入 ssl_protocols <value>; 指令。

如果代理服务器和 Admin API 服务器之间需要不同的协议，则可以指定 nginx_proxy_ssl_protocols 和 nginx_admin_ssl_protocols，这两个将优先于 http {} 区块。

在下面的 Nginx 注入配置中，介绍安全的传输层协议版本、与上游服务器之间空闲连接的最大数量、能够连接到上游服务器的最大请求数、与上游服务器之间空闲连接的超时时间的配置。

- nginx_http_ssl_protocols：为客户端连接所启用的指定的安全传输层协议版本。此列表的值依赖于构建 Kong 时所使用的 OpenSSL 的版本。其默认值：TLSv1.1 TLSv1.2 TLSv1.3。

- nginx_http_upstream_keepalive：用于设置在每个工作进程的缓存中所保留的与上游服务器之间空闲连接的最大数量。如果空闲连接的数量超过此值，则使用最近最少策略关闭一部分。如果此值设置为 none，将完全禁用此功能，即每一次客户端请求与上游服务通信时，都将创建一个新连接，而不会复用旧的连接。其默认值：60。
- nginx_http_upstream_keepalive_requests：设置能够连接到上游服务器的单个长连接最大请求数量。若请求的数量超出此值，则关闭连接。其默认值：100。
- nginx_http_upstream_keepalive_timeout：与上游服务器之间的空闲连接的超时时间。如果设置一个超时时间，则在此期间内，与上游服务器之间的空闲连接将始终保持打开状态；反之，如果超时了，连接就会关闭。其默认值：60。

5.4 数据存储配置

Kong 既可以使用数据库在集群中的各 Kong 节点之间协调存储数据，也可以不使用数据库让每个节点在内存中都有独立的信息存储空间。

当使用数据库时，Kong 将在 Cassandra 或 PostgreSQL 中存储所有实体（如路由、服务、消费者和插件）的数据，此时属于同一集群的所有 Kong 节点必须被连接到同一个数据库。

Kong 支持以下数据库版本。

- PostgreSQL：9.5 及更高版本。
- Cassandra：2.2 及更高版本。

当不使用数据库时，Kong 被称为 DB-less 模式，此时实体数据保存在内存中，每个节点都需要将自己的声明性配置文件作为输入数据，声明性配置文件既可以通过 declarative_config 属性指定，也可以通过 Admin API/config 接口配置。

当使用的数据库是 PostgreSQL 时，相关的属性信息详见表 5-1。

表 5-1 PostgreSQL 数据库连接属性表

名称	描述	默认值
pg_host	PostgreSQL 服务器的 IP 地址	127.0.0.1
pg_port	PostgreSQL 服务器的端口	5432
pg_timeout	连接数据库、读和写的超时时间（单位为毫秒）	5000
pg_user	PostgreSQL 连接的用户名	kong
pg_password	PostgreSQL 连接的密码	none
pg_database	需要连接的数据库名称	kong

(续)

名称	描述	默认值
pg_schema	要使用的数据库模式。如果未指定该值,则 Kong 将从 search_path 中查找数据库实例。类似于 Linux 中的 path 环境变量,其默认值是 $user,public,意思就是以某个用户登录到数据库的时候,默认先查找和登录用户同名的 schema,之后再查找 public	none
pg_ssl	用于设置从 Kong 到 PostgreSQL 是否开启 TLS 安全连接	off
pg_ssl_verify	如果启用了 pg_ssl(服务器证书验证),请参阅 lua_ssl_trusted_certificate 的设置指定证书颁发机构	off
pg_max_concurrent_queries	用于设置每个工作进程可以执行的最大并发查询数。每个工作进程都强制执行此限制;这个节点的并发查询总数为 pg_max_concurrent_queries 与工作进程数 nginx_worker_processes 的乘积。其默认值为 0,表示无并发限制	0
pg_semaphore_timeout	定义超时时间(以毫秒为单位),在超时之后,PostgreSQL 查询信号量对资源的获取尝试将失败。此类故障通常会导致关联的代理或 Admin API 请求失败,并显示 HTTP 状态码 500	60000

当使用的数据库是 Cassandra 时,详细的属性信息详见表 5-2。

表 5-2　Cassandra 数据库连接属性表

名称	描述	默认值
cassandra_contact_points	以逗号分隔的集群连接点列表。可以指定 IP 地址或主机名。请注意,SRV 记录的端口部分将被忽略,cassandra_port 将代替它。连接到多数据中心集群时,请确保在此列表中首先指定本地数据中心的连接点	127.0.0.1
cassandra_port	节点正在监听的端口。所有节点和连接点必须在同一端口上监听	9042
cassandra_keyspace	集群中使用的 keyspace 名称,相当于关系型数据库的库名	kong
cassandra_consistency	Cassandra 集群的读、写一致性设置	ONE
cassandra_timeout	配置读、写的超时时间(以毫秒为单位)	5000
cassandra_ssl	设置从 Kong 到 Cassandra 是否开启 TLS 安全连接	off
cassandra_ssl_verify	如果启用了 pg_ssl(服务器证书验证)。请参阅 lua_ssl_trusted_certificate 的设置以指定证书颁发机构	off
cassandra_username	Cassandra 连接的用户名	kong
cassandra_password	Cassandra 连接的密码	none
cassandra_lb_policy	在跨 Cassandra 集群分发查询时使用的负载均衡策略。其接受的值是:RoundRobin、RequestRoundRobin、DCAwareRoundRobin 和 RequestDCAwareRoundRobin。其中,以 Request 为前缀的策略可以在整个相同的请求中有效地使用已经建立的连接。当且仅当使用一个多数据中心集群时,请选择 DCAwareRoundRobin	Reques-tRound-Robin
cassandra_local_datacenter	当 Kong 节点使用 DCAwareRoundRobin 或 RequestDCAwareRoundRobin 负载均衡策略时,必须为其指定本地(最近的)数据中心的名称	none

（续）

名 称	描 述	默 认 值
cassandra_refresh_frequency	检查集群拓扑的刷新频率（以秒为单位）。若其值为 0，则表示将禁用此检查，并且集群拓扑将永远不会刷新	60
cassandra_repl_strategy	首次迁移时，Kong 将使用此设置来创建 keyspace。它可接受的值为 SimpleStrategy 和 NetworkTopologyStrategy。默认的值是 SimpleStrategy，即单机、单数据中心模式	SimpleStrategy
cassandra_repl_factor	首次迁移，且 cassandra_repl_strategy 值为 SimpleStrategy 时，Kong 将使用此复制因子创建 keyspace	1
cassandra_data_centers	首次迁移，且 cassandra_repl_strategy 值为 NetworkTopology-Strategy 时，Kong 将使用此复制因子创建 keyspace。这是一个以逗号分隔的列表，是由 <dc_name>:<repl_factor> 组成的复制因子。复制因子表示一份数据在一个数据中心集群中包含几份，通常为奇数	dc1:2,dc2:3
cassandra_schema_consensus_timeout	定义等待期间的超时时间（以毫秒为单位），以便在 Cassandra 节点之间达成模式数据的一致。此值仅在迁移期间使用	10000

此外，还有声明式配置项 declarative_config，用作声明配置性文件的路径，配置性文件中保存所使用的所有实体（路由、服务、消费者等）的规范信息，当数据库 database 设置为 off 时有效。由于实体数据存储在 Kong 内存的缓存中，因此必须确保通过 mem_cache_size 属性为其分配足够的内存。此外，还必须确保缓存中的项永不过期，这意味着 db_cache_ttl 应该保留其默认值 0。declarative_config 的默认值：none。

5.5 存储缓存配置

为了避免与数据存储区进行不必要的通信，Kong 在配置的时间段内缓存了实体数据（例如服务、路由、消费者、证书等）。当这些实体数据被更新为新的时，旧的缓存将会失效。存储缓存配置项如下所示。

- db_update_frequency：实体数据发生变化后，Kong 节点访问数据库的频率（以秒为单位）。当节点通过 Admin API 创建、更新或删除实体时，其他节点需要轮询处理旧的缓存实体数据并开始使用新的实体数据。其默认值：5。
- db_update_propagation：将数据存储中的实体数据传播到另一个数据中心的副本节点中所花费的时间（以秒为单位）。在多数据中心，例如 Cassandra 集群这样的分布式环境中，这个值是 Cassandra 将一行数据传播到其他数据中心所花费的最大秒数。设置此属性后，将增加 Kong 传播实体数据更改信息所花费的总时间。单数据中心设置或 PostgreSQL 服务器不会遇到这样的延迟，此时这个值可以安全地设置为 0。其默认值：0。
- db_cache_ttl：被缓存实体数据的生存时间（以秒为单位）。当数据未命中（缓存中没有需要的实体）时，也将根据此设置进行缓存。该值如果设置为 0（默认值），则表示缓存的实体将永不过期。其默认值：0。
- `db_resurrect_ttl`：当数据库不可访问且已经缓存的实体数据也过期时，将尝试刷新恢复并使用旧的缓存实体数据（以秒为单位），以保障服务的可用性。其默认值：30。
- `db_cache_warmup_entities`：在 Kong 刚启动时，需要从数据库中预加载到内存中的实体数据类型，这将缩短首次访问所用的时间。将服务实体配置为需要进行预加载后，其 host 属性中值的 DNS 条目也会被异步预解析。`mem_cache_size` 设置的缓存大小应该足以容纳预加载所需的所有实体的值，如果缓存大小不够，Kong 将记录并发出一个警告信息。其默认值：`services, plugins`。

5.6 DNS 解析配置

在默认情况下，DNS 解析器使用标准配置文件 /etc/hosts 和 /etc/resolv.conf。可如果设置了环境变量 `LOCALDOMAIN` 和 `RES_OPTIONS`，则会覆盖 /etc/resolv.conf 中的设置。

Kong 将把域名解析为 SRV 记录或 A 记录。如果解析为 SRV 记录，Kong 内部还将覆盖从 DNS 服务器接收到的所有指定端口，即 `port` 字段的内容。

DNS 选项 `SEARCH` 和 `NDOTS`（来自 /etc/resolv.conf 文件）用于将短的名称扩展为完全限定的域名名称 FQDN。Kong 将会首先尝试搜索整个列表的 SRV 记录，如果失败，再去尝试搜索列表中的 A 记录。

在 TTL 期间，内部 DNS 解析器将通过 DNS 记录对每个请求进行负载均衡。对于 SRV 记录，会使用权重字段，但只会使用记录中优先级最低的字段条目。在 DNS 解析配置中，主要的配置项如下。

- `dns_resolver`：DNS 解析器。以逗号分隔的 DNS 服务器列表，其中各个条目的格式均为 `ip[:port]`。如果该项未指定值，则使用本地文件 resolv.conf 中的 DNS 服务器。如果端口省略，则其默认取值为 53。此外，接受 IPv4 和 IPv6 地址。其默认值：none。
- `dns_hostsfile`：要使用的 host 文件。该文件仅能被读取一次，其内容在内存中是静态的。如果修改后想再次读取该文件，必须重新加载 Kong 才能生效。其默认值：`/etc/hosts`。
- `dns_order`：DNS 的查找顺序。用于解决查找不同类型记录的顺序问题。LAST 类型表示最后一次成功查找的类型。各个记录类型中间以逗号分隔。其默认值：`LAST,SRV,A,CNAME`。
- `dns_valid_ttl`：DNS 的有效期 TTL。在默认情况下，DNS 记录使用响应的 TTL 值进行缓存。如果此属性收到一个新值（以秒为单位），此值将会覆盖所有记录的 TTL。其默认值：none。

- dns_stale_ttl：DNS 陈旧数据的 TTL（以秒为单位），用于定义记录在超过其 TTL 时间时，将保留在缓存中的时间。在后台获取新的 DNS 记录前将使用此值。从记录开始到刷新查询完成或超过 dns_stale_ttl 设置的秒数，这之间都将使用陈旧数据。其默认值：4。
- dns_not_found_ttl：未找到 DNS 的 TTL（以秒为单位）。若 DNS 查询回应为空，则返回错误信息 (3) name error。其默认值：30。
- dns_error_ttl：DNS 错误的 TTL，用于错误响应。其默认值：1。
- dns_no_sync：DNS 未命中的策略。如果启用该项，则在缓存未命中时，每个请求都将触发 DNS 查询；如果禁用该项，具有相同名称/类型的多个请求将会同时查询，然后同步成单个查询，即只执行第一个查询请求，其他请求等待，有结果后直接返回。其默认值：off。

5.7 路由同步配置

在路由同步配置中，介绍路由表信息的一致性和检查路由表信息更新频率的配置，具体如下所示。

- router_consistency：路由表信息的一致性，定义节点应该同步还是异步重建路由表信息（每次通过 Admin API 更新路由、服务或加载声明性配置文件时，都会重建路由表信息）。可以配置的值有如下两项。
    - strict：严格一致性模式。在该模式下，路由表会被同步重建，传入的多个请求会排队，直到路由表重建完成。此模式为默认值。
    - eventual：最终一致性模式。在该模式下，将通过在每个工作进程内部周期性地运行后台任务来异步重新构建路由表。

    strict 模式确保节点的所有工作进程将始终都使用相同的路由表信息来代理请求，但是如果有频繁的路由和服务更新，则会增加请求的长尾延迟，即后续的请求都在排队，直到第一个重建路由完成。如果使用 eventual 模式，将有助于防止长尾延迟，但在路由和服务更新后的短时间内，可能会导致各工作进程以不同的方式对请求进行路由，因为有的工作进程路由表信息已更新，有的还未更新。

- router_update_frequency：通过后台任务检查路由表信息更新的频率。当检查到更新时，将构建一个新的路由表。在默认情况下，每秒检查一次更新。若提高此值，将减少数据库服务器的负荷，如连接数、CPU 和内存使用率等，并以此减少代理请求延迟抖动，但缺点是更新的所有工作进程中的路由表信息要达到最终一致，使用的时间可能会变长。其默认值：1。

5.8 Lua 综合配置

在 Lua 综合配置中，介绍如下几项。

- `lua_ssl_trusted_certificate`：PEM 格式的 Lua cosockets 证书授权文件的绝对路径。当启用 `pg_ssl_verify` 或 `cassandra_ssl_verify` 时，此证书将用于验证 Kong 的数据库连接。其默认值：`none`。
- `lua_ssl_verify_depth`：Lua cosockets 使用的服务器证书链中的验证深度，由 `lua_ssl_trusted_certificate` 设置。包括为 Kong 的数据库连接配置的证书。其默认值：`1`。
- `lua_package_path`：用于设置 Lua 模块的搜索路径（`LUA_PATH`）。开发自定义插件时，设置默认搜索路径非常有用。其默认值：`./?.lua;./?/init.lua;`。
- `lua_package_cpath`：用于设置 Lua C 语言模块的搜索路径（`LUA_CPATH`）。其默认值：`none`。
- `lua_socket_pool_size`：用于指定与每个远程服务器相关联的每个 cosocket 连接池的大小限制。其默认值：`30`。

5.9 混合模式配置

在混合模式配置中，介绍如下配置信息。

- `role`：角色。允许某些 Kong 节点结合数据库以控制平面的角色运行，并将最新配置信息更新传递给那些没有数据库且以数据平面的角色运行的节点。

  它支持三种模式。

  - `traditional`：传统模式，即非混合模式。这也是 `role` 的默认值。
  - `control_plane`：节点以控制平面的角色运行，会将最新配置信息通过 Websocket 实时传递到数据平面节点。
  - `data_plane`：节点以数据平面的角色运行，此节点将从控制平面节点接收最新的配置信息。

- `cluster_cert`：在控制平面和数据平面节点之间建立安全通信时，需要使用的集群证书的文件名。可以使用 `kong hybrid` 命令生成证书/密钥对。
- `cluster_cert_key`：在控制平面和数据平面节点之间建立安全通信时，需要使用的集群证书密钥的文件名。
- `cluster_control_plane`：集群内控制平面的地址。该值仅供数据平面节点使用，将从指定的控制平面地址获取最新的配置数据，格式为 `host:port`。

- `cluster_listen`：用于监听数据平面连接的控制平面的服务器地址列表。其中，多个地址以逗号分隔。需要确保处于同一集群内的所有数据平面节点都可以访问到控制平面的集群通信端口。此端口受 mTLS 保护，确保了端到端的安全性和完整性。只有当 `role=control_plane` 成立时，此值的设置才有效。其格式为 `host:port`。其默认值：`0.0.0.0:8005`。

5.10 小结

在实际的生产环境中，在众多的系统参数和 Kong 配置参数中，哪怕只有一个参数没有调整到位，都会对系统的稳定性和性能产生巨大影响，所以配置参数对于我们来说举足轻重、至关重要。本章详细介绍了 Kong 配置文件的格式、含义以及方法，此配置文件是 Kong 的核心，通过这 9 大类配置，可以让我们更加了解 Kong 的运行机制，这将为后期的运维管理和系统优化打下坚实基础。

第 6 章
Lua 语言

Lua 是一种动态脚本语言，其设计目标是能够嵌入到其他应用程序中，并对原有应用程序进行进一步扩展和定制。它小巧、简洁、优美，且速度快，非常容易上手。如果读者有其他编程语言经验，则可以快速入门并将其应用到实际的工作场景中。

6.1 简介

Lua 语言于 1993 年诞生于巴西里约热内卢天主教大学（Pontifical Catholic University of Rio de Janeiro），由 Roberto Ierusalimschy、Waldemar Celes 和 Luiz Henrique de Figueiredo 三人组成的研究小组开发。Lua 是一种强大、高效、轻量级、可嵌入的脚本语言，支持面向过程编程和面向对象编程。Lua 由 C 语言编写而成，几乎在所有操作系统和平台上都可以编译和运行。

Lua 脚本可以很容易地与 C/C++ 语言编写的函数进行互相调用，不仅如此，它还可以扩展由 Java、C#、Smalltalk、Fortran、Ada、Erlang、Perl、Ruby 编写的程序。这种胶水特性使得 Lua 语言可以轻松地嵌入各种应用程序中，这也是 Lua 在各种应用系统中被广泛应用的一个重要原因。

LuaJIT（Just-In-Time，即时编译器）由解释器和编译器组成。其中，解释器是用汇编语言编写的，所以其解释性能更加高效；编译器则可以将 Lua 代码编译成目标机器码，所以运行性能更佳。LuaJIT 的高性能和无与伦比的低内存占用使得它被广泛应用于嵌入式设备、智能手机、台式机扩展、服务器场、游戏、网络、图形、数据模拟、交易平台以及分布式缓存服务 Redis、Wireshark 网络包分析工具等许多系统和应用程序中。

6.2 环境

首先安装 Lua 语言，在这里采用的是 Lua 5.3.5 版本。在 Linux 系统上安装 Lua 语言非常简单，只需要下载源码包并在终端解压编译即可，具体代码如下：

```
$ yum install libtermcap-devel ncurses-devel libevent-devel readline-devel
                                                           -- 安装依赖包
$ curl -R -O http://www.lua.org/ftp/lua-5.3.5.tar.gz       -- 下载源文件
$ tar zxf lua-5.3.5.tar.gz                                 -- 解压包文件
$ cd lua-5.3.5                                             -- 进入解压后目录
$ make linux test                                          -- 安装测试
$ ln -s ~/lua5.3.5/src/lua /usr/bin/lua                    -- 创建新的软连接
$ lua                                                      -- 验证
```

然后可以通过输入 Lua 代码或使用 lua <file>.lua 文件的方式运行 Lua 程序。关于开发工具，推荐采用 IntelliJ IDEA+EmmyLua 插件或 Sublime Text。由于篇幅有限，安装和配置的过程就不在这里介绍了，请读者自行安装。

6.3 注释

在 Lua 语言中，既可以通过两个横线字符"--"来对代码进行单行注释，也可以通过"--[[注释内容]]"对代码进行多行注释。

单行注释如下：

```
-- 单行注释内容
```

多行注释如下：

```
--[[
...
多行注释内容
...
]]
```

此处需要说明的是，被注释的那部分代码不会被编译和运行。良好的代码注释将有助于后期对代码的阅读和理解，因此建议养成加注释的习惯。

6.4 变量

变量是某些数据的描述性标签，程序可以读取或修改它。根据变量的作用域和生命周期，可将变量分为全局变量和局部变量。如果一个变量的生命周期较短，则需将其定义为局部变量。局部变量在其作用域之外不可见也不可用。示例如下：

```
city = 'Beijing'        -- 全局变量，在内部其保存在 "_G" 的变量表中
local x = 6             -- 局部变量，会被回收掉
```

这里需要注意，变量的名称区分大小写，且原则是能使用局部变量就绝不使用全局变量。

6.5 数据类型

Lua 语言是一种动态类型的语言，其变量不需要类型定义，共支持 8 种基本数据类型。

- nil：数据为空对象或无效值，没有任何实际的内存指向。
- boolean：布尔值。其值为 true 或 false。在 Lua 语言中，除了 false 和 nil 为假，其他值均会被视为真。
- number：数字。可以代表任何实数，例如 3.14159265359。
- string：字符串。实际是字符数组。在声明字符串时，必须用单/双引号引起来。
- function：函数。是可以通过名称引用的一段代码，调用函数即执行函数，可以输入、输出参数，同时返回多个值。
- table：表。是包含数组或键值对的数据结构，功能强大灵活，在 6.10 节将对其进行详细讲解。
- userdata：C 语言中定义的数据结构，表示一个原始的内存块，可以存储任何内容。
- thread：线程。可用于并行执行代码，是运行一组命令的代码。线程可以同时运行多组命令，执行协同程序。

6.6 字符串

字符串是字符数组的集合，是由数字、字母、下划线等组成的一串字符。在 Lua 语言中，字符串可以通过以下三种形式来表示。

- 单引号之间的一串字符。
- 双引号之间的一串字符。
- [[和]] 之间的一串字符。

一个字符串对象被创建后，无论发生任何变化，都会被分配新的内存地址。在一个生命周期内，若两个完全相同的字符串在内存中均未被回收且都有效，则它们同属于一个内存地址。字符串之间的拼接是用两个点符号 ".." 完成的，但我们应该避免使用这种方式进行大量的字符串拼接操作，因为这会消耗很多宝贵的内存，如果有需要，建议使用 6.10.4 节中的 table.concat 表操作。

下面代码演示了字符串的打印操作：

```
gateway = 'kong'
print(gateway)
kong = 'hello ' .. 'kong'
print(kong)
print('connect all your \r\n microservices and APIs ')    -- 使用转义字符 \r\n
```

```
print([[The world's most popular open source API gateway.
    for microservices and distributed architectures
]]);       --[[…]] 使得原始字符串可以放多行，且不会被转义，表示一个字符块
```

上述代码中出现的转义字符用来表示不能直接显示的字符。在 Lua 语言中，常见的转义字符如表 6-1 所示。

表 6-1　Lua 语言中常见的转义字符

转义字符	意　　义	转义字符	意　　义	转义字符	意　　义
\b	退格符	\r	回车符	\\	反斜杠符
\f	换页符	\t	水平制表符	\"	双引号符
\n	换行符	\v	垂直制表符	\'	单引号符

6.7　运算符

运算符是一种特殊的符号，用于"告诉"解释器去执行特定的数学或逻辑运算。Lua 语言提供了如下几种运算符类型：算术运算符、关系运算符、逻辑运算符和连接运算符等。

6.7.1　算术运算符

算术运算符用于数学运算，比如加（+）、减（-）、乘（*）、除（/）操作、取模运算（%，除法操作的余数）和幂运算（^，指数运算）。示例如下：

```
-- 加运算
x = 5
y = x + 5
z = x + y

-- 减运算
x = 10
y = 20 - x

-- 乘运算
x = 2
y = x * 3.14

-- 除运算
x = 100
y = 50
z = x/y

-- 取模运算
x  = 5 % 2          -- x 等于 1

-- 幂运算
x = 10 ^ 2          -- x 等于 100
```

6.7.2 关系运算符

关系运算符用于比较两个值或对象（通常是数字），其计算结果往往是布尔值（true 或 false）。关系运算符共有 6 种：<（小于）、>（大于）、<=（小于等于）、>=（大于等于）、==（等于）、~=（不等于）。在一般情况下，如果比较的是数字，就按数字的大小来比；如果比较的是字符串，则按字母的顺序来。这里需要注意，不同类型的数据互相比较时会报错误。示例如下：

```
-- 同类型的比较（常规比较）
x = 10 > 9
y = 3.14 ~= 3.1
z = '15' > '155'

-- 不同类型的比较
x=5
y='6'
z={'5'}
print(x>y)      -- 试图比较数字和字符串
print(y<=z)     -- 试图比较字符串和表
```

6.7.3 逻辑运算符

逻辑运算符用于测试两个语句的关系，共有 3 种类型：与、或、非。注意：运算后的结果只要不是 `false` 和 `nil`，其他值均会被 Lua 语言视为 `true`。示例如下：

```
print(1 and 2)                  -- 打印 2
print(nil and 6)                -- 打印 nil
print(false and 8)              -- 打印 false
print(5 or 8)                   -- 打印 5
print(false or 6)               -- 打印 6
print(not true)                 -- 打印 false
print(not true or false)        -- 打印 false
print(not not false)            -- 打印 false
print(not (1 + 1))
print(x and y or z)             -- 三元运算等同于x?y:z,如果x为真则返回y,反之返回z
```

6.7.4 连接运算符

字符串连接运算符（..）用于将两个字符串合并为一个新的字符串，此时会给新字符串分配新内存空间。示例如下：

```
hello = "hello,"
kong = " kong. "
print (hello .. kong)
print (hello .. kong.. 2020)    -- 其中的 2020 会自动转换为字符串
print (#"kong")                 -- 运算符 # 用来获取当前字符串的长度
```

6.8 控制语句

控制语句用于设定程序的逻辑结构，Lua 语言中提供的控制语句包括分支语句、循环语句和中断语句等，下面将详细介绍它们。

6.8.1 分支语句

在代码中，分支语句 `if...else` 用于基于布尔表达式的结果做出执行哪个代码块的判断，代码块仅在布尔表达式结果为 `true` 时执行指定代码块，而在结果为 `false` 时则执行其他代码块。

注意：布尔表达式的结果除了 `nil` 和 `false` 之外，其他均被视为 `true`。

分支语句共有以下三种分支结构。

第一种为单个 `if` 分支型：

```
if(布尔表达式) then
    -- 布尔表达式结果为 true 时执行的语句块
end
```

示例如下：

```
print ("Enter your name")
name = io.read()
if #name <= 3 then
    print ("that's a short name, " .. name)
end
```

第二种为两个分支型，即 `if...else` 型：

```
if(布尔表达式) then
    -- 布尔表达式结果为 true 时执行的语句块
else
    -- 布尔表达式结果为 false 时执行的语句块
end
```

示例如下：

```
print ("Enter a number")
x = io.read()
if x % 2 == 0 then
    print (x .. " is even")      -- x 是偶数
else
    print (x .. " is odd")       -- x 是奇数
end
```

第三种为多个分支型，即 `if...elseif...else` 型：

```
if( 布尔表达式 1) then
    -- 布尔表达式 1 结果为 true 时执行的语句块
elseif( 布尔表达式 2) then
    -- 布尔表达式 2 结果为 true 时执行的语句块
elseif( 布尔表达式 3) then
    -- 布尔表达式 3 结果为 true 时执行的语句块
......
else
    -- 前面所有布尔表达式结果均为 false 时执行的语句块
end
```

示例如下：

```
print ("Enter a number")
x = io.read()
if x == "a" then
    print ("input is a!")
elseif x == "b" then
    print ("input is b!")
elseif x == "c" then
    print ("input is c!")
elseif x == "d" then
    print ("input is d!")
else
    print ("other number!")
end
```

注意：Lua 语言不支持像其他语言那样的 `switch` 结构体，因此需要用多层 `elseif` 来代替实现。

6.8.2 循环语句

循环语句一般用于执行某些有规律的重复操作。循环结构是在一定条件下反复执行某段程序的流程结构，其中反复执行的程序被称为循环体。Lua 语言共有以下三种循环语句。

- 第一种是 `while` 循环：只要条件为 `true`，就会让程序重复地执行某些语句，每次在执行这些语句前，都会先检查条件是否为 `true`。其一般形式如下：

```
while(condition)
do
    statements
end
```

示例如下：

```
x = 10                          -- 初始化变量 x
while x > 0 do                  -- 布尔条件：x > 0
```

```
    print ("hello, kong " .. x)
    x = x - 1                    -- 减少 x 变量的值
end
```

- 第二种是 `for` 循环：用于重复执行指定语句，其重复次数和间隔可通过 `for` 语句控制。示例如下：

```
for var=x,y,setp do
    -- 执行体
end
```

其中，`var=x,y,setp` 表示 var 从开始值 x 逐步变化到结束值 y，每次变化以 `step` 为步长递增，并执行一次执行体。`step` 是可选的，其默认值为 1。

示例如下：

```
for i = 0, 10, 1 do
    print ( i )
end

for i = 10, 0, -1 do
    print ( i )
end
```

- 第三种是 `repeat` 循环：用于重复执行循环体，直到指定的条件为 `true` 时停止。其一般形式如下：

```
repeat
    statements
until(condition)
```

示例如下：

```
x = 10
repeat
    print ("repeat loop " .. x)
    x = x - 1
until x < 5
```

6.8.3 中断语句

在循环语句中，我们可以随时使用 `break` 和 `return` 来停止语句的执行并退出循环，示例如下：

```
function Foo()                   -- 定义 Foo 函数
    local x = 0
    while x < 10 do
        if x == 5 then
            break                -- 停止执行循环体
```

```
            end                         -- end if x == 5
        x = x + 1
    end                                 -- end while x < 10
    print ("x is " .. x)
    local y = 0
    while y < 10 do
        if y == 5 then
            return y                    -- 在方法中停止执行，并返回y
        end                             -- end if y == 5
        y = y + 1
    end                                 -- end while y < 10
    print ("y is " .. y)
end
-- 调用Foo函数，执行结果打印 x is 5
Foo()
```

可以看到，打印出的结果只有 `x is 5`，而没有 y，这是因为 `return` 语句已经中断了程序的执行，故而不再会运行下面的 `print` 语句 `print ("y is " .. y)` 了。

另外，需要注意的是，Lua 语言并没有像其他语言那样有 `continue` 语句，因此需要通过 `goto` 语句来实现。

6.9 函数

函数是将语句和表达式进行抽象的一种方法，本质上是一个具有名字的代码块，通常用来处理特定的业务逻辑任务。其一般形式如下：

```
function func_name (arguments-list)
    statements-list
end
```

其中，函数声明以 `function` 关键字开头。`func_name` 用于指定函数的名称；`arguments-list` 是参数列表，参数可以有多个（如果有多个，中间用 , 分隔开），也可以为空；`statements-list` 是函数体，表示要执行的语句；最后以 `end` 结尾。

下面演示如何写一个简单的函数：

```
function PrintSomething()
    text1 = "hello"
    text2 = "kong"
    print (text1 .. ", " .. text2)
end
```

另外，Lua 语言提供以面向对象的方式调用函数，如 `o:foo(x)` 与 `o.foo(o, x)` 是等价的，在 6.10.6 节中还会详细介绍面向对象的内容。

6.9.1 可变参数

与其他编程语言不同，在 Lua 语言中不必提供与函数声明具有相同数量的参数。换言之，在进行函数调用时，Lua 语言可以传递多于或少于函数所定义个数的参数，因为多余的参数将会被忽略，缺少的参数则会用 `nil` 代替。另外，Lua 语言的函数可以接收可变数目的参数，只要在参数声明时使用三点（...），就可以传递任意个数的参数，之后还可以遍历参数或通过 `select` 来取得某个位置的参数。示例如下：

```lua
-- 定义一个带有 2 个参数的函数 AddAndPrint()
function AddAndPrint(x, y)
    local result = x + y;
    print (x .. "+" .. y .. "=" .. result)
end
-- 调用函数 AddAndPrint()
AddAndPrint(2, 3, 7)             -- 打印 2+3=5（此调用传入了 3 个参数）
AddAndPrint(4, 5, 8, 9, 10)      -- 打印 4+5=9
AddAndPrint(6, 7, 11, 12, 14)    -- 打印 6+7=13

-- 再定义一个带有 2 个参数的函数 PrintValues()
function PrintValues(x, y)
    print ("x: " .. tostring(x) .. ", y: " .. tostring(y))
end
-- 调用函数 PrintValues()
PrintValues(3, 4)                -- 打印 x: 3, y: 4
PrintValues(1)                   -- 打印 x: 1, y: nil
PrintValues()                    -- 打印 x: nil, y: nil
```

6.9.2 多值返回

Lua 语言与传统的编程语言不同，自它诞生之时就允许函数可以同时返回多个返回值，这些返回值中间以，隔开。此外，在函数的调用处接收这些返回值，如果接收的变量个数等于返回的个数，它们将正好一一对应；如果接收的变量个数多于返回的个数，多余的接收变量将被置为 `nil`。示例如下：

```lua
-- 定义函数
function SquareAndCube(x)                -- 正方形和立方体
    squared = x * x                      -- 计算正方形的面积
    cubed = x * x * x                    -- 计算立方体的体积
    return squared, cubed
end
-- 调用函数
s, c = SquareAndCube(2)
print ("Squared: " .. s)                 -- 打印 Squared: 4
print ("Cubed: " .. c)                   -- 打印 Cubed: 8

s, c, q = SquareAndCube(2)
print ("Squared: " .. s)                 -- 打印 Squared: 4
```

```
print ("Cubed: " .. c)                          -- 打印 Cubed: 8
print ("Quartic: " .. tostring(q))              -- 打印 Quartic: nil

square = SquareAndCube(2)
print ("Squared: " .. square)                   -- 打印 Squared: 4
```

6.9.3 命名参数

Lua 语言的函数参数与它们的位置和顺序是息息相关的，在函数调用时，实参会按顺序依次传给对应的形参。这样的位置关系有一个弊端，就是可能会发生错位，导致排查错误的过程变得困难，所以在定义函数时，可以定义一个 table（表结构）对象，这样就改为只接收一个参数了，然后从此参数中再取得所需的对象属性即可。示例如下：

```
function PrintInfo(arg)
    print(arg.name,arg.age)
end
PrintInfo{name="lily",age=20}
PrintInfo({name="bob",age=20})
PrintInfo({name="Eric",age=20})
```

6.10 表

Lua 语言提供的唯一数据结构是表，这是内置数据类型之一。表功能强大且灵活，可以实现任意的其他数据结构，例如列表、数组、队列或堆栈、词典等。可以使用任意数据类型的值（非 nil）作为表的索引或键，表的值可以为任何类型，甚至也可以是一个函数。

6.10.1 表的构造

在 Lua 语言中，用 {} 符号表示创建一张表。将创建后的表分配给一个变量后，就可以使用此表了。表基本上分为字典和数组两种类型：如果一个表的键是数字，则表示该表是一个数组，下标索引从 1 开始；如果一个表的键是非数字或混合形式，那么该表就是一个字典。我们可以用表构建出任何复杂的数据结构。除了 nil 之外，其他任何类型的值都可以作为表的键，而表的值可以存储任何类型，包括 nil 和函数。

下面代码创建了一个新的表并将其分配给了 tbl 变量，然后将其打印出来。

示例 1 如下：

```
tbl = {}                                        -- 创建一个表，并赋值于 tbl 变量
print("The type of a table is: " .. type(tbl))

tbl = {}
tbl["x"] = 10
tbl[10] = "x"
```

```
print ("x: " .. tbl["x"])                       -- 打印 10
print ("10: " .. tbl[10])                       -- 打印 x

tbl = {}
tbl["x"] = 20
i = "x"
print (tbl["x"])                                -- 打印 20
print (tbl[i])                                  -- 打印 20
print (tbl.x)                                   -- 打印 20
tbl.y = 10
print ("x + y: " .. tbl.x + tbl.y)              -- 打印 30
print (tbl["y"])                                -- 打印 10
print (tbl.y)                                   -- 打印 10
```

示例 2 如下：

```
arr1 = {}
arr1[1] = "x"
arr1[2] = "y"
arr1[3] = "z"
for i = 1,3 do
    print(arr1[i])
end

arr2 = { "monday", "tuesday", "wednesday" }
for i=1,3 do
    print(arr2[i])
end

length = #arr2                                  -- 表 arr2 的总长度
print ("array lenght: " .. length)
for i=1,#arr2 do
    print (arr2[i])
end
```

如果在创建表时，已经知道其结构和内容，就可以通过键/值的方式对其进行定义，只要将对象的属性和值放在 {} 之间即可。表中的键、值既可以是字符串，也可以不是，示例代码如下所示：

```
colors = {
    red = "#ff0000",
    green = "#00ff00",
    blue = "#0000ff"
}
print ("red: " .. colors.red)
print ("green: " .. colors["green"])
print ("blue: " .. colors.blue)

colors = { r = "#ff0000", ["g"] = "#00ff00", [3] = "#0000ff"}
print ("red: " .. colors.r)
print ("green: " .. colors.g)
print ("blue: " .. colors[3])
```

6.10.2 表的引用

表的使用是通过引用而不是值进行的，即在通常情况下，将一个变量赋值给另一个变量时，两个变量都有自己的副本，这意味着它们是两个独立的变量，示例代码如下所示：

```
x = 10
y = x
x = 15
print (x)           -- 打印 15
print (y)           -- 打印 10
```

但是，当使用引用类型进行变量的互相赋值时，多个变量其实具有相同的内存引用地址。这意味着如果更改其中一个变量的值，将会改变所有引用变量的值，这一定要引起注意。示例代码如下：

```
a = {}
b = a
b.x = 10
a.y = 20
a.x = 30

print ("a.x: " .. a.x)      -- 打印 a.x: 30
print ("b.x: " .. b.x)      -- 打印 b.x: 30
print ("a.y: " .. a.y)      -- 打印 a.y: 20
print ("b.y: " .. b.y)      -- 打印 b.y: 20
a = nil                     -- a 不再引用表
b = nil                     -- b 没有任何引用表
```

6.10.3 表的迭代

在 Lua 语言中，迭代器（iterator）是一种支持指针类型的结构对象，能够用来遍历数组或词典中的元素，每个迭代器对象分别代表容器中一个确定的地址。迭代器主要有两种：ipairs 和 pairs。这里需要注意以下几点。

❑ ipairs 和 pairs 都适用于数组，但 ipairs 遇 nil 结束。
❑ ipairs 不适用于词典，只有 pairs 适用于词典。
❑ ipairs 速度比 pairs 快。

ipairs 迭代器的示例代码如下：

```
days = { "monday", "tuesday", "wednesday", "thursday", "friday",
    "saturday", nil, "sunday" }

for i, v in ipairs(days) do
    print ("index: " .. i .. ", value: " .. v)
end
```

pairs 迭代器的示例代码如下：

```
vector = { x = 34, y = 22, z = 56 }
for k, v in pairs(vector) do
    print ("key: " .. k .. ", value: " .. v)
end
```

6.10.4　表的操作

表 6-2 给出了表操作中的 4 种常用操作。

表 6-2　表的常用操作

表 操 作	说　　明
table.concat (table [, sep [, start [, end]]])	将表中的部分元素连接在一块并返回，包括从 start 位置到 end 位置的所有元素，这部分元素间以指定的分隔符（sep）隔开。读者可以自行指定返回元素的范围，即 start 和 end 的值
table.insert (table, [pos,] value)	在表的指定位置（pos）插入值为 value 的一个元素。其中，位置参数（pos）可选，默认为数组部分的末尾
table.remove (table [, pos])	返回并移除表数组中位于 pos 位置的元素，移除后，pos 后面位置的元素将会被前移。其中，pos 参数可选，默认为表的长度，即从最后一个元素删起
table.sort (table [, comp])	对表进行升序排序。可以自行指定排序的对比规则

接下来，依次通过代码实现上述操作。连接表的示例代码如下：

```
companies = {"microsoft","apple","google"}            -- 下面将连接 companies 表
print(" 连接后的字符串 ",table.concat(companies))
-- 打印结果：连接后的字符串 microsoftapplegoogle
print(" 连接后的字符串 ",table.concat(companies,", "))    -- 指定分隔符
-- 打印结果：连接后的字符串 microsoft, apple, google
print(" 连接后的字符串 ",table.concat(companies,", ", 2,3))  -- 指定索引
-- 打印结果：连接后的字符串 apple, google
```

插入和移除表的示例代码如下：

```
companies = {"microsoft","apple","google"}

table.insert(companies,"oracle")              -- 在末尾插入
print(" 索引为 4 的元素为 ",companies[4])
-- 打印结果：索引为 4 的元素为 oracle

table.insert(companies,2,"ibm")               -- 在索引为 2 的键处插入
print(" 索引为 2 的元素为 ",companies[2])
-- 打印结果：索引为 2 的元素为 ibm

print(" 最后一个元素为 ",companies[5])
```

```
-- 打印结果：最后一个元素为 oracle

table.remove(companies)
print(" 移除后最后一个元素为 ",companies[5])
-- 打印结果：移除后最后一个元素为 nil
```

排序表的示例代码如下：

```
companies = {"microsoft","apple","google","oracle","ibm"}
print(" 排序前 ")
for k,v in ipairs(companies) do
    print(k,v)
end

table.sort(companies)
print(" 排序后 ")
for k,v in ipairs(companies) do
    print(k,v)
end
-- 排序前
--1      microsoft
--2      apple
--3      google
--4      oracle
--5      ibm
-- 排序后
--1      apple
--2      google
--3      ibm
--4      microsoft
--5      oracle
```

6.10.5 元表

在 Lua 语言中，元表（metatable）可以用于改变表的行为。任何表都可以有一个元表，并且使用它来改变自己的行为，每个行为都关联了与之对应的元方法。设置、获取元表的示例代码如下：

```
mytable={}
mymetatable={}
mytable=setmetatable(mytable,mymetatable)
-- 将 mymetatable 设置为 mytable 的元表。返回值赋给普通表 mytable
mymetatable=getmetatable(mytable)
-- 获取 mytable 的元表，返回值赋给元表 mymetatable
```

比如 __index 元方法，当通过键值访问表没有值，但该表又存在元表时，Lua 语言便会去查找其对应元表中的 __index 键。__index 如果存储的是一个方法，就去执行该方法；如果存储的是一个表，则去访问表中对应的键值。

```
mytable={key1="BeiJing",key2="ShangHai"}
mymetatable={key3="Shenzhen"}
mymetatable.__index=function(table,key)    -- 设置 __index 元表为一个方法
return "Guangzhou"
end
--mymetatable.__index= mymetatable          -- 设置 __index 元表为一个表
setmetatable(mytable,mymetatable)

print(mytable.key1)                         -- BeiJing
print(mytable.key2)                         -- ShangHai
print(mytable.key3)                         -- Guangzhou
print(mytable.key4)                         -- Guangzhou
```

这里需要注意，必须给元表的 __index 键赋值。

Lua 语言查找一个表元素的步骤如下所示。

(1) 在表中查找所需的键，如果找到就返回，反之则继续。

(2) 判断表是否有元表，如果没有就返回 nil，反之则继续。

(3) 判断元表有无 __index 方法，如果 __index 方法为 nil，则返回 nil；如果 __index 方法为一个表，则重复 (1)、(2)、(3) 步；如果 __index 方法是一个函数，则返回该函数的返回值。

6.10.6 类对象

类对象由属性和方法组成。Lua 语言中最基本的结构是表，可以用来描述对象的属性；function 则可以用来表示方法。Lua 语言提供了一些语法使得可以通过冒号（:）运算符来调用类对象中的方法。下面的代码模拟一个类对象，通过 user1:print() 进行方法的调用：

```
User = {
    name,
    age,
    email
}
User.new = function (self, object)
    object = object or {}
    setmetatable(object, self)
    self.__index = self
    return object
end
User.print = function(self)
    print("name:" .. self.name .. ", age: " .. self.age .. ", email: " .. self.email)
end
user1 = User:new({name = 'lily', age = 20, email='lily@mail.com'})
user2 = User:new({name = 'tom', age = 20, email='tom@mail.com'})
User.print(user1)
User.print(user2)
user1:print()
user2:print()
-- 将打印以下内容
```

```
--name:lily, age: 20, email: lily@mail.com
--name:tom, age: 20, email: tom@mail.com
--name:lily, age: 20, email: lily@mail.com
--name:tom, age: 20, email: tom@mail.com
```

"." 和 ":" 的功能基本上是相同的，不同之处在于前者是显式地传递 self 参数对象，而后者是隐式地传递，它们在实质上并没有区别，这里建议使用后者，因为会更为方便简洁。

6.11 模块

从 Lua 5.1 开始，Lua 语言加入了标准的模块管理机制，将具有某些特征的或公用的代码进行分类后有机地组织起来并放在多个文件中，然后以外部接口的形式提供给外部调用，这样有利于代码重用、降低代码的耦合度、增加代码的可阅读性和可维护性。

6.11.1 模块定义

在 Lua 语言中，模块是由变量、函数等已知元素组成的表。下面创建自定义模块 module.lua，里面有属性变量 constant 和函数方法 func1、func2、func3：

```
-- 文件名为 module.lua
-- 定义一个名为 module 的模块对象
module = {}

-- 定义一个常量
module.constant = "这是一个常量"

-- 定义一个函数
function module.func1()
    io.write("这是一个公有函数！\n")
end

local function func2()
    print("这是一个私有函数！")
end

function module.func3()
    func2()
end
return module -- 返回 module
```

6.11.2 加载函数

使用模块时需要先加载，此时可以使用 require 函数，如下两种写法均可：

```
require("<模块名>")
require "<模块名>"
```

在模块中全局使用 require 函数：

```
-- main.lua 文件
-- module 为上文提到的 module.lua 文件
require("module")            -- 在最上面声明，相当于 Java 中的 import
print(module.constant)       -- 打印 module.lua 文件中声明的常量 constant
module.func3()               -- 执行 module.lua 文件中声明的公有函数 func3
```

在模块的函数方法中局部使用 require 函数：

```
-- main2.lua 文件
-- module 为上文提到的 module.lua 文件
-- 定义局部变量 m
local m = require("module")
-- 把 require 函数返回的 module 对象赋值给本地变量 m
print(m.constant)
m.func3()
```

6.11.3 加载机制

自定义模块有其特定的路径查找加载顺序和加载策略，会先尝试从 Lua 文件或 C 程序库中加载模块文件，如果未加载到，再从默认的路径和定义的路径中加载。

require 函数用于加载 Lua 模块文件，所有的查找路径均存放在全局变量 package.path 中，当 Lua 启动后，会以环境变量 LUA_PATH 的值来初始这个环境变量。如果没有找到该环境变量，则使用一个编译时定义的默认路径来初始化，也可以自定义设置，在当前用户根目录下打开 .profile 文件（如果没有则创建一个，打开 .bashrc 文件也可以），例如把 "~/lua/" 路径加入 LUA_PATH 环境变量里：

```
#LUA_PATH
export LUA_PATH="~/lua/?.lua;;"
```

文件路径以 ";" 号分隔,最后的 ";;" 表示在新加的路径后面再加上原来默认的路径。接着，更新环境变量参数，使之立即生效：

```
source ~/.profile
```

这时假设 package.path 的值是：

```
./?.lua;/usr/local/share/lua/5.1/?.lua;/usr/local/share/lua/5.1/?/init.lua;/usr/local/lib/lua/5.1/?.lua;/usr/local/lib/lua/5.1/?/init.lua
```

之后调用 require("module") 时就会尝试打开以下文件目录去搜索 module.lua 文件：

```
./module.lua
/usr/local/share/lua/5.1/module.lua
/usr/local/share/lua/5.1/module/init.lua
```

```
/usr/local/lib/lua/5.1/module.lua
/usr/local/lib/lua/5.1/module/init.lua
```

如果在 Lua 文件中找到了目标模块文件,就调用 `package.loadfile` 去加载。反之,去找 C 程序库。搜索用的文件路径从全局变量 `package.path` 取得。加载过程中会尝试搜索后缀扩展名为 `so` 或 `dll` 的文件。如果找到,那么 `require` 函数就会通过 `package.loadlib` 来加载此文件。

6.12 小结

本章介绍了 Lua 语言编程的基本知识,这些知识为我们二次开发个性化的自定义插件打下了一定的基础。需要说明的是,由于篇幅有限,这只是 Lua 语言学习中的一部分,其他更为高级的特性以及 cosocket 库等,读者还需要在今后的工作中进一步学习、实践和研究。

第 7 章 日志收集与分析

我们知道在日常的运维工作中，处理和分析日志非常重要。除了服务器系统和硬件日志以外，还有 Kong 的日志，其主要分为两种——用户访问日志和网关错误日志。其中，网关错误日志也包括插件错误日志。系统的运维和开发人员可以通过对日志的收集、聚合、统计与分析，了解系统的健康以及负载、性能等状况，提前发现问题，主动采取措施，及时排错，从而防患于未然。

7.1 日志的分类与配置

Kong 的日志主要分为用户访问日志（以下简称访问日志）和网关错误日志（以下简称错误日志），这两个日志是我们定位问题、排查错误、统计分析的基础，具有十分重要的作用。

7.1.1 访问日志的属性

表 7-1 给出了访问日志的常用属性。

表 7-1 访问日志的常用属性表

属　性	描　述
$time_iso8601	日期
$remote_addr	客户端地址
$http_x_forwarded_for	真实客户端地址
$status	HTTP 状态码
$request_method	HTTP 方法
$upstream_addr	上游服务器端地址
$upstream_response_time	上游响应时间
$http_host	请求域名
$query_string	查询字符串
$url	请求地址
$request_length	请求的大小
$bytes_sent	响应的大小

(续)

属　　性	描　　述
$http_referer	页面来源
$http_user_agent	用户代理
$request_time	请求时间（包括后端请求）
$ssl_protocol	SSL 协议

除了系统提供的属性之外，我们也可以通过自定义请求头的方式，添加自定义的访问日志属性，比如用户 ID、企业 ID 等，只需要在自定义请求头中加上前缀"$http_"即可。表 7-1 列举的是常用属性，更多的内置属性请读者查看 Nginx 官方文档。

7.1.2　访问日志的配置

为了使 Kong 输出我们需要的访问日志格式，需要在 /etc/kong/kong.conf 配置文件中添加以下内容：

```
#-----------------------------------
# 常规（GENERAL）配置节
#-----------------------------------
# 访问日志的存储路径和使用的格式
proxy_access_log = logs/access.log json buffer=1024k flush=10s

#-----------------------------------
# Nginx 注入指令（injected directives）配置节，用于生成配置
#-----------------------------------
# 添加访问日志输出的 JSON 格式和内容
nginx_http_log_format = json '{"date_time":"$time_iso8601",
    "remote_addr":"$remote_addr",……, "ssl": "$ssl_protocol"'
```

proxy_access_log 为访问日志的存储路径，proxy_access_log = access_log path [format [buffer=size] [flush=time]]：access_log path 指定访问日志存储的路径，format 指定访问日志使用的格式名称，buffer 指定内存中的访问日志缓冲区大小，flush 则是每次将内存缓冲区中的日志刷新到磁盘的时间间隔。通过 buffer 和 flush 这两个参数可以有效降低高频次写操作对磁盘造成的影响。

根据上述解释，下面的配置表示：访问日志存储在 logs/access.log 文件中；采用的是 JSON 格式；用户访问产生的日志会先写入内存缓冲区，直到内存缓冲区的大小达到 1024 KB 时，再将这些日志一次性写入磁盘，或者虽然内存缓冲区的大小还没有达到 1024 KB，但超过了 flush 规定的时间 10 s，这时也会将内存缓冲区中现有的访问日志写入磁盘。

```
access_log logs/access.log json buffer=1024k flush=10s;
```

nginx_http_log_format 为访问日志采用的格式，采用 Kong 指令以注入的方式将其添

加到配置文件可以避免修改内置模块文件。`nginx_http_log_format = log_format name format_string` 中的 `log_format name` 指定访问日志采用的数据格式，这里将其设置为 `json`；`format_string` 为访问日志的格式串。请读者在实际添加时去掉换行符，让日志放在一行，这样便于对日志进行收集处理。JSON 格式的示例如下：

```
log_format json
'{
    "date_time": "$time_iso8601",                              -- 请求日期
    "remote_addr": "$remote_addr",                             -- 客户端地址
    "forwarded_ip": "$http_x_forwarded_for",                   -- 真实客户端地址
    "status": "$status",                                       -- HTTP 状态码
    "method": "$request_method",                               -- HTTP 方法
    "upstream_addr": "$upstream_addr",                         -- 上游服务器端地址
    "upstream_response_time": "$upstream_response_time",
                                                               -- 上游响应时间
    "http_host": "$http_host",                                 -- 请求域名
    "query_string": "$query_string",                           -- 查询字符串
    "url": "$url",                                             -- 请求地址
    "in_bytes": "$request_length",                             -- 请求的大小
    "out_bytes": "$bytes_sent",                                -- 响应大的小
    "referer": "$http_referer",                                -- 页面来源
    "user_agent": "$http_user_agent",                          -- 用户代理
    "request_time": "$request_time",                           -- 请求时间（包括后端请求）
    "ssl": "$ssl_protocol"                                     -- SSL 协议
}'
```

如果访问日志文件过大，则可以采用 Linux crontab 定时，以按天切割文件的方式解决。

7.1.3 错误日志的配置

对于错误日志的配置，需要在 /etc/kong/kong.conf 配置文件中添加调整以下内容：

```
#------------------------------------
# 常规（GENERAL）配置节
#------------------------------------
# 错误日志的存储路径
proxy_error_log = logs/error.log
# 错误日志输出的级别设置为 warn
log_level = warn
```

其中 `proxy_error_log` 表示错误日志存储的路径。logs/error.log 为默认路径，此路径将会存储在绝对路径 /usr/local/kong/logs 的目录中，我们也可以自定义目录。`log_level` 表示错误日志输出的级别，其取值有 `debug`、`info`、`notice`、`warn`、`error`、`crit`、`alert` 和 `emerg`，默认值为 `error`。

错误日志信息主要包括以下几个部分：日志产生的日期、错误级别、错误的文件、错误的行号、错误的函数名、错误的信息和堆栈信息等。

7.2 ELK+Filebeat 的选择

全面且完整的日志信息具有非常重要的意义和作用，可以帮助我们快速定位问题，找出解决方案，让我们及时了解服务的运行负荷和服务质量，并对数据做进一步挖掘、统计、聚合和分析，为后期运维提供决策支持。

日志通常被存储在本地磁盘中，并分散在不同的服务器设备上。如果同时管理着数十台，甚至上百台服务器，那么我们不可能依次登录每台机器使用传统的方法去搜索并查看日志，因为这种方式不仅效率低，还不符合 DevOps 自动化敏捷的思想，所以需要使用集中化、自动化的日志管理体系将所有服务器上的日志自动收集、汇总起来并进行集中化管理、存储、索引、查找。另外需要特别关注的是收集日志服务一定不能占用过多的硬件资源，以避免对网关核心服务造成影响，进而影响到用户体验。

基于上述内容，这里我们采用 ELK+Filebeat，这是一个成熟的日志收集分析体系，可以完美解决我们的问题，其中 ELK 是 Elasticsearch、Logstash 和 Kibana 的简称。Elasticsearch 是一个分布式搜索引擎；Logstash 是服务器端的数据处理管道，能够同时从多个来源采集数据、转换数据，然后将数据发送到诸如 Elasticsearch、Kafka 等"存储库"中；Kibana 则可以让用户通过图形、图表的形式对 Elasticsearch 中存储的数据进行可视化查询、展现、分析、聚合和统计。

7.3 Filebeat

Filebeat 是一个基于 Go 语言开发的轻量级开源日志文件数据采集器。在 Kong 服务器上安装 Filebeat，并指定需要采集的日志目录或日志文件后，Filebeat 就可以读取日志数据，并将之实时快速地发送到 Logstash。

7.3.1 安装

安装 Filebeat，拉取镜像：

```
$ docker pull elastic/filebeat:7.5.0                    -- 安装 Filebeat
$ mkdir -p /opt/filebeat/config                         -- 创建 Filebeat 配置文件的目录
```

7.3.2 配置

配置 Filebeat 主要包括对 Filebeat 的数据采集输入配置和对 Logstash 的数据输出配置，读者也可以将数据输出到 Kafka，需要注意 Filebeat 通过 `max_procs`、`queue.mem.events`、`max_bytes` 这三个参数来严格限制 CPU 和内存的使用率，这样不会影响 Kong 网关的正常运行，配置文件 filebeat.yml 的主要内容如下（此配置文件可从本书前言提供的方式下载）：

```yaml
#====== 常规配置节 =========
# 配置发送者名称，如果不配置，则使用主机名
# name:kong
# 标记，可用于分组等
# tags: ["kong-access-log","kong-dev"]
# 内存队列可以缓存的最大日志数量
# queue.mem.events * max_bytes = 最大内存
queue:
    mem:
        events: 4096
# 设置可以同时执行的最大 CPU 数量，默认会使用系统中所有可用的逻辑 CPU
max_procs: 2
#====== Filebeat 的数据采集输入配置 ======
filebeat.inputs:
- type: log
    # 启用输入配置
    enabled: true
    # 获取数据的日志文件路径
    paths:
        - /usr/local/kong/access.log
    fields:
        log_type: KongAccessLog
    # 每个 harvester 在获取文件时使用的缓冲区大小（以字节为单位）。其默认值是 163840
    harvester_buffer_size: 163840
    # 如果文件在指定的时间内没有更新，Filebeat 会关闭文件句柄
    # 如果关闭的文件再次发生变化，则会启动一台新的 harvester
    close_inactive: 1m
    # 扫描目录下是否有新的文件产生
    scan_frequency: 5s
    # 限制在每一次日志事件中最多允许上报的字节数，多出的字节将被丢弃
    max_bytes: 1048576
    # 默认情况下，解码后的 JSON 放在输出文档中的 json 键下
    # 如果启用此设置，则会将键复制到输出文档的顶层。默认值是 false
    json.keys_under_root: true
    # 如果启用了 keys_under_root 和此设置
    # 则来自解码的 JSON 对象的值会覆盖 Filebeat 通常添加的字段（类型、源、偏移量等），防止冲突
    json.overwrite_keys: true
#-------- Logstash 的数据输出配置 ------
output.logstash:
    # Logstash 的域名
    # 这里将日志输出到 Logstash 的 5044 端口
    hosts: ["192.168.8.160:5044"]
#--------- Kafka 的数据输出配置 -------
# 或者将数据直接输出到 Kafka（备用）
# output.kafka:
    # 从经纪人（brokers）读取集群元数据信息
    # hosts: ["192.168.8.160:9092", "192.168.8.161:9092"]
    # 主题
    # topic: "cloud-kong-access"
#----- Elasticsearch 的数据输出配置 ----
# 也可以将数据直接输出到 Elasticsearch（备用）
```

```
# output.elasticsearch:
    # Elasticsearch 服务器的地址
    # hosts: ["192.168.8.160:9200"]
    # index: "filebeat-cloud-kong-access"
# 启用 ILM 后，将忽略 output.elasticsearch.index，并且使用别名来设置索引名称
# setup.ilm.enabled: false
# 索引生命周期管理所用的索引别名
# setup.ilm.rollover_alias: "filebeat-cloud-kong-access"
# setup.ilm.pattern: "{now/d}-000001"
```

此配置文件需放置到 /opt/filebeat/config 目录下。这里我们将 Filebeat 采集的日志数据输入到 Logstash 中，如果需要输入到 Kafka 或 Elasticsearch，只需将上面配置代码中相应的注释去掉即可。另外需要注意如果磁盘容量有限，请读者使用 /etc/kong/kong.logrotate 配置文件，并结合 Linux 中的 `logrotate/crontab` 命令对日志文件进行定时或周期性的轮转、切割、压缩、删除。

7.3.3 启动

设置容器内外配置文件和端口映射、日志文件采集目录映射，启动 Filebeat：

```
$ docker run -d --name filebeat \                        -- 启动 Filebeat
-v /opt/filebeat/config/filebeat.yml:/usr/share/filebeat/filebeat.yml \
-- 设置容器内外配置文件映射
-v /usr/local/kong/logs:/home \
elastic/filebeat:7.5.0
```

7.4 Elasticsearch

Elasticsearch 是一个开源的分布式、RESTful 风格的搜索和数据分析引擎，基于 Lucene 开源库 Apache Lucene 构建，具有实时、稳定、可靠、快速地存储、索引、搜索和分析海量数据的功能。

7.4.1 安装

拉取镜像，安装 Elasticsearch：

```
$ docker pull elasticsearch:7.5.0                        -- 拉取 Elasticsearch 镜像
```

7.4.2 配置

创建数据存储目录，并设置写入权限，将 Elasticsearch 产生的数据放置到容器之外：

```
$ mkdir -p /opt/elasticsearch/data                       -- 创建数据目录
$ chmod 777 /opt/elasticsearch/data                      -- 设置权限
```

```
$ mkdir -p /opt/elasticsearch/config          -- 创建配置目录
$ echo "network.bind_host: 0.0.0.0            -- 内容写入生成的配置文件
  http.cors.enabled: true
  http.cors.allow-origin: "*"
  " > /opt/elasticsearch/config/elasticsearch.yml
```

需要说明的是，配置文件也同样放置在容器外部，方便后期查看和编辑。

7.4.3 启动

设置 JVM 堆内存初始值（Xms）、JVM 堆内存最大值（Xmx）、容器外到容器内的端口映射以及数据存储目录和配置文件的映射后，启动 Elasticsearch。相关代码如下：

```
$ docker run -e ES_JAVA_OPTS="-Xms1024m -Xmx1024m" -d \       -- 启动 Elasticsearch
-p 9200:9200 -p 9300:9300 \
-e "discovery.type=single-node" \
-v /opt/elasticsearch/data:/usr/share/elasticsearch/data \
-v /opt/elasticsearch/config/elasticsearch.yml:/usr/
    share/elasticsearch/config/elasticsearch.yml \           -- 把配置文件挂载到容器里面
--name es-single elasticsearch:7.5.0
```

其中，9200 为 HTTP 协议 REST API 的端口，主要用于外部通信；9300 为 TCP 协议的端口，用于 Elasticsearch 集群之间的通信。之后输入 http://192.168.8.160:9200/，如果看到信息"You Know, for Search"，就表示 Elasticsearch 部署成功了，见图 7-1。

注意：如果在上述过程中遇到问题，可以通过 `docker exec -it [容器id] /bin/bash` 命令进入容器查看详情。

```
{
  "name" : "4fd908ed0ad6",
  "cluster_name" : "elasticsearch",
  "cluster_uuid" : "oomadD3yQy6b5rh7_dBsLA",
  "version" : {
    "number" : "7.5.0",
    "build_flavor" : "default",
    "build_type" : "docker",
    "build_hash" : "e9ccaed468e2fac2275a3761849cbee64b39519f",
    "build_date" : "2019-11-26T01:06:52.5182245Z",
    "build_snapshot" : false,
    "lucene_version" : "8.3.0",
    "minimum_wire_compatibility_version" : "6.8.0",
    "minimum_index_compatibility_version" : "6.0.0-beta1"
  },
  "tagline" : "You Know, for Search"
```

图 7-1 验证 Elasticsearch 部署成功

7.5 Logstash

Logstash 是开源服务器端的数据处理管道，能够同时从多个数据源接收数据，并实时解析、转换、过滤和输出数据，你可以将处理后的日志再发送到需要的"存储库"中，比如 Redis、Kafka 和 Elasticsearch 等。

7.5.1 安装

拉取镜像，安装 Logstash：

```
$ docker pull logstash:7.5.0                                          -- 拉取 Logstash 镜像
```

7.5.2 配置

配置文件 logstash.conf 的主要内容如下：

```
# 日志输入流向：FileBeat -> Logstash -> Elasticsearch.
# 5044 端口用于接收输入的日志数据
input {
    beats {
        port => 5044
    }
}
# 将日志数据加工处理后输出到 Elasticsearch
output {
    elasticsearch {
        hosts => ["http://192.168.8.160:9200"]
        index => "filebeat-logstash-cloud-kong-access"
        #index => "%{[@metadata]}-%{[@metadata][version]}-%{+YYYY.MM.dd}"
        #user => "elastic"
        #password => "changeme"
    }
}
```

其中 input 节里的 5044 端口用于接收输入的日志数据；output 节实现的是对日志数据加工处理后将之输出，这里将日志数据输出到了 Elasticsearch 中。

7.5.3 启动

设置容器内外配置文件和端口映射，启动 Logstash：

```
$ docker run -p 5044:5044 --name logstash -d \                        -- 启动 Logstash
    -v /opt/logstash/logstash.conf:/usr/share/logstash/pipeline/logstash.conf \
    logstash:7.5.0
```

7.6 Kibana

Kibana 是一个基于 Web 的图形界面，用于搜索、统计、分析、聚合和可视化存储在 Elasticsearch 中的日志数据和指标数据。Kibana 利用 Elasticsearch 的 REST 接口来检索数据，不仅允许你创建、定制自己的数据图表（仪表图、柱状图、线状图、饼图、环形图、面积图、热点图等），而且还允许你以实时交互的方式查询、展现数据，尤其是新推出的 Kibana Lens 功能，其简单直观灵活的可拖曳方式和智能提示，可以让你更容易地可视化构建图表和仪表，从而快速、轻松、直观地洞察 Elasticsearch 中的数据。

Docker 镜像提供了两种方法配置 Kibana。一种是给出一个配置文件 kibana.yml，另一种是使用环境变量来定义设置项。

7.6.1 安装

拉取镜像，安装 Kibana：

```
$ docker pull kibana:7.5.0                              -- 拉取 Kibana 镜像
```

7.6.2 配置

配置 Kibana 的 Elasticsearch 数据源地址为 192.168.8.160:9200，写入 kibana.yml 配置文件：

```
$ echo "server.name: kibana                             -- 内容写入生成的配置文件
    server.host: "0.0.0.0"
    elasticsearch.hosts: [ "http://192.168.8.160:9200" ]  -- 链接 Elasticsearch 数据源
" > /opt/kibana/config/kibana.yml
```

7.6.3 启动

设置容器内外配置文件和端口映射后，启动 Kibana：

```
$ docker run -d --name kibana                           -- 启动 Kibana
-p 5601:5601
-v /opt/kibana/config/kibana.yml:/usr/share/kibana/config/kibana.yml
    kibana:7.5.0
```

其中，`5601` 是 Kibana 的端口。

接着，输入 http://192.168.8.160:5601，打开已经安装好的 Kibana，呈现的界面如图 7-2 所示。

7.6 Kibana

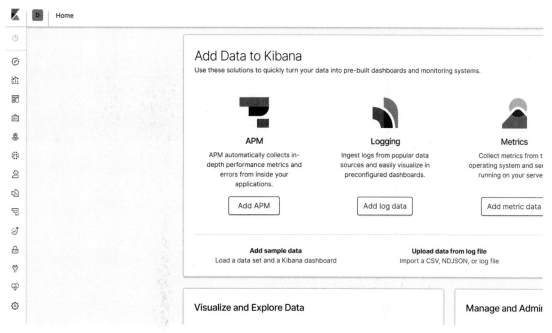

图 7-2 Kibana 的界面

7.6.4 应用

进入 Kibana，点击左侧菜单最下方的 Kibana→Management→Index Patterns，打开的界面如图 7-3 所示。

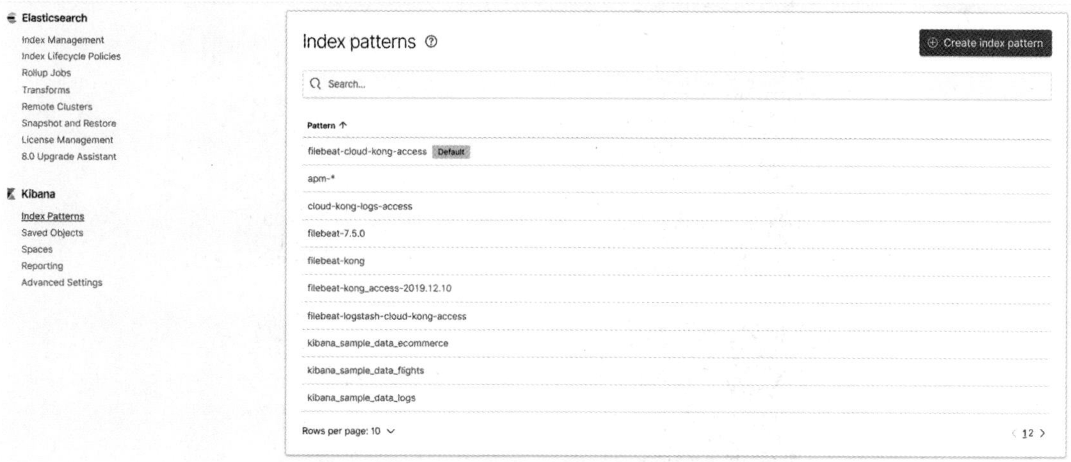

图 7-3 Index Patterns 界面

在图 7-3 中点击 Create index pattern 按钮创建索引模式，Kibana 将使用索引模式从 Elasticsearch 索引中检索数据，用于可视化内容等的呈现。输入 filebeat-logstash-cloud-kong-access 找到我们的日志索引，或者在索引模式中使用"*"作为后缀通配符进行多索引日志聚合，打开的界面如图 7-4 所示。

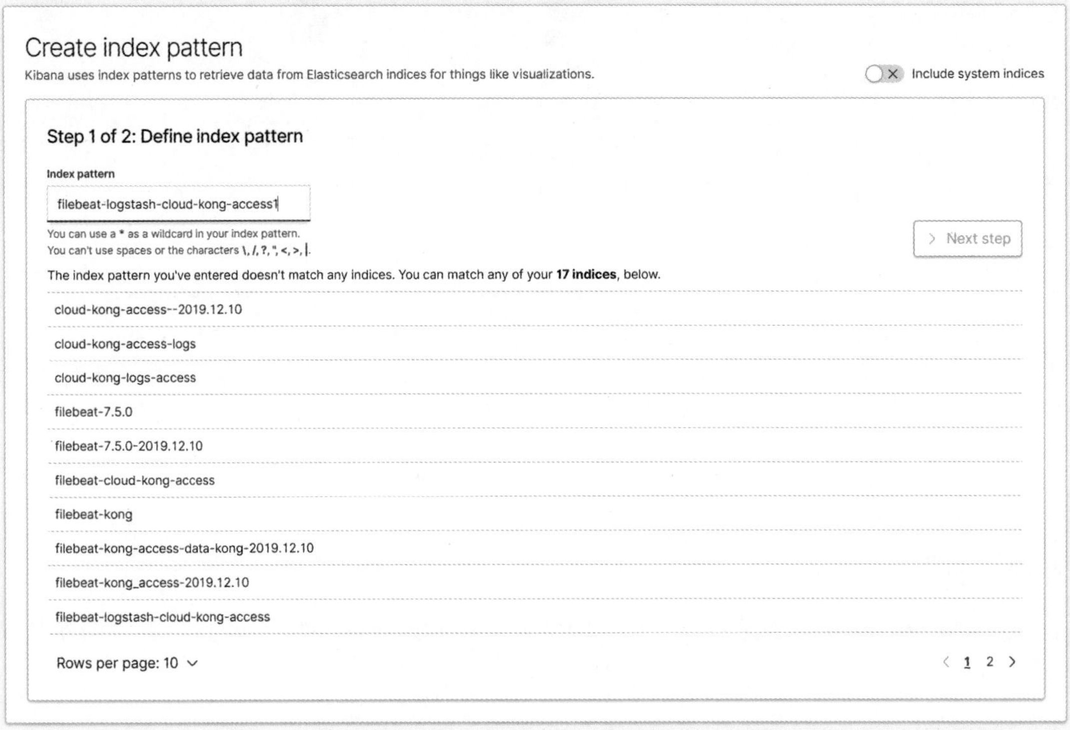

图 7-4　查找索引的界面

然后点击 Next step，下拉菜单选择 @timestamp（时间过滤器字段名称），最后点击 Create index pattern，如图 7-5 所示。

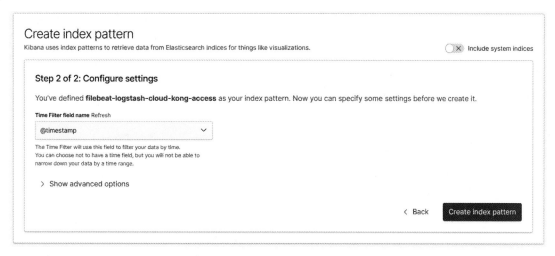

图 7-5　创建索引模式

索引模式创建完成之后，回到 Kibana 首页，点击左侧的 change 按钮，选择索引名称 filebeat-logstash-cloud-kong-access，就可以看到 Kong 的请求日志列表。我们可以添加 Filter 条件过滤器、DSL 语法或在 Search 搜索栏直接使用 Lucene 语法，过滤搜索查询所需要的数据，如图 7-6 所示。

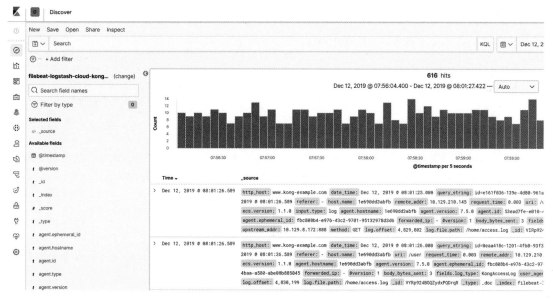

图 7-6　请求日志列表的界面

点开列表前面的箭头 ">"，可以看到详细的日志数据信息，如图 7-7 所示。

图 7-7　详细的日志数据信息

在图 7-6 的 Search 搜索栏中，常用的搜索条件举例如下：

```
request_time:[3 TO 5]                    -- 查询请求时间在 3 秒和 5 秒之间的数据
user_agent:*chrome*                      -- 查询客户端请求浏览器为 chrome 的数据
status:500 OR status:400                 -- 查询返回状态码为 500 或 400 的数据
http_host:www.kong-example.com           -- 查询指定域名站点的数据
uri:/user AND method:GET                 -- 查询请求路径为 /user 且请求方法为 GET 的数据
```

注意：如果遇到 +、-、&&、||、!、( )、{ }、[ ]、^、"、~、*、?、:、\ 和转义特殊字符，那么我们将反斜杠符号 "\" 放于这些字符之前即可。

7.7　Elasticsearch 的辅助工具

Elasticsearch 的辅助工具有很多，目前最常用的是 Elasticsearch-Head 和 Elasticsearch-HQ，下面将分别介绍它们。

- Elasticsearch-Head 是一个用于浏览 Elasticsearch 集群并与其进行交互的 Web 项目，包括数据可视化、增删改查操作的执行等。

7.7 Elasticsearch 的辅助工具

- Elasticsearch-HQ 是一个基于浏览器的直观、功能强大的 Elasticsearch 管理和监控工具，它提供对 Elasticsearch 的实时监控、全集群管理、搜索和查询等功能。

安装和部署 Elasticsearch-Head 于 Elasticsearch-HQ 的命令如下：

```
# 拉取 Elasticsearch-Head 镜像
$ docker pull mobz/elasticsearch-head:5
# 启动 Elasticsearch-Head
$ docker run -d -p 9900:9100 docker.io/mobz/elasticsearch-head:5
# 拉取 Elasticsearch-HQ 镜像
$ docker pull elastichq/elasticsearch-hq:release-v3.5.12
# 启动 Elasticsearch-HQ
$ docker run -d --name es-hd -p 5000:5000 \
elastichq/elasticsearch-hq:release-v3.5.12
```

接着，在浏览器中输入 http://192.168.8.160:5000/，如果出现如图 7-8 所示的界面，则说明 Elasticsearch-Head 安装成功。

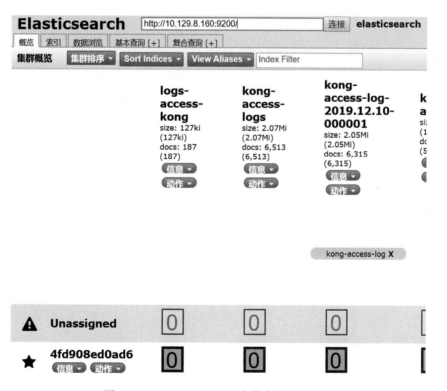

图 7-8 Elasticsearch-Head 安装成功的界面图

在浏览器中输入 http://192.168.8.160:9900/，如果出现如图 7-9 所示的界面，则说明 Elasticsearch-HQ 安装成功。

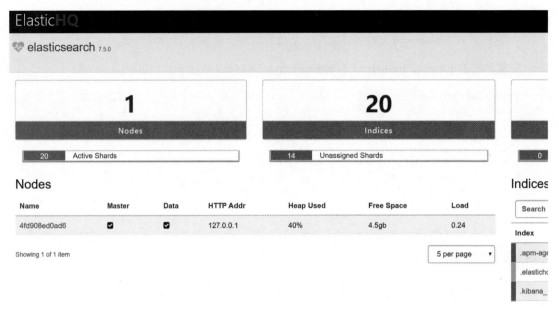

图 7-9　Elasticsearch-HQ 安装成功的界面图

7.8　小结

本章介绍了 Kong 的日志收集和分析，我们采用了成熟的 ELK（Elasticsearch、Logstash、Kibana）+ Filebeat 日志收集分析体系。从安装到配置再到实际应用，这套体系为运维人员和开发人员后期的日志检索、分析、聚合、统计以及问题定位提供了有利的工具和决策支持。

本章的日志收集和分析对于 Kong 的管理固然重要，但还远远不够，因为这是被动式的，在下一章我们将介绍 Kong 主动式的指标监控与报警。

第 8 章 指标监控与报警

Kong 的可观测性对于运维管理来说至关重要，通过主动的、全方位的实时指标监控和报警，我们可以在第一时间得知系统的运行状态和可用性。

常见的监控指标有 CPU 使用率、内存使用率、GC、磁盘 IO、网络流量、网络延迟、请求速度、请求排队、链接数、用户态与内核态的上下文切换等。设置对应的报警条件和阈值进行实时报警，可以帮助我们先于用户发现问题、定位问题、解决问题，从而最大程度地保证系统的稳定性和服务的连续性，减少对用户产生的负面影响。

指标监控和报警主要分为以下 6 个流程。

- 采集指标数据
- 存储指标数据
- 分析指标数据
- 展示指标数据
- 监控指标报警
- 报警处理

8.1 Kong 的监控指标

Kong 已经为我们设计了 Prometheus 插件，该插件用于收集并暴露度量指标。我们先在 Konga 中添加 Prometheus 插件，具体步骤为：打开 Konga，先点击左侧菜单中的 PLUGINS 按钮，如图 8-1 所示；然后点击左上角 Add Global Plugins 按钮来添加全局插件；接着选择 Analytics & Monitoring 项，再选择其中的 ADD PLUGIN（Prometheus）；最后点击"确定"按钮。

之后访问 http://www.kong-training.com，产生一些请求数据，再输入 Kong Admin 的地址加上 /metrics 后的路径，即输入 http://127.0.0.1:8001/metrics，就可以看到以下 Kong 的度量指标信息。

- 所有服务每秒的请求数量

- 每个服务/路由的每秒请求数量
- 总带宽流用量
- 每个服务/路由的请求输入流量
- 每个服务/路由的响应输出流量
- 每个服务请求时间延迟统计
- 每个服务上游服务器延迟统计
- 每个服务上游服务器请求数量
- 当前活动的客户端连接数
- 正在读取请求头的当前连接数
- 当前空闲客户端连接数
- 正在将响应写回到客户端连接数
- 当前总连接数
- 已处理的连接总数
- 已接受的客户端连接总数
- 共享内存信息
- 工作进程内存信息
- 请求状态码信息

……

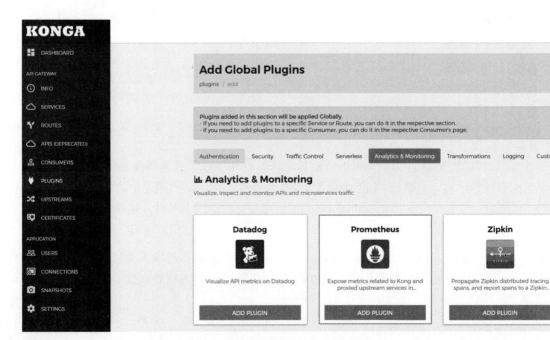

图 8-1　添加 Prometheus 插件

指标信息的代码形式如下：

```
# 每个服务/路由消耗的总带宽（以字节为单位）
kong_bandwidth{type="egress",service="www.kong-training.com",route="www.kong-
    training.com"} 290632
kong_bandwidth{type="ingress",service="www.kong-training.com",route="www.kong-
    training.com"} 7456
# 数据库是否处于可访问状态
kong_datastore_reachable 1
# 服务/路由的HTTP状态码
kong_http_status{code="200",service="www.kong-training.com",
    route="www.kong-training.com"} 9
kong_http_status{code="304",service="www.kong-training.com",
    route="www.kong-training.com"} 7
# 服务/路由的总请求时间和上游延迟
kong_latency_count{type="kong",service="www.kong-training.com",
    route="www.kong-training.com"} 16
kong_latency_count{type="request",service="www.kong-training.com",
    route="www.kong-training.com"} 16
kong_latency_count{type="upstream",service="www.kong-training.com",
    route="www.kong-training.com"} 16
kong_latency_sum{type="kong",service="www.kong-training.com",
    route="www.kong-training.com"} 35
kong_latency_sum{type="request",service="www.kong-training.com",
    route="www.kong-training.com"} 873
kong_latency_sum{type="upstream",service="www.kong-training.com",
    route="www.kong-training.com"} 815
# 共享内存词典的总容量
kong_memory_lua_shared_dict_total_bytes{shared_dict="kong"} 5242880
kong_memory_lua_shared_dict_total_bytes{shared_dict="kong_cluster_events"} 5242880
kong_memory_lua_shared_dict_total_bytes{shared_dict="kong_core_db_cache"} 134217728
kong_memory_lua_shared_dict_total_bytes{shared_dict="kong_db_cache"} 134217728
kong_memory_lua_shared_dict_total_bytes{shared_dict="kong_healthchecks"} 5242880
kong_memory_lua_shared_dict_total_bytes{shared_dict="kong_locks"} 8388608
kong_memory_lua_shared_dict_total_bytes{shared_dict="kong_process_events"} 5242880
kong_memory_lua_shared_dict_total_bytes{shared_dict="kong_rate_limiting_counters"}
    12582912
kong_memory_lua_shared_dict_total_bytes{shared_dict="prometheus_metrics"} 5242880
# 工作进程Lua VM的分配情况
kong_memory_workers_lua_vms_bytes{pid="26261"} 30356
kong_memory_workers_lua_vms_bytes{pid="26262"} 30258
kong_memory_workers_lua_vms_bytes{pid="26263"} 30258
kong_memory_workers_lua_vms_bytes{pid="26264"} 30260
# HTTP连接数信息
kong_nginx_http_current_connections{state="accepted"} 5
kong_nginx_http_current_connections{state="active"} 4
kong_nginx_http_current_connections{state="handled"} 5
kong_nginx_http_current_connections{state="reading"} 0
kong_nginx_http_current_connections{state="total"} 25
kong_nginx_http_current_connections{state="waiting"} 3
kong_nginx_http_current_connections{state="writing"} 1
……
```

这些指标信息是 Prometheus 插件内置的，插件将实时统计、聚合上述度量指标数据，然后放置在共享内存词典中，并暴露给外部数据接口，对该插件的详细介绍可参考 10.7.1 节。

如果上述指标还不能够满足实际的业务需求，可以进行二次开发调整或增加新指标。另外 Kong 早期较旧版本中内置的 Prometheus 插件存在性能问题，不过在 Kong 2.0 及以上版本已经处理，大家使用新版本即可。

8.2 Prometheus

Prometheus 是一套开源的监控、报警、时间序列数据库的组合，主要负责存储、抓取、聚合和查询指标数据等。注意，此 Prometheus 与 Kong 中的 Prometheus 内置插件不是同一个，两者的功能职责是不同的。在前面介绍的是 Kong 中 Prometheus 内置插件对 Kong 的度量指标，而本节将通过 Prometheus 远程采集 Kong 内置的度量指标数据并将此数据写入 Prometheus 数据库。

8.2.1 安装

通过 Docker 方式安装 Prometheus：

```
$ docker pull prom/prometheus:v2.14.0                    -- 拉取 Prometheus 镜像
```

在生产环境中，如果数据量较大，可以考虑结合 thanos 组件进行安装。此组件的主要设计思想是将 Prometheus 的功能组件化、集群化，从而提供高可用、无限存储和全局查询的功能。

之后，还需要在 Kong 所在的机器上安装 node-exporter，它主要用于收集服务器的系统信息以及监控 Kong 所在机器的 CPU、内存、磁盘、网络等硬件信息。其安装代码如下：

```
$ docker pull prom/node-exporter:v0.18.1                 -- 拉取 node-exporter 镜像
```

8.2.2 配置

配置 Prometheus 的目的是采集 Kong 网关服务器的度量指标信息和服务器信息。具体步骤为：先下载 prometheus.yml 配置文件，如果读者无法获得此文件，请通过本书前言提供的方式获取（下载目录为 config/prometheus.yml）：

```
$ wget -P /etc/prometheus \
    https://raw.githubusercontent.com/prometheus/prometheus/master/documentation
    /examples/prometheus.yml
```

之后在 Vim 中打开 /etc/prometheus/prometheus.yml 进行编辑，增加刚刚配置的 Kong 的 Admin API 地址和 node-exporter 地址信息，Prometheus 将从这两个地址周期性地采集数据。配置信息如下，注意其中的参数和缩进格式：

```
global:
  scrape_interval:      15s               # 设置采集数据的间隔为 15 秒。默认是每分钟 1 次
  evaluation_interval:  15s               # 每 15 秒计算 1 次规则。默认是每分钟 1 次
scrape_configs:
  - job_name: kong
    static_configs:
      - targets: ['192.168.8.1:8001']     # Kong 的 Admin API 地址，将从此地址采集数据
        labels:
          instance: kong-8-76-instance
  - job_name: centos
    static_configs:
      - targets: ['192.168.8.1:9100']     # node-exporter 的地址，将从此地址采集数据
        labels:
          instance: kong-8-76-instance
```

8.2.3 启动

启动 Kong 所在机器上的 node-exporter：

```
$ docker run -d -p 9100:9100 \                       -- 启动 node-exporter
    -v "/proc:/host/proc:ro" \
    -v "/sys:/host/sys:ro" \
    -v "/:/rootfs:ro" \
    --net="host" \
    prom/node-exporter:v0.18.1
```

启动后，就可以通过 http://192.168.8.1:9100/metrics 查看服务器指标数据了。

设置容器内外端口映射以及配置文件映射后，启动 Prometheus：

```
$ docker run  -d \                                   -- 启动 Prometheus
    --name prometheus \
    -p 9090:9090 \
    -v /etc/prometheus/prometheus.yml:/etc/prometheus/prometheus.yml \
    prom/prometheus:v2.14.0
```

8.2.4 验证

输入 http://192.168.8.160:9090/ 后，打开 Prometheus 管理界面。依次点击菜单项 Status→Targets，可以看到刚才添加的 Kong 的 Admin API 端点（kong）和 node-exporter 端点（centos）的状态都为绿色的 UP 状态，如图 8-2 所示。

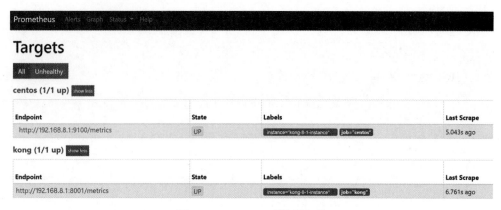

图 8-2　Prometheus 管理界面

点击最上方的 Prometheus 项，然后在方框中输入 Kong 或 node_cpu_seconds_total 等索引信息，就可以看到 Kong 网关指标或 Kong 所在服务器的 CPU 使用率等实时指标数据了，见图 8-3。

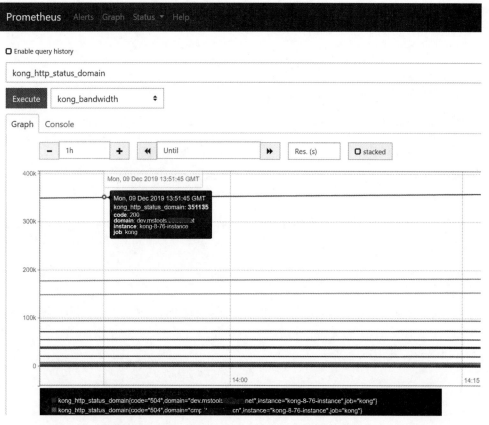

图 8-3　实时展示 Prometheus 对 Kong 的监控数据

8.3 Grafana

通过 8.2 节对 Prometheus 的配置，我们可以发现，通过它查看监控数据其实并不直观。因此本节我们将通过 Grafana 使监控数据变得直观、可视化。Grafana 是一个跨平台且开源的度量分析和可视化系统，可以将 Prometheus 采集的数据通过查询进行可视化图表展示，配置监控指标，实时报警并及时通知管理员。

8.3.1 安装

拉取镜像，安装 Grafana：

```
$ docker pull grafana/grafana:6.5.0                            -- 拉取 Grafana 镜像
```

8.3.2 配置

新建 grafana-storage 目录，此目录用于存储 Grafana 产生的数据，这里的 Grafana 配置文件采用默认值即可，如果需要调整，可以进入容器调整或将配置文件从容器中导出后，再做容器内外配置文件的映射，相关代码如下：

```
$ mkdir /opt/grafana-storage
$ chmod 777 /opt/grafana-storage                               -- 设置权限
$ docker exec -it grafana bash                                 -- 进入容器
$ vim /etc/grafana/grafana.ini                                 -- 调整配置文件
# docker exec -it grafana cat /etc/grafana/grafana.ini > grafana.ini
                                                               -- 或导出配置文件
```

8.3.3 启动

设置容器内外存储目录和端口的映射，启动 Grafana：

```
$ docker run -d \                                              -- 启动 Grafana
    -p 3000:3000 \                                             -- 设置访问的端口映射
    --name=grafana \
    -v /opt/grafana-storage:/var/lib/grafana \
    grafana/grafana:6.5.0
```

之后访问 http://192.168.8.10:3000，将显示 Grafana 的登录界面，如图 8-4 所示，这里的用户名和密码均为 admin。

图 8-4　Grafana 的登录界面

8.4　监控指标的可视化

本节实现监控指标数据的可视化，包括两部分：Node Exporter for Prometheus Dashboard（Kong 所在机器上的硬件指标仪表板）和 Kong for Prometheus Dashboard（Kong 网关的指标仪表板）。

进入刚部署的 Grafana，先依次点击左侧菜单中的 Configuration→Data Sources→Add data source，然后从中选择 Prometheus 项，输入 Name:Prometheus，URL:http://192.168.8.10:9090，最后点击 Save&Test，即可成功地添加 Prometheus 为 Grafana 的数据源，如图 8-5 所示。

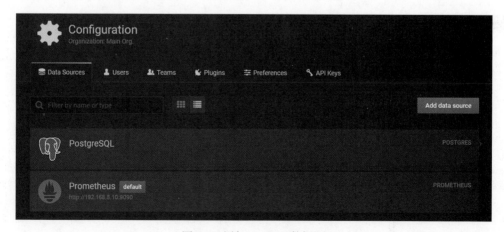

图 8-5　添加 Grafana 数据源

下面添加两个 Dashboard（仪表板）。

8.4 监控指标的可视化   127

- 访问 Grafana 官方站点，Dashboard ID 为 11074，可以查看到 Node Exporter for Prometheus Dashboard（包括 CPU 负载、系统负载、内存消耗、硬盘使用量、网络 IO 等指标）。
- 访问 Grafana 官方站点，Dashboard ID 为 7424，可以查看到 Kong for Prometheus Dashboard（包括 Kong 网关的各项性能指标）。

依次点击 Grafana 左侧菜单中的"+"→Import dashboard 按钮，输入 11074，先调整 Name 为 Node Exporter for Kong，然后数据源选择 Prometheus，最后点击 Import。将会看到 Node Exporter for Prometheus Dashboard，如图 8-6 所示。

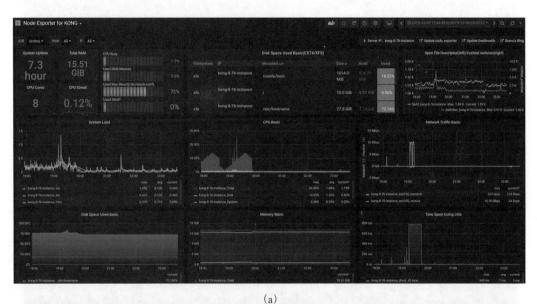

(a)

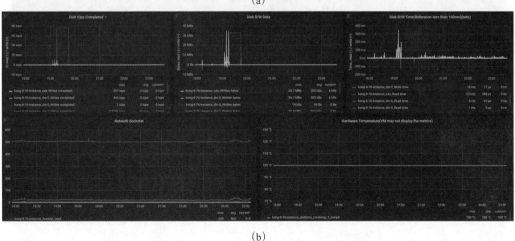

(b)

图 8-6 Node Exporter for Prometheus Dashboard

同样地，点击 Grafana 左侧菜单中的"+"→Import dashboard 按钮，输入 7424，然后调整 Name 为 Kong，数据源选择 Prometheus，最后点击 Import。将会看到 Kong for Prometheus Dashboard，如图 8-7 所示。

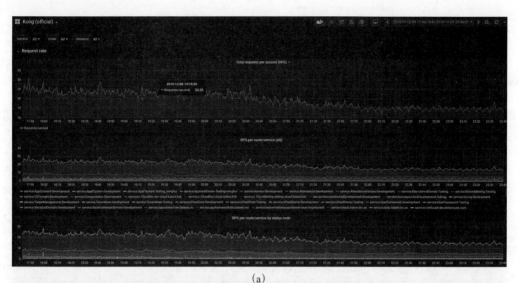

(a)

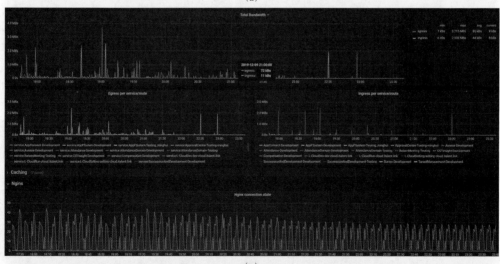

(b)

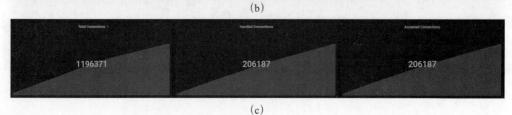

(c)

图 8-7　Kong for Prometheus Dashboard

8.5 监控指标的报警

Prometheus 和 Grafana 都支持报警的定义，本节我们主要以 Grafana 为例进行说明，Grafana 有很多种报警方式，比如 Webhook、Kafka rest、Dingding、Email 等，由于篇幅有限，下面只以邮件报警和企业微信报警为例。其他方式读者可以自行测试。

8.5.1 邮件报警

使用邮件报警，有以下几个步骤。

首先，配置 SMTP 服务信息并开启 alert 配置。进入容器编辑配置或将文件映射到容器外，之后使用 VIM 编辑 /etc/grafana/grafana.ini 文件，相关代码如下：

```
[smtp]
enabled = true                               -- 开启发送功能
host = yousmtp_address:25                    -- SMTP 地址及端口
user = you_email                             -- 邮箱的用户
password = you_password                      -- 邮箱的密码
from_address = admin@grafana.localhost       -- 发送报警邮件的邮箱
from_name = Grafana                          -- 发送报警邮件的名称
```

如图 8-8 所示，依次点击左侧菜单的 Alerting→Notification channels→New Notification Channel 按钮来新建报警通道。

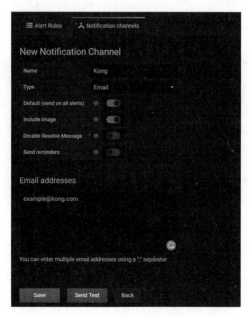

图 8-8　新建报警通道

下面简要介绍图 8-8 中的各项。

- Name：报警通道的名称。
- Type：报警方式。
- Default (send on all alerts)：是否发送所有的指标警告信息。
- Include image：是否包含指标报警时的图片。
- Disable Resolve Message：当指标恢复正常后，是否不再发送信息。
- Send reminders：是否持续发送指标报警信息。
- Email addresses：接收报警信息的邮箱地址。

如图 8-8 所示，报警通道的名称填 Kong，报警方式选择 Email，用于接收报警信息的邮箱地址填 example@kong.com（邮箱可以为多个，中间以英文逗号分隔），最后点击 Send Test 按钮，以测试邮件是否发送成功。

如图 8-9 所示，如果 SMTP 配置没有问题，将收到以下邮件测试信息。

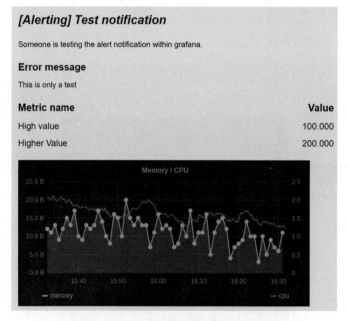

图 8-9　邮箱报警示例图

下面我们以 Kong 的出入总流量配置报警作为示例，演示如何配置报警规则。

依次点击左侧菜单的 "+" →Dashboard→Choose Visualization→Graph→Metrics 按钮，然后输入 Kong rate(kong_bandwidth_total[5m])，此表达式表示统计 kong_bandwidth_total 在 5 分钟内的速率，如图 8-10 所示。

8.5 监控指标的报警 　131

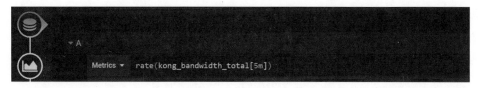

图 8-10　添加 Metrics

选择 General，然后在 Title 项中输入 kong_bandwidth_total，即为此 Metrics 命名，如图 8-11 所示。

图 8-11　为 Metrics 命名

选择 Alert，打开的页面如图 8-12 所示，在其中填写信息就是配置报警规则。

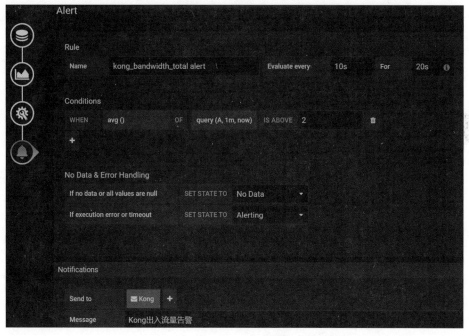

图 8-12　配置报警规则

下面简要介绍图 8-12 中部分项的含义。

- Rule→Name：报警名称。
- Rule→Evaluate every：报警的执行频率（此处为 10 秒一次）。
- Rule→For：报警触发后，不会立即发送邮件，而是持续一段时间后才发送（此处持续时间为 20 秒）。
- Conditions→WHEN：以何种运算求条件值。（此处为 avg()，即求平均值，也可以选择其他运算，比如求最大值、最小值、求和等。）
- Conditions→OF：此处为 query(A,1m,now)，结合上一项，即查询 A 语句在 1 分钟之前到现在这段时间内的流量平均值。
- Conditions→IS ABOVE：此处取值为 2，即当上一项求得的平均值大于临界值 2 时就报警。
- Notifications→Send to：选择 Kong，即刚配置的邮件通道。
- Notifications→Message：发送的报警内容。

注意：这里为了方便演示，以上值均设置得较小，实际值请读者根据实际场景需要自行设置。

触发报警规则后，将会在刚配置里填写的接收邮箱中陆续收到报警信息，如图 8-13 所示。

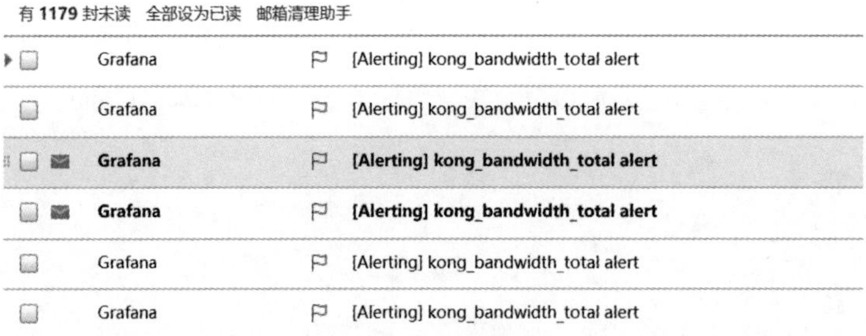

图 8-13 报警邮件

打开邮件，可以看到其内容如图 8-14 所示。

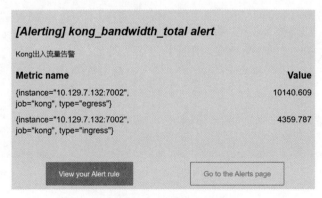

图 8-14 报警邮件的内容

8.5.2 企业微信报警

企业微信报警是以 Webhook 方式调用企业微信开放平台的接口实现的，需要以下几个步骤。

第一步：申请一个企业微信账号；然后登录企业微信后台，点击我的企业；之后记录下 corpid（即企业 ID），并在应用管理中创建一个新应用，起名为 Kong 机器人；最后记录下其中的 AgentId（即应用的 ID）和 Secret，如图 8-15 所示。

图 8-15 创建 Kong 报警机器人

第二步：发起 GET 请求，以获取身份认证令牌，请求地址中的参数 corpid 和 corpsecret（企业密钥）为刚才我们记录下的信息。消息体如下：

```
{
    "errcode": 0,
    "errmsg": "ok",
    "access_token": "you_token",
    "expires_in": 7200
}
```

第三步：发起 POST 请求，以发送测试消息。消息体如下：

```
{
    "touser" : "@all",                  -- 指定接收消息的成员。@all 表示全部成员
    "toparty" : "@all",                 -- 指定接收消息的部门
    "totag" : "@all",                   -- 指定接收消息的标签
    "msgtype" : "text",                 -- 消息类型
    "agentid" : 1000002,                -- 应用的 ID
    "text" : {                          -- 消息内容
        "content" : "Test notification\nSomeone is testing the alert notification
            within grafana.\nHigh value:500\n"
    }
}
```

第四步：点击发送，即可收到通知消息，如图 8-16 所示。

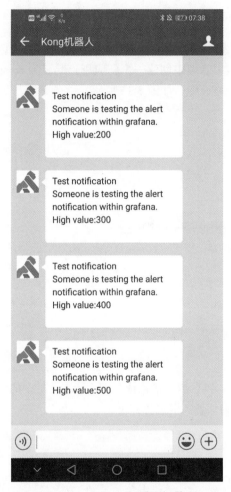

图 8-16　Kong 机器人报警

第五步：创建接收 Webhook 的 Spring Boot Alert_webhook 接口，在此接口中发起 POST 请求发送报警信息到企业微信，相关代码如下所示：

```
--@RequestMapping("alert_webhook")
@RequestMapping(method = RequestMethod.POST, headers = "Accept=application/json",
    produces = { "application/json" }, consumes = { "application/json" })
public Boolean Alert_webhook(@RequestBody String body) {
    System.out.println(body);
    // 调用第三步，发起 POST 请求发送报警信息到企业微信
    // https://qyapi.weixin.qq.com/cgi-bin/message/send?access_token=you_token
    return true;
}
```

若想了解更多，请查看本书提供的 Git 代码。

第六步：先在 Grafana 中配置企业微信通知通道，依次点击左侧菜单中的 Alerting→Notification channels→New channel 以新建报警通道，然后设置 Webhook settings url 为 http://you_ip/alert_webhook，最后点击确定即可完成整个企业微信报警流程的设置。

8.6 小结

本章介绍了 Kong 是如何与 Prometheus、Grafana 集成的，以及它们之间的关系和运行机制。通过收集、聚合、分析和可视化 Kong 的质量指标，我们可以有效地将 Kong 的整个运行状况实时监控起来，使之变得可视化、可观测，可以智能地感知 Kong 系统的运行状态。本章最后还介绍了邮件和企业微信两种主动报警方式，读者也可以根据自己的实际场景选择更为合适的报警方式。

有了以上的知识储备，下一章就可探讨更为高级的话题，如负载均衡、健康检测、集群管理、缓存机制、LVS 高可用、Consul 注册中心、Kong Ingress Controller、火焰图、安全等，这些将使我们更加了解 Kong 的内部特征和运行原理，并为我们后期的运维管理、二次开发、性能分析、故障定位打下坚实的基础。

第 9 章

高级进阶

简单事物的背后往往蕴含着复杂的原理和机制。本章将深入介绍 Kong 的负载均衡、健康检测、集群原理和系统优化，以及在自定义插件开发中常用的共享内存、缓存管理和定时管理等高级特性。此外，还将通过实战讲解 HTTP2、WebSocket、gRPC、高可用的 LVS 集群方案、Consul 注册发现、Kong Ingress Controller、安全以及火焰图的用法。深入了解和学习以上内容后，我们就可以在生产环境中全面掌控和应用 Kong。

9.1 负载均衡的原理

Kong 为多个后端服务节点提供了两种负载均衡策略：一种是直接基于 DNS 的策略，另一种是动态的环形均衡器（ring-balancer）策略，其中后者无须 DNS 服务器即可进行服务的注册与发现。

9.1.1 基于 DNS 的负载均衡

当服务中的 host 属性不能被解析为上游名称或此 host 属性的名称并不在本地的 DNS host 文件中，且服务中的 host 属性是名称而不是 IP 地址时，Kong 将会自动选择使用基于 DNS 的负载均衡策略。

当使用基于 DNS 的负载均衡策略时，后端服务的注册是在 Kong 外部完成的，此时 Kong 仅查询来自 DNS 服务器的更新。在 DNS 记录中，TTL（Time To Live，生存时间）决定了信息的刷新频率。当将它设置为 0 时，表示每一次请求都会对 DNS 服务器发起查询操作，显然这将导致整体性能下降，但其好处是如果 DNS 的信息发生了改变，我们将会在第一时间获取到最新的 IP 信息，这就需要我们根据实际需求对 TTL 的取值进行选择和取舍。

DNS 主要有 A 记录和 SRV 记录两种解析方式，分别对应简单常规的负载轮询策略和加权轮询策略。

- **A 记录**：包含一个或多个 IP 地址。因此，当域名解析为 A 记录时，每个后端服务必须具有自己独立的 IP 地址。又因为 A 记录没有附加权重信息，所以所有的 IP 地址均按同等权重对待,我们称这种负载均衡策略为简单常规的负载轮询策略。
- SRV 记录:包含 IP 地址的权重和端口信息。我们可以通过 IP 地址和端口组合的方式来唯一标识一个后端服务,单个 IP 地址可以在不同的端口上托管同一服务的多个实例。这不同于 A 记录,SRV 记录有内置权重属性,所以每个 IP 地址和端口的组合都可以设置不同的权重值,这种负载均衡策略被称为加权轮询策略。

另外,需要说明的是,任何本地指定的端口信息都将被 DNS 服务器中的端口信息所覆盖。假设我们将服务的属性配置为 `host=www.kong-training.com` 和 `port=123`,但将 www.kong-training.com 域名进行 DNS 解析的 SRV 记录为 127.0.0.1:456,此时如果采用 SRV 记录,则该请求将会被代理到 http://127.0.0.1:456,原来的 123 端口会被 456 端口所覆盖。

进行 DNS 解析时,将依照下面的顺序进行。

(1) 上次成功解析的类型。
(2) SRV 记录。
(3) A 记录。
(4) CNAME 记录。

此顺序可以根据需要进行调整,具体可通过 Kong 配置文件中的 `dns_order` 属性来修改。

我们在进行 DNS 解析时,还需要特别关注以下几点。

- 无论何时刷新 DNS 记录,都会生成一个列表以正确处理权重信息。Kong 会尝试将多个权重值保持为彼此的倍数以保持算法的性能,例如权重 17 和 31 将生成具有 527 个条目的结构,而权重 16 和 32(对应最小相对权重 1 和 2)将生成只有 3 个条目的结构。
- 受 UDP 数据包大小的限制,某些 DNS 服务器不会返回所有条目,这样 Kong 节点将仅能使用 DNS 提供的少数上游服务实例。这表明实际使用的与真实的上游服务实例的数量可能会不一致。因为 DNS 提供的信息有限,所以 Kong 节点不能全部接收并感知这些上游服务实例的存在。
- 当 DNS 返回 `3 name error` 时,这对于 Kong 是有效响应。如果这是你未预期的响应,请先检查服务中的 `host` 名称是否正确,再检查 DNS 的配置。
- 首次从 DNS 记录(A 或 SRV)中选择的 IP 地址不是随机的。因此,当 TTL 为 0 时,DNS 会随机化这些上游节点条目。

9.1.2 基于环形均衡器的负载均衡

当我们使用环形均衡器时,Kong 内部会自动管理所有的后端上游服务实例,并不需要外部 DNS。这里 Kong 将充当服务注册中心的角色。你可以使用任何一个 Kong 节点的 Admin API 或

Konga，发起 HTTP 请求来添加上游实例节点，然后这些节点将自动加入负载均衡集群，呈立即启用状态，并接收来自外部的流量请求。

我们可以通过目标和上游节点实体对象来构建环形均衡器。

- `target`：后端上游服务实例节点所在的 IP 地址/域名与端口的组合，例如 `192.168.1.16:80`。每个目标节点都有附加权重属性，它用来表示目标节点上游服务实例可承受的相对负载，这里的 IP 地址可以采用 IPv4 和 IPv6 格式。
- `upstream`：可以包含多个 `target`，这些 `target` 共同组成一个"虚拟主机"。例如，名为 www.kong-training.com 的上游主机将接收来自服务和路由中属性为 `host=www.kong-training.com` 的所有请求。

1. 上游服务的原理

每个上游对象都有自己的环形均衡器，都可以附加多个目标节点条目。当请求被代理到"虚拟主机"后，将在多个目标节点之间进行负载均衡。环形均衡器内部具有预定数量的插槽，它们基于目标节点的权重创建，还将关联分配到上游服务的目标节点。

我们可以通过 Konga 或 Admin API 的 HTTP 请求来添加和删除目标节点，此操作相对轻量且成本较低。相反，如果我们修改上游对象，则成本较高，这是因为如果插槽数量发生了变化，环形均衡器就需要完全重建。另外，Kong 内部在清理目标节点的历史记录时也会自动重建环形均衡器，所以通常我们在通过 API 操作时，会先删除再添加，以避免重建环形均衡器。

环形均衡器内部有位置信息，目标节点会根据槽的数量信息随机分布在环上，这种随机性使得它在运行时更轻量。另外，这些位置信息有助于提供一个分布均匀且加权的轮询目标节点，并且能使后期插入/删除目标节点时的开销更小。每个目标节点使用的槽的数量建议至少在 100 个，以确保槽能够被正确均衡地分配。例如，如果预期最多有 8 个目标节点，但初期仅有 2 个目标节点，也需要将上游对象槽的数量至少定义为 800。这样的规划和设置是为了使插槽数量足够多，随机分布更均匀，但是也不让它太大。因为在添加/删除目标节点时，更改开销也会相对较大。

2. 目标节点的原理

Kong 内部的上游对象因为维护着一个目标节点的变更历史记录，所以只能添加目标节点，而不能修改或删除目标节点。如果要更改目标节点，只需为它添加一个新目标节点条目，并更改权重值即可，而系统将会自动使用最后一个目标节点，并忽略以前的旧节点。如果将权重设置为 0，则表示要禁用目标节点，这意味着将会从环形均衡器中删除此节点，使之不再参与负载。Kong 内部会自动检测，当非活动的目标节点条目比活动的多 10 倍时，这些非活动的目标节点将被自动清除。由于清理操作涉及重新构建环形均衡器，因此开销要比添加一个目标节点高。

目标节点可以是域名而非 IP 地址。在这种情况下，域名将被解析，被解析的所有条目都将添加到环形均衡器中。例如，添加权重为 100 的域名 www.kong-training.com:123（假设有 2 个后端实例），它将被解析为一个含有两个 IP 地址的 A 记录，然后这两个 IP 地址都将作为目标节点添加到环形均衡器中，并且每个 IP 地址和端口的组合都有相同的权重值 100。

如果域名被解析为 SRV 记录，那么 Kong 将会从 DNS 记录中获取端口和权重属性，并覆盖之前指定的端口 123 和权重值 100。

环形均衡器遵守 DNS 记录的 TTL 设置，在过期时将会重新查询并更新均衡器。例外情况：当 DNS 记录的 TTL 等于 0 时，域名将作为单个目标节点添加设置，并具有指定的权重，每个代理发出请求时，Kong 都将再次查询 DNS 服务器。

3. 负载均衡策略的原理

在默认情况下，环形均衡器使用的是加权轮询策略。当然，我们也可以使用基于一致性散列策略。散列策略的输入值可以是 `none`、`consumer`、`ip`、`header` 或 `cookie`。

- `none`：禁用散列策略，使用加权轮询策略（默认）。
- `consumer`：使用消费者 ID 作为散列的输入。如果没有可用的消费者 ID，则降级到使用凭据（credential）ID。
- `ip`：使用客户端原始请求 IP 地址作为散列的输入。使用此选项时，请检查配置的设置以确定实际的 IP 地址。
- `header`：使用特定的请求头（需要指定 `hash_on_header` 或 `hash_fallback_header` 属性）作为散列的输入。
- `cookie`：使用特定的 cookie 名（`hash_on_cookie` 字段）和指定的路径（`hash_on_cookie_path` 字段，默认为 /）作为散列的输入。如果请求中没有 cookie，则由 Kong 自动设置。如果 cookie 是主散列机制，则 `hash_fallback` 设置无效。

散列策略有两个选项，一个是主选项，另一个是主选项发生故障时的备用选项。一致性散列算法本质上是一个带虚节点的散列环形算法，此算法可确保在更改目标节点（即修改环形均衡器，添加删除或更改权重）时，只发生最小数量的散列损失，使上游缓存命中率最大化。另外，环形均衡器被设计成既能在单个节点上工作，也能在集群中工作，这对于加权轮询策略来说，并没有太大的区别。但是在使用基于散列的策略时，所有节点都必须构建完全相同的环形均衡器策略，以确保它们的工作行为完全相同。

在配置上游时，需要注意以下几点。

- 不要在环形均衡器中使用域名，因为这可能会使环形均衡器的均衡性慢慢偏离。因为 DNS TTL 仅有第二个精度，并且续订取决于实际请求的时间。最重要的是一些 DNS 服务器没有返回所有条目，这无疑会加剧偏离问题的发生。因此，当在 Kong 集群中使用散列方法时，目标实体最好按 IP 地址添加，而不要通过域名添加。

- 在选择散列输入时，要确保输入的值足够多样，以获得分布均匀的散列。散列值使用 CRC-32 算法计算。假设你的系统有成千上万个用户，但是只有很少的手机操作系统消费者，例如大部分用户使用手机操作系统 iOS 和 Android，此时如果选择这两个手机操作系统标识作为散列输入，那么是不够的。我们建议使用远程客户端 IP 地址作为散列输入，因为不同的客户端所使用的请求 IP 地址不同。另外，如果许多客户端都在同一NAT 网关之后，那么选择使用 cookie 将比 IP 效果更佳，这需要根据你的实际场景和环境来进行最优选择。

9.2 健康检测的原理

Kong 内部使用环形均衡器中有效的目标节点作为请求代理的目标地址，我们可以在上游对象实体的基础上添加一个或多个目标实体对象，而每个目标节点都指向不同的 IP 地址（或域名）和端口。环形均衡器将在不同的目标节点之间进行负载，并根据上游对象的配置对目标节点进行后端服务实例的主动和被动健康检测，然后判断是否是预期的响应或返回状态，以此来确定后端服务实例是否健康，不健康的实例将自动禁用且不再参与负载，健康的实例则会参与负载。

9.2.1 健康检测的原理

健康检测功能的最终目的是动态地将目标节点标记为健康或不健康。被最新标识的目标节点的健康情况并不会同步给 Kong 集群中的其他节点，即每个 Kong 节点各自判断其目标节点的运行状况。这是因为在 Kong 集群中，可能会出现一个集群节点成功地连接到了目标节点，而另一个集群节点却无法连接到的情况，这时第一个集群节点将会把目标节点标记为健康的，而另一个集群节点则会将它的目标节点标记为不健康的，请求的代理流量只会被路由到健康的目标节点。

无论是主动探测（针对主动健康检测）还是代理请求（针对被动健康检测），都会生成用于确定目标是否健康的数据，例如请求可能会产生 TCP 错误、超时或 HTTP 状态码等数据。Kong 将基于这些信息，由健康检测器更新一系列内部计数器。

- 如果返回的状态码是健康状态码配置范围内的，那么为此目标节点增加 successes（成功）计数器，并清除所有其他计数器。
- 如果连接失败，那么为目标节点增加 TCP failures（失败）计数器，并清除 successes（成功）计数器。

- 如果超时，那么为目标节点增加 timeouts（超时）计数器，并清除 successes（成功）计数器。
- 如果返回的状态码是不健康状态码配置范围内的，那么为此目标节点增加 HTTP failures（失败）计数器，并清除 successes（成功）计数器。

判断规则：只要 TCP failures、HTTP failures 和 timeouts 这三个计数器中的任何一个达到其配置的阈值，目标节点就会被标记为不健康。而如果 successes 计数器达到了其配置的阈值，目标将被标记为健康。

HTTP 状态码（健康的状态码或不健康的状态码）以及每个计数器的阈值都可以自行配置。注意"健康的"或"不健康的"HTTP 状态码，必须与返回值严格匹配，并且要在定义的状态码范围之内，如果不在这个范围内，Kong 将默认目标节点是"健康的"。

下面定义了主动健康检测和被动健康检测的示例数据：

```
{
    "name": "www.kong-training.com",
    "healthchecks": {
        "active": {
            "concurrency": 10,
            "healthy": {
                "http_statuses": [ 200, 302 ],
                "interval": 0,
                "successes": 0
            },
            "http_path": "/",
            "timeout": 1,
            "unhealthy": {
                "http_failures": 0,
                "http_statuses": [ 429, 404, 500, 501,
                    502, 503, 504, 505 ],
                "interval": 0,
                "tcp_failures": 0,
                "timeouts": 0
            }
        },
        "passive": {
            "healthy": {
                "http_statuses": [ 200, 201, 202, 203, 204, 205, 206, 207,
                    208, 226, 300, 301, 302, 303, 304, 305, 306, 307, 308 ],
                "successes": 0
            },
            "unhealthy": {
                "http_failures": 0,
                "http_statuses": [ 429, 500, 503 ],
                "tcp_failures": 0,
                "timeouts": 0
            }
        }
    },
    "slots": 10
}
```

其中各项的详细解释请参考表 2-4。

如果上游对象下的所有目标节点都不健康，那么对于客户端访问过来的请求，Kong 将会返回 `503 Service Unavailable` 以表示服务不可用。

关于健康检测，还需要注意如下几点。

- 健康检测仅对工作进程中的目标节点进行操作，不会修改 Kong 数据库中目标节点的状态。
- 不健康的目标节点不会从负载均衡器中移除，但是会被跳过，因此在使用散列算法时，不会对环形均衡器的结构和性能造成任何影响。
- 如果使用 DNS 域名作为目标节点，请确保 DNS 服务器始终返回的是域名所对应的、完整的 IP 地址列表，并且不限制响应大小，否则可能会导致无法执行健康检测。
- 当由于 DNS 问题而无法在环形均衡器中激活目标时，其状态将显示为 `DNS_ERROR`。
- 当上游配置中未启用健康检测时，活动目标的健康状态显示为 `HEALTHCHECKS_OFF`。
- 当启用健康检测并确定目标为健康状态（自动或手动）时，其状态将显示为 `HEALTHY`，即健康状态。这意味着此目标在负载均衡器中将会参与负载。
- 当目标被主动或被动健康检测（断路器）或手动禁用时，其状态将显示为 `UNHEALTHY`，即不健康状态。这意味着此目标在负载均衡器中不会参与负载。

9.2.2 健康检测的类型

Kong 支持主动健康检测和被动健康检测这两种机制，它们既可以单独使用，也可以联合使用。

- **主动健康检测**：顾名思义，就是积极地探测目标节点的健康状况。当上游实体启用主动健康检测时，Kong 将定期向每个目标节点所配置的路径发出 HTTP 或 HTTPS 请求，之后 Kong 可以根据探测结果，自动启用和禁用环形均衡器中的目标节点。我们可以根据目标节点的健康或不健康状况，分别配置主动健康检测的周期，如果将其中一个的周期值设置为零，则表示将禁用检测机制。当两者均为 0 时，将完全禁用主动的健康检测机制。
- **被动健康检测**：也称为断路器，因为这是基于当前用户正在代理的请求而执行的健康检测，所以不会产生额外的流量。当目标节点无响应时，被动健康检测器就会将它标记为不健康。之后环形均衡器将会跳过此目标节点，从而不再会有流量路由到此节点。

当不健康目标节点的问题被解决并准备再次接收流量时，Kong 管理员可以通过 Admin API 手动通知检测器再次启用目标：

```
$ curl -i -X POST
http://localhost:8001/upstreams/www.kong-training.com/targets/192.168.1.20:9000/healthy
HTTP/1.1 204 No Content
```

此命令将会在整个集群范围内发出广播消息，将目标节点的健康状态传播到整个 Kong 集群。Kong 节点收到此广播消息后，将重置所有工作进程正在运行的健康检测器中的健康计数器，从而允许 Kong 再次将流量路由到恢复的目标节点。被动健康检测的优点是不会产生额外的流量，缺点是它们不能将不健康的目标节点自动地再次标记为健康。因为"电路已断开"，所以需要系统管理员或运维人员确认后，手动再次启用该目标节点。

下面我们总结一下这两类健康检测的利弊。

- 主动健康检测可以做到，在环形均衡器中当目标节点恢复健康后自动重新启用目标节点，而被动健康检测则不能。
- 被动健康检测不会产生额外的流量，主动健康检测则会产生额外的流量。
- 主动健康检测需要一个已知的且可以访问的 URL 路径作为健康检测的探测端点（默认为 /），被动健康检测则不需要这样的配置。
- 为健康检测设置自定义探测端点。只要应用程序提供了此端点，健康检测就可以判断目标是否健康。此探测端点既可以服务于被动健康检测，也可以服务于主动健康检测。被动探测在一定程度上可以减少主动探测所产生的流量，不过通常不会有太大影响，因为返回的数据量有限且无任何业务逻辑。

我们可以将主动健康探测和被动健康探测这两种模式结合在一起。可以先由被动健康检测来探测目标节点是否健康，在它不健康时就将之禁用，之后再使用主动健康检测自动将其重新启用。当然，你也可以选择只使用主动健康检测，在目标节点健康时自动启用它，不健康时自动禁用它。

9.3 集群机制的原理

Kong 集群允许我们横向扩展系统，通俗点说就是通过添加更多的机器节点来接收并处理更多的请求，所有的节点都指向相同的数据库（Cassandra 或 PostgreSQL），因此它们将共享相同的配置。指向同一数据库的 Kong 节点被归属为一个 Kong 集群。

建立一个 Kong 集群并不意味着客户端的流量立即会在所有的 Kong 节点之间实现负载均衡，我们还需要在 Kong 集群前面再部署搭建一个前置的负载均衡器，并以此在所有可用的 Kong 节点之间均匀地分配流量，比如 LVS、HAProxy、Keepalived、F5 等（详见 9.12 节）。集群的作用和目的实际上是均衡分担访问流量，保持业务的连续性和高可用。

出于对性能的考虑，Kong 在代理请求时会避免建立数据库连接，内部在启动时会预热，并将数据库的内容缓存在内存中。缓存的实体包括服务、路由、消费者、插件和凭据等。Kong 内部有集群传播机制，因此通过一个节点的 Admin API 进行的所有更改都会传播到其他节点。

下面将描述这些运行机制以及如何配置 Kong 节点以兼顾它们的性能和一致性。

9.3.1 单节点 Kong

连接到数据库（Cassandra 或 PostgreSQL）的单个 Kong 节点即单节点 Kong，通过该节点的 Admin API 所做的任何更改都将立即生效。比如，对于某个单节点，如果删除其某个已注册的服务，然后对此节点的任何请求都会被立即返回 404 Not Found，因为节点已将其从本地缓存中清除了。

9.3.2 多节点 Kong 集群

在多个节点的 Kong 集群中，如果通过节点 A 删除了一个已注册的服务，那么与其连接到同一数据库的另一个节点 B 并不会立即被通知此服务已删除。也就是说，虽然此服务已经不存在于数据库中了，但是它可能仍然存在于节点 B 的内存中。Kong 内部会定期执行后台任务以保证各个节点的信息都会同步给其他节点，从而保证集群中各节点的数据一致性，我们可以通过配置参数 `db_update_frequency` 来修改数据同步的频率，该参数的默认值是 5 秒。

每当经过 `db_update_frequency` 参数设置的时间后，所有运行中的 Kong 节点就会轮询数据库是否有更新，并在必要时从其缓存中清除相关的实体。如果我们从节点 A 中删除了一个服务，那么这个更改并不会立即在节点 B 中生效，而是直到节点 B 的下一次数据库轮询，它将在 `db_update_frequency` 参数设置的时间后（尽管它可能会更早发生）触发到更改，Kong 保证集群数据的最终一致性（CAP 定理）。

不过值得注意的是，在 Kong 的混合模式下，将通过控制平面和数据平面结合的方式，以 WebSocket 策略机制自动实时下发变更消息至其他 Kong 节点。

9.3.3 数据库缓存

我们可以在 Kong 的配置文件中配置 3 个属性，其中最重要的是 `db_update_frequency`，即数据同步的频率。它决定了你的 Kong 节点如何在性能和一致性之间进行权衡。Kong 提供了为集群数据一致性而调优的默认值，以便让你在体验它的集群功能的同时避免"意外"。在准备生产环境时，应该考虑调优这些值，以确保性能和一致性。

- `db_update_frequency`（默认 5 秒）。这个值确定了 Kong 节点轮询数据库的频率。如果其值较小，则表示轮询作业将频繁执行，Kong 节点会尽快更新到最新的配置；反之，Kong 节点会花较少的时间执行轮询作业，但将会推迟到最新配置的时间。注意：更改信息在集群中传播的时间最多为 `db_update_frequency` 秒。
- `db_update_propagation`（默认 0 秒）。如果你的 Cassandra 数据库本身最终是需要一致的，则必须配置这个值。这是为了确保要更改的数据有足够的时间在节点之间传播，Kong 节点在执行轮询作业前，会延时此值后再清除缓存。你应该将此值设置为数据库集群传播更改数据所花费时间的估计值。

注意：设置此值时，更改在集群中传播的时间为 `db_update_frequency` + `db_update_propagation` 秒。

- `db_cache_ttl`（默认 0 秒）。Kong 会在内存中缓存并保留一段时间数据，当到达了设置的 TTL 值时，Kong 就会从缓存中清除缓存的内容，直到下一次从数据库中读取新数据。在默认情况下，我们将这个值设置为 0。Kong 节点依赖于数据源的更改（Cassandra/PostgreSQL）。如果你担心 Kong 节点会因为各种原因而错过更新事件，则应该设置 TTL 值，否则节点可能会因为错过更新而使用过期值运行一段时间，直到手动清除缓存或重新启动节点。

Kong 以秒为单位缓存数据库实体，这个 TTL 值是为了在 Kong 节点错过新数据更新事件时起保护作用，避免 Kong 的缓存中长时间缓存过期的陈旧数据。当到达 TTL 值，即过期时，将从缓存中清除数据，并在下一次读取到新数据时再次缓存。如果你担心 Kong 节点可能会因为各种原因而错过失效事件，则应该设置 TTL 值。否则，该节点可能将在不确定的时间内用缓存的旧值运行，直到手动清除缓存或重新启动该节点。

需要注意的是，如果你使用 Cassandra 作为 Kong 数据源，那么必须将 `db_update_propagation` 设置为正数。因为 Cassandra 集群中各节点的数据最终会同步，即数据最终会保持一致，这样可以保证 Kong 节点不会拿到一个还未来得及更新的值。如果用户没有配置这个值，则 Kong 会显示给用户一个报警信息。

此外，需要将 `cassandra_consistency` 配置为 `QUORUM` 或 `LOCAL_QUORUM` 值，以确保你的 Kong 节点缓存的值是来自数据库的最新值。最后，不建议将 `cassandra_refresh_frequency` 选项设置为 0，因为要重新启动 Kong，才能发现 Cassandra 集群拓扑结构发生的更改。

9.4 缓存管理

最常用的缓存管理库主要有 `lua_shared_dict`、`lua-resty-lrucache` 和 `lua-resty-mlcache` 这 3 种，它们各有特点，分别适用于不同的场景。之所以要深入介绍这 3 种缓存，是因为缓存在 Kong 中的应用是非常重要和常见的，尤其是对自定义插件的二次开发，下面详细介绍一下。

9.4.1 `lua_shared_dict`

`lua_shared_dict` 是共享内存词典，这是最常用的一种缓存方式。

打开 /usr/local/share/lua/5.1/kong/templates/nginx_kong.lua 文件，定义 `lua_shared_dict`，具体的语法如下：

```
lua_shared_dict <name> <size>
```

其中 `size` 的单位可以为 `k` 或 `m`，读者可以根据实际的业务需要自行选择单位。

比如 `lua_shared_dict my_dict 10m` 表示定义了一个名为 `my_dict` 的共享内存词典，其大小为 10 MB。

另外，下面这种配置语法的作用与上面等价，只是书写方式不同：

- `dict = ngx.shared.DICT <name>`
- `dict = ngx.shared[name_var]`

示例如下：

```
dict = ngx.shared.mydata

dict = ngx.shared["mydata"]
```

`lua_shared_dict` 定义了共享内存词典的区域，这实际上是一张 Lua 表。为了提高搜索效率，每一对的 key-value（节点）都被组织成了红黑树。与此同时，这些节点又都被组织在 LRU 队列上，其目的是淘汰最近很少使用的节点。`lua_shared_dict` 可以被当前服务器上所有工作进程实例共享使用。需要注意的是，由于 shared.dict 使用的是共享内存，因此每次写相关的操作都是全局锁，那么在多用户高并发的场景下，不同的工作进程之间就容易引起锁竞争。表 9-1 给出了操作共享内存词典的 API 方法。

表 9-1 操作共享内存词典的 API 方法表

语　法	说　明
ngx.shared.DICT.get	○ 语法：`value, flags = ngx.shared.DICT:get(key)` ○ 说明：获取共享内存词典上 key 对应的值。如果 key 不存在，或者已经过期，将会返回 nil；如果出现错误，将会返回 nil 以及错误信息
ngx.shared.DICT.get_stale	○ 语法：`value, flags, stale = ngx.shared.DICT:get_stale(key)` ○ 说明：与 get 方法类似，即使 key 已经过期，也会返回值。返回的第三个值 stale 用于表示是否已经过期
ngx.shared.DICT.set	○ 语法：`success, err, forcible = ngx.shared.DICT:set(key, value, exptime?, flags?)` ○ 说明：无条件地向共享内存词典中插入 key/value 数据（具有原子性） 　◇ success：布尔值，表示 key/value 是否插入成功 　◇ err：文本值，操作失败的原因 　◇ forcible：布尔值，指示当共享内存词典的区域中的存储空间不足时，是否通过 LRU 算法强行删除其他项 　◇ value：它可以是布尔值/数字/字符串/nil 　◇ exptime：key/value 的到期时间（秒），可以精确到 0.001 秒。如果此值为 0，则表示永不过期（默认值） 　◇ flags：32 位无符号整数，其默认值为 0，表示存储时关联的标志值。既可以存入，也可以取出

(续)

语　法	说　明
ngx.shared.DICT.safe_set	● 语法：ok, err = ngx.shared.DICT:safe_set(key, value, exptime?, flags?) ● 说明：与 set 方法类似，如果待插入的 key 已经存在，那么 key 对应的原来的值会被新的 value 覆盖。但当共享内存的存储空间不足时，它绝不会覆盖已经在存储空间中但最近最少使用（通过 LRU 算法获得）的未过期元素，而是会立即返回 nil 和消息 no memory
ngx.shared.DICT.add	● 语法：success, err, forcible = ngx.shared.DICT:add(key, value, exptime?, flags?) ● 说明：与 set 方法类似，如果 key 已经存在且未过期，则 success 返回 false，err 返回 exists；反之，则表示添加成功
ngx.shared.DICT.safe_add	● 语法：ok, err = ngx.shared.DICT:safe_add(key, value, exptime?, flags?) ● 说明：与 safe_set 方法类似，区别在于不会插入重复的键。当共享内存的存储空间不足时，它不会覆盖已经在存储空间中且最近最少使用（通过 LRU 算法获得）的未过期元素，而是会立即返回 nil 和消息 no memory
ngx.shared.DICT.incr	● 语法：newval, err, forcible? = ngx.shared.DICT:incr(key, value, init?, init_TTL?) ● 说明：将 key 在共享内存词典 ngx.shared.DICT 中的（数字）值的基础上再增加 value 值。如果操作成功完成，则返回新的结果值，否则就返回 nil 以及错误信息 　◇ 如果 key 在共享内存词典中不存在或已过期或 init 未指定参数或使用了值 nil，将返回 nil 以及错误信息 not found 　◇ 如果 init 参数采用了数字值，则经过此方法，key 的 value 值就是 init + value 　◇ 与 add 方法一样，当共享内存区域中的存储空间用完时，它也会覆盖存储空间中最近使用最少（通过 LRU 算法获得）的未过期元素 　◇ 可选的 init_ttl 参数，表示 init 参数初始化值时的到期时间（以秒为单位）。时间精度为 0.001 秒。如果该参数值取 0（默认值），则该项目将永不过期
ngx.shared.DICT.flush_all	● 语法：ngx.shared.DICT:flush_all() ● 说明：清除词典中的所有项目。此方法实际上并不会释放词典中的所有内存块，只是将所有的现有项标记为已过期而已
ngx.shared.DICT.flush_expired	● 语法：flushed =ngx.shared.DICT:flush_expired(max_count?) ● 说明：清除词典中的过期项。可选的 max_count 参数表示清除的最大数目或上限值，当它给出 0 值或不给出值时，意味着清除的数目无限制。此方法返回实际清除、释放的项目数 　与 flush_all 方法不同，此方法将会释放过期元素占用的内存块
ngx.shared.DICT.get_keys	● 语法：keys = ngx.shared.DICT:get_keys(max_count?) ● 说明：获取词典中的键列表，最多 max_count 个 　◇ 在默认情况下，仅返回前 1024 个键。给 max_count 参数赋值 0 时，即使字典中有 1024 个以上的键，也将返回所有键 　◇ 注意应避免在具有大量键的词典上调用此方法，因为它可能会锁定词典相当长的一段时间，并阻塞在此期间内尝试访问词典的 Nginx 工作进程

(续)

语 法	说 明
ngx.shared.DICT.replace	● 语法: success, err, forcible = ngx.shared.DICT:replace(key, value, exptime?, flags?) ● 说明: 与 set 方法一样, 但仅在 key 确实存在的情况下, 才将 key/value 替换并存储到词典 ngx.shared.DICT 中 如果 key 参数在词典中不存在 (或已过期), 则 success 返回 false, err 返回 not found
ngx.shared.DICT.delete	● 语法: ngx.shared.DICT:delete(key) ● 说明: 从共享内存词典 ngx.shared.DICT 中无条件地删除 key
ngx.shared.DICT.lpush	● 语法: length, err = ngx.shared.DICT:lpush(key, value) ● 说明: 将指定的 value (数字或字符串) 插入共享内存词典中以 key 命名的列表头部, 然后返回此 key 列表中所有的元素数 ◇ 如果 key 不存在, 则在执行推送 (push) 操作之前, 先将其创建为空列表值。当取出的 key 的值不是列表时, 它将返回 nil 和信息 value not a list ◇ 当共享内存区域中的存储空间用完时, 不会覆盖存储空间中最近使用最少的未过期元素。在这种情况下, 将立即返回 nil 和错误信息 no memory
ngx.shared.DICT.rpush	● 语法: length, err = ngx.shared.DICT:rpush(key, value) ● 说明: 与 lpush 方法类似, 但它将指定的 value (数字或字符串) 插入到名称为 key 的列表的末尾
ngx.shared.DICT.lpop	● 语法: val, err = ngx.shared.DICT:lpop(key) ● 说明: 删除并返回共享内存词典 ngx.shared.DICT 里以 key 命名的列表中的第一个元素 如果 key 不存在, 那么它将返回 nil。当 key 的值不是列表时, 它将返回 nil 和 value not a list
ngx.shared.DICT.rpop	● 语法: val, err = ngx.shared.DICT:rpop(key) ● 说明: 删除并返回共享内存词典 ngx.shared.DICT 中以 key 命名的列表中的最后一个元素 如果 key 不存在, 它将返回 nil。当 key 的值不是列表时, 它将返回 nil 和 value not a list
ngx.shared.DICT.llen	● 语法: len, err = ngx.shared.DICT:llen(key) ● 说明: 返回共享内存词典 ngx.shared.DICT 中以 key 命名的列表中元素的数量 如果 key 不存在, 那么可以将其理解为空列表并返回 0。当 key 的值不是列表时, 它将返回 nil 和 value not a list
ngx.shared.DICT:TTL	● 语法: TTL, err = ngx.shared.DICT:TTL(key) ● 说明: 检索名为 key 的键值的剩余生存时间 (以秒为单位)。如果操作成功, 则以数字的形式返回生存时间, 否则就返回 nil 和错误消息 如果 key 不存在 (或已经过期), 则此方法将返回 nil 和错误信息 not found
ngx.shared.DICT:expire	● 语法: success, err = ngx.shared.DICT:expire(key, exptime) ● 说明: 更新名为 key 的过期时间。如果操作完成, 则返回指示成功的布尔值, 否则返回 nil 和错误信息 如果 key 不存在 (或已经过期), 则此方法将返回 nil 和错误信息 not found。exptime 参数的精度为 0.001 秒。如果 exptime 参数的值为 0, 则表示该项将永不过期

(续)

语　法	说　明
ngx.shared.DICT:capacity()	● 语法：capacity_bytes = ngx.shared.DICT:capacity() ● 说明：检索通过 lua_shared_dict 指令声明的共享内存词典 ngx.shared.DICT 的容量（以字节为单位）
ngx.shared.DICT:free_space()	● 语法：free_page_bytes = ngx.shared.DICT:free_space() ● 说明：检索共享内存词典 ngx.shared.DICT 的可用空间的大小（以字节为单位）

总结：lua_shared_dict 在内存中只有一份，占用空间少，支持的指令较多，在 Kong 重新载入时数据不会丢失，但存在锁竞争。存取复杂的数据类型时，需要进行序列化和反序列化操作。

9.4.2 lua-resty-lrucache

lua-resty-lrucache 是基于 LuaJIT FFI 的 LRU 缓存，由大名鼎鼎的 agentzh 提供。因为 LRU 缓存完全处于 Lua VM 的控制中，所以它不能跨出进程的边界进行多进程共享，只能在当前的工作进程内使用，也不存在锁竞争。我们可以用它来缓存任意复杂的 Lua 对象，直接缓存而不需要序列化和反序列化操作。

该库提供了两种不同的实现：resty.lrucache 和 resty.lrucache.pureffi。虽然这两者实现的是相同的 API，但是前者使用了本地 Lua 表，后者则使用纯 FFI 实现。如果缓存命中率较高，则应使用前者；如果键值经常进行插入和删除等操作，则需要使用后者。

在使用时，我们只需要用 require 将两个库加载到本地 Lua 变量 lrucache 中即可，如下所示：

```
local lrucache = require "resty.lrucache"
local lrucache = require "resty.lrucache.pureffi"
```

操作 lua-resty-lrucache 的 API 如表 9-2 所示。

表 9-2　lua-resty-lrucache API

语　法	说　明
lrucache.new	● 语法：cache, err = lrucache.new(max_items [, load_factor]) ● 说明：创建一个新的缓存实例。如果创建失败，将分别返回 nil 和错误信息 　◇ max_items 参数用于指定此缓存可以容纳的最大项目数，此数值指的是条目数，而不是内存大小 　◇ load-factor 参数是内部使用的基于 FFI 的散列表的装载因子，其默认值为 0.5（即 50%）。如果指定了装载系数，它将被限制在范围 [0.1, 1] 内（如果装载系数大于 1，它将被设置为范围最大值 1；如果装载系数小于 0.1，它将被设置为范围最小值 0.1）。此参数仅对 resty.lrucache.pureffi 有意义，用于确定桶的大小

(续)

语　　法	说　　明
cache:set	● 语法：cache:set(key, value, TTL?, flags?) ● 说明：设置 key/value 到缓存中 　◇ 当缓存已满时，缓存将自动清除掉最近最少使用的项目 　◇ 可选的 TTL 参数是到期时间，单位为秒。若不指定该参数值，则用 nil 或 0 表示该值永不过期（默认值）。此外，还可以为其指定小数值（例如 0.25） 　◇ 可选的 flags 参数用于指定与要存储的项目同时关联的用户标志值。我们可以根据需要自行取出。该用户标志在内部存储为 32 位的无符号整数，如果未指定，则其默认值为 0
cache:get	● 语法：data, stale_data, flags = cache:get(key) ● 说明：获取指定的 key 值。如果它不存在或已过期，将返回 nil；如果它存在但已经过期，则会把过期的值赋值给 stale_data。flags 为用户标志值，如果没有为 key 提供该值，则将其默认为 0
cache:delete	● 语法：cache:delete(key) ● 说明：从缓存中删除指定的 key
cache:count	● 语法：count = cache:count() ● 说明：返回当前缓存中的项目个数，包括过期的项目 　返回的 count 值将始终大于或等于 0 且小于或等于缓存初始化时指定的 size 参数值
cache:capacity	● 语法：size = cache:capacity() ● 说明：返回缓存可以容纳的最大项目数。它等于缓存初始化时指定的 size 参数值
cache:get_keys	● 语法：keys = cache:get_keys(max_count?, res?) ● 说明：返回指定的 max_count 个 keys 的值。当 max_count 为 nil 或 0 时，将返回缓存中已有的所有 key 的名称 　当提供 res 表参数时，此函数将不会分配表，而是将返回的 keys 插入 res 尾部
cache:flush_all	● 语法：cache:flush_all() ● 说明：清理当前缓存实例中所有已存在的数据。这是一项时间复杂度为 $O(1)$ 的操作，比创建一个全新的缓存实例要快很多

总结：lua-resty-lrucache 中的每个工作进程都有一份数据，属于工作进程级别，支持更为复杂的数据类型的存储，存取复杂数据类型时不需要序列化和反序列化操作，不存在锁竞争，支持的指令较少，在 Kong 重新载入时数据将会丢失。

9.4.3　lua-resty-mlcache

lua-resty-mlcache 是基于前两节所讲缓存（lua_shared_dict 和 lua-resty-lrucache）的多级分层缓存，由 Kong 公司的首席工程师 Thibault Charbonnier 提供，用来缓存、操作多层级缓存，提供了性能卓越且灵活的缓存解决方案。Kong 内部的缓存管理正是基于此缓存构建的。它具有以下特点。

- ❑ 使用 TTL 进行缓存和负缓存。
- ❑ 支持命中和未命中缓存的队列。
- ❑ 使用 lua-resty-lock（互斥锁），可以防止当缓存未命中时，大量并发的请求对数据库或后端产生狗堆效应（Dog Pile Effect），引起缓存风暴。

- 内置工作进程通信，可以在工作进程间传播失效的缓存信息，通知更新 L1 缓存中的数据。
- 可以创建多个隔离的缓存实例，并依赖 `lua_shared_dict` L2 缓存来同时保存各种类型的数据。

其架构图如图 9-1 所示。

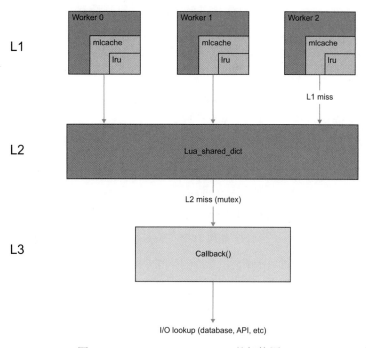

图 9-1　lua-resty-mlcache 的架构图

缓存级别的层次结构如下。

- L1：`lua-resty-lrucache`。各个工作进程自己使用的 Lua VM 缓存区，采用最近最少策略，查找速度最快。
- L2：`lua_shared_dict`。所有工作进程共享的内存缓存区，当 L1 未命中时才会使用。
- L3：一个自定义的回调函数，当 L1 和 L2 都未命中时使用。并发时仅由一个工作进程运行，其他工作进程则等待，避免对数据库/后端产生狗堆效应。

在缓存查找过程中，应遵循以下的逻辑。

(1) 查询 L1，即一级缓存（`lua-resty-lrucache` 实例），它位于 Lua VM 中，是查询效率最高的缓存。

- 如果 L1 缓存具有该值，则将其返回。

- 如果 L1 缓存不具有该值（L1 未命中），继续以下步骤。

(2) 查询 L2，即二级缓存（`lua_shared_dict` 内存区域）。该缓存由所有工作进程共享，几乎与 L1 缓存一样有效。但是它需要对存储的 Lua 数据/表等进行序列化操作。

- 如果 L2 缓存具有该值，则将其返回。
  - 如果有 `L1_serializer` 序列化（转换 Lua 对象）设置，则运行并更新结果值到 L1 缓存中。
  - 如果没有 `L1_serializer` 设置，则直接按原值更新到 L1 缓存。
- 如果 L2 缓存不具有该值（L2 未命中），则继续以下步骤。

(3) 创建一个 `lua-resty-lock`，并确保只有一个工作进程运行回调（其他尝试访问相同值的工作进程将等待）。

(4) 单个工作进程运行 L3 回调（例如执行数据库查询等 I/O 操作）。

- 回调成功并返回一个值：该值在 L2 缓存中设置，然后在 L1 缓存中设置（默认为原样或通过 `L1_serializer` 序列化后返回）。
- 回调失败并返回 nil,err：如果 `resurrect_ttl` 指定了条件，并且该旧缓存值仍然可用，则将其恢复到 L2 缓存中并将其提升更新到 L1，反之，将返回 nil,err。

(5) 其他尝试访问相同键但正被阻塞等待的工作进程，将从 L2 缓存中读取并返回（这些工作进程不会运行回调）。

操作 `lua-resty-mlcache` 的 API 方法如表 9-3 所示。

表 9-3 操作 `lua-resty-mlcache` 的 API 方法表

语　　法	说　　明
mlcache.new	⊙ 语法：cache, err = mlcache.new(name, shm, opts?) ⊙ 说明：创建一个新的 mlcache 实例。如果失败，则分别返回 nil 和错误信息 ⊙ 参数： 　◇ 第一个参数 name 是此 mlcache 实例的名称，其值必须是字符串。每个 mlcache 实例内部都是依据其 name 参数对 namespace（名称空间）进行命名的，因此，多个具有相同 name 的实例将共享相同的数据 　◇ 第二个参数 shm 是 `lua_shared_dict` 区域的名称。mlcache 的多个实例可以使用相同的 shm 参数 　◇ 第三个参数 opts 是可选的。如果提供该值，则它必须是一个包含该实例所需选项的 lua 表。其可能的选项如下所示 　　● lru_size：一个数字，用于定义基础 L1 缓存（lua-resty-lrucache 实例）的大小。此大小是 L1 缓存可以容纳的最大项目数。其默认值：100 　　● TTL：一个数字，用于指定缓存值的到期时间。其单位是秒，但接受小数，例如 0.3。TTL=0 意味着已被缓存的值将永不过期。其默认值：30 　　● neg_TTL：一个数字，用于指定缓存未命中的过期时间（当 L3 回调返回 nil 时）。其单位是秒，但接受小数，例如 0.3。neg_TTL=0 意味着缓存未命中时键将永不过期。其默认值：5

9.4 缓存管理

(续)

语 法	说 明
	- resurrect_TTL：可选的数字，其单位是秒，但接受小数部分，例如 0.3。比如，当 L3 回调返回 nil，err 时，mlcache 实例将尝试恢复到之前的旧值。之后的 get() 方法提供了有关此选项的更多信息 - lru：可选项，如果指定 mlcache，将不会实例化 LRU，而是采用传入的 lua-resty-lrucache 实例 - shm_set_tries：lua_shared_dict 的 set() 方法的最大尝试次数。当 lua_shared_dict 已满时，它将尝试从其队列中释放最多 30 个项目。当设置的值比已释放的空间及可用空间大得多时，此选项允许 mlcache 重试该操作（并释放更多的数据插槽），直到达到最大尝试次数或有足够的内存空间可以存放此值。其默认值：3 - shm_miss：可选字符串。lua_shared_dict 的名称。指定缓存未命中后的项目（返回的回调 nil）将被缓存在此单独的 lua_shared_dict 实例中。这项非常有用，可以确保大量缓存未命中的项目（例如，由恶意客户端触发）不会影响到已命中的缓存项目被恶意驱逐掉 - shm_locks：可选字符串。lua_shared_dict 的名称。如果指定 lua-resty-lock，那么将使用此共享内存词典来存储其锁。此选项有助于减少缓存波动：当 L2 缓存（shm）已满时，每次插入都将清除最早访问的 30 个项目（比如并发访问触发 L3 回调所创建的锁）。这些清除的项目很可能是先前有价值的缓存值。通过将锁隔离在单独的共享内存词典中，可以减轻缓存频繁波动的工作负载带来的影响 - resty_lock_opts：可选表。lua-resty-lock 实例的选项。mlcache 运行 L3 回调时，它使用 lua-resty-lock 来确保只有单个工作进程运行回调 - ipc_shm：可选字符串。如果希望使用 set()、delete() 或 purge()，则必须提供 IPC（进程间通信）机制，使工作进程同步其 L1 缓存并使它们无效。该模块将捆绑 IPC 库，可以通过 lua_shared_dict 在此选项中指定专用库来启用它。多个 mlcache 实例可以使用相同的共享内存词典，但是 mlcache 之外的其他参与者都不能对其进行篡改 - ipc：可选表。与上述 ipc_shm 选项类似，但是允许使用所选的 IPC 库传播内部工作进程事件 - l1_serializer：可选功能，表示一个序列化方法。如果指定该项，则在每次将值从 L2 缓存提升更新到 L1 缓存时，都会调用此函数。此函数可以对缓存的项目执行序列化操作，将其转换为任何 Lua 对象，然后存储到 L1 缓存中。该项可以避免应用程序对每个请求重复转换操作，例如创建表和 cdata 对象，加载新的 Lua 代码等
cache:get	- 语法：value, err, hit_level = cache:get(key, opts?, callback, ...) - 说明：用于执行缓存查找操作。这是此模块最有效、最常用的方法。一种典型的模式是不需要主动调用 set() 方法，而让 get() 方法执行所有工作，即在首次找到数据时，也会将其写入缓存 如果成功，此方法将返回取得的值，并且没有任何错误。由于 nil 来自 L3 回调的值，以表示缓存未命中，因此第一个返回值 value 可以为 nil，这样就必须依赖第二个返回值 err 来确定此方法是否成功。第三个返回值 hit_level 是一个数字，如果没有遇到错误，则设置该数字，它指示获取值所在的缓存级别：1 对应 L1，2 对应 L2，3 对应 L3。如果碰上错误，此方法将返回 nil 和描述错误的字符串 - 参数： 　◇ 第一个参数 key：字符串类型，是一个缓存项的键标识。每个值都必须存储在唯一键标识下 　◇ 第二个参数同上一个函数的第三个参数 　◇ 第三个参数 callback 是一个回调函数。当此方法在锁保护模式下运行时，由它返回的错误将作为字符串返回到第二个参数 err 中

(续)

语　　法	说　　明
cache:peek	● 语法：TTL, err, value = cache:peek(key) ● 说明：探视 L2 缓存 　◇ 参数 key：字符串类型，peek 方法按此 key 查找 　◇ 此方法返回 nil 和一个字符串，其中字符串用于描述失败时的错误 　　如果查找结果是经过查找不存在此 key 或查找缓存未命中，nil 将作为第一个返回值，并且不会有错误信息 　　如果查找结果是经过查找存在此 key，则第一个返回值 TTL 将是一个数字，该数字显示了此缓存值的剩余生存时间，第三个返回值 value 将是缓存值本身。如果想知道是否缓存了某个 key 对应的值，则此方法很有用 　　L2 缓存中存储的值都会被认为是已缓存的，无论是否在 L1 缓存中设置了该值。那是因为 L1 高速缓存非常易变。这里要说明的是，L2 级别的缓存比 L3 级别的要快几个数量级 　　此方法的主要目的是探视缓存，以确定指定值的热度，所以它既不像 get() 方法那样进行计数，也不会在查询的同时设置 L1 缓存
cache:set	● 语法：ok, err = cache:set(key, opts?, value) ● 说明：用于在 L2 缓存中设置一个值，并将此设置广播通知到其他工作进程，以便刷新设置值在 L1 中的缓存 ● 参数： 　◇ 第一个参数 key 用于存储键，是字符串类型 　◇ 第二个参数同此表中第一个函数的第三个参数 　◇ 第三个参数 value 是要设置的值，此值其实就是 L3 回调方法的返回值。只不过现在是主动设置此值，而不是执行 get() 方法时再设置此值。需要注意的是，此 value 必须是 Lua 中的数据类型、表或 nil。如果构造函数 new 的 opts 参数或当前 set 方法的 opts 参数中提供了 l1_serializer，则保存前需进行序列化操作 　◇ 设置成功时，第一个返回值 ok 将为 true。失败时，第一个返回值 ok 为 nil，第二个返回值 err 为描述错误的字符串 ● 注意：从本质上讲，set() 要求其他 mlcache 实例（来自其他工作进程）刷新其 L1 缓存。如果是从单个工作进程调用 set()，那么在下一个请求期间，其他工作进程的 mlcache 实例必须在请求它们的缓存之前调用 update()，以确保它们刷新了自己的 L1 缓存
cache:delete	● 语法：ok, err = cache:delete(key) ● 说明：删除 L2 缓存中 key 对应的值并将该删除事件广播通知给其他工作进程，使它们可以从 L1 缓存中删除该值。参数 key 是存储值的字符串关键字。删除成功后，第一个返回值 ok 将为 true。失败时，第一个返回值 ok 为 nil，第二个返回值 err 为描述错误的字符串 ● 注意：从本质上讲，delete() 要求其他 mlcache 实例（来自其他工作进程）刷新自己的 L1 缓存。如果是从单个工作进程调用 delete()，那么在下一个请求期间，其他工作进程的 mlcache 实例必须在请求它们的缓存之前调用 update()，以确保它们刷新了自己的 L1 缓存
cache:purge	● 语法：ok, err = cache:purge(flush_expired?) ● 说明：清除 L1 和 L2 级别缓存的内容，然后将该清除事件广播通知给其他工作进程，以便它们也可以清除缓存。此方法回收 lua-resty-lrucache 实例，并调用 ngx.shared.DICT:flush_all 以清除共享内存词典中的所有项。实际上，flush_all 方法不会释放共享内存词典中的所有内存块，而只是将所有现有项标记为已过期 ● 参数 flush_expired 是可选的，如果指定其值为 true，则此方法还将调用 ngx.shared.DICT:flush_expired（不带参数），这将真正释放内存 ● 清除成功后，第一个返回值 ok 将为 true。失败时，第一个返回值 ok 为 nil，第二个返回值 err 为描述错误的字符串 ● 注意：从本质上讲，purge() 要求其他 mlcache 实例（来自其他工作进程）刷新它们的 L1 缓存。如果是从单个工作进程调用 purge()，那么在下一个请求期间，其他工作进程的 mlcache 实例必须在请求它们的缓存之前调用 update()，以确保它们刷新了自己的 L1 缓存

(续)

语　法	说　明
cache:update	⊙ 语法：ok, err = cache:update() ⊙ 说明：轮询并执行由其他工作进程发布的处于挂起状态的缓存无效事件 上面的 set()、delete()、purge() 方法需要通过 mlcache 其他实例的工作进程来刷新自己的 L1 缓存。由于 OpenResty 当前尚不具备进程间的通信机制，因此该模块捆绑了一个 IPC 库来传播进程间的事件。如果使用捆绑的 IPC 库，那么在 ipc_shm 选项中指定的 lua_shared_dict 就只能由 mlcache 实例本身使用 这个方法允许一个工作进程更新它的 L1 缓存（在处理请求之前，清除另一个工作进程在调用 set()、delete() 或 purge() 方法时认为过期的值）。如果其他工作进程没有收到更新事件，则意味着将取到 L1 缓存，之后收到更新事件被清除后，再取值时 get() 又填充了 L1 缓存

对于 mlcache 的实际应用，请参考第 12 章的 kong.cache，这是对 mlcache 的再次封装，更加方便易用。

9.5　定时器

在实际的业务场景中，有时我们需要异步或周期性地定时运行某些任务，此时就可以用 ngx.timer.at 和 ngx.timer.every 来轻松实现。

9.5.1　ngx.timer.at

在请求阶段，如果有些特殊的高延迟业务逻辑或非关键性逻辑需要运行，那么为了减少客户端等待响应的时间，不阻塞当前请求，我们可以创建一个零延迟的 ngx.timer.at。在此定时器中进行后台处理，它将创建与当前请求完全分离的轻线程（light thread），并让两者互不影响，这种方式不会增加客户端请求的响应时间。其语法如下：

```
hdl, err = ngx.timer.at(delay, callback, user_arg1, user_arg2, ...)
```

它创建一个带有回调函数的定时器。下面介绍部分参数的含义。

- delay：以秒为单位，用于指定定时器的时间延迟。既可以指定它为小数秒，比如 0.001 表示 1 毫秒，也可以指定它为 0，表示定时器的业务将立即执行，没有任何延迟。
- callback：可以是任何 Lua 函数，此函数将会在指定的延迟之后在后台的轻线程中运行。用户函数被 Nginx 核心模块自动调用，并附带参数 premature、user_arg1、user_arg2 等。其中，premature 参数采用一个布尔值指示这是否是一个过早的过期定时器。
- user_arg1 和 user_arg2 为 callback 中的业务参数。

当 Nginx 工作进程尝试关闭时，如果 Nginx 配置重新加载触发了 HUP 信号或 Nginx 服务关闭，则会发生过早的定时器过期，即 `premature` 参数为 `true`。

当 Nginx 工作进程尝试关闭时，就不能再调用 `ngx.timer` 了。因为如果在这种情况下创建新的非零延迟定时器，将返回一个 `false` 值和一个描述进程退出的错误。

示例如下：

```
local function write_log(premature, uri, args, status)
    if premature then
        return
    end

    -- 这里是代码逻辑

end
local ok, err =
    ngx.timer.at(0, write_log,ngx.var.uri, ngx.var.args, ngx.header.status)
if not ok then
    ngx.log(ngx.ERR, "failed to create timer: ", err)
    return
end
```

需要注意的是，`ngx.timer.at` 执行业务逻辑中的回调只会运行一次。如果要实现周期性运行，则需要在回调函数中再次创建定时器，我们不建议使用这种循环定时器，而建议使用 `ngx.timer.every` 来代替创建定期执行的定时器。另外，因为回调是在协程中运行的，所以在函数中应该避免使用外部变量或当前 ngx 的上下文信息。

9.5.2 ngx.timer.every

`ngx.timer.every` 用于周期性地执行某些业务逻辑，如周期性地从数据库刷新数据至本地缓存、检查数据是否正确等。它一般放在 `init_worker_by_lua_block` 阶段，并且通过设置指定的工作进程（`ngx.worker.id`）或者共享内存词典设置锁的方式来限定同一时刻只有某个工作进程才能运行它。如此做的原因是服务器通常为多核的，`ngx.timer.every` 将与每个核进行绑定，所以每个核的工作进程都会运行它，我们要避免此问题发生。其语法如下：

```
hdl, err = ngx.timer.every(delay, callback, user_arg1, user_arg2, ...)
```

它与 `ngx.timer.at` 类似，用于创建一个定时任务。其中，参数 `delay` 指的是延迟时间，表示每隔多少秒执行一次，可以精确到毫秒，但不能配置为 `0`；`callback` 是需要执行的 Lua 函数，在 Nginx 退出时，定时任务就会被关闭。

下面演示的 `refresh_cache` 方法每隔 2 秒执行一次，用于将数据库的数据刷新至缓存，限定只有 `worker.id` 为 `0` 的工作进程才能执行：

```
    local delay = 2;
    local function refresh_cache(premature, uri, args, status)
        if premature then
            return
        end
-- 这里是代码逻辑,从数据库取出数据并刷新缓存
    end

-- ngx.timer.every 表示只有 worker.id 为 0 的工作进程才能执行 timer
    if 0 == ngx.worker.id() then
        -- 表示每隔 2 秒执行一次 refresh_cache,以刷新数据库的数据至缓存
        local ok, err = ngx.timer.every(delay, refresh_cache)
        if not ok then
            ngx.log(ngx.ERR, "failed to create timer: ", err)
            return
        end
    end
```

9.5.3 参数控制和优化

尽管 `ngx.timer.at` 和 `ngx.timer.every` 定时任务都是在 Nginx 后台运行的,并不会直接影响到当前的请求响应时间,但这并不意味着它不会干扰请求整体的响应时间。实际上,执行大量的定时任务也会降低整体性能,因为服务器的 CPU 资源总是有限的。此时可以通过 `lua_max_running_timers` 和 `lua_max_pending_timers` 这两个参数来指定所允许的定时任务的最大数量,防止不合理的定时任务运行。

- `lua_max_running_timers`:设置被允许的正在执行回调函数的定时器的最大数量,如果在定时任务中超过这个限制,就会抛出 N `lua_max_running_timers are not enough`,其中 N 是变量设置的 `count` 的当前值。其语法是 `lua_max_running_timers <count>`,默认值为 `lua_max_running_timers 256`,上下文为 `http`。
- `lua_max_pending_timers`:设置被允许执行挂起的队列中尚未到期的定时器的最大数量。如果在定时任务中超过这个限制,则会报 `too many pending timers`(太多挂起的定时器)错误。其语法是 `lua_max_pending_timers <count>`,默认值是 `lua_max_pending_timers 1024`,上下文是 `http`。

9.6 进程管理

进程分为以下几种类型。

- 主进程:不处理任何用户请求,仅对信号进行响应,主要用于读取和加载配置信息、启动控制工作进程等。
- 工作进程:用于对外处理用户的连接请求,接收来自主进程的信号。

- 单进程：创建生命周期并且对外处理客户端的连接请求，仅用于开发调试。
- 辅助进程：有两种——缓存管理进程（cache manager process）和缓存加载进程（cache load process），用于缓存管理。
- 信号进程：用于向工作中的进程发送信号。
- 特权代理进程：由 OpenResty 创建，不对外处理客户端的连接请求，继承主进程，有设置权限、控制、重载等功能。

9.6.1 主/工作进程

Nginx 采用了主进程与工作进程池的事件驱动机制，即多个工作进程从属于一个主进程，多个工作进程共同构成一个进程池。主进程管理多个工作进程，它负责处理系统信息，加载配置，管理工作进程的生命周期（包括工作进程的启动、停止、重启、监控），读取验证配置和绑定端口等操作。

被主进程创建出来的多个工作进程彼此平等且独立，工作进程对外接收客户端用户请求，然后采用并行非阻塞策略处理这些请求，具体包括处理网络连接、读取请求、解析请求、处理请求、与上游服务器通信，读取和写入内容到磁盘等。

使用下面的代码，我们可以很方便地获取进程的基本信息：

```
ngx.process.type()    -- 获得进程的类型
ngx.worker.count()    -- 获得所有工作进程的总个数
ngx.worker.pid()      -- 获得工作进程在操作系统中的进程 ID 号
ngx.worker.id()       -- 获得工作进程的顺序编码（从 0 开始）
```

9.6.2 单进程

在单进程模式下，Nginx 启动后，全局就只有一个进程，需要设置 `master_process` 为 `off`，它负责处理所有工作，包括网络连接、读取请求、解析请求、处理请求、与上游服务器通信等。该模式一般只在开发和调试阶段使用。要想终止此进程，可以使用 Ctrl+C 组合键。

9.6.3 辅助进程

辅助进程用于缓存管理，比如在一个四核服务器内，主进程创建了 4 个工作进程和 2 个缓存辅助进程来对磁盘内容进行缓存。

缓存加载进程在启动时运行，把基于磁盘的缓存元数据信息加载到内存中，然后退出。缓存管理进程周期性地运行，用于削减磁盘缓存中的文件数量，以使其使用量保持在配置范围内。

9.6.4 信号进程

信号进程用于关闭、重启等操作,即由它向正在工作的工作进程发送信号。主要有 4 种信号:`stop`、`quit`、`reload` 和 `reopen`。

`stop` 发送 `SIGTERM` 信号,表示强制要求退出;`quit` 发送 `SIGQUIT` 信号,表示"优雅地"退出。两者的具体区别在于,`SIGTERM` 信号是直接关闭进程,而 `SIGQUIT` 信号则会先关闭监听的套接字(socket),关闭当前空闲的连接,然后处理所有的定时器事件等,最后才退出。

`reload` 向主进程发送 `SIGHUP` 信号,当主进程收到该信号后,会先重新加载配置文件、解析配置文件、申请共享内存等,然后启动全新的工作进程,之后再向所有的旧工作进程发送 `SIGQUIT` 信号,那么新的请求将由新的工作进程接收并处理,旧的工作进程则会处理完当前已经接收到的请求再关闭,整个过程中用户毫无感知。

`reopen` 向主进程发送 `SIGUSR1` 信号,当主进程收到该信号后,会重新打开所有已经打开的文件,然后向每个工作进程发送此信号,当工作进程收到该信号后,会执行与主进程同样的操作。`reopen` 可用于日志切割。

9.6.5 特权代理进程

特权代理进程是 OpenResty 1.11.2.5 提供的新功能,通过 `process_module.enable_privileged_agent()` 在 `init_by_lua` 阶段启动。在默认情况下,Nginx/OpenResty 将以 root 权限启动主进程,然后以指定的普通用户权限启动相应的工作进程。如果需要重新加载或启动,则必须使用 root 权限。为了解决普通工作进程的特权问题,OpenResty 提供了一个特权代理补丁,结合定时器,共享内存可以实现远程重启等管理方面的特殊操作。

9.7 协程管理

`lua-nginx-module` 提供了三种 API(`ngx.thread.spawn`、`ngx.thread.wait` 和 `ngx.thread.kill`)来管理协程。

9.7.1 ngx.thread.spawn

`ngx.thread.spawn` 用于产生新的用户轻线程,其语法如下:

```
co = ngx.thread.spawn(func, arg1, arg2, ...)
```

其中,`co` 表示此轻线程的 Lua 线程(协程)对象。`func` 是用户自定义的函数,`arg1` 和 `arg2` 是传入函数的可选参数。`ngx.thread.spawn` 将生成新的轻线程,由 `ngx_lua` 模块管理调度,它是一种特殊的 Lua 线程。多个轻线程可以同时并发异步运行。需要注意的是，轻线程不是以抢先方式进行调度的，也不会自动执行时间分片，而是在 CPU 上独占运行。

创建轻线程的对象称为父协程，轻线程的运行优先级比它的父协程要高，当它优先运行时，父协程会暂停运行。轻线程一旦运行起来，直到运行完毕返回或出现了错误才会终止。我们可以通过 coroutine.running 获得当前的协程对象，通过 coroutine.yield 暂停挂起协程，通过 coroutine.resume 恢复运行。

下面分别创建两个轻线程，在执行时会延时 5 秒：

```
local function user_func(name)
    ngx.log(ngx.ERR, "thread name: ", name, ",start")
    ngx.sleep(5)
    ngx.log(ngx.ERR, "thread name: ", name, ",end")
end
local thread1 = ngx.thread.spawn(user_func, "one") -- 生成轻线程1，执行方法 user_func
local thread2 = ngx.thread.spawn(user_func, "two") -- 生成轻线程2，执行方法 user_func
ngx.log(ngx.ERR, "main thread end")
-- 运行结果
2020/02/08 10:37:37 [warn]   [lua] thread.lua:2: thread name: one,start
2020/02/08 10:37:37 [warn]   [lua] thread.lua:2: thread name: two,start
2020/02/08 10:37:37 [warn]   [lua] thread.lua:9: main thread end
2020/02/08 10:37:42 [warn]   [lua] thread.lua:4: thread name: one,end
2020/02/08 10:37:42 [warn]   [lua] thread.lua:4: thread name: two,end
```

9.7.2 ngx.thread.wait

ngx.thread.wait 用于等待一个或多个子轻线程，并返回第一个轻线程完成或终止的结果（成功或有错误）。其语法如下：

```
ok, res1, res2, ... = ngx.thread.wait(thread1, thread2, ...)
```

其中，thread1 和 thread2 是创建的用户轻线程，ok 表示是否成功，res1 和 res2 是返回的结果（如果失败，则为错误对象）。

下面分别创建两个轻线程，使用非阻塞的 HTTP 客户端请求库 resty.http，分别获取 a.com 和 b.com 站点的信息，并打印返回：

```
local function get_web(host, port)
    local http = require "resty.http"
    local httpc = http.new()
    httpc:connect(host, port)
    httpc:set_timeout(1000)
    local res, err = httpc:request {
        method = "GET",
        path = "/"
    }
```

```
        local result = res:read_body()
        print(host .. port)
        print(result)
        return result
end
local thread1 = ngx.thread.spawn(get_web, "a.com", 80)
local thread2 = ngx.thread.spawn(get_web, "b.com", 80)
local ok, res = ngx.thread.wait(thread1, thread2)
ngx.log(ngx.WARN, tostring(ok) .. res)
```

9.7.3 `ngx.thread.kill`

`ngx.thread.kill` 用于杀死由 `ngx.thread.spawn` 创建的正在运行的轻线程。成功杀死轻线程时返回 `true`，否则返回 `nil` 和错误的字符串。只有父协程或创建它的轻线程才能杀死子线程。此外，由于 Nginx 核心的限制，无法杀死正在运行且尚未完成 Nginx 子请求（例如，由 `ngx.location.capture` 发起）的轻线程。其语法如下：

```
ok, err = ngx.thread.kill(thread)
```

9.8　Kong 参数优化

安装 Kong 之后，我们还需要根据当前服务器的硬件配置情况以及自身的系统架构来对系统进行进一步优化与调整。

9.8.1　惊群效应

在 Linux 3.9 及以上的系统中，若在 Kong 中开启了 reuseport，则 QPS（每秒查询率）将至少提高 3 倍甚至更多。reuseport 是一种套接字复用机制，此选项允许主机上的多个套接字同时绑定到相同的 IP 地址 / 端口上，可以实现多个服务进程或线程接收到同一个端口的连接，这种方式旨在提高在多核系统之上运行的多线程服务器应用程序的性能和吞吐率。

原来的 mutex 锁这种技术的问题在于，如果有多个工作进 / 线程在 `accept()` 调用中等待，当有新连接建立时，对于各工作进 / 线程的唤醒是不公平的，会导致惊群效应出现。在高负载下，这种不均衡会导致 CPU 内核的利用率不足。虽然可以通过增加锁来解决此问题，但这样由于有锁竞争又会导致吞吐率下降。相比之下，采用 reuseport 方式后，`SO_REUSEPORT` 连接均匀地分布在同一端口，在内核层面实现了 CPU 之间的均衡处理，这样当有新连接建立时，内核只会唤醒一个进 / 线程，并且保证每次唤醒的均衡性。

要开启 reuseport，需在 /etc/kong/kong.conf 配置文件中定位到 `NGINX` 节，修改如下内容：

```
proxy_listen = 0.0.0.0:80 reuseport, 0.0.0.0:443 ssl reuseport
```

Kong 2.0 默认会打开 reuseport 参数，如果你使用的是旧版本的 Kong，请先检查是否打开了 reuseport 和内核版本，然后查看是否使用了 mutex 锁，如果使用了 mutex 锁，请编辑 /usr/local/share/lua/5.1/kong/templates/nginx.lua 模板文件将 accept_mutex 设置为 off。或使用 vi 命令编辑 /etc/kong.conf 文件，在 NGINX 注入指令配置节，添加指令 nginx_events_accept_mutex = off，将 mutex 锁显式关闭（在 Nginx 1.11.3 版本前，mutex 锁默认为打开），然后重新启动 Kong。

9.8.2 参数优化

参数优化主要是对工作进程的优化、对客户端与 Kong 服务器端之间的长连接的优化、对 Kong 服务器与上游服务器之间的长连接的优化、对 Linux 最大进程和最大文件打开数量的优化以及对 Linux 操作系统 TCP 连接参数的优化，下面来详细介绍这些内容。

❑ 对工作进程的优化，涉及以下参数。

- nginx_main_worker_rlimit_nofile：每个工作进程能够打开的文件描述符的最大数量；
- nginx_events_worker_connections：每个工作进程可接收的最大连接数量；
- nginx_events_multi_accept：是否允许一个工作进程接收并响应多个请求。

使用 vi 命令编辑 /etc/kong.conf 配置文件，在 NGINX 注入指令配置节添加以下指令，然后重新启动 Kong：

```
nginx_main_worker_rlimit_nofile = 655360
nginx_events_worker_connections = 655360
nginx_events_multi_accept = on
```

❑ 对客户端与 Kong 服务器端之间的长连接的优化，涉及以下参数。

- nginx_http_keepalive_requests：客户端通过单个长连接可以请求 Kong 服务器的最大数量，默认值为 100 个；
- nginx_http_keepalive_timeout：客户端与 Kong 服务器之间的空闲长连接的超时时间。默认值为 75 秒。

使用 vi 命令编辑 /etc/kong.conf 配置文件，在 NGINX 注入指令配置节，添加以下指令，然后重新启动 Kong：

```
nginx_http_keepalive_requests = 50000
nginx_http_keepalive_timeout = 300s          --300 秒
```

- 对 Kong 服务器与上游服务器之间的长连接的优化，涉及以下参数。

    - `nginx_upstream_keepalive`：每个工作进程与上游服务器之间的空闲长连接的最大数量。如果空闲长连接的数量超过此参数设置的值，则关闭最近最少使用的连接。
    - `nginx_upstream_keepalive_requests`：Kong 服务器通过单个长连接可以请求上游服务器的最大数量，如果请求数量达到此参数设置的值，则关闭连接。其默认值为 100 个。
    - `nginx_upstream_keepalive_timeout`：Kong 服务器与上游服务器之间的空闲长连接的超时时间。如果超时的连接未被使用，则将其关闭。其默认值为 60 秒。

    注意：Kong 2.0（Nginx 版本为 1.15.3）及以上版本才支持对上述两个参数的设置。

    使用 vi 命令编辑 /etc/kong.conf 配置文件，在 `NGINX` 注入指令配置节，添加以下指令，然后重新启动 Kong：

    ```
    nginx_upstream_keepalive = 20000
    nginx_upstream_keepalive_requests = 20000
    nginx_upstream_keepalive_timeout = 300s            --300秒
    ```

- 对 Linux 最大进程和最大文件打开数量的优化。

    使用 vi 命令对 /etc/security/limit.conf 文件进行如下编辑，再执行 `source /etc/profile` 命令使之生效：

    ```
    # *表示所有用户
    # nproc是操作系统级别对每个用户创建的进程数的限制
    # nofile是对每个进程可以打开的文件数量的限制
    * soft nofile 655360
    * hard nofile 655360
    * soft nproc 655360
    * hard nproc 655360
    # 关闭核心转储（core dump）；如果要开启，就将 0 改为 unlimited
    * soft core 0
    * hard core 0
    ```

    其中，* 代表针对所有用户，`nproc` 代表最大的进程数，`nofile` 代表最大的文件打开数。

- 对 Linux 操作系统 TCP 连接参数的优化。

    使用 vi 命令对 /etc/sysctl.conf 文件进行如下编辑，再执行 `sysctl -p` 命令使之生效：

    ```
    # 开启反向过滤，之后系统在接收到IP包后先检查它是否符合要求，不符合要求则丢弃
    net.ipv4.conf.default.rp_filter = 1
    # 是否接收含有源路由信息的IP包，1表示接收，0表示不接收
    net.ipv4.conf.default.accept_source_route = 0
    # 开启SYN Cookies，当SYN等待队列溢出时，启用Cookies处理，可防范少量SYN攻击
    net.ipv4.tcp_syncookies = 1
    ```

```
# timewait 的最大数量, 防止简单的 DoS 攻击
net.ipv4.tcp_max_tw_buckets = 32768
# 开启有选择的应答, 通过有选择地应答乱序接收到的报文来提高性能
net.ipv4.tcp_sack = 1
# 设置 TCP 窗口。若窗口超过了 65535 (64K), 则必须将其值设置为 1
net.ipv4.tcp_window_scaling = 1
# 为每个套接字分配发送缓冲区的三个值
# 第一个值 4096 是为套接字的发送缓冲区分配的最少字节数
# 第二个值 131072 是默认值, 缓冲区在系统负载压力不高的情况下可以达到的值。该值会被 wmem_default
# 覆盖
# 第三个值 1048576 是发送缓冲区空间的最大字节数, 该值会被 wmem_max 覆盖
net.ipv4.tcp_wmem = 4096 131072 1048576
# 与 tcp_wmem 类似, 不过它表示的是为自动调优所使用的接收缓冲区的值
net.ipv4.tcp_rmem = 4096 131072 1048576
# 为 TCP 套接字预留的用于发送缓冲数据的内存默认值, 单位为字节
net.core.wmem_default = 8388608
# 为 TCP 套接字预留的用于发送缓冲数据的内存最大值, 单位为字节
net.core.wmem_max = 16777216
# 为 TCP 套接字预留的用于接收缓冲数据的内存默认值, 单位为字节
net.core.rmem_default = 8388608
# 为 TCP 套接字预留的用于接收缓冲数据的内存最大值, 单位为字节
net.core.rmem_max = 16777216
# 当网络设备接收数据包的速率比内核处理的速率快时, 允许放到队列的数据包的最大数量
net.core.netdev_max_backlog = 262144
# 设置挂起的 TCP 连接队列的数量上限值
net.core.somaxconn = 262144
# 系统所能处理的不属于任何进程的 TCP 套接字最大数量
# 假如超过这个数量, 连接会被立即重置, 可以防止简单的 DoS 攻击
net.ipv4.tcp_max_orphans = 3276800
# 还未收到客户端确认信息的请求连接的最大数量, 即可以容纳多少个等待连接的网络连接
net.ipv4.tcp_max_syn_backlog = 262144
# 是否为数据包添加时间戳属性, 可根据时间戳大小判断报文的新或者旧, 0 表示否
net.ipv4.tcp_timestamps = 0
# syn 确认重试的次数
net.ipv4.tcp_synack_retries = 1
# syn 请求重试的次数
net.ipv4.tcp_syn_retries = 2
# 是否快速回收 TCP TIME_WAIT 连接, 对客户端及服务器均生效, 0 表示否
net.ipv4.tcp_tw_recycle = 0
# 是否重用 TCP TIME_WAIT 连接端口, 仅对客户端生效。需要时间戳支持, 0 表示关闭
net.ipv4.tcp_tw_reuse = 0
# 确定 TCP 套接字如何使用内存, 单位为内存页 (通常是 4KB)
# 第一个值 94500000 是内存使用的下限
# 第二个值 915000000 是内存压力模式开始对缓冲区使用的上限
# 第三个值 927000000 是内存上限。在这个层次上将报文丢弃, 从而减少对内存的使用
net.ipv4.tcp_mem = 94500000 915000000 927000000
# 如果 TCP 套接字由本端要求关闭, 这个参数决定了它保持在 FIN-WAIT-2 状态的时间
net.ipv4.tcp_fin_timeout = 30
# 空闲连接保持多长时间活跃, 单位为秒
net.ipv4.tcp_keepalive_time = 30
# 可用的源端口范围, 即用于向外连接的端口范围
net.ipv4.ip_local_port_range = 1024 65000
# 表示文件句柄的最大数量
fs.file-max = 102400
```

9.9 Kong 与 HTTP2

随着互联网的快速发展，HTTP 1.x 协议得到了迅猛发展和应用，但当一个页面包含大量的资源请求时，即使你已经对图片、JavaScript 和 CSS 等资源做了合并压缩，该协议的局限性也会暴露出来，具体如下：

- 每次请求与响应都需要建立新连接；
- 每次请求与响应都需要添加完整的头信息；
- 默认不进行数据加密，在传输过程中数据可能会被监听或篡改。

HTTP2 协议正是为了解决 HTTP 1.x 协议暴露出来的问题而诞生的，其特性如下：

- 基于 Google 的开源协议；
- 二进制协议，数据分帧传输；
- 多路复用，单个连接可以同时发起多个请求；
- 流量控制，避免窗口拥塞；
- 独有的 HPACK（头部压缩算法），以压缩冗余的头部信息；
- 服务器端推送，服务器可以主动向客户端发送信息；
- 为请求划分优先级，会更快响应高优先级的请求；
- 支持全双工通信，服务器端与客户端可以同时双向通信。

还未在 Kong 中设置 HTTP2 协议时，用浏览器随便访问一个网址，由图 9-2 可以看到，此时请求所采用的协议为 http/1.1。

Name	Status	Protocol	Scheme	Remote Address	Type
	200	http/1.1	https	10.129.8.19:443	document
favicon.ico	200	http/1.1	https	10.129.8.19:443	x-icon
	200	http/1.1	https	10.129.8.19:443	document
favicon.ico	200	http/1.1	https	10.129.8.19:443	x-icon

图 9-2 http/1.1 请求图

现在设置 HTTP2 协议。具体地，调整 /etc/kong/kong.conf 配置文件，在其中加上 HTTP2 标识，然后重新启动 Kong 即可：

```
proxy_listen = 0.0.0.0:80 reuseport backlog=16384, 0.0.0.0:443 ssl http2 reuseport backlog=16384
```

为了方便演示，我们下面使用 Konga 工具来可视化设置 HTTP2 协议，其实就是配置域名证书。打开 Konga，先点击左侧菜单的 CERTIFICATES 按钮，再点击右边的 ADD CERTIFICATE 按钮，然后在打开的界面中分别输入证书的证书文件 / 私钥文件和 SNI 即可，如图 9-3 所示。

图 9-3 添加证书

在设置 HTTP2 协议之后,我们再用浏览器访问网址,就可以看到请求采用的协议变成了 h2,即 HTTP2,如图 9-4 所示。当然,你也可以选择 curl/h2load 等工具进行测试。

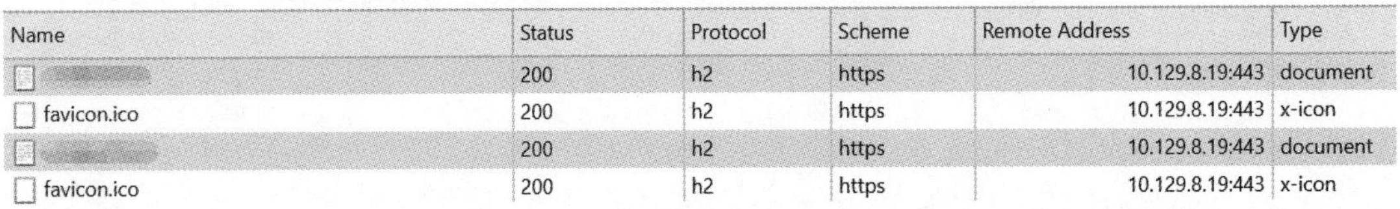

Name	Status	Protocol	Scheme	Remote Address	Type
	200	h2	https	10.129.8.19:443	document
favicon.ico	200	h2	https	10.129.8.19:443	x-icon
	200	h2	https	10.129.8.19:443	document
favicon.ico	200	h2	https	10.129.8.19:443	x-icon

图 9-4 HTTP2 请求图

如果你是在生产环境下使用 HTTP2 协议,则还需要根据实际情况调整表 9-4 中的参数。

表 9-4 HTTP2 参数设置表

名　　称	描　　述	默 　认 　值
http2_body_preread_size	设置用于存放每个请求的缓冲区大小,在开始处理请求体之前,可以先在此保存它	64k
http2_chunk_size	设置将响应体切成的块的最大大小。太小的值会导致更高的开销,太大的值又会由于 HOL 阻塞而影响优先级	8k

(续)

名称	描述	默认值
`http2_idle_timeout`	设置不活动连接的超时时间，超时后关闭连接	`3m`
`http2_max_concurrent_pushes`	限制连接并发推送请求的最大数量	`10`
`http2_max_concurrent_streams`	设置连接并发 HTTP2 流的最大数量	`128`
`http2_max_field_size`	限制 HPACK 算法压缩的请求头字段的最大大小。对于大多数请求来说，默认的限制值应该足够	`4k`
`http2_max_header_size`	限制 HPACK 算法解压缩后整个请求头列表的最大大小。对于大多数请求来说，默认的限制值应该足够	`16k`
`http2_max_requests`	设置可通过一个 HTTP2 连接提供服务的最大请求数（包括推送请求），超过此数之后的客户端请求将导致连接关闭并需要建立新连接	`1000`
`http2_push`	抢先向指定对象发送（推送）请求 URL 以及对原始请求的响应。将仅处理具有绝对路径的相对 URL	`off`
`http2_push_preload`	将连接响应头字段中指定的预加载连接自动转换为推送的请求	`off`
`http2_recv_buffer_size`	设置每个工作进程输入缓冲区的大小	`256k`
`http2_recv_timeout`	设置期望从客户端获得更多数据的超时时间，超时后将关闭连接	`30s`

最后需要说明的是，HTTP2 协议虽然不强制要求使用 HTTPS 协议，但我们还是建议读者配置 HTTPS 协议。为了保证安全性，还要设置访问域名的证书（你可以自行搭建私有 CA 服务器或采用免费证书）。除此之外，如果条件具备，也可以提供基于硬件的 HTTPS 加速和 SSL 卸载，将 SSL 证书加解密的功能迁移到外部设备，以降低对服务器的总体负载。

9.10　Kong 与 WebSocket

当前，很多站点都实现了自己的推送技术，所用的技术大都是 Ajax 轮询或长轮询（long polling）。Ajax 轮询是每隔特定的一段时间，客户端主动向服务器端发起 HTTP 请求，然后服务器端将最新的数据返回到客户端浏览器。这种模式的缺点很明显，即客户端需要不断地向服务器端发出请求，显然这非常浪费带宽和服务器资源。

实际上，长轮询的原理跟 Ajax 轮询非常相似，也是采用轮询的方式，但不同的是它采用了阻塞模型。也就是说，在客户端发起连接后，如果服务器端没有新消息返回，则当前建立的连接就会被挂起在服务器端并继续等待，直到服务器端有消息才返回；如果在设定的超时时间内服务器端依然没有消息返回，那么此连接就会断开，然后客户端发起建立新连接的请求，并且反复如此。这利用了 HTTP 1.1 的长连接特性以保持连接不中断。这种方式的弊端也很明显，那就是当用户较多，有大量空闲连接被挂起时，服务器端需要维护这些连接的状态，这会占用资源，影响性能。可见，这种方式也不是最佳方案。

　　WebSocket 是一种应用层新协议，在与服务器端握手的请求中，会在 HTTP 的基础上多出两个请求头：Upgrade=websocket（升级为 WebSocket 协议）和 Connection=Upgrade（连接需升级），之后服务器返回状态码 101，表示连接建立成功，此连接建立在 TCP 连接之上，实现了客户端和服务器端之间的全双工双向异步通信，使得客户端和服务器端之间的数据交换变得简单、快速。客户端和服务器端只需要一个 HTTP 提升请求即可建立可持久的 WebSocket 长连接，它们之间会形成一条快速的通信通道，之后就可以主动向对方实时、无延时地发送或接收数据，WebSocket 通信原理图见图 9-5。

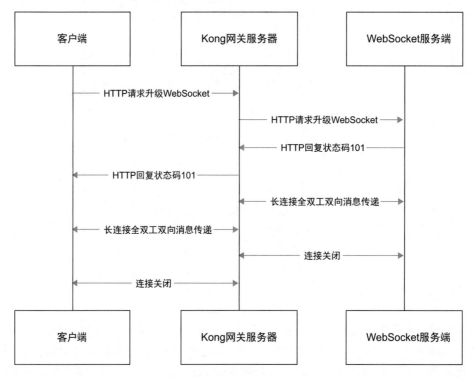

图 9-5　WebSocket 通信原理图

　　由此可见，WebSocket 这种方式性能最优、效率最高、开销最少。目前，该方式已经被广泛应用在社交聊天、弹幕、多玩家游戏、协同编辑、股票基金实时报价、体育实况更新、视频会议/聊天、基于位置的应用、在线教育以及智能家居等高实时的场景中。

　　Kong 2.0 已支持 WebSocket，并且不需要其他特殊设置，只需要设置基本的 Kong 路由信息即可。

下面我们先以一个多用户实时聊天的简单示例来演示 WebSocket 协议。我们准备了 Spring Boot WebSocket Chat（SockJS+STOMP）站点（可以通过本书提供的 GitHub 地址下载源代码和 jar 包）。

先按如下代码部署所需环境，然后运行启动 Kong，访问 http://127.0.0.1:8080：

```
# 所需环境
# Java - 1.8.x
# Maven - 3.x.x
$ cd spring-boot-web-socket-chat
$ mvn package
$ java -jar target/websocket-demo-0.0.1-SNAPSHOT.jar
```

之后再将 WebSocket 聊天示例配置到 Kong 中，设置路由为 www.example.com。设置好后，在不同的计算机上分别打开浏览器，访问 http://www.example.com，然后分别随意输入聊天的用户名，比如 lily 和 bob，就可以通过 WebSocket 技术在线实时聊天了，如图 9-6 所示。

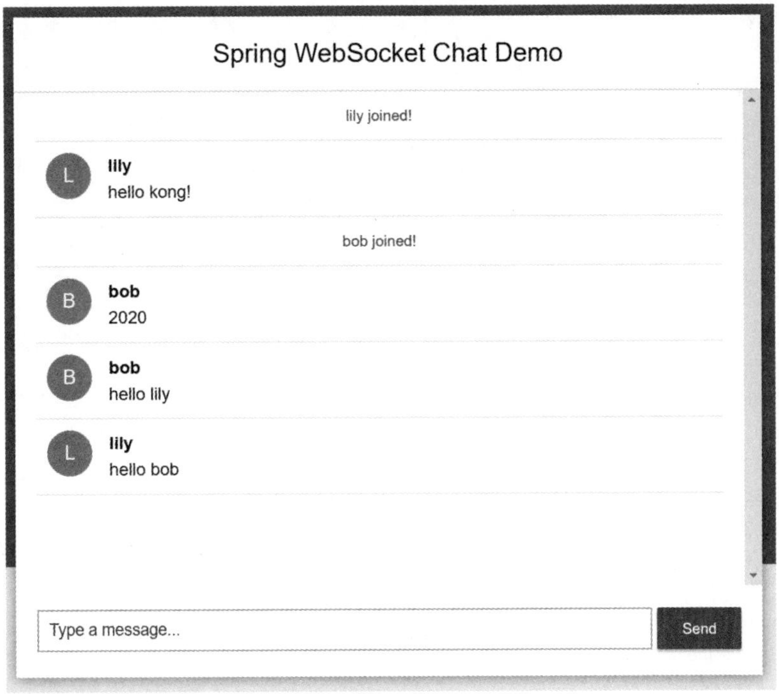

图 9-6　实时聊天

在 Chrome 浏览器中按 F12 键打开控制台，从中可以看到，当开始输入用户名聊天时，WebSocket 协议连接就已经建立并为打开状态。如图 9-7 所示，在聊天的整个过程中，只需要建立 WebSocket 这一条连接即可完成所有通信。

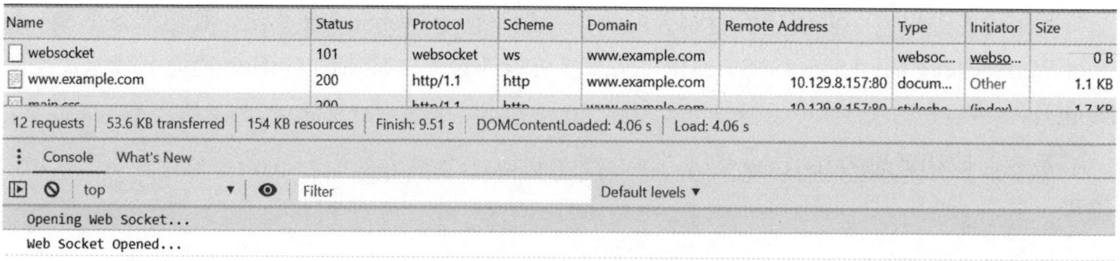

图 9-7 只建立一条 WebSocket 连接

上面的实时聊天示例所使用的后台是 Spring 内置的简单消息代理，此代理来自客户端的订阅请求，并将响应消息存储于内存中，之后再将这些消息广播到对应匹配的目标客户端，你可以根据实际需要，在生产环境中改成基于 RabbitMQ/ActiveMQ/Kafka 的外部消息集群代理：

```
@Override
    public void configureMessageBroker(MessageBrokerRegistry registry) {

        // 设置应用的目标前缀为 /app
        registry.setApplicationDestinationPrefixes("/app");

        // 自定义调度器，用于控制心跳线程
        ThreadPoolTaskScheduler taskScheduler = new ThreadPoolTaskScheduler();
        // 设置线程池中的线程数量
        taskScheduler.setPoolSize(1);
        // 设置线程名的前缀为 websocket-heartbeat-thread-
        taskScheduler.setThreadNamePrefix("websocket-heartbeat-thread-");
        // 初始化调度器
        taskScheduler.initialize();

        /* 简单的本地内置消息代理
        1. 配置内置消息代理
        2. 设置心跳，参数 1 表示服务器能保证发的最小心跳间隔毫秒数，参数 2 表示服务器希望客户端发
           的心跳间隔毫秒数
        3. 设置心跳线程调度器
        */
        registry.enableSimpleBroker("/topic")
                .setHeartbeatValue(new long[]{10000,10000})
                .setTaskScheduler(taskScheduler);
        // 启用一个简单的内置消息代理

        /*
        外部消息代理服务，如 RabbitMQ 或 ActiveMQ
        1. 配置外部消息代理
        2. 配置代理监听的域名，默认为 localhost
        3. 配置代理监听的端口，默认为 61613
        4. 配置客户端账号和密码
        */
        registry.enableStompBrokerRelay("/topic")
                .setRelayHost("localhost")
                .setRelayPort(61613)
```

```
                .setClientLogin("guest")
                .setClientPasscode("guest");
        */
}
```

最后，请读者思考在 Kong 服务器和 WebSocket 服务器多集群的情况下对于长连接的路由管理。

9.11 Kong 与 gRPC

gRPC 是由 Google 提供的一个高性能 RPC 通信开源框架，面向移动应用开发并基于 HTTP2 协议标准而设计。它使得应用程序可以轻松地互相通信，当客户端访问服务器端时，遵从服务契约、数据契约模型，客户端就像调用本地程序一样调用服务器端提供的服务。gRPC 使用了高效的二进制消息格式 protobuf（protocol buffers）对消息进行序列化操作，二进制组帧和压缩技术使传输数据变得很小，这让发送和接收过程既简洁又高效，这点在有限的带宽中显得尤为重要。

本节主要通过一个示例来说明 Kong 与 gRPC 是如何集成应用的。思路是先创建一个 gRPC 后端服务，然后配置 gRPC 在 Kong 上的服务和路由信息，最后通过客户端命令访问此后端服务，接收 gRPC 消息。

先创建一个 gRPC 后端服务。这里我们使用 grpcbin 容器作为 gRPC 后端服务：

```
# 拉取镜像、启动容器
$ docker run -d -p 9000:9000 -p 9001:9001 moul/grpcbin
```

启动后，默认的监听端口有两个——9000 和 9001 端口。区别在于前者不支持 TLS 协议（传输层安全协议），而后者支持。

关于 grpcbin 容器的更多信息，请参见 GitHub 上的 moul/grpcbin 项目。

然后创建 gRPC 在 Kong 上的服务和路由信息。进入 Kong 所在的服务器，运行以下命令，或通过 Kong API 操作：

```
# 创建 gRPC 在 Kong 上的服务信息
$ curl -XPOST localhost:8001/services \
  --data name=grpc \
  --data protocol=grpc \
  --data host=localhost \
  --data port=9000
# 创建 gRPC 在 Kong 上的路由信息
$ curl -XPOST localhost:8001/services/grpc/routes \
  --data protocols=grpc \
  --data name=catch-all \
  --data paths=/
```

注意：Kong 1.3 之前的版本不支持 gRPC 代理服务。

之后，安装客户端访问命令，一般使用 grpcurl 作为客户端：

```
$ go get github.com/fullstorydev/grpcurl
$ go install github.com/fullstorydev/grpcurl/cmd/grpcurl
```

关于 Go 语言的安装，请读者自行操作或参考本书 11.9 节。关于 grpcurl 命令的更多信息，请参见 GitHub 上的 fullstorydev/grpcurl 项目。

最后，通过客户端命令访问后端服务：

```
$ grpcurl -v -d '{"greeting": "Kong 2.0!"}' \
  -servername www.kong-training.com 192.168.8.19:443 hello.HelloService.SayHello
```

之后收到的服务器端响应信息如下：

```
Resolved method descriptor:
rpc SayHello ( .hello.HelloRequest ) returns ( .hello.HelloResponse );

Request metadata to send:
(empty)

Response headers received:
content-type: application/grpc
date: Sun, 19 Jan 2020 06:58:54 GMT
server: openresty
via: kong/2.0.0
x-kong-proxy-latency: 0
x-kong-upstream-latency: 2
x-kong-upstream-status: 200

Response contents:
{
    "reply": "hello Kong 2.0!"
}

Response trailers received:
(empty)
Sent 1 request and received 1 response
```

在这个过程中，你还可以通过客户端命令查看后端服务更为详细的信息：

```
-- 查看后端服务列表
$ grpcurl -servername www.kong-training.com 192.168.8.19:443 list
-- 查看 HelloService 服务提供的方法
$ grpcurl -servername www.kong-training.com 192.168.8.19:443 list hello.HelloService
-- 查看 HelloService 服务更详细的描述
$ grpcurl -servername www.kong-training.com 192.168.8.19:443
describe hello.HelloService
-- 获取 HelloService 服务参数类型的信息
$ grpcurl -servername www.kong-training.com 192.168.8.19:443
describe hello.HelloRequest
$ grpcurl -servername www.kong-training.com 192.168.8.19:443
describe hello. hello.HelloResponse
```

9.12 Kong 与 LVS

关于集群机制的原理，我们在 9.3 节中已经详细介绍过了。建立了一个 Kong 集群并不意味着客户端流量可以在所有的 Kong 节点之间实现负载均衡。要达到这个目的，还需要在 Kong 集群的前面再搭建一个负载均衡器，以此在所有可用的 Kong 节点之间均衡分配流量以及保持业务的连续性、高可用性、高性能。在此，我们选用 LVS 作为 Kong 集群的前置负载均衡器。

9.12.1 基本概念

在了解 LVS 之前，我们先来学习一些基本概念。

1. 负载均衡

负载均衡（load balance）在现有的网络拓扑结构之上，提供了一种廉价、有效且透明的方法以扩展网络设备和服务器的带宽、增加吞吐量、增强网络数据的处理能力，并提高网络的灵活性和可用性。换言之，负载均衡的最终目的是将大量的用户并发请求均衡地分担到多台服务器节点上进行处理，以减少用户等待响应的时间，保证用户体验。

2. 负载均衡分类

可以在 OSI 模型传输数据的不同阶段分别对负载均衡加以控制，主要有以下 4 种。

- 二层负载均衡（MAC）：工作在 OSI 模型的数据链路层，提供链路管理。负载均衡服务器对外提供一个 VIP（虚拟 IP 地址），同一集群中的不同节点虽然采用相同的 IP 地址，但它们的 MAC 地址不一样。当负载均衡服务器接收到客户端请求之后，通过改写请求报文中的目的 MAC 地址将请求转发到实际的目标服务器，而 MAC 地址正是用来标识同一个链路中不同服务器的一种识别码。
- 三层负载均衡（IP）：工作在 OSI 模型的网络层，通过 IP 寻址来建立两个节点之间的连接。负载均衡服务器对外提供一个 VIP，集群中各节点的 IP 地址各不相同。当负载均衡服务器接收到客户端请求之后，将根据不同的负载均衡算法和策略，为这些请求分配实际的目的 IP 地址，通过该地址将请求转发到实际的目标服务器，而 IP 地址正是用来标识所有目前已经连接到网络中的服务器的一种标识码。
- 四层负载均衡（TCP/UDP）：工作在 OSI 模型的传输层，提供了节点之间端到端的链接管理，即在三层负载均衡的基础上，不仅包含源 IP 地址和目的 IP 地址，还包含源端口和目的端口。四层负载均衡服务器在接收到客户端请求之后，通过修改报文中的地址信息，即修改目的 IP 地址和目的端口，将请求转发到实际的目标服务器。

- 七层负载均衡（HTTP/FTP）：工作在 OSI 模型的应用层，提供了为应用提供服务的机制，根据应用提供的信息进行负载均衡，即除了可以根据 IP 地址和端口进行负载均衡之外，还可以根据数据包中的应用信息（如域名、路径、参数、请求头和请求体等）决定实际的目标服务器。由于第七层可解析的内容最多，比如 HTTP、HTTPS、FTP、POP3 和 SMTP 等协议，因此七层负载均衡的应用也最为广泛。

3. LVS 概念

LVS 是 Linux Virtual Server 的简称，是一个虚拟的服务器集群系统。该项目是在 1998 年 5 月由章文嵩博士组织成立并发起的一个开源项目，采用了 IP 负载均衡技术和基于内容的请求分发技术。LVS 中的调度器具有很强的并发处理能力，不仅能根据不同的负载策略将请求均衡地路由到不同的后端服务器中，还能自动感知并屏蔽掉有故障的服务器，从而将一组服务器构建成一个高性能、高可用、高可靠、可扩展、可操作的虚拟服务器。LVS 可以以低廉的成本实现最优的性能，目前它已经是 Linux 官方内核标准的一部分了（Linux 2.4 内核以后）。

LVS 体系之所以高效，本质上是因为它利用了 iptables（netfilter）的四表五链机制，直接对数据链路层报文、IP 报文和 TCP 报文进行过滤、修改或封装，具体执行过程如下。

(1) 客户端向调度器发起请求，调度器将这个请求发送至内核。

(2) PREROUTING 链会首先接收到用户请求，通过判断，在确定请求报文的目的 IP 地址是本机 IP 地址后，将请求报文发往 INPUT 链。

(3) 当请求到达 INPUT 链后，调度器通过判断报文中的目的端口来确定这个访问是不是要访问集群服务，如果是，就强制修改这个报文的目的 IP 地址，然后将报文发往 POSTROUTING 链。

(4) POSTROUTING 链接收报文后，如果发现目的 IP 地址正是自己所需的后端服务器，那么通过选路，将报文发送给最终的后端服务器。

4. LVS 组成

LVS 由两部分程序组成，包括 IPVS 和 ipvsadm。

- IPVS（IP Virtual Server，IP 虚拟服务器）：它实现了第四层（传输层）的负载均衡调度算法，运行在内核态，在真实的服务器集群前充当负载均衡器。它可以将基于 TCP 和 UDP 的服务请求转发到真实的服务器上。CentOS 6 系统及其以上的内核版本已经内置了 IPVS 的模块。
- ipvsadm：LVS 的管理工具，运行在用户态并提供用户操作命令接口，负责管理 LVS 的配置，为 IPVS 编写规则并配置管理虚拟服务器以及真实服务器的集群。

5. Keepalived

Keepalived 是基于 VRRP（Virtual Router Redundancy Protocol，虚拟路由冗余协议）实现的服务高可用方案，可以利用它来避免 IP 单点故障，能够真正做到当主服务器和备服务器发生故障时，IP 可以瞬间无缝对接，保证服务和通信的可靠性与连续性。

类似的工具还有 Heartbeat、Corosync 和 Pacemaker。它们一般都不会单独出现，会与其他负载均衡技术（如 LVS、HAProxy 和 Nginx）一起工作来达到集群的高可用性。Keepalived 的目的是模拟路由器的高可用性，常用的前端高可用组合有 LVS+Keepalived、Nginx+Keepalived、HAProxy+Keepalived。另外，Keepalived 也内置了 ipvsadm 的功能，所以不需要再单独安装 ipvsadm 的包。

9.12.2　LVS 的三种模式

LVS 支持三种负载工作模式：NAT 模式、DR 模式和 TUN 模式。在详细介绍这 3 种模式之前，我们先了解一下其中用到的专业术语。

- DS：Director Server，LVS 负载均衡服务器。
- RS：Real Server，后端真实的服务器。
- VIP：DS 暴露在外部直接面向用户请求的虚拟目的 IP 地址。
- DIP：Director Server IP，DS 用于和内部真实服务器通信的 IP 地址。
- RIP：Real Server IP，后端真实服务器的 IP 地址。
- CIP：Client IP，客户端的 IP 地址。

下面详细介绍这 3 种工作模式。

- NAT 模式（网络地址转换模式）。先是客户端远程调用 DS，DS 通过改写请求报文中的第三层（网络层）完成 IP 地址的映射转换，并且重写报文的目的 IP 地址（或第四层/传输层的端口）；然后 DS 根据配置中预先设置好的负载均衡调度算法，将请求再分派给 RS，RS 响应报文并处理之后，在把响应结果返回给客户端的过程中必须要通过 DS，经过 DS 时报文的源地址又会被重写为之前的 VIP，之后才会返回给客户端，最终完成整个请求的负载调度过程。

NAT 模式的请求过程原理图，如图 9-8 所示。

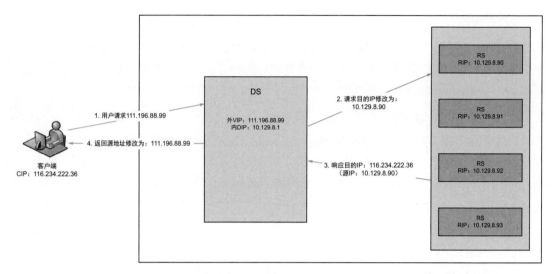

图 9-8　LVS-NAT 模式的请求过程原理图

- **DR 模式（直接路由模式）**。DR 模式是 DS 通过改写请求报文中第二层（数据链路层）的目的 MAC 地址将请求直接发给 RS，RS 处理之后，将响应结果直接返回给客户端，而不必再经过 DS。DR 技术可以极大地提高集群系统的并发处理能力，但同时也要求 DS 与 RS 必须在同一个物理网段内（同一个局域网），不可以跨越子网环境。

DR 模式的请求过程原理图，如图 9-9 所示。

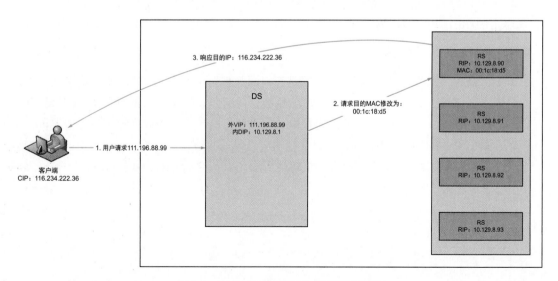

图 9-9　LVS-DR 模式的请求过程原理图

❑ **TUN 模式（IP 隧道模式）**。TUN 模式与 DR 模式完全不同，DR 模式是基于现有数据报文重写的，而 TUN 模式是基于 IP 隧道的，后者重新封装了数据报文。IP 隧道是将一个完整的 IP 报文重新封装成另一个新的 IP 报文，并通过路由器传送到指定的地点。在这个过程中，路由器并不在意被封装的原始协议的内容，因为原始协议只是所传送报文的附加内容。在到达目的地址后，目的服务器依靠自己的计算能力和对 IP 隧道协议的支持会自己"解开"传送过来的封装报文，并取得原始报文的协议数据。这种特殊的模式就是为实现跨子网传输而准备的，在生产环境中可能出于对业务和技术的实际需要或者安全需要，需要使用交换机进行 VLAN 隔离（形成若干个虚拟的独立局域网）。比如，在实际情况下，我们的 DS 在局域网 A，而需要进行负载的 RS 在局域网 B，也可能是跨地区的请求访问，客户端与 RS 一个在北京，一个在上海，这时我们就要配置使用 LVS 的 TUN 模式。

TUN 模式的请求过程原理图，如图 9-10 所示。

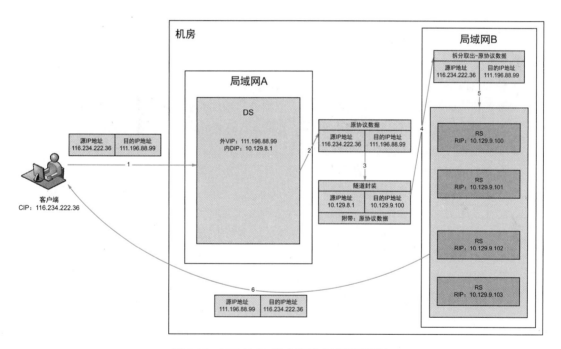

图 9-10 LVS-TUN 模式的请求过程原理图

最后，我们分别介绍一下这三种模式的优势和劣势。

❑ **NAT 模式**：配置简单易懂，LVS 服务器充当 NAT 代理路由器以及负载均衡服务器的身份。由于数据进出都必须经过 DS，调度工作量大且效率较低，因此 DS 很容易成为集群中的性能瓶颈。其优点是由于所有 RS 都被封闭在同一内部子网内（同一网段），因此外界无从访问与得知它们，相对来说会更加安全。

- DR 模式：采用数据帧改写技术，直接在第二层（数据链路层）寻址改写 MAC 地址，转发速度快，效率最高，性能最优，但仅支持 DS 与 RS 在同一子网内，DS 与 RS 节点都必须有固定 IP 地址并绑定 VIP。另外，DR 模式不支持端口映射。RS 需要关闭 ARP 协议将 VIP 隐藏起来以隔离前端的 ARP 广播。
- TUN 模式：采用隧道技术，即网络层二次报文封装技术，由 DS 给 RS 转发客户端的请求。由于需要做二次报文封装，所以效率相对略低。但该模式支持 DS 与 RS 在不同子网内，允许跨越网络限制，所以灵活性更好。DS 与 RS 节点都必须有固定 IP 地址并绑定 VIP，RS 也需要关闭 ARP 协议将 VIP 隐藏起来以隔离前端的 ARP 广播。

9.12.3　LVS 负载均衡算法

负载均衡算法是指负载均衡服务器根据负载策略和各个服务器的负载情况，在服务器集群中动态地选择某一台服务器的过程。常用的负载均衡算法有以下 8 种：轮询、加权轮询、最少连接、加权最少连接、基于局部性的最少连接、带复制的基于局部性的最少连接、目标地址散列和源地址散列。

- 轮询（round robin，RR）。该算法将客户端请求按顺序依次分配到内部集群中的每一台服务器上，其顺序为从 1 到 N。不管服务器上当前实际的连接数和负载情况，平等对待每一台服务器。此算法适合于所有服务器都配置有相同的软硬件环境的情况。
- 加权轮询（weighted round robin，WRR）。该算法将根据服务器的处理能力来调度请求，服务器的处理能力决定了服务器的权重，不同的服务器的权重是不同的，加权轮询算法保证处理能力强的服务器能够接收到更多的请求。例如：服务器 A、服务器 B 和服务器 C 的权重值分别为 2、3 和 5，那么它们将分别接收 20%、30% 和 50% 的请求量。
- 最少连接（least connections，LC）。该算法会动态地将请求调度到连接数最少的服务器上。因为根据业务需求和逻辑的不同，每一次请求被服务器处理的时间可能会存在较大的差异，所以随着时间的流逝，每一台服务器建立的连接数可能存在很大的差别。最少连接算法会记录每一台服务器当前的连接数量，当有新的连接请求时，把请求分配给建立连接数最少的服务器。
- 加权最少连接（weighted least connections，WLC）。当集群系统中的各服务器性能差异较大时，具有较高权重值的服务器将承受较大的连接负载。负载均衡器会自动问询服务器的负载情况，并动态调整其权重值。
- 基于局部性的最少连接（locality-based least connections，LBLC）。该算法根据目的 IP 地址进行负载均衡，适用于缓存系统。该算法根据请求报文的目的 IP 地址找出该请求最近使用过的服务器，若该服务器可用且未超载，就将请求发送给它；若该服务器不存在或超载，则用最少连接策略从集群中选择一个可用的服务器，再将请求发送给它。

- 带复制的基于局部性的最少连接（locality-based least connections with replication，LBLCR）。与 LBLC 类似，该算法也是根据目的 IP 地址进行负载均衡，不同之处在于它维护的是从一个目的 IP 地址到一组服务器的映射关系，而 LBLC 算法维护的是一个目的 IP 地址到一台服务器的映射关系。该算法将根据请求的目的 IP 地址找出该 IP 地址对应的服务器组，并按最少连接策略从服务器组中挑选服务器。若选出的服务器未超载，就将请求发送给它；若超载，则按最少连接原则从这个集群中选出另外的服务器，并将其加入到服务器组中，然后将请求发送给它。同时，如果有一段时间没有修改该服务器组，则从服务器组中删除最忙的服务器，以降低复制的程度。
- 目标地址散列（destination hashing，DH）。该算法将请求的目的 IP 地址作为散列键（Hash Key），从静态分配的散列表中找出对应的服务器，若该服务器可用且未超载，则将请求发送给它，否则返回空。
- 源地址散列（source hashing，SH）。该算法将请求的源 IP 地址作为散列键，从静态分配的散列表中找出对应的服务器，若该服务器可用且未超载，则将请求发送到它，否则返回空。

9.12.4　Keepalived+LVS+Kong 实践

下面我们以一个案例作为演示，通过在 Kong 集群的前面安装配置 LVS 前置负载均衡器，实现集群中所有 Kong 可用节点的整体负载均衡。同时，在运行过程中，我们还将故意模拟服务故障，比如随意关闭一台 LVS 或 Kong 服务器，此时客户端请求也可以正常访问。

这里我们采用 5 台机器，其中 IP 地址为 10.129.80.100 和 10.129.80.101 的机器分别安装 LVS 服务，IP 地址为 10.129.80.102、10.129.80.103 和 10.129.80.104 的机器则分别安装 Kong 服务集群，具体如表 9-5 所示。

表 9-5　安装 LVS/Kong

服务器 IP	类　　型	服务器 IP	类　　型
10.129.80.100	LVS 主服务器	10.129.80.103	Kong 服务器 2
10.129.80.101	LVS 备服务器	10.129.80.104	Kong 服务器 3
10.129.80.102	Kong 服务器 1		

请求过程的拓扑结构图如图 9-11 所示。

LVS 有以下两种主备模式。

- **LVS+Keepalived 双机主备模式**。负载均衡使用两台 LVS 服务器：一台主服务器和一台备服务器。在正常情况下，主服务器绑定着一个 VIP，提供负载均衡服务，备服务器处于空闲状态。当主服务器发生故障时，备服务器就接管主服务器的 VIP，并提供负载均衡服务。其缺点是备服务器在主服务器不出现故障的时候，永远都处于空闲状态。

❑ **LVS+Keepalived 双机主主模式**。负载均衡使用两台 LVS 服务器，它们互为主备，且都处于活动状态，同时各自绑定着一个 VIP，共同提供负载均衡服务。当其中一台服务器发生故障时，另一台就接管它的 VIP，并且接收所有的请求。

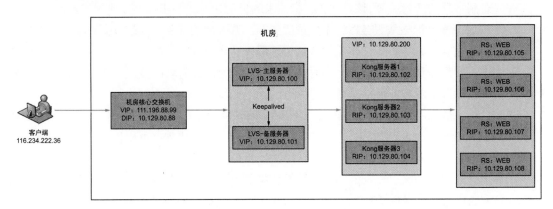

图 9-11 Keepalived+LVS+Kong 请求过程的拓扑结构示意图

为了便于演示故障模拟，下面我们以 LVS+Keepalived 双机主备模式为例进行介绍。

1. 安装配置 Keepalived 服务器

首先，在 IP 地址为 10.129.80.100 的 LVS 主服务器上安装 Keepalived，具体步骤如下。

(1) 在 IP 地址为 10.129.80.100 的机器上安装 Keepalived：

```
$ yum install keepalived -y             --ipvsadm 内置
$ rpm -qa keepalived
```

(2) 运行如下命令以编辑 keepalived.conf 配置文件：

```
$ vim /etc/keepalived/keepalived.conf
```

(3) 对 keepalived.conf 配置文件做如下修改，建立 LVS 主服务器与 LVS 备服务器，以及 LVS 主服务器与 Kong 服务器之间的关系，选择设置轮询负载均衡算法 RR 和直接路由模式 DR：

```
global_defs {
    notification_email {
        kongguide@outlook.com
    }
    notification_email_from sns-lvs@gmail.com
    smtp_server 10.129.80.1
    smtp_connection_timeout 30
    router_id LVS1              # 设置 LVS 的 ID 为 LVS1，这在一个网络内是唯一的，另一台为 LVS2
}
vrrp_instance VI_1 {
    state MASTER                # 指定 Keepalived 角色，MASTER 为主，BACKUP 为备
```

```
    interface eth0                  # 网卡名
    virtual_router_id 30            # 虚拟路由编号，主备需要一致
    priority 100                    # 数字越大优先级越高（0~255），主服务器的优先级比备服务器高
    advert_int 1                    # 设定主备之间同步检查的时间间隔，默认值为1秒
    authentication {                # 设置验证类型和验证密码。主备必须一样
        auth_type PASS              # 验证类型，可以是 PASS 或 HA
        auth_pass 1234              # 验证密码
    }
    virtual_ipaddress {             # VIP（虚拟 IP 地址）。如果有多个 VIP，则换行填写
        10.129.80.200               # 定义 VIP 为 10.129.80.200
    }
}
# 定义对外提供服务的 DS（LVS 负载均衡服务器）的 VIP 以及端口
virtual_server 10.129.80.200 80 {
    delay_loop 6                    # 设置健康检测时间，单位是秒
    lb_algo rr                      # 设置负载均衡算法为 RR，即轮询，详见 9.12.3 节
    lb_kind DR                      # 设置 LVS 实现负载的机制，有 NAT、TUN 和 DR 三种模式，
                                    # 此处选 DR 模式
                                    # DR 模式要求 DS 的网卡必须有一块与物理网卡在同一个网段
    nat_mask 255.255.255.0
    persistence_timeout 0           # 会话保持时间
    protocol TCP                    # 健康检测协议
    real_server 10.129.80.102 80 {  # 指定 Kong 服务器 1 的 IP 地址
        weight 1                    # 配置节点的权重值，数字越大表示权重越高
        TCP_CHECK {
        connect_timeout 10
        nb_get_retry 3
        delay_before_retry 3
        connect_port 80
        }
    }
    real_server 10.129.80.103 80 {  # 指定 Kong 服务器 2 的 IP 地址
        weight 1                    # 配置节点权重值，数字越大表示权重越高
        TCP_CHECK {
        connect_timeout 10          # 10 秒无响应即为超时
        nb_get_retry 3
        delay_before_retry 3
        connect_port 80
        }
    }
    real_server 10.129.80.104 80 {  # 指定 Kong 服务器 3 的 IP 地址
        weight 1                    # 配置节点权重值，数字越大表示权重越高
        TCP_CHECK {                 # 真实服务器的 TCP 健康检测
        connect_timeout 10          # 连接超时时间，单位为秒
        nb_get_retry 3              # 失败后的重试次数
        delay_before_retry 3        # 失败后重试的间隔时间，单位为秒
        connect_port 80             # 连接端口
        }
    }
}
```

(4) 开启转发功能：

```
$ /proc/sys/net/ipv4/ip_forward
```

若想永久生效,需要修改 `sysctl.conf`: `net.ipv4.ip_forward = 1`,然后执行 `sysctl -p`。

(5) 开启 Keepalived 服务:

```
$ service keepalived start
```

接着,在 IP 地址为 10.129.80.101 的 LVS 备服务器上安装 Keepalived。此安装过程与在主服务器上安装的过程大致相同,只是在 keepalived.conf 配置文件中还需要修改以下两处,这样当主服务器出现问题时,备服务器就会自动接管:

```
vrrp_instance VI_1 {
    state BACKUP              # 这里将状态改为 BACKUP
    interface eth0
    virtual_router_id 30
    priority 99               # 这里将优先级改为 99,主服务器的优先级是 100
    advert_int 1
    authentication {
        auth_type PASS
        auth_pass 1234
    }
    virtual_ipaddress {
        10.129.80.200
    }
}
```

2. 安装配置 Kong 服务器和真实服务器

Keepalived 不仅可以用作 LVS 主备服务器的失效备援,还可以用于 Kong 服务器的健康状态检测。如果有一台 Kong 服务器出现了故障,Keepalived 将会实时检测到,并从 LVS 服务器中将之删除,使之不再接收客户端的请求。当有故障的 Kong 服务器正常工作后,Keepalived 又会自动将此服务器加入 LVS 服务器中。这些工作全部由 Keepalived 自动完成,不需要人工干预。

在 IP 地址为 10.129.80.102、10.129.80.103 和 10.129.80.104 的服务器上安装配置 Kong 服务器和真实服务器具体步骤如下。

(1) 安装 Kong 和配置上游服务的过程,请参考第 2 章;
(2) 配置 Kong 服务器和真实服务器,以便 Keepalived 可以正常探测健康状态。

安装 Kong 服务器的过程如下。

(1) 进入目录:`cd /etc/init.d/`。
(2) 编辑脚本:`vim realserver`。
(3) 更改权限:`chmod 755 realserver`。
(4) 开启服务:`service realserver start`。
(5) 启动成功:使用 `ip addr` 查看 lo 网卡是否出现 VIP。

真实服务器的脚本内容如下，用于配置真实服务器并抑制 ARP 协议：

```bash
# vim /usr/local/sbin/realserver.sh
#!/bin/bash
# 配置真实服务器并抑制 ARP 协议

SNS_VIP=10.129.80.200

. /etc/rc.d/init.d/functions

case "$1" in
start)
    # 启动真实服务器
    ifconfig lo:0 $SNS_VIP netmask 255.255.255.255 broadcast $SNS_VIP
    /sbin/route add -host $SNS_VIP dev lo:0
    # 将 arp_ignore 设置为 1，之后当发送 ARP 请求过来时，就不响应
    # 将 arp_announce 设置为 2，忽略 IP 数据包的源 IP 地址
    echo "1" >/proc/sys/net/ipv4/conf/lo/arp_ignore
    echo "2" >/proc/sys/net/ipv4/conf/lo/arp_announce
    echo "1" >/proc/sys/net/ipv4/conf/all/arp_ignore
    echo "2" >/proc/sys/net/ipv4/conf/all/arp_announce
    sysctl -p >/dev/null 2>&1
    echo "RealServer Start OK"
    ;;
stop)
    # 停止真实服务器环回设备
    ifconfig lo:0 down
    route del $SNS_VIP >/dev/null 2>&1
    echo "0" >/proc/sys/net/ipv4/conf/lo/arp_ignore
    echo "0" >/proc/sys/net/ipv4/conf/lo/arp_announce
    echo "0" >/proc/sys/net/ipv4/conf/all/arp_ignore
    echo "0" >/proc/sys/net/ipv4/conf/all/arp_announce
    echo "RealServer Stoped"
    ;;
*)
    echo "Usage: $0 {start|stop}"
    exit 1
esac

exit 0
```

3. 测试验证

在以上配置都完成后，我们来用实际的场景进行验证。

- 场景 1：将 LVS 主服务器的 Keepalived 关闭以模拟服务或服务器故障，之后 LVS 备服务器会自动接管其业务，因此用户可以正常访问。
- 场景 2：将 LVS 服务器后面的 3 台 Kong 服务器中的任意一台停止以模拟服务或服务器故障，之后用户可以正常访问。
- 场景 3：将 LVS 主服务器恢复，主服务器将主动恢复并接管业务，之后用户可以正常访问。
- 场景 4：将停止的 Kong 服务器恢复，之后用户可以正常访问。

9.13 Kong 与 Consul

在 9.1 节中，我们已经介绍了基于环形均衡器的负载均衡，并在诸多地方进行了实践，但对于外置 DNS 的负载均衡，还没有详细介绍过，这里我们将详细介绍和实践基于 Consul 的分布式、高可用的服务注册与发现均衡器。在 Kong 内部，我们使用 Nginx Lua 模块的 DNS 解析器 lua-resty-dns 与 Consul 进行通信。

Consul 采用 Go 语言开发，是一个支持多数据中心、分布式、高可用的微服务基础组件，支持健康检测与基于 HTTP 和 DNS 协议的查询调用，服务注册发现与配置共享是 Consul 的重要功能。Consul 内部采用 Raft 一致性算法来保证服务的高可用性，使用 gossip 协议来管理成员和广播消息，并且支持 ACL 访问控制，提供了一个现代的、灵活的、强大的基础架构，是作为微服务注册中心的最佳选择。Consul 的特性如下。

- **服务发现**：Consul 的客户端提供对可用服务的查询功能，我们可以使用服务的标识去发现指定服务的所有提供者，在 Consul 内部可以通过 DNS 或者 HTTP 协议找到外部服务所依赖的服务。
- **健康检测**：Consul 客户端提供健康检测功能，我们可以通过指定健康检测的地址和指定频率，及时得知一个服务是否处于健康状态，以避免将流量发送到不健康的服务节点。
- **键/值存储**：在应用程序中，用户可以根据自己的需要使用 Consul 提供的键/值存储。它用于实现动态配置、功能标记和协调等，通过简单易用的 HTTP 接口即可调用。
- **多数据中心**：Consul 支持开箱即用的多数据中心机制。

对 etcd、ZooKeeper 和 Consul 三种服务发现工具的综合比较如下。

- Consul 支持分布式健康检测功能，可以指定任意节点进行检测，etcd 不提供此功能。
- Consul 提供内置的 Web 界面管理功能，etcd 不提供此功能。
- Consul 全面支持服务网格解决方案。
- Consul 内部使用 Raft 算法来保证一致性，比 ZooKeeper 的 Paxos 算法更为简单、直接、有效。
- Consul 支持 HTTP 和 DNS 协议接口。ZooKeeper 的集成较为复杂，etcd 只支持 HTTP 协议。
- ZooKeeper 临时节点在客户端断开连接时删除键/值项，相比心跳机制更复杂。另外，所有客户端必须保持到 ZooKeeper 服务器的活动连接，客户端调试较为困难。
- Consul 支持跨数据中心，采用不同的端口监听内外网的服务。ZooKeeper 和 etcd 均不提供多数据中心功能。

可以发现它们各有优劣。总体来说，选择 Consul 更为适合。

9.13.1 整体框架结构图

我们可以使用 Consul 将 Kong 服务中的注册与发现、健康检测功能外置。图 9-12 给出了 Kong+Consul 的框架结构图，其主要流程如下。

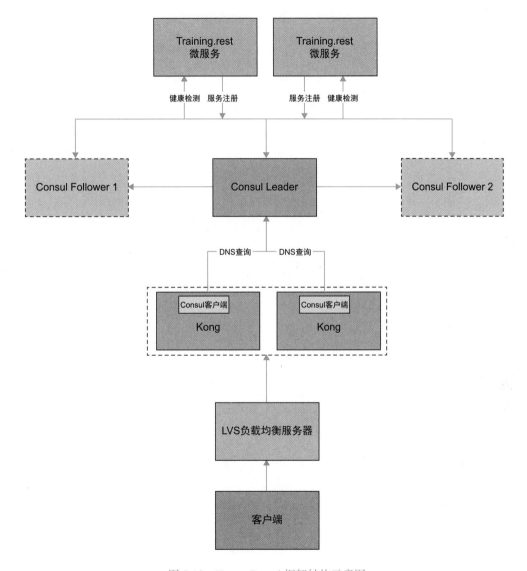

图 9-12　Kong+Consul 框架结构示意图

(1) 当微服务 Training.rest 启动时，会自动向 Consul 集群或客户端代理发送服务注册请求，并告知当前启动服务的 IP 地址、端口、服务信息以及健康检测地址等信息。

(2) Consul 集群在接收到微服务 Training.rest 的服务注册请求后，每隔 10 秒（默认）向此微服务发送一次健康检测请求，以检验它是否处于健康状态。

(3) 当客户端发送的业务请求经过 LVS 负载均衡服务器到达 Kong 时，Kong 内部将使用 DNS 协议，通过 Consul 客户端从 Consul 服务器中取得健康可用的服务节点信息并缓存下来，之后将业务请求经过负载均衡后转发到某一个可用的上游服务器。

9.13.2　Kong+Consul 实践

这里我们准备了 5 台服务器，如表 9-6 所示，其中 3 台用于部署 Consul 服务器，以确保节点发生故障时服务的可用性，另外 2 台用来在 Kong 服务器上部署 Consul 客户端和后端微服务。

Consul 代理节点的运行分为服务器或客户端两种模式，每个数据中心至少需有一台服务器以服务器模式启动。建议在一个集群中有 3 到 5 个服务器，因为在单一服务器的情况下，出现失败时有可能会造成数据丢失。

以服务器模式运行的 Consul 代理节点用于维护 Consul 集群的整体状态，将会在所有节点中选出一个作为 Leader 节点。需要说明的是，扮演 Leader 角色的节点会随着环境的变化而变化，比如当现在的 Leader 节点出现死机或失联时，将由 Raft 及 gossip 协议算法"投票"选出新的 Leader 节点，并保证集群中所有节点上数据的一致性。以客户端模式运行的 Consul 代理节点为一个轻量级中间代理进程，用于注册服务，运行健康检测和转发对服务器的查询结果。

表 9-6　Consul 的安装部署环境

服务器 IP	Consul 类型	服务器 IP	Consul 类型
10.129.8.10	Leader	10.129.8.20	客户端
10.129.8.11	Follower1	10.129.8.21	客户端
10.129.8.12	Follower2		

(1) 在 IP 地址为 10.129.8.10 的机器上执行以下 `docker` 命令，以部署 Consul Leader：

```
# 通过 docker 命令部署 Consul Leader
$ docker run -d  \
--net=host  \
--name=consul-leader  \
-v /consul/data:/consul/data  \
-e CONSUL_BIND_INTERFACE='eth0'  \
consul:1.6.4 agent -server=true -bootstrap -ui -client='0.0.0.0' -datacenter=kong_dc
```

其中，`agent` 表示这是 Consul 的实例。`datacenter` 是数据中心的名称，其默认值是 `dc1`，这里我们将其设置为 `kong_dc`。`client` 代表 Consul 绑定在哪个地址上，这个地址用于向外提供 HTTP、DNS 和 RPC 等服务，此处其值为 `0.0.0.0`，表示可以访问本机的任何 IP 地址。`server=true` 代表定义 Agent 运行在服务器模式，如果其值为 `false`，则代表运行在客户端模式。

bootstrap 用来控制一个服务器是否在 bootstrap 模式。在一个数据中心中，只能有一个服务器处于 bootstrap 模式。当一个服务器处于 bootstrap 模式时，它可以将自己选举为 Raft Leader。ui 是 Consul 内置的 Web UI，用来管理开箱即用。我们既可以通过访问 http://ip:8500/ui 查看所有节点、健康检测和当前状态的信息，也可以读取和设置键 / 值存储的数据等。

(2) 在 IP 地址为 10.129.8.11/12 的机器上执行以下 docker 命令部署 Consul Follower：

```
# 通过 docker 命令部署 Consul Follower
$docker run -d \
--net=host \
--name=consul-follow \
-e CONSUL_BIND_INTERFACE='eth0' \
consul:1.6.4 agent --server=true --client=0.0.0.0
--join 10.129.8.10 -datacenter=kong_dc
```

其中，join 代表将加入到已经启动成功的 Consul 服务器，join 后面的 IP 地址是该服务器的 IP 地址，可以指定多个服务器的地址。如果 Consul Follower 始终不能加入任何指定的地址中，则服务器将会启动失败。

(3) 分别在 IP 地址为 10.129.8.20 和 10.129.8.21 的 Kong 服务器上执行以下 docker 命令部署 Consul 客户端：

```
# 通过 docker 命令部署 Consul 客户端（10.129.8.20）
$ docker run -d \
--net=host \
--name=consul-client \
-e 'CONSUL_ALLOW_PRIVILEGED_PORTS=' \
consul:1.6.4 agent -dns-port=53 -recursor=8.8.8.8 EGE
-bind=10.129.8.20 -retry-join=10.129.8.10 -datacenter=kong_dc

# 通过 docker 命令部署 Consul 客户端（10.129.8.21）
$ docker run -d \
--net=host \
--name=consul-client \
-e 'CONSUL_ALLOW_PRIVILEGED_PORTS=' \
consul:1.6.4 agent -dns-port=53 -recursor=8.8.8.8 EGE
-bind=10.129.8.21 -retry-join=10.129.8.10 -datacenter=kong_dc
```

其中，dns-port 为侦听的 DNS 端口，它将覆盖 Consul 的默认端口 8600。recursor 用于指定更上一层的公开 DNS 服务器的地址，它可以设置多个地址。bind 代表该地址用于 Consul 集群内部的通信，因此集群内的所有节点都可到达此地址，其默认值是 0.0.0.0。retry-join 和上面的 join 类似，不同之处是这里允许你在第一次失败后再次进行尝试，它可以设置多个地址。Datacenter 是数据中心的名称。

(4) 查看 Consul 集群是否部署成功。先打开浏览器，输入 http://10.129.8.10:8500/ui，打开 Consul 的 Web UI 管理页面，如图 9-13 所示，然后查看所有 Consul 集群的节点。此外，我们也可以使用 consul members 命令或 API 查看。

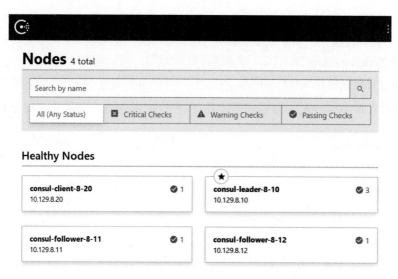

图 9-13　Consul 的 Web UI 管理页面

(5) 部署微服务 Training.rest。首先在 Spring Boot 的 kong.training.rest 项目中使用 Maven 进行 pom.xml 依赖管理和配置：

```
<dependency>
    <!-- Consul 服务发现依赖 -->
    <groupId>org.springframework.cloud</groupId>
    <artifactId>spring-cloud-starter-consul-discovery</artifactId>
</dependency>
<dependency>
    <!-- Consul 配置依赖 -->
    <groupId>org.springframework.cloud</groupId>
    <artifactId>spring-cloud-starter-consul-config</artifactId>
</dependency>
```

其次，在 Spring Boot 项目的 resources 目录下，建立 bootstrap.properties 文件并设置以下参数，此文件将在程序引导期间加载读取配置：

```
# 服务名称
spring.application.name=kong.training.rest
# Consul 注册集群的节点地址
spring.cloud.consul.host=10.129.8.10
# Consul 注册集群的节点端口
spring.cloud.consul.port=8500
# 注册发现使用的偏好 IP 地址
spring.cloud.consul.discovery.prefer-ip-address=true
# 是否开启注册发现服务配置
spring.cloud.consul.config.enabled=true
# Consul 配置中心的格式
spring.cloud.consul.config.format=yaml
```

(6) 在 Kong 的 `Application` 启动类中添加 `@EnableDiscoveryClient` 注解。如果为其他开发语言，请读者使用对应的 Consul 客户端类库或通过 Consul API 进行注册管理。下方代码中的配置是 Training.rest 微服务在启动成功后向 Consul 进行自动注册的配置，注册成功后，Consul 将根据设置周期性检测 Training.rest 微服务是否处于健康状态，当健康检测失败或者微服务停止时，微服务将从 Consul 中自动取消注册。

```yaml
server:
    port: 8000
spring:
    application:
        # 注册在 Consul 上面的名字
        name: kong-training-rest
    profiles:
        active: dev
    cloud:
        consul:
            # 配置 Consul 地址
            host: 10.129.8.10
            # 配置 Consul 端口
            port: 8500
            discovery:
                # 启用服务发现
                enabled: true
                # 启用服务注册
                register: true
                # 服务停止时取消注册
                deregister: true
                # 标签，可以设置多个
                tags: kong,version=1.0,author=kongGuide
                # 注册时使用 IP 地址而不是 hostname
                prefer-ip-address: true
                # 健康检测的时间间隔为 10 秒
                health-check-interval: 10s
                # 健康检测失败多长时间后，取消注册
                health-check-critical-timeout: 30s
                # 健康检测的路径
                health-check-path: /health/ping
                # 注册服务的 ID，由服务名称、IP 地址和端口组成，不能重复
                instance-id: ${spring.application.name}:${spring.cloud.client.ip-address}:${server.port}
```

(7) 在 Kong 中配置 Consul DNS 解析器（关于 DNS 参数的信息，详见 5.6 节），此时需要调整 /etc/kong/kong.conf 配置文件中的 DNS 解析器，重启 Kong：

```
dns_resolver = 127.0.0.1:53              -- 配置 Kong 的本地 DNS 解析器

dns_hostsfile = /etc/hosts               -- 下面其他选项都打开
dns_order = LAST,SRV,A,CNAME
dns_stale_ttl = 4
dns_not_found_ttl = 30
```

```
dns_error_ttl = 1
dns_no_sync = on
```

(8) 启动微服务。先运行 `mvn -v` 命令检查 Maven 的配置是否正常并返回其版本号，这里会返回 Apache Maven 3.6.3。再执行 `mvn package` 命令进行打包，此时将生成 kong.training.rest-0.0.1-SNAPSHOT.jar 文件，最后在 IP 地址为 10.129.8.20/21 的机器上用 `java` 命令运行该文件以启动微服务，若显示 `:: Spring Boot :: (v2.2.3.BUILD-SNAPSHOT)`，则表示启动成功。相关代码如下：

```
mvn -v                                                      # 检测 Maven 的版本
mvn package                                                 # 使用 Maven 进行打包
java -jar target/kong.training.rest-0.0.1-SNAPSHOT.jar      # 运行 jar 文件启动微服务
```

(9) 验证微服务是否注册成功。在 Consul 的 Web UI 管理页面中刷新 Services 项，即可看到名为 kong-training-rest 的服务已经在 Consul 中自动注册成功，如图 9-14 所示。其中，`secure` 用于表示是否为 HTTPS 协议，它取自配置 `spring.clould.consul.discovery.scheme`，其默认值是 `false`。

图 9-14 Training.rest 微服务已经注册成功

(10) 点击 kong-training-rest，进入查看详情页面，如图 9-15 所示。其中，ID 是微服务的标识，由服务名称、IP 地址和端口组成；Node 是节点服务器的名称；Address 是微服务的 IP 地址和端口的组合；Node Checks 和 Service Checks 是服务的健康检测信息，此处均为健康状态。

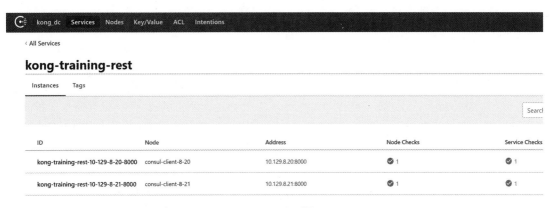

图 9-15 微服务详情页面

(11) 在正式调用之前，我们还可以在 Kong 节点上通过 dig（Domain Information Groper，域信息搜索器）命令查看是否解析正确。该命令用于查询域名记录，包括 NS 记录、A 记录、SRV 记录、CNAME 记录和 MX 记录等。查询格式为：

[tag.]<your_service>.service[.your_datacenter].consul

其中 [ ] 表示可选；后缀 consul 是默认的命名空间域名，可以使用 -domain 参数更改该域，如改为 kong.com。示例代码如下：

```
yum install bind-utils                                    -- 安装 dig
dig @127.0.0.1 -p 53 kong-training-rest.service.consul    -- 检查域名的 A 记录

;; ANSWER SECTION:
kong-training-rest.service.consul. 0 IN    A     10.129.8.20   -- 返回查询到的 IP 地址
kong-training-rest.service.consul. 0 IN    A     10.129.8.21

dig @127.0.0.1 -p 53 kong-training-rest.service.consul SRV    -- 检查域名的 SRV 记录

;; ANSWER SECTION:
kong.kong-training-rest.service.consul.    0 IN SRV 1 1 8000 0a8108ac.addr.kong_
    dc.consul.
kong.kong-training-rest.service.consul.    0 IN SRV 1 1 8000 0a81d260.addr.kong_
    dc.consul.

;; ADDITIONAL SECTION:
0a8108ac.addr.kong_dc.consul.    0     IN      A      10.129.8.20
consul-leader-8-10.node.kong_dc.consul. 0 IN TXT    "consul-network-segment="
0a81d260.addr.kong_dc.consul.    0     IN      A      10.129.8.21
consu-leader-8-10.noe.kong_dc.consul. 0 IN TXT     "consul-network-segment="
```

(12) 验证。下面我们通过 3 个示例演示使用 Consul 的效果，设置本机将 www.kong-training.com 指向 Kong 网关的 IP 地址，并将 4.2.5 节中的目标节点 Target 的值改为 kong-training-rest.service.consul。

验证 1：Training.rest 微服务调用接口是否正常。打开浏览器输入 http://www.kong-training.com/user?companyId=100010&name=tom，结果如下：

```
{
    "companyId": 100010,
    "userId": 10485760,
    "age": 20,
    "email": "tom@mail.com",
    "name": "tom",
    "online": 0
}
```

验证 2：是否可以通过 Consul 访问到 Training.rest 微服务的所有节点。打开浏览器输入 http://www.kong-training.com/health/node，然后多次刷新页面，可以看到多次返回的 IP 地址是不同的，这说明通过 Consul 进行服务发现可以有效访问到所有部署的节点。返回结果如下：

```
10.129.8.20
```

或

```
10.129.8.21
```

验证 3：将 Training.rest 微服务的某一个节点关闭，是否还可以正常访问。我们将 IP 地址为 10.129.8.21 的机器上的微服务站点关闭，再刷新页面，可以看到只返回了 10.129.8.20，这说明 Consul 已经探测到故障节点，并使其不再参与请求负载。

9.14　Kong 与 Kubernetes

Kong 不仅可以用作 Kubernetes 的外置负载均衡路由器，还可以作为 Kubernetes 内部入口 Ingress 的负载均衡路由器，有负载均衡、路由转发、健康检测、身份认证、请求转换、流量限制等功能。下面将以三个示例说明 Kong Ingress Controller 是如何在 Kubernetes 中使用和运行的。

读者可以采用当前已有的 Kubernetes 集群环境，如果没有，请自行搭建。以下内容通过 Kubernetes 控制台或 Dashboard 操作均可。

9.14.1　基本概念

Kubernetes 中的 Ingress 公开了从集群外部到集群内部服务的 HTTP 和 HTTPS 路由，路由的规则和策略在 Ingress 资源上定义，Ingress 可以配置外部可访问的 URL 路由、负载均衡流量、SSL/TLS、后端服务 IP 和端口以及基于域名的虚拟主机等，并结合 Ingress Controller 将客户端请求路由至服务后端的 Pod。Kong Ingress 自定义资源是对现有 Kubernetes Ingress 的扩展，可以重新定义增加或覆盖原有 Ingress 的行为，提供更为强大和细粒度的扩展机制。

Kong Ingress 在 Kubernetes 中的结构如图 9-16 所示。我们在 Kubernetes 集群中部署 Kong Ingress Controller 后，设置域名为 example.com 的 Ingress 路由规则策略，整体请求路径为客户端 →Kong Ingress→Service→Pod，最后请求被转发到内部容器中的服务。

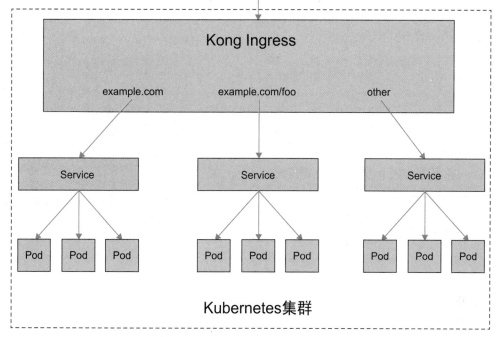

图 9-16　Kong Ingress 在 Kubernetes 中的结构图

9.14.2　安装 Kong Ingress Controller

部署文件 all-in-one-dbless.yaml 基于 Kong 的 DB-less 模式，由 Kong 与 Kong Ingress Controller 两个镜像共同组成，其中 Kong 为网关，而 Ingress Controller 是一个与 Kubernetes 集成的守护进程，它们共同在一个 Pod 中运行并配置 Kong。文件内部将根据从 Kubernetes API 服务接收的信息动态更改 Kong 网关的配置。

由于篇幅有限，all-in-one-dbless.yaml 文件较大，因此具体内容不在此呈现，请读者通过本书所提供的 GitHub 地址中的 config 目录下载和查看。

安装 Kong Ingress Controller 的代码如下：

```
# 通过控制台使用本地 all-in-one-dbless.yaml 文件创建部署
$ kubectl apply -f all-in-one-dbless.yaml
# 使用远程 yaml 文件地址创建部署
# kubectl apply -f https://bit.ly/k4k8s
```

安装成功后，通过查看 Kubernetes Dashboard Service 服务，可以看到一个名称为 kong-proxy 的服务。接着运行 `curl -i http://10.129.8.133:31854/`，如果没有问题，将返回 HTTP/1.1 状态码 404（表示 Not Found），页面信息显示为 Route matched with those values，这说明 Kong Ingress Controller 安装启动成功。

返回的详细信息如下：

```
HTTP/1.1 404 Not Found                              -- 协议和状态码信息
Content-Type: application/json; charset=utf-8       -- 内容类型
Connection: keep-alive                              -- 长连接信息
Content-Length: 48                                  -- 内容长度
X-Kong-Response-Latency: 0                          -- 响应延迟
Server: kong/2.0.4                                  -- 返回 Kong 版本
```

9.14.3　验证 Kong Ingress Controller

下面通过一个 echo-service 信息回显容器服务来测试 Kong Ingress Controller 的功能和作用。首先，在 Kubernetes 中创建此信息回显服务，此服务将返回当前请求的 HTTP 和 Pod 详细信息：

```
$ kubectl apply -f https://bit.ly/echo-service
service/echo created
deployment.apps/echo created
```

如果 gcr.io/kubernetes-e2e-test-images/echoserver:1.10 镜像无法下载，请调整为 mirrorgooglecontainers/echoserver:1.10。

下面我们用以下 3 个验证进行演示：

- 验证 1：创建的 Ingress 规则是否有效，是否可以正确访问到 echo-service 后端回显服务。
- 验证 2：添加一个 Kong correlation-id 插件，此插件将在当前的请求中，添加 `my-request-id` 请求头，并通过回显服务再返回至客户端。
- 验证 3：添加一个 Kong rate-limiting 请求速率限制插件，此插件将限制每个客户端 IP 请求，每分钟只能访问 5 次后端回显服务。

验证 1：创建一个 Ingress 规则，由此规则将请求代理至创建的 echo-service 回显服务。首先，需要创建一个 Ingress 路由规则，此规则约定了访问的域名为 example.com，访问路径为 /foo。

如果当前请求与路由规则相匹配，将路由至服务名为 echo 且端口为 80 的内部 echo-service 后端 Pod 服务上，即我们刚创建的 echo-service 服务，命令如下：

```
$ echo "
apiVersion: extensions/v1beta1
kind: Ingress
metadata:
    name: example-request-id
spec:
    rules:
    - host: example.com
    - http:
        paths:
        - path: /foo
          backend:
              serviceName: echo
              servicePort: 80
" | kubectl apply -f -
ingress.extensions/example-request-id created
```

之后，通过 `curl` 命令请求测试 echo-service 服务，可以看到正确返回了 `Hostname`、`Pod` 和 `Request` 等信息：

```
$ curl -i -H "Host: example.com" 10.129.8.133:31854/foo
HTTP/1.1 200 OK
Content-Type: text/plain; charset=UTF-8
Transfer-Encoding: chunked
Connection: keep-alive
Date: Wed, 08 Jul 2020 02:53:04 GMT
Server: echoserver
X-Kong-Upstream-Latency: 1
X-Kong-Proxy-Latency: 0
Via: kong/2.0.4

Hostname: echo-6dbd4569fd-lmr7z
Pod Information:
    node name:      byvl-app-7-135
    pod name:       echo-6dbd4569fd-lmr7z
    pod namespace:      default
    pod IP:     10.244.1.24
Server values:
    server_version=nginx: 1.13.3 - lua: 10008
Request Information:
    client_address=10.244.1.21
    method=GET
    real path=/foo
    query=
    request_version=1.1
    request_scheme=http
    request_uri=http://example.com:8080/foo
Request Headers:
    accept=*/*
```

```
        connection=keep-alive
        host=example.com
        user-agent=curl/7.29.0
        x-forwarded-for=10.244.0.0
        x-forwarded-host=example.com
        x-forwarded-port=8000
        x-forwarded-proto=http
        x-real-ip=10.244.0.0
Request Body:
        -no body in request-
```

验证 2：在验证 1 的基础上，在 echo-service 入口服务上应用 Kong correlation-id 插件。此插件将在当前的请求中自动添加一个 `my-request-id` 请求头值。首先，我们创建 request-id 插件资源，命令如下：

```
$ echo "
apiVersion: configuration.konghq.com/v1
kind: KongPlugin
metadata:
    name: request-id
config:
    header_name: my-request-id
plugin: correlation-id
" | kubectl apply -f -
kongplugin.configuration.konghq.com/request-id created
```

其次，在 echo-service 入口服务中，通过以下命令关联刚创建的 request-id 插件资源。当然，你也可以通过 Kubernetes Dashboard 直接编辑 echo-service 服务的 YAML 配置文件。

```
# 通过控制台输入更新资源对象中字段的值
$ kubectl patch svc echo \
    -p '{"metadata":{"annotations":{"konghq.com/plugins": "request-id\n"}}}'
service/echo patched
```

最后，再通过 curl 命令请求测试 echo-service 服务。可以看到，除了返回 Hostname、Pod 和 Request 等信息之外，在 Request Headers 中还有一个 `my-request-id` 值：

```
$ curl -i -H "Host: example.com" 10.129.8.133:31854/foo
HTTP/1.1 200 OK
......
Request Headers:
        accept=*/*
        connection=keep-alive
        host=example.com
my-request-id=2015d030-f06d-426d-b8bc-09cb838fcf83#2
        user-agent=curl/7.29.0
        x-forwarded-for=10.244.0.0
        x-forwarded-host=example.com
        x-forwarded-port=8000
        x-forwarded-proto=http
```

```
    x-real-ip=10.244.0.0
......
```

验证 3：再创建一个新的 Ingress 规则，代理路由至创建的 echo-service 服务，此 Ingress 规则约定了访问的域名为 example.com，访问路径为 /bar。如果请求与路由规则相匹配，将路由至服务名为 echo、端口为 80 的内部 echo-service 后端 Pod 服务上，并且限制每个客户端 IP 请求每分钟只能访问 5 次，超过 5 次将返回提示信息 `API rate limit exceeded`，即超出 API 速率限制。首先，需要创建 rate-limiting 插件资源，命令如下：

```
# 创建 rate-limiting 插件资源
$ echo "
apiVersion: configuration.konghq.com/v1
kind: KongPlugin
metadata:
    name: rl-by-ip
config:
    minute: 5
    limit_by: ip
    policy: local
plugin: rate-limiting
" | kubectl apply -f -
kongplugin.configuration.konghq.com/rl-by-ip created
```

然后创建 example.com/bar 路由规则，并关联名为 rl-by-ip 的 rate-limiting 插件资源，命令如下：

```
$ echo "
apiVersion: extensions/v1beta1
kind: Ingress
metadata:
    name: demo-rate-limiting
    annotations:
        konghq.com/plugins: rl-by-ip
spec:
    rules:
    - host: example.com
        http:
            paths:
            - path: /bar
                backend:
                    serviceName: echo
                    servicePort: 80
" | kubectl apply -f -
ingress.extensions/demo-rate-limiting created
```

最后，再通过 curl 命令请求测试 echo-service 服务。可以发现，每分钟访问不超过 5 次时，会返回 `Hostname`、`Pod` 和 `Request` 等信息，大于 5 次时再访问，则返回提示信息 `API rate limit exceeded`，即超出 API 速率限制的提示：

```
$ curl -i -H "Host: example.com" 10.129.8.133:31854/bar
{"message":"API rate limit exceeded"}
HTTP/1.1 429 Too Many Requests
Date: Thu, 09 Jul 2020 01:53:18 GMT
Content-Type: application/json; charset=utf-8
Connection: keep-alive
Content-Length: 37
X-RateLimit-Remaining-Minute: 0                    -- 剩余 0 次
X-RateLimit-Limit-Minute: 5                        -- 总限制 5 次
RateLimit-Remaining: 0
RateLimit-Limit: 5
Server: kong/2.0.4
```

9.15 Kong 的安全

Kong Admin API 提供了 RESTful 管理接口，用于管理和配置服务、路由、插件、上游服务器、消费者、证书和凭据等信息。此接口可以完全控制和管理 Kong，如果你的 kong.conf 配置文件中 `admin_listen` 为 `0.0.0.0:8001`，则可能会严重危害到 Kong 的安全，因为任何人都很容易得知此接口的信息，这就意味着任何人都可以管理 Kong 的整个集群，所以请不要直接将此接口暴露给外部。下面介绍两种控制方案来防止这种情况的发生。

9.15.1 通过 3 层或者 4 层网络控制

通过设置 iptables 防火墙规则，可以限定只有特定的客户端 IP 地址才能访问此管理端口，而其他 IP 地址则禁止访问。下面的 iptables 配置使得只能从当前本机（192.168.1.10）和 IP 地址为 192.168.1.11/12 的客户端去访问 IP 地址为 192.168.1.10 的客户端上的管理端口 8001，而其他的客户端则禁止访问：

```
# 查看当前 Kong 服务器配置的 IP 地址，或通过 ifconfig 查看
$ grep admin_listen /etc/kong/kong.conf
admin_listen 192.168.1.10:8001

# 允许当前本机（IP 地址为 192.168.1.10）访问 8001 管理端口
$ iptables -A INPUT -s 192.168.1.10 -m tcp -p tcp --dport 8001 -j ACCEPT

# 允许 IP 地址为 192.168.1.11 的客户端访问 8001 管理端口
$ iptables -A INPUT -s 192.168.1.11 -m tcp -p tcp --dport 8001 -j ACCEPT

# 允许 IP 地址为 192.168.1.12 的客户端访问 8001 管理端口
$ iptables -A INPUT -s 192.168.1.12 -m tcp -p tcp --dport 8001 -j ACCEPT

# 禁用其他所有的 IP 或 TCP 数据包（除了上面配置已经允许的 IP）
$ iptables -A INPUT -m tcp -p tcp --dport 8001 -j DROP
```

9.15.2 Kong API 本地回环

在 Kong 上添加服务、路由信息以充当 Admin 管理的代理，再结合 10.4.1 节的 IP 访问限制插件，对 IP 来源加以控制，从而限定只有特定的 IP 才能访问此管理接口。

在此之前，我们需要先调整 kong.conf 配置文件，设置 `admin_listen = 127.0.0.1:8001`，其中 `127.0.0.1` 是本地回环地址，表示只能在本地访问此接口。然后在 Kong 机器上运行如下命令，创建 Kong 服务和路由信息，指向此地址：

```
# 创建服务信息
$ curl -X POST http://localhost:8001/services \
    --data name=admin-api \
    --data host=127.0.0.1 \
    --data port=8001

# 创建路由信息
$ curl -X POST http://localhost:8001/services/admin-api/routes \
    --data paths[]=/admin-api
```

然后请读者查看 10.4.1 节，在刚刚创建的 Kong 服务上增加 IP 访问限制插件，之后我们就只能在特定的 IP 机器上访问 http://192.168.1.10/admin-api 接口来管理 Kong。

9.16 火焰图

火焰图及其工具可以实时采集运行时调用堆栈的数据，直观展示各函数的调用关系，帮助我们快速查找并定位性能问题（比如 CPU 占用高、内存泄露等问题），是排查各种疑难杂症的神器。

9.16.1 概念

火焰图（flame graph）是由 Brendan D. Gregg 发明的，他是 Netflix 高性能计算和云计算行业的专家，负责大型计算机的性能设计、分析和调整。火焰图将大量采集的信息压缩、汇聚并整理到一个可以动态交互、缩放的 SVG 矢量图形中，其中重要的内容会突出显示，可以一针见血地指出程序的性能瓶颈，帮助我们快速定位问题所在。常见的火焰图类型有 on-cpu、off-cpu、memory、Hot/Cold、Differential 等。图 9-17 给出了 on-cpu 火焰图的示例图。

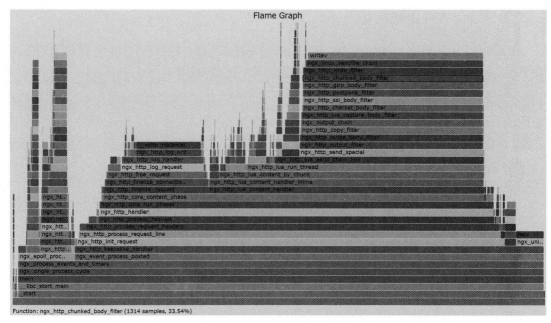

图 9-17　on-cpu 火焰图示例图

在图 9-17 中，火焰的颜色没有什么特殊的含义，只是表示 CPU 比较繁忙。

- y 轴表示调用栈，火焰越高，表示调用栈越深，其中每一层各代表一个单独的函数，顶部是当前正在运行的函数，下方则是它的所有父函数。
- x 轴表示采样的数量，而不是时间，是所有的调用栈合并后按字母顺序排列的。函数在 x 轴上占用的空间宽度越宽，表示采样的次数越多，执行时间也越长。

在火焰图中，需要特别关注顶部的哪个函数占用了最大的宽度，顶部越平，该函数越可能存在性能问题。

9.16.2　安装火焰图工具

火焰图工具主要有 SystemTap、stapxx、openresty-systemtap-toolkit 和 FlameGraph，下面分别介绍一下如何安装它们。

SystemTap 与 perf 类似，是 Linux 下的一个性能分析工具，可以编写自定义脚本以通过 hook 内核的方式设定追踪点，以获取进程 ID、线程 ID、触发的函数、内核态和用户态的堆栈等信息。其安装命令如下：

```
# 获取 SystemTap
$ wget -q http://sourceware.org/systemtap/ftp/releases/systemtap-4.0.tar.gz
```

```
$ tar -xf systemtap-4.0.tar.gz
$ pushd systemtap-4.0/
# 配置
$ ./configure --prefix=/opt/stap --disable-docs \
              --disable-publican --disable-refdocs CFLAGS="-g -O2"
# 编译安装
$ make
$ sudo make install
$ popd
```

或者直接通过 `yum install systemtap systemtap-runtime` 方式安装。

stapxx 是由类似于宏的功能生成的 SystemTap 脚本，并调用 SystemTap 执行。openresty-systemtap-toolkit 是 OpenResty 的 SystemTap 脚本工具集，可以实时地分析和诊断 on-cpu、off-cpu、请求队列、接收队列、连接分配、连接池、共享内存、内存泄露、请求延迟和文件访问等。它们的安装命令如下：

```
# 把目录切换到 /usr/local
$ pushd /usr/local
# 获取 stapxx
$ git clone https://github.com/openresty/stapxx.git
# 获取 openresty-systemtap-toolkit
$ git clone https://github.com/openresty/openresty-systemtap-toolkit.git
```

FlameGraph 是堆栈跟踪可视化工具，用来生成火焰图，其安装命令如下：

```
# 获取 FlameGraph
$ git clone https://github.com/brendangregg/FlameGraph.git
$ popd
```

最后设置命令执行时的查找路径，在执行命令时将根据此设置查找所需的文件：

```
$ echo "export PATH=
    /usr/local/bin:/usr/local/openresty/bin:/opt/stap/bin:/usr/local/stapxx:/usr/local/
    openresty/nginx/sbin:
    /usr/local/openresty/luajit/bin:\$PATH" >> /root/.bashrc
$ echo "export LUA_PATH=
    \"/kong/?.lua;/kong/?/init.lua;/kong-plugin/?.lua;/kong-plugin/?/init.lua;;
    \"" >> /root/.bashrc
```

9.16.3　生成火焰图

在本节中，我们将通过一个实际的案例来说明如何采集并生成一个火焰图。

首先，查找工作进程 ID（为了方便查找问题，读者可以只设置一个工作进程，即 `worker_processes` 为 1）：

```
$ ps -ef | grep nginx
root      32065     1  0 18:33    00:00:00
nginx: master process /usr/local/openresty/nginx/sbin/nginx -p /usr/local/kong -c
    nginx.conf
nobody    32066 32065  0 18:33    00:00:06 nginx: worker process
nobody    32067 32065  0 18:33    00:00:00 nginx: cache manager process
```

可以看到，工作进程 ID 为 `32066`。

其次，我们需要在客户端请求调用期间，进行实时数据采集，然后将采集的数据进行转换再处理，并生成 SVG 火焰图。SVG 火焰图主要分为两种——C on-cpu 火焰图和 Lua on-cpu 火焰图，下面介绍一下它们的生成过程。

- C on-cpu 火焰图的生成过程：先使用 sample-bt.sxx 采集 32066 号进程的数据 20 秒，并在此过程中不断请求，待生成 kong-c-on-cpu.bt 文件后，再使用 stackcollapse-stap.pl 工具重新排列堆栈信息并生成 kong-c-on-cpu.cbt 文件，最后使用 flamegraph.pl 工具生成 kong-c-on-cpu.svg 火焰图。

- Lua on-cpu 火焰图的生成过程：先使用 ngx-sample-lua-bt 采集 32066 号进程的数据 30 秒，同样在此过程中也需要不断地请求，待生成 kong-lua-on-cpu-source.bt 文件后，再使用 fix-lua-bt 工具处理数据使其可读性变得更佳，同时生成 kong-lua-on-cpu.bt 文件，这之后使用 stackcollapse-stap.pl 工具重新排列堆栈信息并生成 kong-lua-on-cpu.cbt 文件，最后同样使用 flamegraph.pl 工具生成 kong-lua-on-cpu.svg 火焰图：

```
# 采集绘制 C on-cpu 火焰图，采集数据 20 秒，请连接请求调用
$ ./stapxx/samples/sample-bt.sxx --arg time=20 --skip-badvars -D MAXSKIPPED=
    100000 -x 32066 >kong-c-on-cpu.bt
--Start tracing process 32066 (/usr/local/openresty/nginx/sbin/nginx)...
--Time's up. Quitting now...(it may take a while)
# 折叠 SystemTap 堆栈
$ ./FlameGraph/stackcollapse-stap.pl kong-c-on-cpu.bt > kong-c-on-cpu.cbt
# 生成火焰图
$ ./FlameGraph/flamegraph.pl kong-c-on-cpu.cbt > kong-c-on-cpu.svg

# 采集绘制 Lua on-cpu 火焰图，采集数据 30 秒，需要准备好 Kong Lua 插件，并连续调用
$ ./openresty-systemtap-toolkit/ngx-sample-lua-bt -p 32066 --luajit20 -t 30 >
    kong-lua-on-cpu-source.bt
--Tracing 32066 (/usr/local/openresty/nginx/sbin/nginx) for LuaJIT 2.0...
--Time's up. Quitting now...
# 处理数据，使其可读性变得更佳
$./openresty-systemtap-toolkit/fix-lua-bt
kong-lua-on-cpu-source.bt > kong-lua-on-cpu.bt
# 折叠 SystemTap 堆栈
$./FlameGraph/stackcollapse-stap.pl kong-lua-on-cpu.bt > kong-lua-on-cpu.cbt
# 生成火焰图
$./FlameGraph/flamegraph.pl kong-lua-on-cpu.cbt > kong-lua-on-cpu.svg
```

通过上述命令采集的 C on-cpu 火焰图如图 9-18 所示。

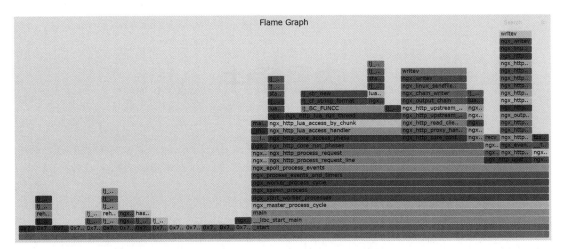

图 9-18　C on-cpu 火焰图

通过上述命令采集的 Lua on-cpu 火焰图如图 9-19 所示。

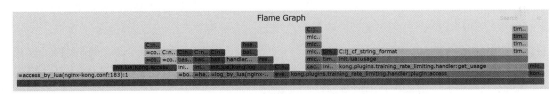

图 9-19　Lua on-cpu 火焰图

请读者自行查看 GitHub 上本书相关的中间文件和结果文件，用浏览器打开 SVG 火焰图，用鼠标点击图片中的数据即可互动查看更为详细的数据信息。

注意：以上火焰图示例是在请求量正常且代码正常的情况下采集生成的，请读者在实际工作中参考此方法自行完成性能分析，它们的操作过程都相同，更多内容请读者查阅 openresty-systemtap-toolkit。

9.17　小结

本章内容较多，首先详细介绍了负载均衡、健康检测等高级特性和运行机制，接着讨论了二次插件开发常用的共享内存、缓存管理和定时管理等高级功能，然后介绍了 HTTP2、WebSocket、gRPC 的安装、配置与应用，紧接着还介绍了 LVS 与 Kong 集成运行的原理，并演示了两者是如何有机结合以保证整个集群的高可用性。

最后，讲解了 Kong 与 Consul 的深度集成、Kong Ingress Controller 的使用，如何安装、配置和生成火焰图等。这些内容为我们后期的运维管理、高级应用、二次开发、性能分析和故障定位打下了坚实基础。

第 10 章

内置插件

本章将介绍 Kong 社区版内置的常用插件，这些插件开箱即用，是 Kong 最重要的功能扩展。插件是在代理请求和响应的生命周期内执行的 Lua 代码，既可以添加到服务或路由中，也可以关联到特定消费者。内置插件提供了许多网关功能，比如身份验证、安全防护、流量限制、无服务器架构、分析监控、信息转换器、日志记录等。这些插件基于 Kong 的接口规范而独立实现，我们可以通过 Admin API 或 Konga 工具来安装和配置它们，并使其与 Kong 融合运行。

10.1 插件分类

Kong 官方提供了诸多社区版内置插件，主要分为如下 7 大类。

- 身份验证（Authentication）
- 安全防护（Security）
- 流量控制（Traffic Control）
- 无服务器架构（Serverless）
- 分析监控（Analytics & Monitoring）
- 信息转换器（Transformation）
- 日志记录（Logging）

10.2 环境准备

为了方便演示内置插件的用法，我们使用 Konga 来操作。在介绍内置插件之前，我们需要在第 4 章的基础上调整一下 example.com 的上游服务器，具体步骤如下。

(1) 点击 Konga 管理工具左侧菜单的 UPSTREAMS 按钮，再点击 CREATE UPSTREAM 按钮，打开的界面如图 10-1 所示。

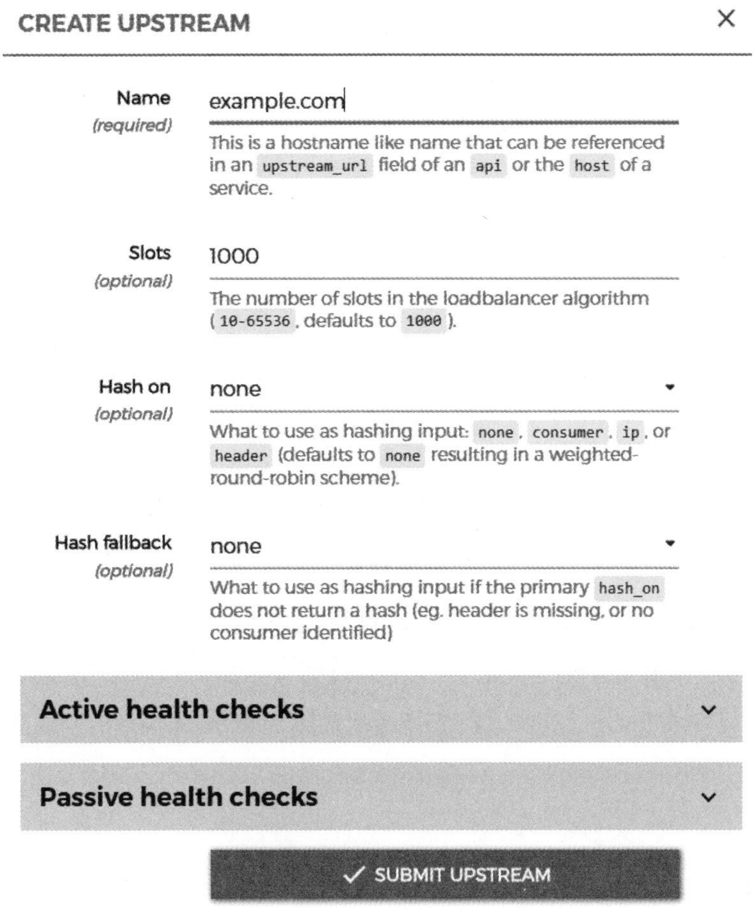

图 10-1 添加上游服务器界面

这里只需要填写 Name，即写上 example.com 即可。除这项外，还可以设置 Active health checks 和 Passive health checks 这两项健康检测。

(2) 在 UPSTREAM 列表中点击刚添加的 example.com 行，然后点击后面的 DETAILS 按钮进入详情页，点击其中的 Targets 标签，再点击 ADD NEW TARGET 按钮，就进入了添加目标服务界面，如图 10-2 所示。

我们准备了 Spring Boot Restful Web 微服务站点（其代码可以通过本书前言提供的方式下载），其中有关于用户管理的 Rest 服务接口，请读者自行部署。

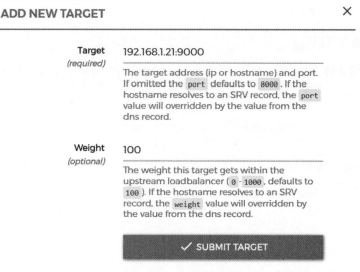

图 10-2　添加目标服务界面

在图 10-2 所示的界面里分别填写 Target 和 Weight。

❑ Target：表示上游服务器的 IP 地址 / 端口，这里设置为 192.168.1.21:9000。
❑ Weight：表示权重，可根据不同服务器的配置情况而设置不同的值，这里设置为 100。

添加完成后，在列表中即可看到已经添加的目标服务，如图 10-3 所示。

图 10-3　目标服务列表

(3) 验证设置。点击 Konga 管理工具左侧菜单中的 SERVICES 按钮，在列表中点击 example-service，然后将 Host 改为 example.com，并修改本机的 Host 文件，将 example.com 指向 Kong 网关的 IP 地址。

打开浏览器并输入 http://example.com/user/node，即可看到返回的部署 Spring Boot Restful Web 微服务的 IP 地址，结果如下：

```
192.168.1.21
```

10.3 身份验证

身份验证插件可以轻松有效地保护服务不受非法、无权限的访问。

本节将介绍 4 种身份验证插件，分别为基本身份验证、密钥身份验证、HMAC 身份验证、OAuth 2.0。

10.3.1 基本身份验证

在服务或路由中添加基本身份验证（Basic Auth）插件后，如果客户端想要访问服务，就需要提供用户名和密码。此插件会检查请求报文头中的 `Proxy-Authorization` 和 `Authorization` 是否存在有效的访问凭据，可以很方便地帮助我们快速实现身份验证，且不需要重新开发。这个插件也可以结合 ACL 插件，通过将消费者列入白名单或黑名单来限制其对服务或路由的访问，下面我们来实际演示此过程。

（1）添加消费者。点击 Konga 管理工具左侧菜单的 CONSUMERS 按钮，然后点击 CREATE CONSUMER 按钮，此时打开的添加消费者页面如图 10-4 所示。

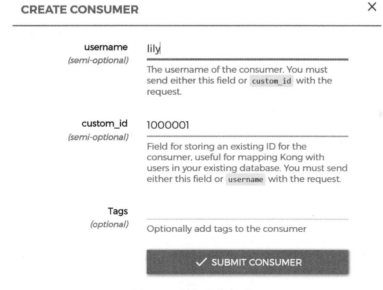

图 10-4　添加消费者页面

图 10-4 中的前两个字段必须指定，它们的含义如下。

❑ username：消费者的用户名，这里是 lily。

- custom_id：用于将消费者映射到另一个数据库的自定义标识符，这里是 1000001。此字段和 username 字段必须指定一个。当客户端通过身份验证后，该插件将在请求中附加下面的头信息，然后再将这些头信息传递到上游服务，以便你可以在业务代码中直接读取使用。
  - X-Consumer-ID：Kong 内部的消费者 ID。
  - X-Consumer-Custom-ID：消费者的 custom_id。
  - X-Consumer-Username：消费者的 username。
  - X-Credential-Username：凭据的 username（仅当不是匿名消费者时）。
  - X-Anonymous-Consumer：当身份验证失败时，此值为 true，表示是匿名消费者。

(2) 添加消费者对应的凭据。一个消费者可以对应多个凭据。如图 10-5 所示，点击左侧的 BASIC 按钮，然后点击 CREATE CREDENTIALS 按钮，此时打开的添加凭据界面如图 10-6 所示，我们添加一个用户名为 lily 的消费者凭据，其密码为 pass。

图 10-5　基本身份验证的凭据列表

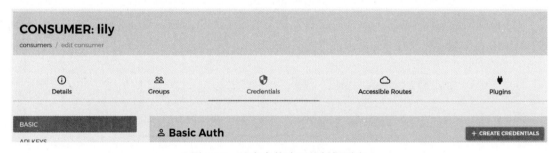

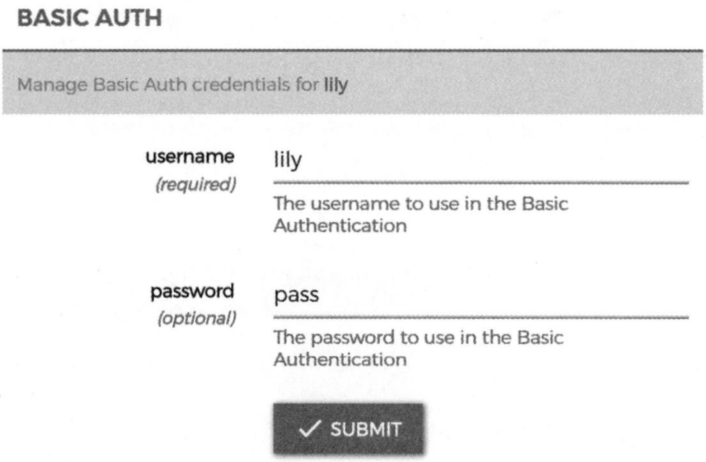

图 10-6　添加基本身份验证凭据

图 10-6 中两个字段的含义如下。

- username：基本身份验证中使用的用户名，这里是 lily。
- password：基本身份验证中使用的密码，这里是 pass。

(3) 在 example 服务中添加基本身份验证插件。先点击 Konga 管理工具左侧菜单的 SERVICES 按钮，然后在列表中点击 example-service，再在打开的页面上依次点击 Plugins→ADD PLUGIN→Authentication→ADD PLUGIN（Basic Auth）按钮，如图 10-7 所示。此时打开的添加基本身份验证插件页面如图 10-8 所示。

图 10-7　选择基本身份验证插件

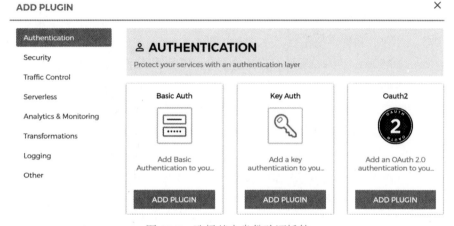

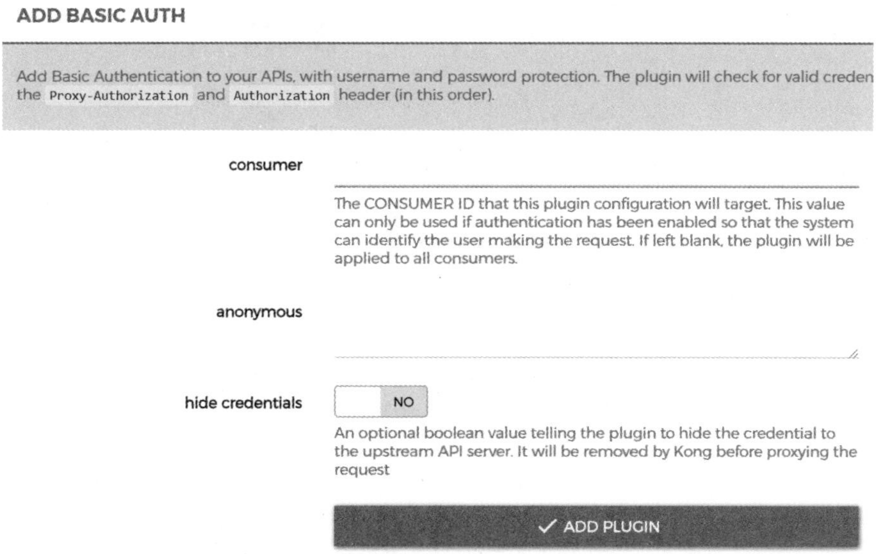

图 10-8　添加基本身份验证插件

下面简要说明图 10-8 中各项的含义。

- consumer：目标消费者 ID。如果该项为空，则表示插件将应用于所有消费者。
- anonymous：一个可选的字符串（消费者 UUID）值，表示在身份验证失败时就用匿名消费者。如果其值为空（默认值），则表示请求失败，将返回 401 错误。请注意，此值必须引用 Kong 内部的消费者 ID 属性，而不是消费者的 `custom_id`。
- hide credentials：一个可选的布尔值，用于告知插件是否隐藏到上游服务器的凭据。如果其值设为 YES，那么在把请求代理到上游服务器之前，Kong 将会从请求头中删除授权凭据。

（4）验证基本身份验证插件。打开浏览器，输入 http://example.com，如果身份验证通过，可以看到需要输入用户名和密码的提示，分别输入用户名 lily 和密码 pass 后，点击"登录"按钮即可进入，如图 10-9 所示。但如果身份验证未通过，则会看到返回的是 HTTP 状态码 401（表示 Unauthorized，即未授权）。

图 10-9　基本身份验证

此外，也可以使用如下 `curl` 命令行或 `postman` 工具访问：

```
$ curl http://example.com/ \
-H 'Authorization: Basic bGlseTpwYXNz'
    HTTP/1.1 200 OK
...
```

此时需要发送 `Authorization`（或 `Proxy-Authorization`）头，其中 `bGlseTpwYXNz` 段的值是 `lily:pass`（用户名:密码）组合的 base64 编码。

10.3.2 密钥身份验证

在服务或路由中添加密钥身份验证（API KEYS）插件后，当客户端发起访问请求时，需要在指定的请求头或查询字符串中提供提前分配好的密钥。

（1）在 10.3.1 节中示例的基础上，添加消费者对应的凭据，一个消费者可以对应多个凭据。如图 10-10 所示，点击左侧的 API KEYS 按钮，然后点击 CREATE API KEY 按钮。此时打开的添加凭据界面如图 10-11 所示，设置 key 为 2e9eb2eccbc3，这是密钥串，是分配给消费者 lily 的请求凭据。

图 10-10　密钥身份验证的凭据列表

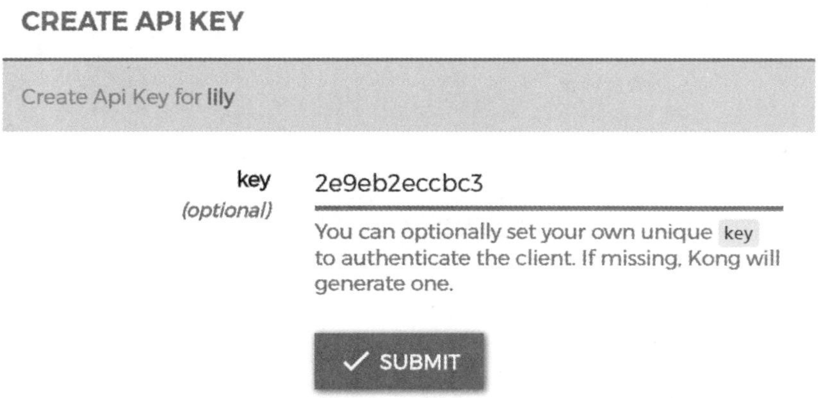

<!-- figure 10-11 -->

图 10-11　添加密钥身份验证凭据

（2）在 example 服务中添加密钥身份验证插件。先点击 Konga 管理工具左侧菜单的 SERVICES 按钮，然后在列表中点击 example-service，再在打开的页面上依次点击 Plugins→ADD PLUGIN→Authentication→ADD PLUGIN（Key Auth）按钮。此时打开的添加密钥身份验证插件页面如图 10-12 所示，在其中的 key names 项中输入 auth 后回车。

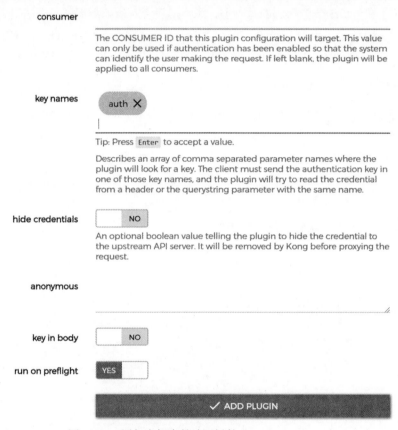

图 10-12　添加密钥身份验证插件

下面介绍图 10-12 中各项的含义。

- consumer：目标消费者 ID。如果该项为空，则表示插件将应用于所有消费者。
- key names：参数名，可以同时设置多个值。插件将根据在这里设置的参数名从请求报文的头或查询字符串中查找、读取并验证与之对应的参数密钥值。注意：参数名只能为 [a-z]、[A-Z]、[0-9]、[_] 和 [-]。图 10-12 中显示的是输入 auth 后回车的结果。
- hide credentials：一个可选的布尔值，用于告知插件是否隐藏到上游服务器的凭据。如果其值设为 YES，那么在把请求代理到上游服务器之前，Kong 将会从请求头中删除凭据。

- **anonymous**：一个可选的字符串（消费者 UUID）值，表示在身份验证失败时，就用匿名消费者。如果其值为空（默认），则表示请求失败，将返回 401 错误。请注意，此值必须引用 Kong 内部的消费者 ID 属性，而不是消费者的 `custom_id`。
- **key in body**：一个可选项，启用该项意味着插件将会读取请求体并尝试在其中查找密钥。这里我们默认不开启。
- **run on preflight**：一个可选项，指示插件是否需要在预检请求上运行身份验证，其默认值为 YES，表示需要。

（3）验证密钥身份验证插件。打开浏览器，输入 http://example.com?auth=2e9eb2eccbc31，若身份验证通过，则可以正常访问。若身份验证未通过，会看到返回 HTTP 状态码 401（表示 Unauthorized，即未授权）。

也可以使用如下 `curl` 命令行或 postman 工具访问：

```
$ curl http://example.com/ \
-H 'auth: 2e9eb2eccbc31'
    HTTP/1.1 200 OK
...
```

10.3.3　HMAC 身份验证

在服务或路由中添加 HMAC（Hash-based Message Authentication Code，基于散列值的消息验证码）身份验证插件后，此插件不仅会验证客户端身份的有效性，还会对请求数据进行签名验证，以防止请求参数被篡改或请求再次访问（重放攻击）。客户端发起访问请求时，需要在 `Proxy-Authorization` 或 `Authorization` 头中发送数字签名。

（1）在 10.3.1 节示例的基础上，添加消费者对应的凭据，一个消费者可以对应多个凭据。如图 10-13 所示，点击左侧的 HMAC 按钮，然后点击 CREATE CREDENTIALS 按钮。此时打开的添加凭据界面如图 10-14 所示。

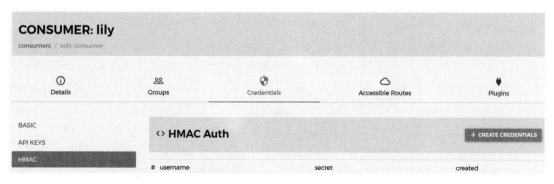

图 10-13　HMAC 身份验证的凭据列表

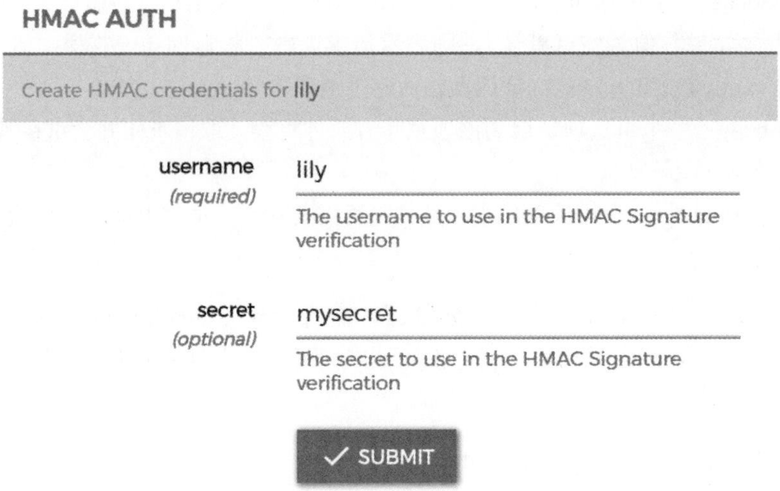

HMAC AUTH

Create HMAC credentials for **lily**

username (required)　lily
The username to use in the HMAC Signature verification

secret (optional)　mysecret
The secret to use in the HMAC Signature verification

✓ SUBMIT

图 10-14　添加 HMAC 身份验证凭据

图 10-14 中两个字段的含义如下。

- username：在 HMAC 身份验证中使用的用户名。客户端在发送请求时，也需要发送此字段，之后将根据它找到对应的密钥。
- secret：在 HMAC 身份验证中使用的密钥。只有客户端和服务器端知道此密钥，且此字段不在请求中传递。

(2) 在 example 服务中添加 HMAC 身份验证插件。先点击 Konga 管理工具左侧菜单的 SERVICES 按钮，然后在列表中点击 example-service，再在打开的页面上依次点击 Plugins→ADD PLUGIN→Authentication→ADD PLUGIN（HMAC Auth）按钮。此时打开的添加 HMAC 身份验证插件页面如图 10-15 所示。

下面简要介绍图 10-15 中各项的作用。

- consumer：目标消费者 ID。如果该项为空，则表示插件将应用于所有消费者。
- hide credentials：一个可选的布尔值，用于告知插件是否隐藏到上游服务器的凭据。如果其值设为 YES，那么在把请求代理到上游服务器之前，Kong 将会从请求头中删除凭据。
- clock skew：时钟偏差，单位为秒，可以防止重放攻击。服务器端会计算与客户端的时间偏差，偏差如果稳定在此值的上下一定范围内，将允许客户端的请求，反之拒绝。注意，客户端在发送请求时，报文头中需要有 X-Date 或 Date，且需要使用 GMT 格式。
- anonymous：一个可选的字符串(消费者 UUID)值，表示在身份验证失败时，就用匿名消费者。如果其值为空（默认），则表示请求失败，将返回 401 错误。请注意，此值必须引用 Kong 内部的消费者 ID 属性，而不是消费者的 custom_id。在这里我们默认不开启。

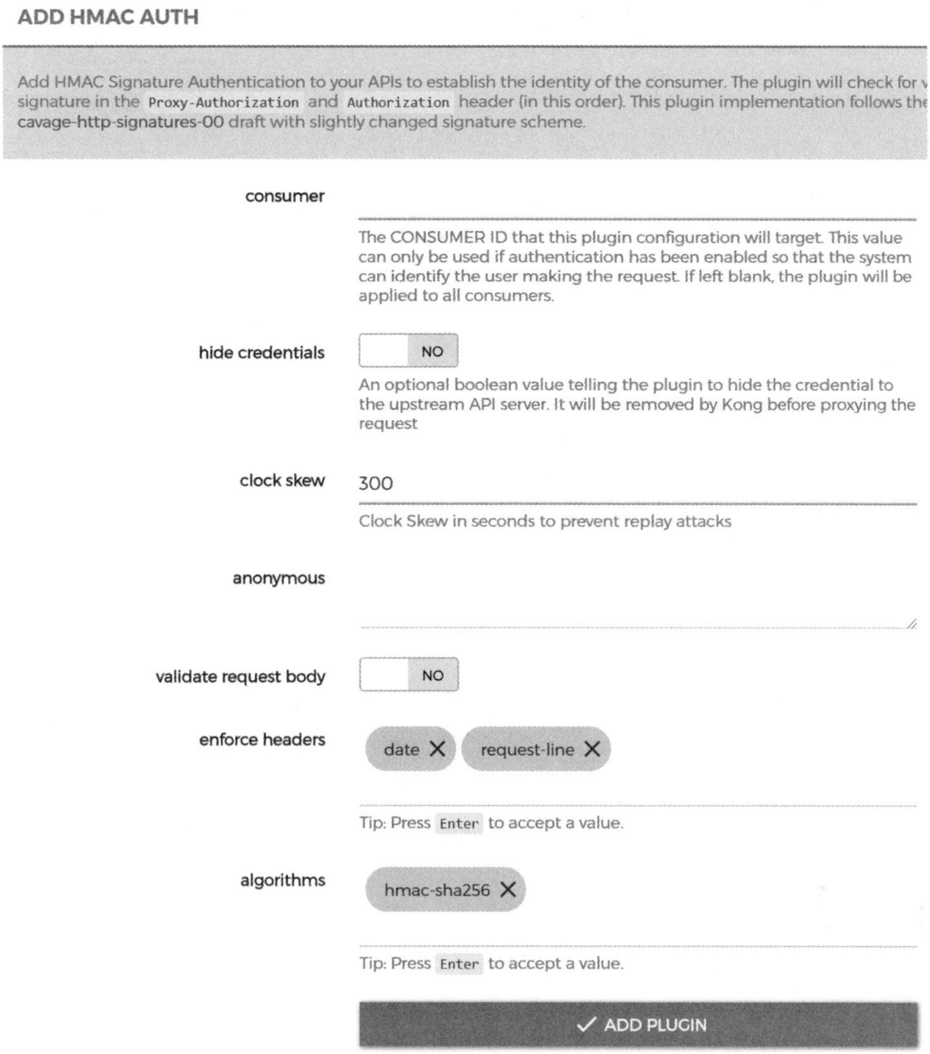

ADD HMAC AUTH

Add HMAC Signature Authentication to your APIs to establish the identity of the consumer. The plugin will check for signature in the `Proxy-Authorization` and `Authorization` header (in this order). This plugin implementation follows the cavage-http-signatures-00 draft with slightly changed signature scheme.

consumer

The CONSUMER ID that this plugin configuration will target. This value can only be used if authentication has been enabled so that the system can identify the user making the request. If left blank, the plugin will be applied to all consumers.

hide credentials: NO

An optional boolean value telling the plugin to hide the credential to the upstream API server. It will be removed by Kong before proxying the request

clock skew: 300

Clock Skew in seconds to prevent replay attacks

anonymous

validate request body: NO

enforce headers: date × request-line ×

Tip: Press Enter to accept a value.

algorithms: hmac-sha256 ×

Tip: Press Enter to accept a value.

✓ ADD PLUGIN

图 10-15 添加 HMAC 身份验证插件

- validate request body：是否启用请求体来验证。如果启用，则插件将使用 SHA-256 算法计算请求体的 HMAC 摘要，并将其与摘要头的值作匹配。这里需要注意的是如果请求体较大，需要驻留在内存中，那么在请求的高并发期间，可能会对工作进程的 Lua VM 造成压力，而且此项为可选项，所以一般不建议打开。
- enforce headers：客户端需要发送的请求头名称列表，用于组合被签名字符串。图 10-15 中的该项值有两个，其中 date 是客户端的当前时间，注意日期需要使用 GMT 格式；request-line 是请求方法、请求路径和 HTTP 协议版本的组合，比如：GET / HTTP/1.1。

❏ algorithms：用户想要使用的 HMAC 签名算法列表。其可取的值有 hmac-sha1、hmac-sha256、hmac-sha384 和 hmac-sha512。

Kong 会根据客户端对签名算法的要求，采用对应的算法，传入被签名串和解密算法，最终计算出签名值，并与客户端的签名值进行对比，判断是否一致。

(3) 验证 HMAC 身份验证插件，打开 postman 工具，输入如图 10-16 所示的值，可以看到返回 HTTP 状态码 200。

图 10-16　验证 HMAC 身份验证插件

当然，我们也可以使用 `curl` 命令行访问：

```
$ curl -i -X GET http://localhost:8000/requests \
    -H "Host: example.com" \
    -H "Date: Sun, 26 Jan 2020 14:08:03 GMT" \
    -H 'Authorization: hmac username="lily", algorithm="hmac-sha256", headers="date
        request-line", signature="d8hbe02wcahINHVRX4gp5u0t0dZyBKQjpM+TzPVCroo="'
HTTP/1.1 200 OK
...
```

在此过程中，如果签名错误，将返回 `message: HMAC signature does not match.` 如果服务器端找不到对应的密钥，将返回 `message: HMAC signature cannot be verified.`

在以上请求中，我们使用 `date` 和 `request-line` 组成了被签名字符串，并使用了 hmac-sha256 签名算法：

```
signing_string="date: Sun, 26 Jan 2020 14:08:03 GMT\nGET / HTTP/1.1"
digest=HMAC-SHA256(<signing_string>, "mysecret")
signature=base64_digest=base64(<digest>)
```

10.3.4　OAuth 2.0

OAuth 是一个网络开放协议，为用户资源的安全授权提供了标准。此插件通过在服务或路由中添加 OAuth 2.0 身份验证插件以保护站点服务。

OAuth 2.0 身份验证插件支持 OAuth 2.0 定义的以下四种授权模式。

- 隐式授权模式（Implicit Grant）
- 客户端凭据模式（Client Credentials）
- 授权码模式（Authorization Code Grant）
- 资源拥有者密码凭据模式（Resource Owner Password Credentials）

四种授权模式需要不同的 API 接口，如表 10-1 所示。

表 10-1　OAuth 2.0 API 接口

终点	描述
/oauth2/authorize	授权服务器的端点。为授权码模式提供授权代码，或在启用隐式授权模式时提供访问令牌。访问方法为 POST
/oauth2/token	提供访问令牌的授权服务器的端点。是客户端凭据模式和资源拥有者密码凭据模式的唯一端点。访问方法为 POST
/oauth2_tokens	授权服务器的端点，允许创建新令牌
/oauth2_tokens/:token_id	授权服务器的端点，允许读取、修改和删除访问令牌

由于篇幅有限，下面我们将重点介绍第 2 种授权模式——客户端凭据模式。其他模式请有兴趣的读者自行操作。

（1）在 10.3.1 节中示例的基础上，添加消费者对应的凭据，一个消费者可以对应多个凭据。如图 10-17 所示，点击左侧的 OAUTH2 按钮，然后点击 CREATE CREDENTIALS 按钮，此时打开的添加凭据界面如图 10-18 所示。

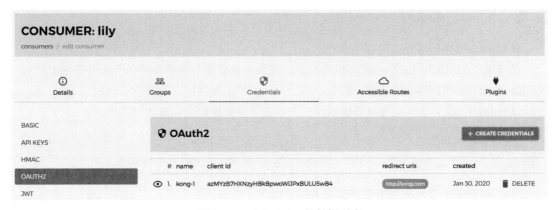

图 10-17　OAuth 2.0 的凭据列表

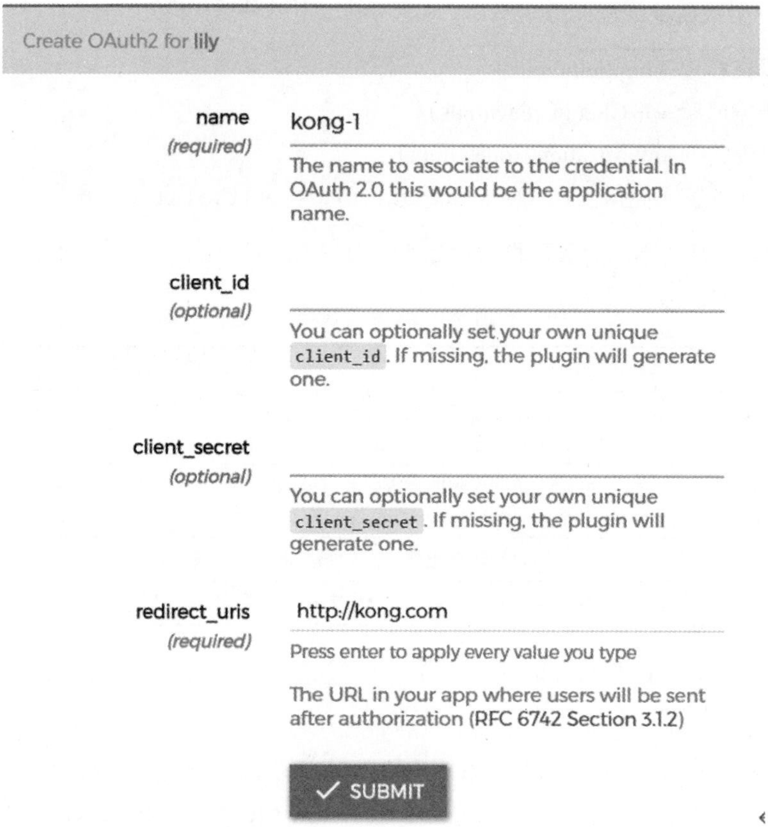

第 10 章　内置插件

Create OAuth2 for lily

name (required)　kong-1
The name to associate to the credential. In OAuth 2.0 this would be the application name.

client_id (optional)
You can optionally set your own unique `client_id`. If missing, the plugin will generate one.

client_secret (optional)
You can optionally set your own unique `client_secret`. If missing, the plugin will generate one.

redirect_uris (required)　http://kong.com
Press enter to apply every value you type
The URL in your app where users will be sent after authorization (RFC 6742 Section 3.1.2)

✓ SUBMIT

图 10-18　添加 OAuth 2.0 凭据

下面简要介绍图 10-18 中各项的含义。

- name：凭据的名称。
- client_id：用于设置唯一的客户端标识。如果未设置值，则插件将会自动生成一个。
- client_secret：用于设置唯一的客户端密钥。如果未设置值，则插件将会自动生成一个。
- redirect_uris：客户端通过身份验证后，授权服务器重定向到此客户端地址。

点击 SUBMIT 按钮，之后在出现的列表中点击 RAW VIEW 就可以看到添加的详细内容了，如图 10-19 所示。其中也包括了自动生成的 `client_secret`，即客户端密钥。

(2) 给新添加的凭据添加 `access_token`（访问令牌）。

如图 10-20 所示，请求方法选 POST，访问 https://www.example.com/oauth2/token，设置头信息，包括 `grant_type`、`client_id` 和 `client_secret` 项。

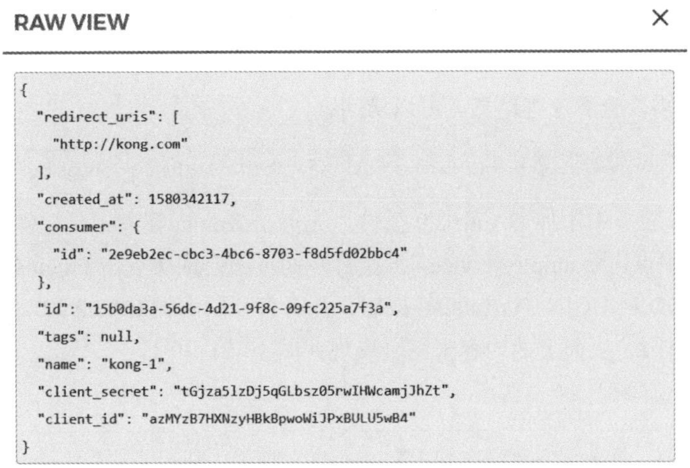

图 10-19　OAuth 2.0 详细的凭据信息

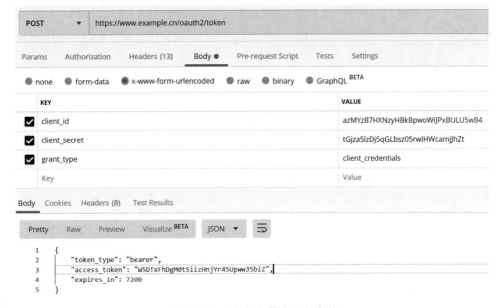

图 10-20　根据凭据信息取得令牌

也可以运行以下命令，通过 Kong Admin API 直接添加 `refresh_token`（刷新令牌）和 `access_token`：

```
$ curl -X POST http://127.0.0.1:8001/oauth2_tokens \
    --data 'credential.id=15b0da3a-56dc-4d21-9f8c-09fc225a7f3a' \
    --data "token_type=bearer" \
    --data "access_token=SOME-TOKEN" \
```

```
    --data "refresh_token=SOME-TOKEN" \
    --data "expires_in=3600"
```

添加之后如果需要查看令牌信息，可以访问：

```
$ curl -sX GET http://127.0.0.1:8001/oauth2_tokens/
```

（3）在 example 服务中添加 OAuth 2.0 插件。先点击 Konga 管理工具左侧菜单的 SERVICES 按钮，然后在列表中点击 example-service，再在打开的页面上依次点击 Plugins→ADD PLUGIN→Authentication→ADD PLUGIN（OAuth2）按钮，此时打开的添加 OAuth 2.0 插件页面如图 10-21 所示。（由于篇幅有限，页面上的内容未完全展现在图 10-21 中。）

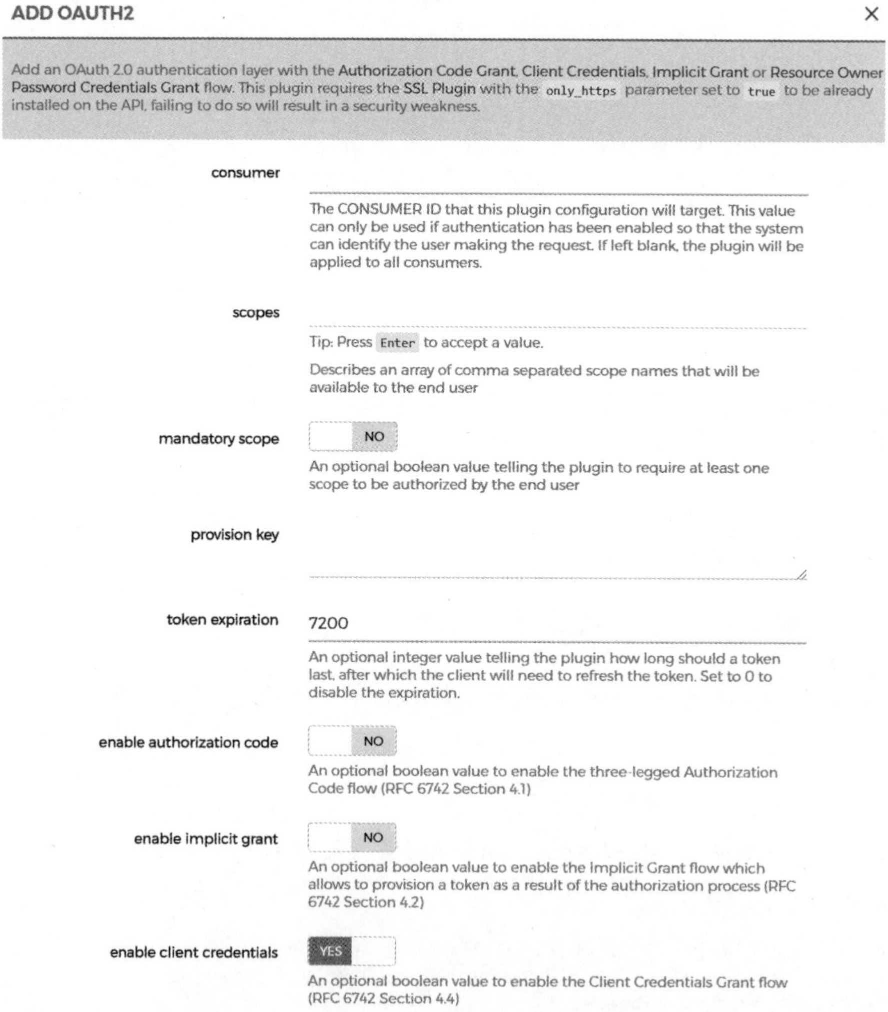

图 10-21　添加 OAuth 2.0 插件

下面简要介绍图 10-21 中各项的含义。

- consumer：目标消费者 ID。如果该项为空，则表示插件将应用于所有消费者。
- scopes：用户授权时给予的权限范围。
- mandatory scope：一个可选的布尔值，用于告知插件至少要提供一个用户授权范围。
- provision key：用户验证中心对客户端的 `username` 和 `password` 进行身份验证，验证通过后向客户端返回的 `key`。
- token expiration：一个可选的整数值，用于告知插件令牌持续多少秒后过期。过期后，客户端需要刷新令牌。如果设置为 0，表示禁用到期时间。其默认值为 7200 秒。
- enable authorization code：一个可选的布尔值，指示是否启用授权码模式。
- enable implicit grant：一个可选的布尔值，指示是否启用隐式授权模式。
- enable client credentials：一个可选的布尔值，指示是否启用客户端凭据模式。
- enable password grant：一个可选的布尔值，指示是否启用资源拥有者密码凭据模式。
- hide credentials：一个可选的布尔值，用于告知插件是否隐藏到上游服务器的凭据信息。如果其值设为 YES，那么在把请求代理到上游服务器之前，Kong 将会从请求头中删除凭据。
- accept http if already terminated：接受在 Kong 之前已经经过代理服务器或负载环形均衡器，并且已添加 `x-forwarded-proto: https Header` 头的 HTTPS 请求。只有在无法公开访问 Kong 服务器且入口点唯一时，才启用此选项。
- anonymous：身份验证失败时，用作匿名消费者的可选字符串（消费者 UUID）值。如果其值为空（默认），则表示请求将失败，将显示身份验证失败 4xx。
- global credentials：一个可选的布尔值，指示是否允许插件生成的 OAuth 凭据与其他服务（此服务的 OAuth 2.0 插件配置需要设置 `config.global_credentials=true`）共用凭据。
- auth header name：客户端访问时需要提供的 `access_token` 头名称。其默认值：authorization。
- refresh token TTL：一个可选整数值，用于告知插件 `refresh_token` 和 `access_token` 的有效生存时间。其默认值为 2 周（1 209 600 秒）。若该值设置为 0，则表示令牌将无限期有效。

在 `access_token` 过期之前，你可以用 `refresh_token` 取得新令牌，具体过程如下。

打开 postman 工具，如图 10-22 所示，请求方法选 POST，输入 https://www.example.com/oauth2/token，`grant_type` 值取 `refresh_token`。

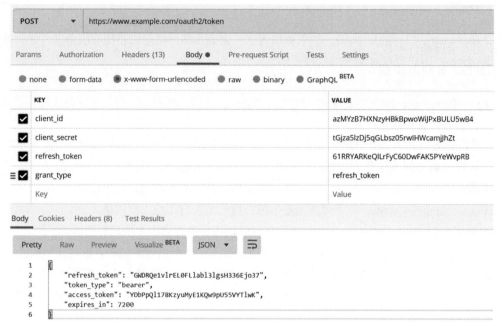

图 10-22　取得新令牌的信息

(4) 验证 OAuth 2.0 插件。如图 10-23 所示，打开 postman 工具，输入 http://example.com，设置 `authorization` 头为 `bearer W5DTxFhDgM0tSiizHnjYr45Upww35biZ`，就可以看到验证通过，可以正常访问了。

反之，会看到返回 HTTP 状态码 401（表示 Unauthorized，即未授权或信息已过期）。

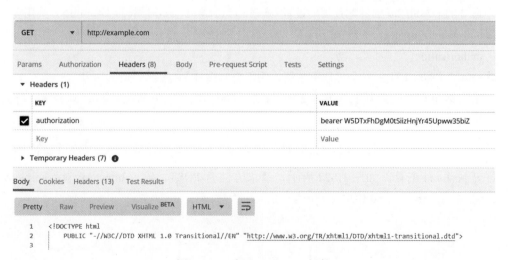

图 10-23　验证 OAuth 2.0 插件

10.4　安全防护

使用安全层插件可以轻松有效地保护你的站点服务免受非法访问和攻击。本节将介绍 3 种安全层插件，分别为 IP 限制、机器人检测、CORS。

10.4.1　IP 限制

IP 限制是通过将 IP 地址列入白名单或黑名单来限制其对服务的访问。可以设置单 IP 地址或多 IP 地址，或者以 CIDR（Classless Inter-Domain Routing，无分类域间路由选择）的方式设置 IP 范围。

(1) 在 example 服务中添加 IP 限制插件。先点击 Konga 管理工具左侧菜单的 SERVICES 按钮，然后在列表中点击 example-service，再在打开的页面上依次点击 Plugins→ADD PLUGIN→Security→ADD IP RESTRICTION 按钮，此时打开的添加 IP 限制插件界面如图 10-24 所示。

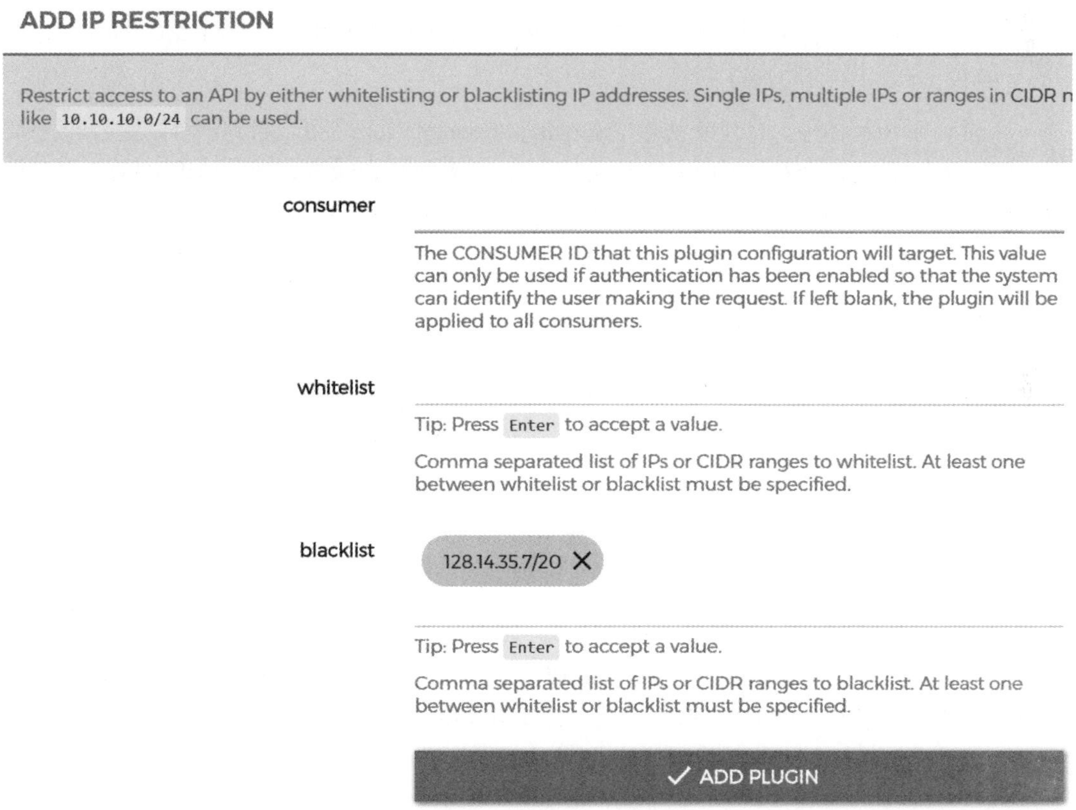

ADD IP RESTRICTION

Restrict access to an API by either whitelisting or blacklisting IP addresses. Single IPs, multiple IPs or ranges in CIDR n like `10.10.10.0/24` can be used.

consumer

The CONSUMER ID that this plugin configuration will target. This value can only be used if authentication has been enabled so that the system can identify the user making the request. If left blank, the plugin will be applied to all consumers.

whitelist

Tip: Press `Enter` to accept a value.

Comma separated list of IPs or CIDR ranges to whitelist. At least one between whitelist or blacklist must be specified.

blacklist

128.14.35.7/20 ✕

Tip: Press `Enter` to accept a value.

Comma separated list of IPs or CIDR ranges to blacklist. At least one between whitelist or blacklist must be specified.

✓ ADD PLUGIN

图 10-24　添加 IP 限制插件

下面简要介绍图 10-24 中各项的含义。

- consumer：目标消费者 ID。如果该项为空，则表示插件将应用于所有消费者。
- whitelist：添加 IP 地址列表或 CIDR 范围到白名单。至少须指定 whitelist 和 blacklist 其中的一个。
- blacklist：添加 IP 地址列表或 CIDR 范围到黑名单。至少须指定 whitelist 和 blacklist 其中的一个，在这里我们输入 CIDR 范围 128.14.35.7/20，其中前 20 位是网络前缀，后 12 位是主机号。将此范围换算成二进制，将主机号分别假设为全 0 和全 1 就可以得到 CIDR 地址块的最小地址和最大地址，算得该 CIDR 块的 IP 地址范围为 128.14.32.0 到 128.14.47.255，那么此设置将有 (47-32+1)×256=4096 个 IP 地址将被禁止访问（此处子网掩码为 255.255.240.0）。

请注意，白名单和黑名单是互斥的，也就是说，不能同时使用这两个名单来配置插件。白名单提供了一个正向的安全模型，在这个模型中，只有包含在已配置的 CIDR 块范围中的 IP 地址才会被允许访问资源，而所有其他的 IP 地址都被拒绝访问。反之，黑名单提供了一个反向的安全模型，在这个模型中，包含在已配置的 CIDR 块范围中的 IP 地址被明确地拒绝访问资源，而未经配置的其他 IP 地址却允许访问。

(2) 验证 IP 限制插件。打开浏览器，输入 http://example.com，可以看到没有设置的 IP 地址可以正常访问。反之，会看到返回 HTTP 状态码 403（表示 Forbidden，即被禁止访问），以及返回的消息 `Your IP address is not allowed` 表示你的 IP 地址不允许访问。

你也可以使用 `curl` 命令行或 postman 工具访问（请根据你的网络环境设置 IP 限制插件）：

```
$ curl http://example.com/
    HTTP/1.1 403
...
```

10.4.2　机器人检测

机器人检测可以保护服务不受大多数常见机器人（如爬虫工具/Web 测试工具/漏洞扫描工具）的攻击，读者可以通过自定义客户端请求标识将这些机器人列入白名单和黑名单。

(1) 在 example 服务中添加机器人检测插件。先点击 Konga 管理工具左侧菜单的 SERVICES 按钮，然后在列表中点击 example-service，再在打开的页面上依次点击 Plugins→ADD PLUGIN→Security→ADD BOT DETECTION 按钮，此时打开的添加机器人检测插件页面如图 10-25 所示。

下面简要介绍图 10-25 中各项的含义。

- consumer：目标消费者 ID。如果该项为空，则表示插件将应用于所有消费者。

- whitelist：白名单正则表达式，将根据 `User-Agent` 头检查它。
- blacklist：黑名单正则表达式，将根据 `User-Agent` 头检查它。常见的检查工具有 AWVS、AppScan、Netsparker、Nessus、sqlmap、webinspect、RSAS、WebReaver 等。

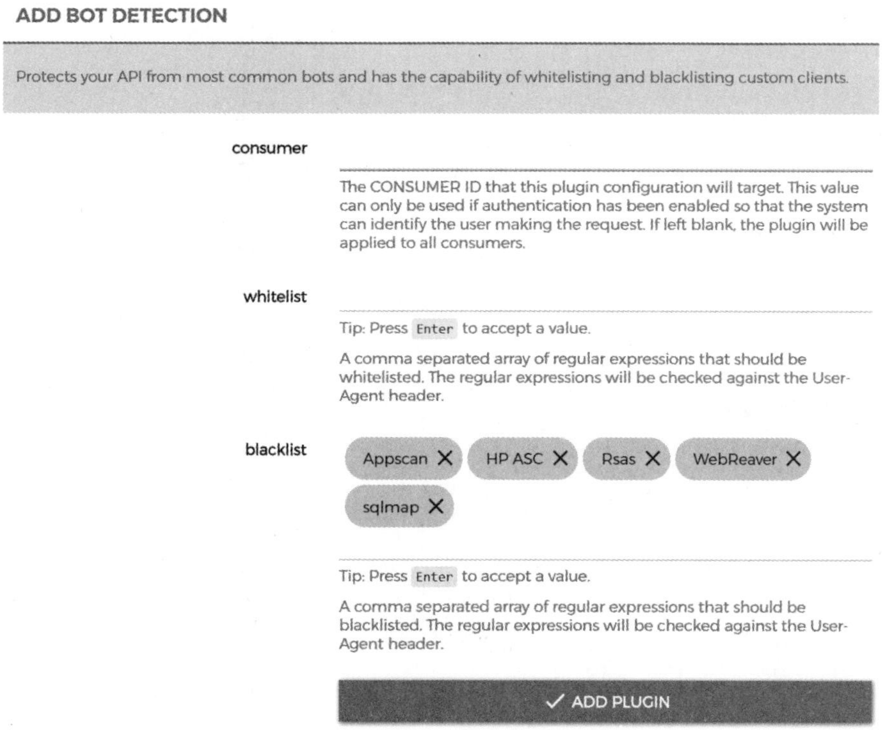

图 10-25　添加机器人检测插件

另外，Kong 也内置了默认正则表达式规则列表，将在每次接收到客户端请求时，根据这些规则进行检查，详情请读者通过 Kong 官网查看：

```
[[(facebookexternalhit)/(\d+)\.(\d+)]],           -- Facebook
[[Google.*/\+/web/snippet]],                      -- Google Plus
[[(Twitterbot)/(\d+)\.(\d+)]],                    -- Twitter
[[(Google-HTTP-Java-Client|Apache-HttpClient|http%20client|Python-urllib...],
                                                  -- Downloader
```

(2) 验证机器人检测插件。如图 10-26 所示，下载 IBM Security AppScan 来模拟机器人攻击，先点击左上角的 Scan 图标，之后添加目标扫描的域名 http://example.com，点击 OK 按钮即为添加成功；然后开启机器人检测插件，再点击 Scan 图标中的 Full Scan 就可以看到扫描全被拦截了。换言之，如果访问 http://example.com，则会看到返回的 HTTP 状态码 403（表示 Forbidden，即禁止访问），请结合 Fiddler 工具查看扫描过程或最终报告结果，如图 10-27 所示。

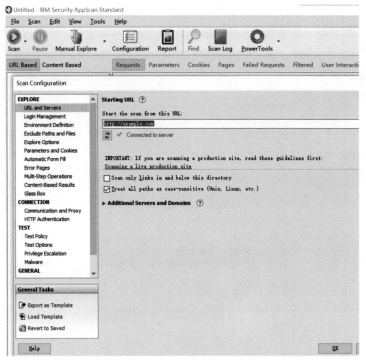

图 10-26 使用 IBM Security AppScan 来模拟机器人攻击

图 10-27 攻击被拦截的效果图

10.4.3 CORS

插件 CORS（Cross-origin resource sharing，跨域资源共享）可以直接添加到服务或路由中。

（1）在 example 服务中添加 CORS 插件。先点击 Konga 管理工具左侧菜单的 SERVICES 按钮，然后在列表中点击 example-service，再在打开的页面上依次点击 Plugins→ADD PLUGIN→Security→ADD CORS 按钮，此时打开的添加 CORS 插件页面如图 10-28 所示。

图 10-28　添加 CORS 插件

下面介绍一下图 10-28 中各项的含义。

- consumer：目标消费者 ID。如果该项为空，则表示插件将应用于所有消费者。
- origins：`Access-Control-Allow-Origin` 允许的域名列表。如果允许所有的来源，则可以直接设置"*"。也可以根据需要单独设置允许的域名或 PCRE 正则表达式。
- headers：`Access-Control-Allow-Headers` 允许的头列表，用于预检请求时让插件知道哪些 HTTP 头在实际请求时将被允许使用。
- exposed headers：`Access-Control-Expose-Headers` 的值，指定哪些 HTTP 头可以作为响应的一部分向外部公开。如果未指定该值，则表示将不会公开任何 HTTP 头。
- methods：`Access-Control-Allow-Methods` 允许的请求方法列表，用于预检请求时让插件知道哪些 HTTP 方法在实际请求时将被允许使用。因为预检请求始终是一个 OPTIONS，并且不使用与实际请求相同的方法，即第一条请求方法是 OPTIONS 请求，第二条请求方法才是实际发出的 POST 或 GET 请求。
- max age：用于指定要将预检请求的结果缓存多长时间，单位为秒。
- credentials：是否设置 `Access-Control-Allow-Credentials` 为 `true`，默认值是 `false`。
- preflight continue：是否将 OPTIONS 预检请求再代理到上游服务器。

（2）验证 CORS 插件。在非 http://example.com 的域名中发起前端 HTTP 跨域请求，如果设置了 CORS 插件，则可以正常访问；如果未设置，则浏览器会报 `Access to fetch at'http://example.com' from origin 'http://other-example.com' has been blocked by CORS policy` 错误，表示无法正常访问。

10.5 流量控制

使用流量控制插件可以很方便地管理入站和出站流量，从而达到限流和限频的目的。本节将介绍 2 种流量控制插件，分别用于请求大小限制和终止请求。在 12.2 节和 12.3 节中，我们将介绍更为灵活、智能的动态限频和下载限流。

10.5.1 请求大小限制

此插件用于阻止请求体大小大于指定配置的请求（以兆为单位）。出于一定的安全考虑，建议读者为站点开启此插件，以防止非法、恶意的 DoS（Denial of Service，拒绝服务）攻击。DoS 攻击会向服务器发送大量的垃圾信息或干扰信息，从而导致服务器无法向正常的用户提供服务。

（1）在 example 服务中添加请求大小限制插件。先点击 Konga 管理工具左侧菜单的 SERVICES 按钮，然后在列表中点击 example-service，再在打开的页面上依次点击 Plugins→ADD PLUGIN→

Security→ADD REQUEST SIZE LIMITING 按钮，此时打开的添加请求大小限制插件界面如图 10-29 所示。

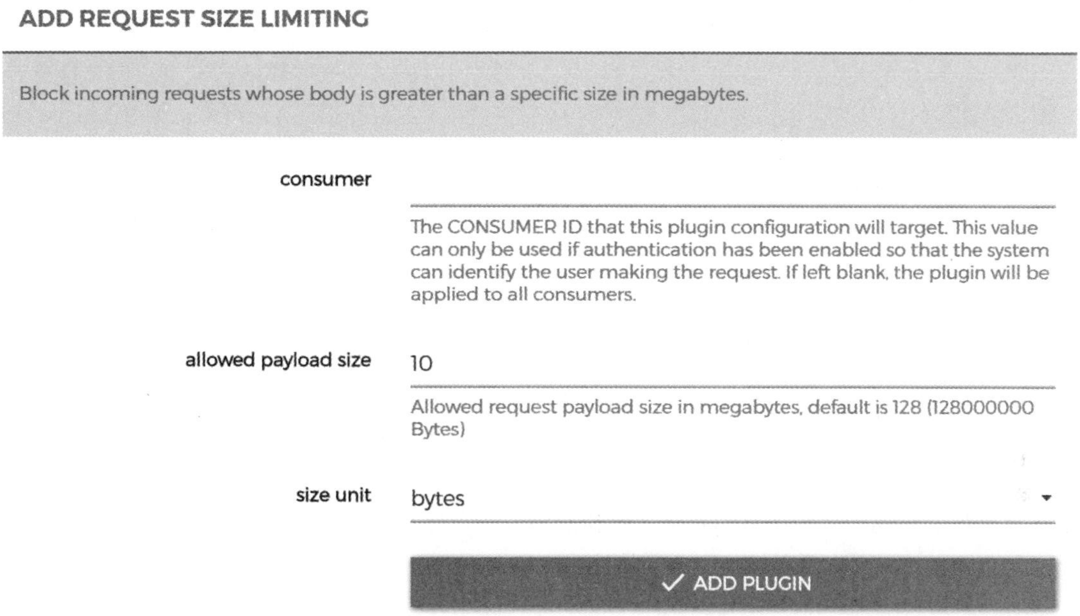

ADD REQUEST SIZE LIMITING

Block incoming requests whose body is greater than a specific size in megabytes.

consumer
The CONSUMER ID that this plugin configuration will target. This value can only be used if authentication has been enabled so that the system can identify the user making the request. If left blank, the plugin will be applied to all consumers.

allowed payload size 10
Allowed request payload size in megabytes, default is 128 (128000000 Bytes)

size unit bytes

✓ ADD PLUGIN

图 10-29　添加请求大小限制插件

下面简要介绍图 10-29 中各项的含义。

- consumer：目标消费者 ID。如果该项为空，则表示插件将应用于所有消费者。
- allowed payload size：所允许的请求有效负载的大小，默认值为 128（128000000）字节。为了便于演示，我们在这里设置其为 10 字节。
- size unit：单位大小，可以设置为 byte（字节）、kilobyte（千字节）或 megabyte（兆字节）。

请求大小限制插件将会先从请求头中检查 `content-length` 属性，并将其与设置的指定大小做比较。如果无此属性，再读取原始的请求体大小做比较。

(2) 验证请求大小限制插件。打开 postman 工具，输入 http://example.com，请求方法选择 POST，请求类型选择 x-www-form-urlencoded，发送的数据 data 取 0123456789（15 字节），然后可以看到返回的 HTTP 状态码 413（表示 Request Entity Too Large，即请求实体太大），以及返回的消息 `Request size limit exceeded`（表示请求大小超出限制），如图 10-30 所示。

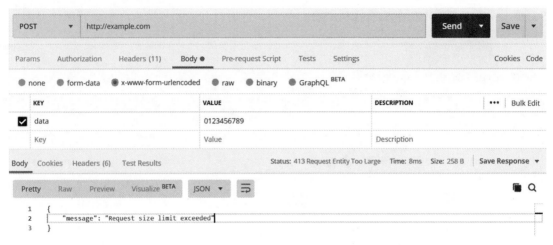

图 10-30　验证请求大小限制插件

10.5.2　终止请求

此插件通过返回指定的 HTTP 状态码和消息来终止传入的请求。并且允许你在升级、维护站点时或其他情况下，暂时停止客户端的访问。

(1) 在 example 服务中添加终止请求插件。先点击 Konga 管理工具左侧菜单的 SERVICES 按钮，然后在列表中点击 example-service，再在打开的页面上依次点击 Plugins→ADD PLUGIN→Security→ADD REQUEST TERMINATION 按钮，此时得到的添加终止请求插件界面如图 10-31 所示。

下面简要介绍图 10-31 中各项的含义。

❑ consumer：目标消费者 ID。如果该项为空，则表示插件将应用于所有消费者。
❑ status code：返回给客户端的状态码。这里填写的是 403。
❑ content type：返回给客户端的内容类型。其默认值：application/json; charset=utf-8。
❑ body：返回给客户端的响应体信息。该项与 message 互斥，两者只能设置一个。
❑ message：返回给客户端的消息。这里填写的是 Site upgrading, please wait......。

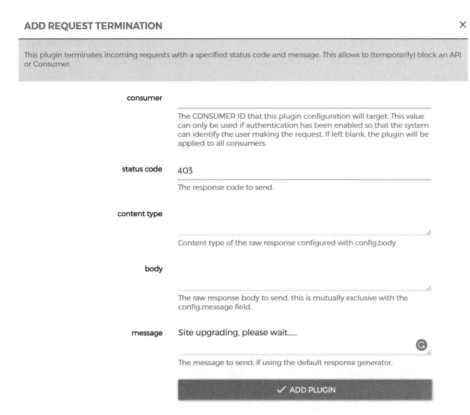

图 10-31　添加终止请求插件

（2）验证终止请求插件。打开 postman 工具，输入 http://example.com，请求方法选择 GET，可以看到返回 HTTP 状态码 403（表示 Forbidden，即禁止访问），以及返回的消息 `Site upgrading, please wait......`（表示站点正在升级中，请等待），如图 10-32 所示。

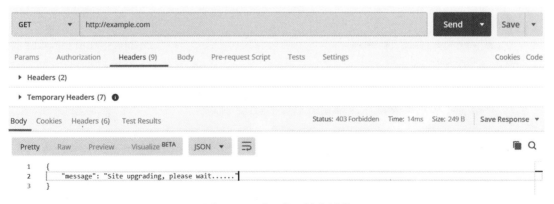

图 10-32　验证终止请求插件

10.6 无服务器架构

使用无服务器架构插件可以很方便地集成调用 FaaS（Function as a service，函数即服务）。本章将介绍 3 种无服务器架构插件，分别为外置亚马逊 AWS Lambda、微软云 Azure Functions、内置 Serverless Functions。

10.6.1 AWS Lambda

此插件用于调用 AWS Lambda 函数。

（1）登录亚马逊云服务，注册一个账号。先创建名为 LambdaExecutorlambda 函数的执行角色，再创建一个名为 KongInvoker 的用户，上传或在线编写所对应的函数代码段，Kong API 网关插件将在接收到客户端请求时，自动远程调用此函数。

AWS Lambda 支持 C#、Java、Python、Go、Node.js、Ruby 等开发语言，读者可以根据自己的需求选择对应的开发语言来创建函数服务，在此我们选择 Java 语言来创建一个名为 hellokong 的 AWS Lambda 函数，如图 10-33 和图 10-34 所示。

图 10-33　AWS Lambda 函数

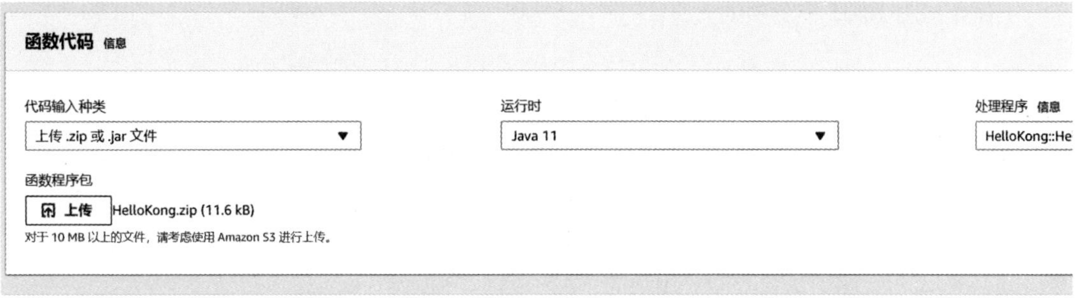

图 10-34　上传部署函数

(2) 在 example 服务中添加 AWS Lambda 插件。先点击 Konga 管理工具左侧菜单的 SERVICES 按钮，然后在列表中点击 example-service，再在打开的页面上依次点击 Plugins→ADD PLUGIN→Serverless→ADD AWS LAMBDA 按钮，此时得到的添加 AWS Lambda 插件页面如图 10-35 所示。

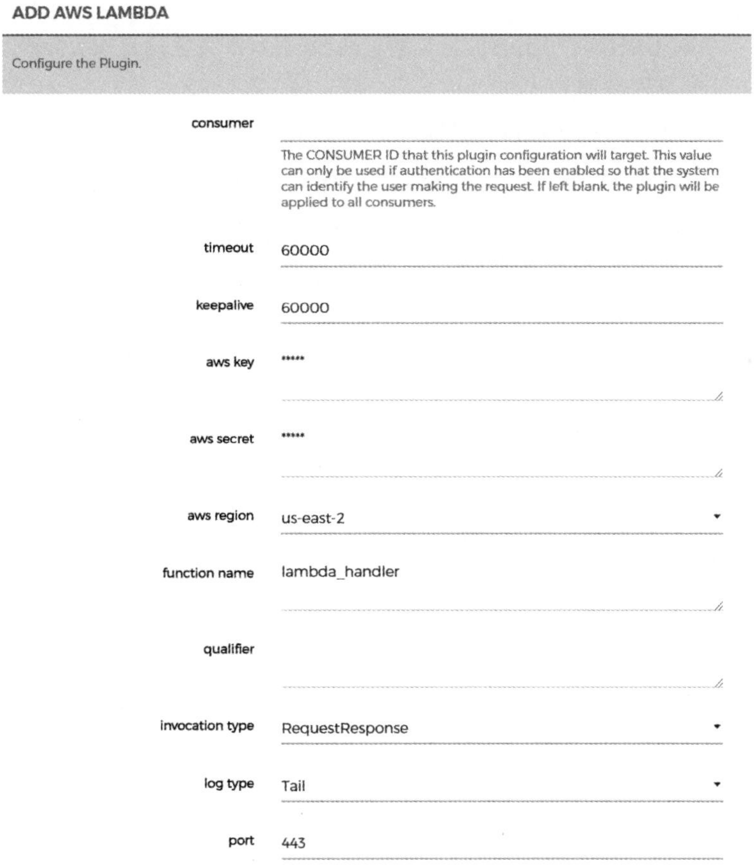

图 10-35　添加 AWS Lambda 插件

下面介绍图 10-35 中各项的含义。

- consumer：目标消费者 ID。如果该项为空，则表示插件将应用于所有消费者。
- timeout：与 AWS Lambda 服务器连接的超时时间（单位为毫秒）。
- keepalive：与 AWS Lambda 服务器之间的空闲连接的存活时间（单位为毫秒）。
- aws key：调用函数时需要用到的 AWS key(AWS 用户标识)。如果在 aws 中设置了 key 值，则说明调用时需要验证，所以这里也需要填写。
- aws secret：调用函数时需要用到的 AWS 密钥，和 AWS key 是一对。
- aws region：Lambda 函数所在的 AWS 区域。
- function name：调用的函数名称。
- qualifier：在调用函数时使用的限定符，用于指定版本或别名。
- invocation type：在调用函数时使用的类型。可用的类型有 RequestResponse（请求响应同步调用该函数）、Event（事件异步调用该函数）、DryRun（验证用户或角色是否有权调用该函数）。
- log type：在调用函数时使用的日志类型。None 表示没有任何日志、Tail 表示在响应后面有执行日志。其默认值为 Tail。
- port：连接服务器的 TCP 端口，其默认值为 443。

(3) 验证 AWS Lambda 插件。打开 postman 工具，输入 http://example.com，请求方法选择 GET，就可以看到返回的 HTTP 状态码 200，以及返回的消息：Hello, kong2020。另外，通过 AWS 测试工具进行测试，也可以运行成功，如图 10-36 所示。

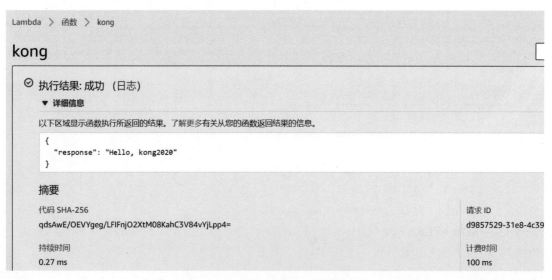

图 10-36　验证 AWS Lambda 插件

此时，打开浏览器，访问 http://example.com。虽然和平时打开该网址出来的结果一样，但是在内部已经被 Kong 代理到了创建的 AWS Lambda 函数的地址 https://u2imt****.execute-api.us-east-2.amazonaws.com/default/kong 中。

10.6.2　Azure Functions

Azure Functions 插件用于在无服务器的环境中执行函数代码，无须事先创建虚拟机或发布 Web 应用程序。该插件既可以用于调用 Azure Functions，又可以结合 Kong 的内置插件或自定义插件共同使用。

(1) 登录微软云服务，注册一个账号。如图 10-37 所示，创建 Azure Functions 服务，我们之后将创建一个名为 hello kong 的函数。

Azure Functions 支持 .NET Core、Java、Python、Node.js 等开发语言，读者可以根据自己的需求选择对应的开发语言来创建函数服务。

图 10-37　Azure Functions

(2) 在 example 服务中添加 Azure Functions 插件。先点击 Konga 管理工具左侧菜单的 SERVICES 按钮，然后在列表中点击 example-service，再在打开的页面上依次点击 Plugins→ADD PLUGIN→Serverless→ADD AZURE FUNCTIONS 按钮，此时得到的添加 Azure Functions 插件界面如图 10-38 所示。

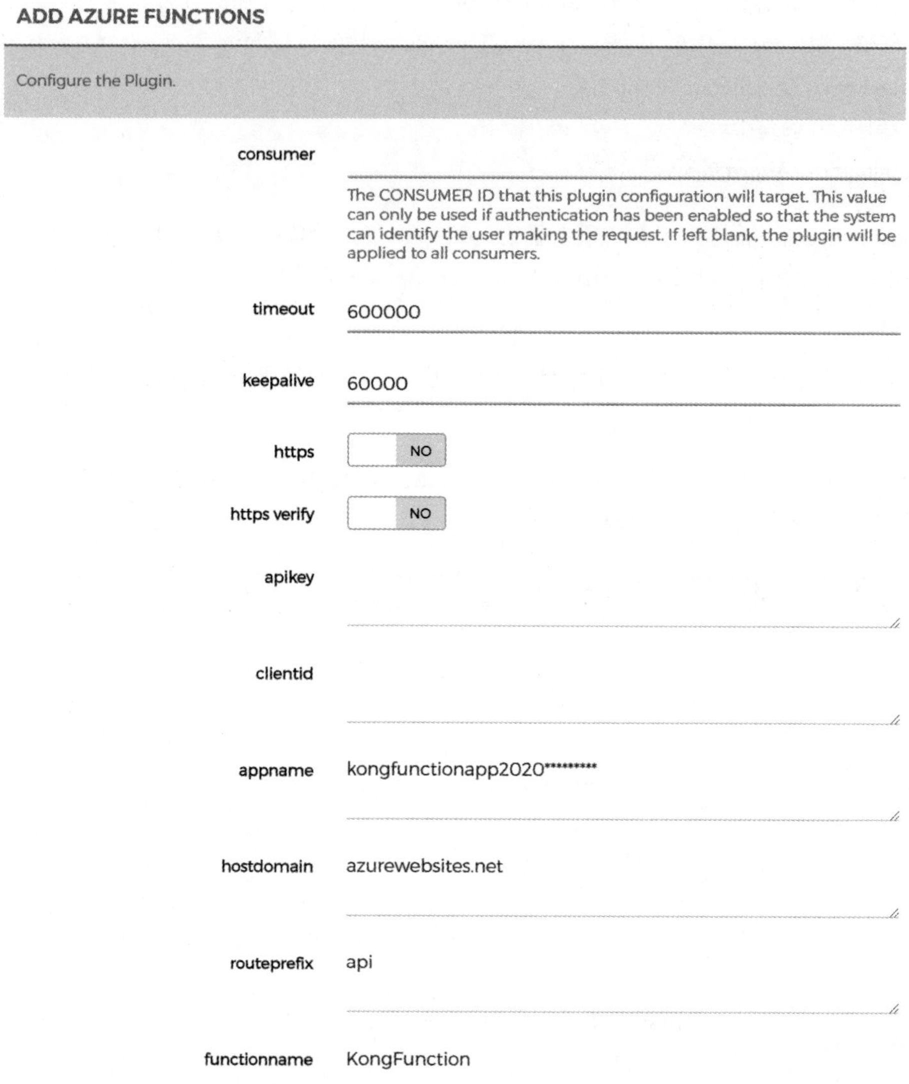

ADD AZURE FUNCTIONS

Configure the Plugin.

consumer	The CONSUMER ID that this plugin configuration will target. This value can only be used if authentication has been enabled so that the system can identify the user making the request. If left blank, the plugin will be applied to all consumers.
timeout	600000
keepalive	60000
https	NO
https verify	NO
apikey	
clientid	
appname	kongfunctionapp2020*********
hostdomain	azurewebsites.net
routeprefix	api
functionname	KongFunction

图 10-38　添加 Azure Functions 插件

下面简要介绍图 10-38 中各项的含义。

- consumer：目标消费者 ID。如果该项为空，则表示插件将应用于所有消费者。
- timeout：与 Azure Functions 服务器之间连接的超时时间（单位为毫秒）。
- keepalive：与 Azure Functions 服务器之间的空闲连接的存活时间（单位为毫秒）。
- https：可选项，表示是否使用 HTTPS 协议与 Azure Functions 服务器连接。
- https verify：可选项，若设置为 true，则表示要对 Azure Functions 服务器进行身份验证。

- apikey：访问资源的 API 密钥。如果提供该值，则它将作为 `x-functions-key` 头注入请求头中。
- clientid：访问资源的客户端 ID。如果提供该值，则它将作为 `x-functions-clientid` 头注入请求头中。
- appname：Azure 应用的名称。
- hostdomain：函数所在的域。
- routeprefix：路由前缀。
- functionname：所调用的 Azure 函数的名称。

(3) 验证 Azure Functions 插件。

打开 postman 工具，输入 http://example.com/?name=kong2020，请求方法选择 GET，可以看到返回的 HTTP 状态码 200，以及返回的消息 `Hello, kong2020`，如图 10-39 所示。

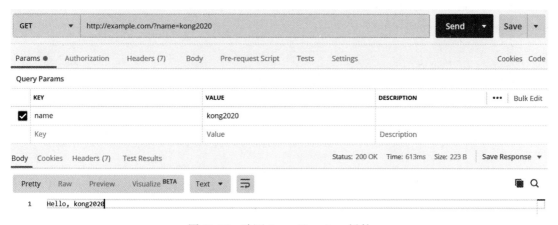

图 10-39　验证 Azure Functions 插件

此时，打开浏览器，访问 http://example.com/?name=kong2020。实际上其内部被 Kong 代理到了创建的 Azure Functions 的地址 https://kongfunctionapp2020**.azurewebsites.net/api/KongFunction?name=kong2020 中。

10.6.3　Serverless Functions

此插件在 Kong 的 access 阶段动态运行 Lua 代码，从而在无服务器的环境下调用 FaaS。它可以动态地改变请求头、动态地生成 html 页面或实现自定义的逻辑等。插件之所以可以动态地运行 Lua 代码是因为其内部使用了 loadstring 函数，将会在首次调用该函数时加载 Lua 代码并进行内部编译。

Serverless Functions 提供 Pre Function 和 Post Function 两个独立的插件，它们在插件链中以不同的优先级运行。

❑ Pre Function：在 Kong 的 access 阶段，在其他插件之前运行，即最先运行。
❑ Post Function：在 Kong 的 access 阶段，在其他插件之后运行，即最后运行。

(1) 在 example 服务中添加 Serverless Pre/Post Function 插件。先点击 Konga 管理工具左侧菜单的 SERVICES 按钮，然后在列表中点击 example-service，再在打开的页面上分别依次点击 Plugins→ADD PLUGIN→Serverless→ADD PRE FUNCTION 和 ADD POST FUNCTION 按钮。此时打开的添加 Serverless Pre Function 插件页面和添加 Serverless Post Function 插件页面分别如图 10-40 和图 10-41 所示。

先来添加 Pre Function 插件，此插件在客户端请求调用时将在响应报文的头中添加 x-custom-pre-function：before 信息。

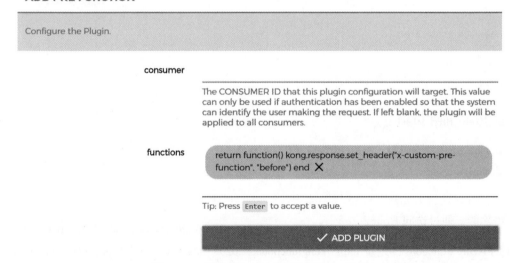

图 10-40　添加 Serverless Pre Function 插件

Lua 代码 custom-pre-function.lua 如下：

```
return function()
    kong.response.set_header("x-custom-pre-function", "before")
end
```

再添加 Post Function 插件，此插件在客户端请求调用时将在响应报文的头中添加 x-custom-post-function：after 信息。

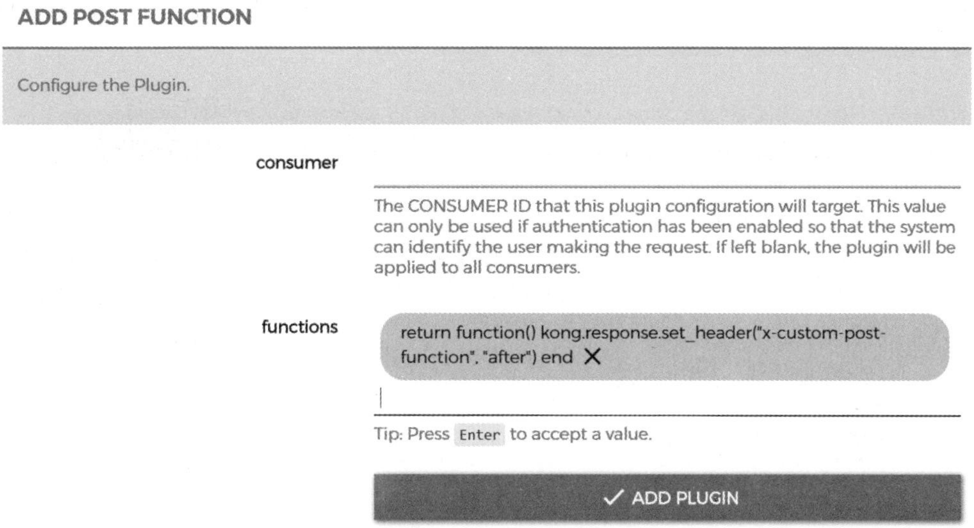

10.6 无服务器架构

图 10-41 添加 Serverless Post Function 插件

Lua 代码 custom-post-function.lua 如下：

```
return function()
    kong.response.set_header("x-custom-post-function", "after")
end
```

图 10-40 和图 10-41 中的各项要素相同，下面简要介绍一下它们的含义。

- consumer：目标消费者 ID。如果该项为空，则表示插件将应用于所有消费者。
- functions：在 access 阶段按顺序运行的 Lua 代码，可以同时设置多个函数代码段。

除了可以使用 Konga 管理工具添加插件外，在代码较多的情况下，还可以使用 curl 的文件上传功能，通过访问 Kong Admin API 来添加插件：

```
$ curl -i -X POST http://localhost:8001/services/example-service/plugins \
    -F "name=pre-function" \
    -F "config.functions=@custom-pre-function.lua"

$ curl -i -X POST http://localhost:8001/services/example-service/plugins \
    -F "name=post-function" \
    -F "config.functions=@custom-post-function.lua"
```

(2) 验证 Serverless Pre/Post Function 插件。如图 10-42 所示，打开 postman 工具，输入 http://example.com，请求方法选择 GET，可以看到返回的 HTTP 状态码 200，并且在请求返回的头中有如下信息。

- x-custom-pre-function：before。
- x-custom-post-function：after。

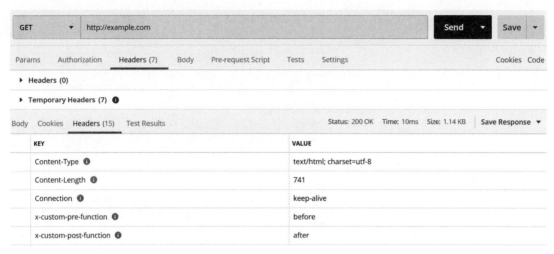

图 10-42　添加 Serverless Pre/Post Function 插件

10.7　分析监控

使用分析监控插件可以很方便地可视化检查和监视微服务的流量与各种监控指标。本节将介绍 2 种分析监控插件，分别为 Prometheus 和 Zipkin。

10.7.1　Prometheus

此插件以 Prometheus 的数据格式公开 Kong 的相关度量指标，可以先通过 Prometheus 服务器进行抓取，然后通过 Grafana 工具进行可视化的指标监控和度量分析。

度量指标（metric）由三部分组成，分别是 metric name（指标名称）、label（标签）和 sample value（样本值），其参考格式如下：

```
<metric name>{<label name>=<label value>, ...} sample value
```

（1）添加 Prometheus 全局插件。先点击 Konga 管理工具左侧菜单的 PLUGINS 按钮，再在打开的页面上依次点击 Add Global Plugins→Analytics & Monitoring→ADD PROMETHEUS 按钮，此时得到的添加 Prometheus 插件界面如图 10-43 所示。

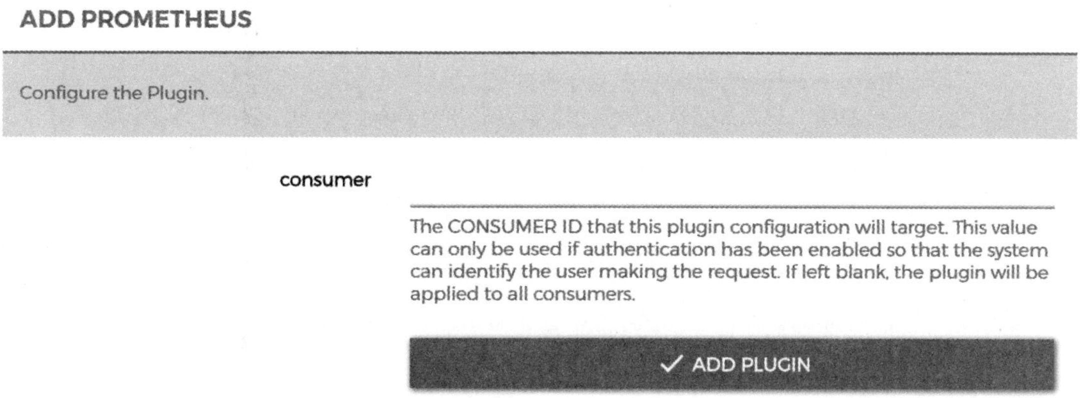

ADD PROMETHEUS

Configure the Plugin.

consumer

The CONSUMER ID that this plugin configuration will target. This value can only be used if authentication has been enabled so that the system can identify the user making the request. If left blank, the plugin will be applied to all consumers.

✓ ADD PLUGIN

图 10-43 添加 Prometheus 插件

在图 10-43 中，consumer 表示目标消费者 ID。如果该项为空，则插件将应用于所有消费者。

(2) 验证 Prometheus 插件。打开浏览器，输入 http://kong-admin-api:8001/metrics，此时将显示如下指标集信息：

```
# kong_bandwidth_total 是 Kong 中所有代理请求的总带宽（以字节为单位）
# kong_bandwidth_total 计数器
kong_bandwidth_total{type="egress"} 117410
kong_bandwidth_total{type="ingress"} 32070

# kong_bandwidth 是每种服务单独在 Kong 中消耗的总带宽（以字节为单位）
# kong_bandwidth 计数器
kong_bandwidth{type="egress",service="example-service"} 86606
kong_bandwidth{type="ingress",service="example-service"} 20391

# kong_datastore_reachable 用于指示是否可以从 Kong 中访问数据存储。若其值为 0，则表示不可以
# kong_datastore_reachable 计数器
kong_datastore_reachable 1

# kong_http_status_domain Kong 的每个路由域名的 HTTP 状态码
# kong_http_status_domain 计数器
kong_http_status_domain{code="200",domain="example.com"} 46

# kong_http_status_total 是所有服务中聚合的 HTTP 状态码总数
# kong_http_status_total 计数器
kong_http_status_total{code="200"} 97

# kong_http_status_upstream 是 Kong 上游每个服务的 HTTP 状态码
# kong_http_status_upstream 计数器
kong_http_status_upstream{code="200",service="example-service",upstream=
    "192.168.8.172:89",path="/"} 46

# kong_http_status 是每个 Kong 服务的 HTTP 状态码
# kong_http_status 计数器
```

```
kong_http_status{code="200",service="example-service"} 46

# HTTP 连接数集合信息
# kong_nginx_http_current_connections 计数器
kong_nginx_http_current_connections{state="accepted"} 10665
kong_nginx_http_current_connections{state="active"} 5
kong_nginx_http_current_connections{state="handled"} 10665
kong_nginx_http_current_connections{state="reading"} 0
kong_nginx_http_current_connections{state="total"} 103685
kong_nginx_http_current_connections{state="waiting"} 4
kong_nginx_http_current_connections{state="writing"} 1
```

关于 Prometheus 的数据抓取与 Grafana 工具的集成配置的详细信息，请查阅第 8 章。

10.7.2　Zipkin

此插件用于向 Zipkin（分布式链路追踪系统）报告 Kong 的时序和跟踪数据，其中的跟踪数据包括跟踪 ID（TraceID）、Kong 的所属节点、请求地址、请求方法、请求状态、所属服务、所属路由、上游目标服务器地址、开始时间、延迟、跟踪范围和深度等信息。将这些信息报告给 Zipkin 后，就可以通过 Zipkin 解决定位访问延迟的问题，从而达到链路调用监控跟踪的目的。

（1）安装并启动 Zipkin：

```
$ docker pull openzipkin/zipkin:2.19.2
$ docker run -p 9411:9411 openzipkin/zipkin:2.19.2
```

访问 http://your.zipkin.collector:9411 打开 Zipkin 链路追踪查询界面，如图 10-44 所示，可以看到服务名、执行时间、Span 名称、远程服务名以及自定义查询条件等信息。

图 10-44　Zipkin 链路追踪查询界面

（2）添加 Zipkin 全局插件。点击 Konga 管理工具左侧菜单的 PLUGINS 按钮，在打开的页面上依次点击 Add Global Plugins→Analytics & Monitoring→ADD ZIPKIN 按钮，此时得到的添加 Zipkin 链路追踪插件界面如图 10-45 所示。

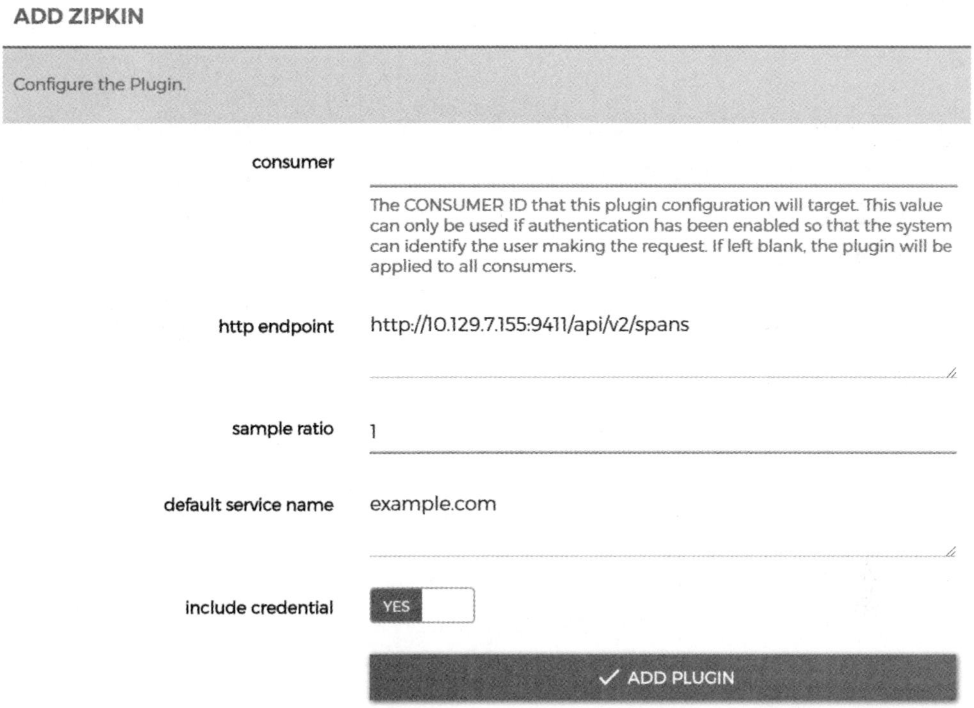

图 10-45　添加 Zipkin 链路追踪插件

下面简要介绍图 10-45 中各项的含义。

- consumer：目标消费者 ID。如果该项为空，则表示插件将应用于所有消费者。
- http endpoint：Zipkin 服务器用于接收数据的入口点。
- sample ratio：样本采样率。若其值设置为 0，则表示关闭采样；设置为 1，则表示对所有的请求进行采样。其默认值：0.001。
- default service name：默认的服务名称 example.com。
- include credential：是否将目前身份验证的消费者凭据包含元数据发送给 Zipkin 服务器。

(3) 验证 Zipkin 链路追踪插件。打开浏览器，输入 http://your.zipkin.collector:9411/zipkin/ 可以搜索 example.com 的数据，也可以查看服务之间的依赖关系图，如图 10-46 所示。建议根据跟踪 ID，将更多上游服务器中的信息发送给 Zipkin 服务器，这样就可以串联起整个请求的调用链路了。

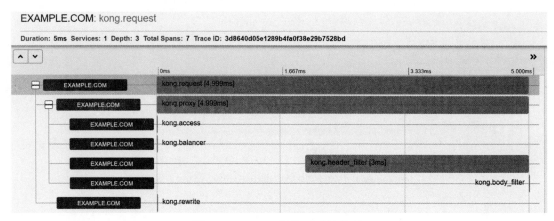

图 10-46　Zipkin 链路追踪效果图

10.8　信息转换器

使用信息转换器插件，可以任意动态地添加、修改、删除所有的请求和响应信息。本节将介绍 3 种转换器插件，分别为请求转换器、响应转换器、Correlation ID。

10.8.1　请求转换器

请求转换器插件可以在客户端请求发送到上游服务器之前，转换修改所发送的请求。此插件可以对 `body`、`header`、`querystring`、`url` 等参数进行删除 → 重命名 → 替换 → 添加 → 附加操作（按此顺序）。

在正式添加请求转换器插件之前，访问：http://example.com/return/raw?q1=v1，可以看到返回的内容为原始请求的请求 URL 和请求头。

服务器端的 ReturnRawController.java 代码如下（代码可以通过本书前言提供的方式下载）：

```
// http://localhost:8000/return/raw
// 结果为返回原始的请求 URL 和请求头
@RequestMapping(value = "raw", produces = { "application/json" })
public String getRaw(HttpServletRequest request) {
    String url = "";
    url = request.getScheme() +"://" + request.getServerName()
        + ":" +request.getServerPort() + request.getServletPath();
    if (request.getQueryString() != null){
        url += "?" + request.getQueryString();
    }
    String header = "";
    Enumeration<String> headerNames= request.getHeaderNames();
    while (headerNames.hasMoreElements()) {
```

```
            String headerName = headerNames.nextElement();
            header += headerName + " : " + request.getHeader(headerName) + "\n";
        }
        System.out.println(url);
        System.out.println(header);

        return url + "\n" + header;
    }
```

下面我们来演示在请求的过程中添加请求头 h2=v2 和查询字符串 q2=v2。

(1) 在 example 服务中添加请求转换器插件。点击 Konga 管理工具左侧菜单的 SERVICES 按钮，然后在列表中点击 example-service，再在打开的页面上依次点击 Plugins→ADD PLUGIN→Transformations→ADD REQUEST TRANSFORMER 按钮。此时得到的添加请求转换器插件界面如图 10-47 所示。

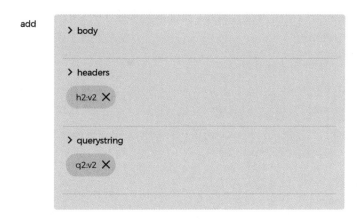

图 10-47　添加请求转换器插件

图 10-47 表示的是，在客户端请求发送到上游服务器之前，先在其中添加新的请求头 h2=v2 和查询字符串 q2=v2。

对于请求体的操作，请求的内容类型必须是这 3 种之一 ——application/json、multipart/form-data、application/x-www-form-urlencoded，这里我们暂时不填写。

(2) 验证请求转换器插件。现在再次刷新 http://example.com/return/raw?q1=v1，如图 10-48 所示，可以看到返回的内容中多了新添加的 h2=v2 和 q2=v2。

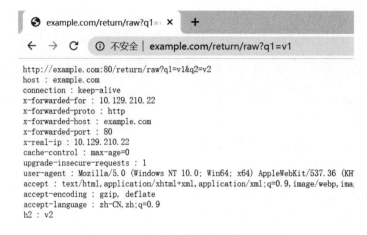

图 10-48　验证请求转换器插件的效果图

除此之外，读者还可以使用当前请求头、查询参数和捕获的 URL 组以模板的方式作为值来任意填充变换 body、header、querystring、url，方便地处理、调整请求数据。

- $(headers["<Header-Name>"])
- $(query_params["<query-param-name>"])
- $(uri_captures["<group-name>"])

更多示例如下所示，这些是对客户端请求进行请求头、查询字符串、请求体的移除、重命名和添加等操作：

```
$ curl -X POST http://kong:8001/services/{service}/plugins \
    --data "name=request-transformer" \
    --data "config.remove.headers=x-toremove" \
    --data "config.remove.querystring=qs-name" \
    --data "config.remove.body=formparam-toremove" \
    --data "config.rename.headers=header-old-name:header-new-name" \
    --data "config.rename.querystring=qs-old-name:qs-new-name" \
    --data "config.rename.body=param-old:param-new" \
    --data "config.add.headers=x-new-header:value" \
    --data "config.add.querystring=new-param:some_value" \
    --data "config.add.body=new-form-param:some_value"
```

10.8.2　响应转换器

响应转换器插件可以在上游服务器端的响应返回给客户端之前，转换修改所发送的响应。它可以对 body、header 等参数进行删除→重命名→替换→添加→附加操作（按此顺序）。

(1) 在 example 服务中添加响应转换器插件。先点击 Konga 管理工具左侧菜单的 SERVICES 按钮，然后在列表中点击 example-service，再在打开的页面上依次点击 Plugins→ADD PLUGIN→

Transformations→ADD RESPONSE TRANSFORMER 按钮。此时得到的添加响应转换器插件页面如图 10-49 所示，此图表示的是在服务器端的响应返回给客户端之前，先在其中添加新响应头 h3=v3。

add
json
json_types
headers
h3:v3

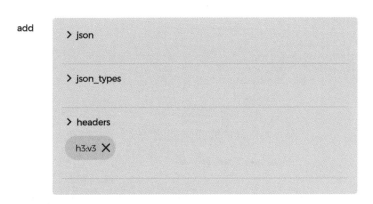

图 10-49 添加响应转换器插件

(2) 验证响应转换器插件。现在再次刷新 http://example.com/return/raw?q1=v1，如图 10-50 所示，可以看到返回的响应头中多了 h3：v3（Chrome 浏览器按 F12 键）。

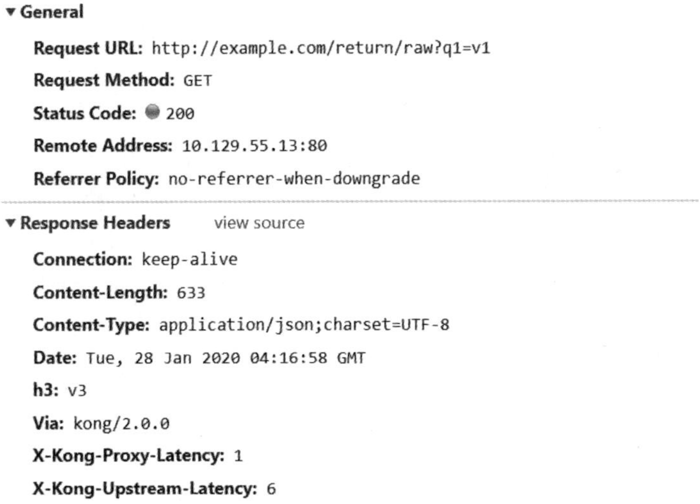

General
Request URL: http://example.com/return/raw?q1=v1
Request Method: GET
Status Code: 200
Remote Address: 10.129.55.13:80
Referrer Policy: no-referrer-when-downgrade
Response Headers view source
Connection: keep-alive
Content-Length: 633
Content-Type: application/json;charset=UTF-8
Date: Tue, 28 Jan 2020 04:16:58 GMT
h3: v3
Via: kong/2.0.0
X-Kong-Proxy-Latency: 1
X-Kong-Upstream-Latency: 6

图 10-50 验证响应转换器插件的效果图

10.8.3 Correlation ID

此插件通过头信息传递唯一的跟踪 ID，进而将整个请求和响应的过程关联起来。

(1) 在 example 服务中添加 Correlation ID 插件。先点击 Konga 管理工具左侧菜单的 SERVICES 按钮，然后在列表中点击 example-service，再在打开的页面上依次点击 Plugins→ADD PLUGIN→Transformations→ADD CORRELATION ID 按钮，此时得到的添加 Correlation ID 插件界面如图 10-51 所示。

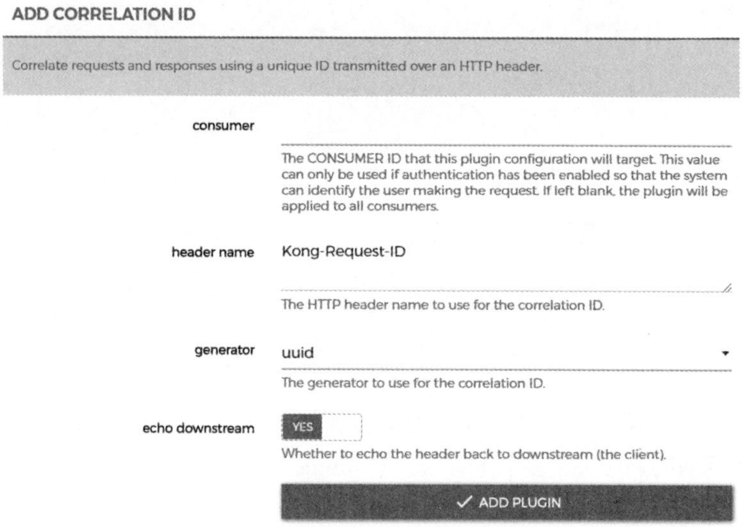

图 10-51　添加 Correlation ID 插件

下面简要介绍图 10-51 中各项的含义。

- consumer：目标消费者 ID。如果该项为空，则表示插件将应用于所有消费者。
- header name：Correlation ID 用到的 HTTP 头的名称，其默认值为 `Kong-Request-ID`。此时如果客户端的请求中已经存在带有相同名称的请求头，则并不会覆盖。
- generator：Correlation ID 用到的生成器。其接受的值有 `uuid`、`uuid#counter` 和 `tracker`。
- echo downstream：是否将头返回给下游，即发送请求的客户端。

下面介绍一种 Correlation ID 用到的生成器——UUID 生成器，其相关信息如下。

- `uuid`

    格式：`xxxxxxxx-xxxx-xxxx-xxxx-xxxxxxxxxxxx`。

    说明：每个请求都以十六进制的形式生成一个 UUID。

- `uuid#counter`

    格式：`xxxxxxxx-xxxx-xxxx-xxxx-xxxxxxxxxxxx#counter`。

    说明：每个工作进程都将生成一个 UUID，再次请求只要在 # 字符后添加计数器值即可。计数器的值从 0 开始，且每个工作进程分别计数。

- tracker

  格式：`ip-port-pid-connection-connection_requests-timestamp`。

对此格式中各参数的说明如表 10-2 所示。

表 10-2 对各参数的说明

形式参数	描述
`ip`	接收请求的服务器 IP 地址
`port`	接收请求的服务器端口
`pid`	Nginx 工作进程的 pid
`connection`	连接的序列号
`connection_requests`	通过连接发出的请求数
`timestamp`	当前时间戳的时间（以秒为单位，包括小数部分的毫秒）

(2) 验证 Correlation ID 插件。访问 http://example.com，就可以看到返回的头内容，此插件可以串联起所有的后端服务，你也可以组织数据然后将它们发送至 Zipkin（分布式链路追踪系统）中，进行进一步的统计和分析。

以下是在返回的响应头内容中关于 `Kong-Request-ID` 的信息。

- `Kong-Request-ID:28de8133-7d0f-4249-891d-d846b19a14ee`
- `Kong-Request-ID:2e73f23b-fb43-4fc3-a222-8f4b373d2f9b#18`
- `Kong-Request-ID:192.168.15.13-80-12403-2737915-20-1580300026.323`

10.9 日志记录

使用日志记录插件，可以很方便地记录在传输、请求和响应过程中的所有上下文数据信息。本节将介绍 4 种日志记录插件，分别为 UDP 日志、HTTP 日志以及扩展的 Kafka 日志和 MySQL 日志。

10.9.1 UDP 日志

此插件用于将请求和响应数据以及上下文信息发送到 UDP 服务器。因为相比于 TCP，UDP 不需要在发送数据前进行三次握手以建立连接，也没有确认、窗口、重传、拥塞控制等机制，所以它传输效率高，具有较好的实时性。在内网且网络质量较好的情况下，UDP 非常适合于日志传输。

(1) 在 example 服务中添加 UDP 日志插件。先点击 Konga 管理工具左侧菜单的 SERVICES 按钮，然后在列表中点击 example-service，再在打开的页面上依次点击 Plugins→ADD PLUGIN→Logging→ADD UDP LOG 按钮，此时得到的添加 UDP 日志插件界面如图 10-52 所示。

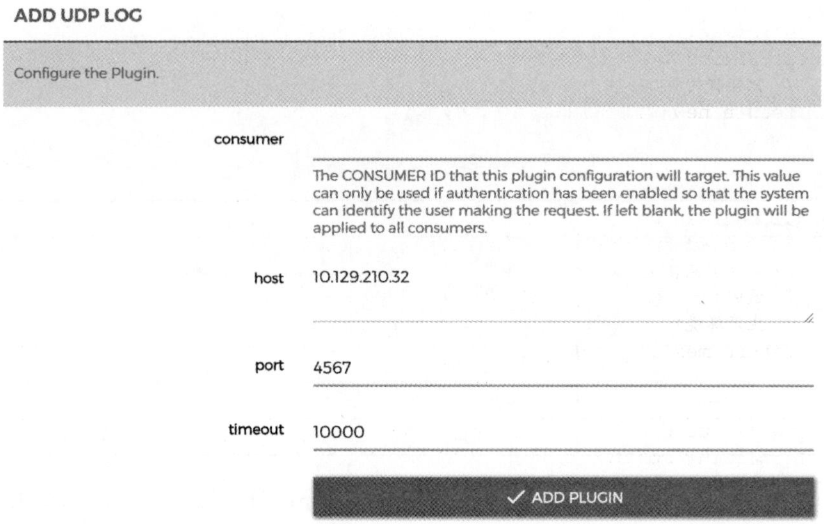

ADD UDP LOG

Configure the Plugin.

consumer　　The CONSUMER ID that this plugin configuration will target. This value can only be used if authentication has been enabled so that the system can identify the user making the request. If left blank, the plugin will be applied to all consumers.

host　　10.129.210.32

port　　4567

timeout　　10000

✓ ADD PLUGIN

图 10-52　添加 UDP 日志插件

下面简要介绍图 10-52 中各项的含义。

- consumer：目标消费者 ID。如果该项为空，则表示插件将应用于所有消费者。
- host：目标 IP 地址或主机名。
- port：目标端口。
- timeout：发送数据时的超时时间，为可选项（单位为毫秒）。

UDP 服务器端代码如下（可以通过本书前言提供的方式下载）：

```java
package kong.training.rest;

import org.springframework.boot.autoconfigure.EnableAutoConfiguration;
import org.springframework.context.annotation.Bean;
import org.springframework.integration.annotation.Filter;
import org.springframework.integration.annotation.Router;
import org.springframework.integration.annotation.ServiceActivator;
import org.springframework.integration.annotation.Transformer;
import org.springframework.integration.ip.udp.UnicastReceivingChannelAdapter;
import org.springframework.messaging.Message;

@EnableAutoConfiguration
public class UDPReceiveConfig {
    @Bean
    public UnicastReceivingChannelAdapter getUnicastReceivingChannelAdapter() {
        UnicastReceivingChannelAdapter adapter =
            new  UnicastReceivingChannelAdapter(4567);
        adapter.setOutputChannelName("udp");
        return adapter;
    }
```

```java
@Transformer(inputChannel="udp",outputChannel="udpString")
public String transformer(Message<?> message) {
    // 把接收的数据转化为字符串
    return new String((byte[])message.getPayload());
}

@Filter(inputChannel="udpString",outputChannel="udpFilter")
public boolean filter(String message) {
    // System.out.println("filter:" + message);
    // 只处理包含有 Kong 的报文，反之不处理且直接过滤掉
    // 返回 true 表示处理，返回 false 表示不处理
    // 生产环境中，建议直接返回 true
    return message.contains("kong");
}

@Router(inputChannel="udpFilter")
public String routing(String message) {
    // 当接收数据包含 kong 时
    if(message.contains("kong")) {
        return "KongUDPRoute";
    }
    else {
        return "OtherUDPRoute";
    }
}

@ServiceActivator(inputChannel="KongUDPRoute")
public void udpMessageHandle(String message) {
    System.out.println("kong udp:" +message);
}

@ServiceActivator(inputChannel="OtherUDPRoute")
public void udpMessageHandle2(String message) {
    System.out.println("other udp:" +message);
}

}
```

(2) 验证插件。访问 http://example.com，可以看到 UDP 服务器中打印出以下日志信息：

```
{
    "latencies": {
        "request": 6,
        "kong": 0,
        "proxy": 6
    },
    "service": {
        "host": "example.com",
        "created_at": 1580008263,
        "connect_timeout": 60000,
        "id": "b777e8cd-fa62-4e49-8f86-b039f26eee91",
        "protocol": "http",
        "name": "example-service",
```

```
            "read_timeout": 60000,
            "port": 80,
            "updated_at": 1580009229,
            "write_timeout": 60000,
            "retries": 5
        },
        "request": {
            "querystring": {},
            "size": "445",
            "uri": "/",
            "url": "http://example.com:80/",
            "headers": {
                "host": "example.com",
                "accept-language": "zh-CN,zh;q=0.9",
                "accept-encoding": "gzip, deflate",
                "user-agent": "Mozilla/5.0 (Windows NT 10.0; Win64; x64)",
                "connection": "keep-alive",
                "accept": "text/html,application/xhtml+xml,application/xml;",
                "cache-control": "max-age=0",
                "upgrade-insecure-requests": "1"
            },
            "method": "GET"
        },
        "client_ip": "192.168.210.32",
        "tries": [
            {
                "balancer_latency": 0,
                "port": 88,
                "balancer_start": 1580196121229,
                "ip": "192.168.8.172"
            }
        ],
        "upstream_uri": "/",
        "response": {
            "headers": {
                "content-type": "text/html; charset=utf-8",
                "connection": "close",
                "vary": "Accept-Encoding",
                "cache-control": "private",
                "content-length": "738",
                "via": "kong/2.0.0",
                "x-kong-proxy-latency": "0",
                "x-kong-upstream-latency": "6",
                "content-encoding": "gzip"
            },
            "status": 200,
            "size": "1099"
        },
        "route": {
            "id": "32d72bd2-34b2-40a1-868a-185812ab0b91",
            "path_handling": "v0",
            "paths": [],
            "protocols": [
                "http",
```

```
            "https"
        ],
        "methods": [],
        "service": {
            "id": "b777e8cd-fa62-4e49-8f86-b039f26eee91"
        },
        "strip_path": false,
        "preserve_host": true,
        "regex_priority": 0,
        "updated_at": 1580184667,
        "hosts": [
            "example.com"
        ],
        "https_redirect_status_code": 426,
        "created_at": 1580008285
    },
    "started_at": 1580196121229
}
```

对上述 JSON 对象的说明如下。

- `request`：包含客户端发送的请求信息。
- `response`：包含发送给客户端的响应信息。
- `tries`：包含负载均衡器对此请求重试的信息（成功和失败）。
- `route`：包含请求匹配到的对应路由的信息。
- `service`：包含与请求和路由相关联的服务的信息。
- `authenticated_entity`：包含与已认证凭据有关的 Kong 的信息（如果已启用身份验证插件）。
- `consumer`：包含经过身份验证的消费者信息（如果已启用身份验证插件）。
- `latencies`：包含如下有关延迟的一些数据。
  - `proxy` 是最终服务处理请求所花费的时间。
  - 运行所有插件的 Kong 延迟。
  - `request` 是从客户端读取第一字节到将最后一字节发送到客户端之间经过的时间。对于检测那些访问客户端慢的用户非常有用。
- `client_ip`：包含原始客户端的 IP 地址。
- `started_at`：包含开始处理请求时间的 UTC 时间戳。

10.9.2　HTTP 日志

此插件用于将请求和响应数据以及上下文信息发送到 HTTP 服务器。

（1）在 example 服务中添加 HTTP 日志插件。先点击 Konga 管理工具左侧菜单的 SERVICES 按钮，然后在列表中点击 example-service，再在打开的页面上依次点击 Plugins→ADD PLUGIN→

Logging→ADD HTTP LOG 按钮，此时得到的添加 HTTP 日志插件界面如图 10-53 所示。

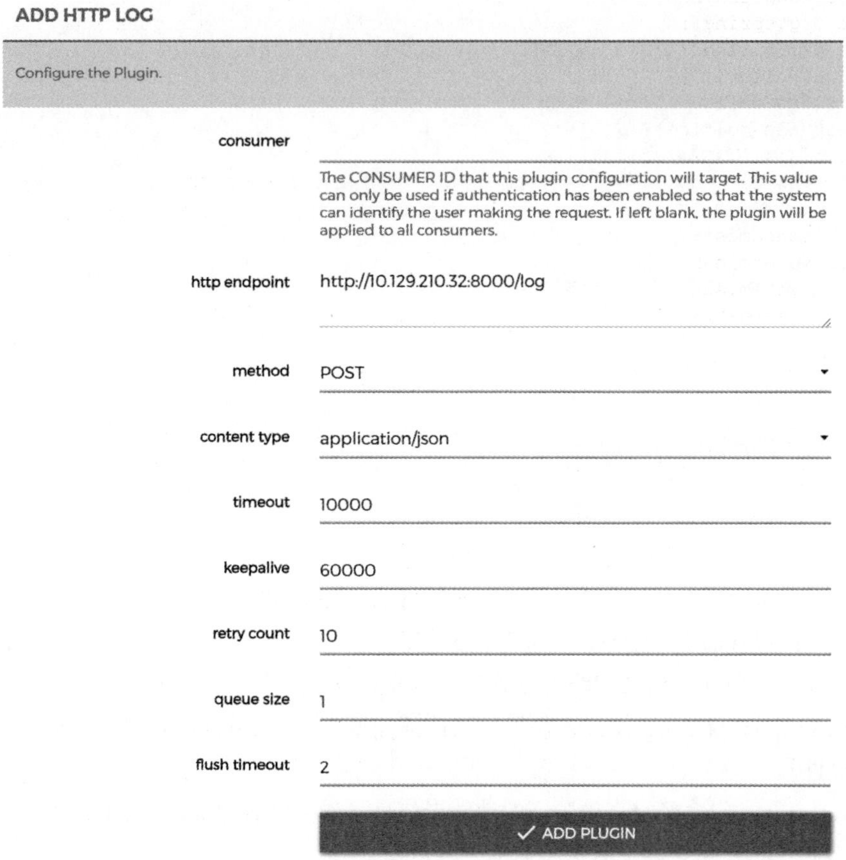

ADD HTTP LOG

Configure the Plugin.

consumer	The CONSUMER ID that this plugin configuration will target. This value can only be used if authentication has been enabled so that the system can identify the user making the request. If left blank, the plugin will be applied to all consumers.
http endpoint	http://10.129.210.32:8000/log
method	POST
content type	application/json
timeout	10000
keepalive	60000
retry count	10
queue size	1
flush timeout	2

✓ ADD PLUGIN

图 10-53　添加 HTTP 日志插件

下面简要介绍图 10-53 中各项的含义。

- consumer：目标消费者 ID。如果该项为空，则表示插件将应用于所有消费者。
- http endpoint：目的 HTTP 端点（包括要使用的协议）。
- method：发送到服务器的方法，可选值有 POST、PUT、PATCH。
- content type：发送的内容类型，默认值为 application/json。
- timeout：发送数据时的超时时间，为可选项（单位为毫秒）。
- keepalive：与服务器之间的空闲连接的存活时间（单位为毫秒）。
- retry count：发送失败时的最大重试次数（单位为秒）。
- queue size：排队等待处理的最大队列长度（先入队列再发送）。
- flush timeout：在非活动的情况下周期性地关闭并清理队列（单位为秒）。

HTTP 服务器端代码（可以通过本书前言提供的方式下载）：

```
package kong.training.rest;
import org.springframework.boot.autoconfigure.EnableAutoConfiguration;
import org.springframework.web.bind.annotation.*;
@RestController
@EnableAutoConfiguration
@RequestMapping("log")
public class LogController {
    @RequestMapping(value = "", method = RequestMethod.POST,
        headers = "Accept=application/json", produces = { "application/json" },
        consumes = { "application/json" })
    public Boolean log(@RequestBody String log) {
        System.out.println(log);
        return true;
    }
}
```

(2) 验证 HTTP 日志插件。访问 http://example.com，可以看到 HTTP 服务器中打印如图 10-54 所示的日志信息。

图 10-54　验证 HTTP 日志插件

10.9.3　Kafka 日志

此插件用于将 Kong 请求和响应日志发布到 Kafka 主题（Topic），此插件为作者提供，而非 Kong 官方内置插件，读者可以作为内置插件直接使用。

在正式介绍 Kafka 日志之前，我们先来简单了解一下 Kafka 和 ZooKeeper 的概念。

- Kafka 是一个开源的流处理消息中间件平台，是一种具有高可用、高并发、高吞吐、低延迟的分布式发布订阅消息系统，专用于构建可靠的、实时的数据管道和流式应用，具有存储、副本、容错、削峰填谷等能力。
- ZooKeeper 是一个开源的分布式协调服务，用于实现分布式系统中常见的发布/订阅、负载均衡、配置维护、域名服务、分布式协调/通知/同步、集群管理、分布式锁和分布式队列等功能。

下面我们来介绍 Kafka，首先我们需要获取下载 ZooKeeper 和 Kafka 的 yml 多容器配置文件 zk-kafka.yml（该文件内容在下一页）。如果你不能从以下地址获取此文件，请从本书前言提供的方式下载（config 目录）：

```
# 获取 zk-kafka.yml 文件
$ wget https://raw.githubusercontent.com/KongGuide/Book/master/config/zk-kafka.yml
```

此文件是一个 Docker Compose yml 文件，包括 2 个镜像，分别为 zookeeper:3.4.9 和 cp-kafka:5.5.0。Kafka 的启动依赖于 ZooKeeper 的启动。

文件中 `zookeeper` 部分的内容如下。`ZOO_MY_ID` 是服务器的唯一编号；`ZOO_PORT: 2181` 是在客户端与 ZooKeeper 交互过程中用到的端口。`ZOO_SERVERS: server.1=zookeeper:2888:3888` 中的 `server.1` 是服务器的编号，即 `ZOO_MY_ID` 的值；2888 是集群内追随者服务器与领导者服务器交换信息的端口；3888 是当领导者服务器失效后，选举新的领导者服务器时各追随者服务器之间相互通信用的端口。`./zookeeper/data:/data` 与 `./zookeeper/datalog:/datalog` 分别表示 ZooKeeper 容器中数据目录和日志目录到服务器目录的映射。

文件中 `kafka` 部分的内容如下。`kafka` 的暴露端口 9092 为经纪人（broker）端口，生产者和消费者均使用此端口，分别用于生产数据和消费数据。`KAFKA_BROKER_ID` 是经纪人的唯一 ID，使用整数标识。`KAFKA_OFFSETS_TOPIC_REPLICATION_FACTOR` 用于定义存储消费者偏移量的主题的复制因子副本数：在默认情况下，当使用单节点集群运行时，将其设置为 1；当有三个或更多节点时，则使用默认值或指定值。`KAFKA_ZOOKEEPER_CONNECT` 描述了 Kafka 如何与 ZooKeeper 联系，可以配置多个值。`KAFKA_ADVERTISED_LISTENERS` 描述了生产者和消费者如何通过指定的主机名和端口连接经纪人，`LISTENER_DOCKER_INTERNAL:kafka:19092` 为内部通信端口，`LISTENER_DOCKER_EXTERNAL://10.129.7.155:9092` 为外部通信端口。`./kafka/data:/var/lib/kafka/data` 表示 Kafka 容器中数据目录到服务器目录的映射。

以下为 zk-kafka.yml 文件的内容：

```
version: '2.1'
services:
    zookeeper:
        # zookeeper 镜像
        image: zookeeper:3.4.9
```

```yaml
    hostname: zookeeper
    ports:
        # 容器内外端口映射
        - "2181:2181"
    environment:
        ZOO_MY_ID: 1
        ZOO_PORT: 2181
        ZOO_SERVERS: server.1=zookeeper:2888:3888
    volumes:
        # zookeeper 数据目录和日志目录到服务器目录的映射
        - ./zookeeper/data:/data
        - ./zookeeper/datalog:/datalog

kafka:
    # kafka 镜像
        image: confluentinc/cp-kafka:5.5.0
    hostname: kafka
    ports:
        # 容器内外端口映射
        - "9092:9092"
    environment:
        KAFKA_ADVERTISED_LISTENERS: LISTENER_DOCKER_INTERNAL://kafka:19092,
            LISTENER_DOCKER_EXTERNAL://10.129.7.155:9092
        # 将为每个侦听器名称使用的安全协议定义键/值对
        # "PLAINTEXT" 表示协议，可选的值 PLAINTEXT 和 SSL
        KAFKA_LISTENER_SECURITY_PROTOCOL_MAP: LISTENER_DOCKER_INTERNAL:PLAINTEXT,
            LISTENER_DOCKER_EXTERNAL:PLAINTEXT
        KAFKA_INTER_BROKER_LISTENER_NAME: LISTENER_DOCKER_INTERNAL
        KAFKA_ZOOKEEPER_CONNECT: "zookeeper:2181"
        KAFKA_OFFSETS_TOPIC_REPLICATION_FACTOR: 1
        KAFKA_BROKER_ID: 1
    volumes:
        # kafka 数据目录到服务器目录的映射
        - ./kafka/data:/var/lib/kafka/data
    depends_on:
        - zookeeper
```

介绍完 ZooKeeper 和 Kafka 的 yml 多容器配置文件后，下面我们来安装。首先需要安装 Docker compose，这是 Docker 提供的一个命令行工具，用来管理和运行由多个容器组成的应用：

```
$ yum install epel-release                                    -- 安装并启用 epel 源
$ yum install -y python-pip                                   -- 安装 python-pip
$ pip install --upgrade pip                                   -- 更新 pip
$ yum -y install python-devel python-subprocess32             -- 安装 python-devel/subprocess32
$ pip install docker-compose                                  -- 安装 docker-compose
```

下面我们来启动容器。使用 `docker-compose -f zk-kafka.yml up -d` 命令启动 ZooKeeper 和 Kafka 容器的组合，其中的 `-f` 默认为 docker-compose.yml，现在我们的命令将其指定为了 zk-kafka.yml，`-d` 表示在后台运行服务容器，up 表示启动配置中的所有服务：

```
# 启动运行 ZooKeeper 和 Kafka 容器组合
$ docker-compose -f zk-kafka.yml up -d
```

待容器启动之后，先通过 `docker exec -it` 命令进入到此容器，然后使用 `kafka-topics` 命令创建名为 kafka-kong-log 的主题，其中复制因子副本数为 1，分区数量为 1（也可以使用环境变量创建）。创建成功后将会显示 `Created topic kafka-kong-log` 信息，可使用 `kafka-topics -describe --zookeeper zookeeper` 查询创建的更多详细信息。

之后我们通过 kafka-console-producer 命令行工具模拟生产者发送消息，从控制台输入几条信息，然后再新打开 1 个 SSH 会话窗口进入容器，通过 kafka-console-consumer 命令行工具模拟消费者接收消息。其中 `broker-list` 和 `bootstrap-server` 表示 Kafak 集群的地址，`from-beginning` 表示从最开始的数据进行消费，`topic` 是我们创建的 kafka-kong-log 主题的名称。

```
# 进入刚创建的 Kafka 容器，其中的 8ebc 为容器 ID
$ docker exec -it 8ebc /bin/bash

# 创建名为 kafka-kong-log 的主题
$ root@kafka:/# kafka-topics --zookeeper zookeeper:2181 --create
     --replication-factor 1 --partitions 1 --topic kafka-kong-log
# 创建成功后，将显示 Created topic kafka-kong-log 信息

# 查询创建的更多详细信息
$ root@kafka:/# kafka-topics -describe --zookeeper zookeeper
# 将显示以下信息，分区数量为 1，复制因子副本数为 1
# Topic: kafka-kong-log      PartitionCount: 1     ReplicationFactor: 1
# 或者在容器外部使用 docker exec 8ebc kafka-topics --describe --zookeeper zookeeper 查看

# 在容器中运行 kafka-console-producer 命令行工具模拟生产者发送消息，通过控制台输入的信息产生该消息
$ root@kafka:/# kafka-console-producer --broker-list localhost:9092
     --topic kafka-kong-log

# 再打开 1 个 SSH 会话窗口，进入容器
$ docker exec -it 8ebc /bin/bash
# 在容器中运行 kafka-console-consumer 命令行工具模拟消费者接收消息，通过控制台查看接收的消息
$ root@kafka:/# kafka-console-consumer --bootstrap-server localhost:9092
     --topic kafka-kong-log --from-beginning
```

随后可以看到在生产者端发送数据后，即刻就能在消费者端接收到数据，至此说明我们的部署测试成功。

在上面的基础工作完成之后，下面我们来部署验证插件。

(1) 安装 Kafka 日志插件。

通过前言提供的方式下载并安装该插件（本插件的示例提供所有源代码）。

- ❏ 将其中的 kafka 基础库目录，放至 /usr/local/openresty/lualib/resty。
- ❏ 将其中的 kong-kafka-log 插件目录，放至 /usr/local/share/lua/5.1/kong/plugins。
- ❏ 修改 /etc/kong/kong.conf 配置文件的第 74 行，添加 Kafka 日志插件的名称，具体为 `plugins = bundled,kong-kafka-log`，然后重新启动 Kong。

(2) 在 example 服务中添加 Kafka 日志插件。先点击 Konga 管理工具左侧菜单的 SERVICES 按钮，然后在列表中点击 example-service，再在打开的页面上依次点击 Plugins→ADD PLUGIN→Other→ADD KONG KAFKA LOG 按钮。此时得到的添加 Kafka 日志插件界面如图 10-55 所示。

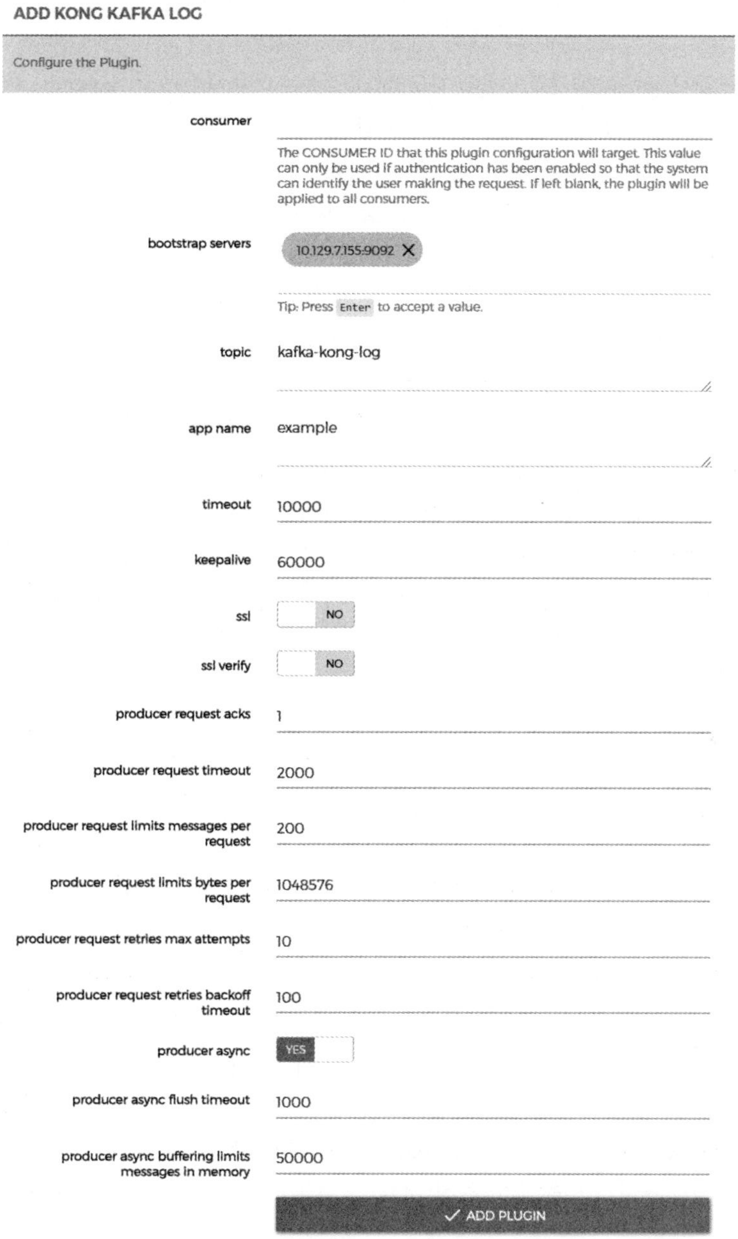

图 10-55　添加 Kafka 日志插件

下面简要介绍图 10-55 中各项的含义。

- consumer：目标消费者 ID。如果该项为空，则表示插件将应用于所有消费者。
- bootstrap servers：kafka 经纪人服务器，格式为"IP 地址 : 端口"，可以配置多个值。
- topic：日志信息将发送到此主题。此处其值为 kafka-kong-log。
- app name：应用的名称标识。此处其值为 example。
- timeout：连接 kafka 的超时时间，其默认值为 10 000 毫秒。
- keepalive：与 kafka 之间的空闲连接的超时时间，其默认值为 60 000 毫秒。
- ssl：可选项，表示是否开启 SSL 连接，其默认值为 false。
- ssl verify：可选项，表示是否开启 SSL 安全验证，其默认值为 false。
- producer request acks：其值为 0 表示生产者（即插件）只负责发送消息，无论服务器是否接收到，都直接确认为消息发送成功；其值为 1 表示只有当分区领导者（partition leader）将消息写入磁盘后，才会确认为消息发送成功；其值为 -1 表示只有当 ISR（In-Sync Replicas）集群列表中所有的副本都接收到消息后，才确认为消息发送成功，这种模式虽然是最安全的，但与值为 1 的情况比，延迟更高，这是因为此时的生产者需要等待所有参与复制消息的节点都接收到消息。其默认值为 1。
- producer request timeout：请求超时时间，其默认值为 2000 毫秒。
- producer request limits messages per request：生产者单次请求包含的最大消息数量，其默认值为 200。
- producer request limits bytes per request：生产者每个请求的大小上限值（以字节为单位），其默认值为 1 048 576 B，即 1 MB。
- producer request retries max attempts：生产者每个请求的最大失败重试次数，其默认值为 10。
- producer request retries backoff timeout：生产者请求失败后重试之间的时间回退间隔（以毫秒为单位），其默认值为 100 毫秒。
- producer async：采用同步模式还是异步模式，其默认值为异步模式。同步模式下会返回代理和分区的偏移量。异步模式下该日志消息会写入本地缓存区。当本地缓存区中的消息数量超过最大消息数量或每次刷新缓存区时，将发送缓存区中的消息到 kafka 服务器，并返回 true 以表示成功。
- producer async flush timeout：异步模式下，缓存区的两次刷新之间的最大时间间隔，其默认值为 1000 毫秒。
- producer async buffering limits messages in memory：异步模式下可以在内存的缓存区中存储的最大消息数量，其默认值为 50 000。

(3) 验证 Kafka 日志插件。

访问 http://example.com，就可以实时在 kafka-console-consumer（消费者端控制台）看到以下日志消息了：

```
{
"out_bytes": "1515",                                    -- 传输给客户端的字节数
"in_bytes": "543",                                      -- 请求的长度
"status": 200,                                          -- HTTP 状态码
"upstream_addr": "10.129.8.172:88",                     -- 后端服务器地址
"query_string": "",                                     -- 请求参数
"request_time": "0.022",                                -- 请求（包括后端请求）时间
"machine": "kafka-server",                              -- kong 日志所在的机器
"name": "example",                                      -- 所属的应用名
"upstream_response_time": "0.022",                      -- 后端请求时间
"remote_addr": "10.129.171.161",                        -- 客户端地址
"uri": "/",                                             -- 请求路径
"date_time": "2020-04-05 15:33:58",                     -- 请求日期
"forwarded_ip": "10.129.171.161",                       -- 真实的客户端地址
"http_host": "example.com",                             -- 请求域名
"method": "GET",                                        -- HTTP 方法
    "user_agent": "Mozilla/5.0 (Windows NT 10.0; Win64; x64) AppleWebKit/537.36
        (KHTML, like Gecko) Chrome/81.0.4044.138 Safari/537.36"    -- 用户代理
}
```

读者在实际应用中，可以自行构建 Kafka 消费端，对日志数据进行再处理。对于本节的 Kafka 日志插件，本书提供完整的插件源代码和 Kafka 的操作封装，请读者结合源代码学习，并在实际的工作场景中举一反三，灵活运用。

10.9.4　MySQL 日志

此插件用于将 Kong 的请求和响应日志输出到 MySQL 数据库，此插件为作者提供，而非 Kong 官方内置插件，读者可以将其作为内置插件直接使用。

MySQL 是一种开源的关系型数据库管理系统，属于 Oracle 公司，其体积小、速度快、高效稳定、性能卓越，通过使用标准的结构化查询语言 SQL 进行数据库的存取操作，它的应用范围涉及各行各业，深得用户青睐。

首先，安装 MySQL 或采用 MySQL 的另一个开源社区分支 MariaDB，在这里我们选择甲骨文公司的 MySQL。运行以下 docker 命令下载并运行 MySQL 5.7 版本的镜像。

```
$ docker pull mysql:5.7                                  # 下载镜像
$ docker run -p 3306:3306 --name mysql \                 # 端口映射
    -v /usr/local/docker/mysql/logs:/var/log/mysql \     # 日志目录映射
    -v /usr/local/docker/mysql/data:/var/lib/mysql \     # 数据目录映射
    -e MYSQL_ROOT_PASSWORD=123456 \                      # root 密码
    -d mysql:5.7
```

然后，安装并验证 MySQL 日志插件。

(1) 安装 MySQL 日志插件。

通过前言提供的方式下载并安装此插件（本插件的示例提供所有源代码，包括操作 MySQL 数据库的常用操作），将其中的 kong-mysql-log 插件目录放至 /usr/local/share/lua/5.1/kong/plugins 中。

(2) 修改 /etc/kong/kong.conf 配置文件的第 74 行，添加 MySQL 日志插件的名称，具体为 `plugins = bundled, kong-mysql-log`，并重新启动 Kong。

(3) 将 sql 目录下的文件 kong_log_mysql.sql，使用 MySQL 命令或 SQLyog 等工具导入并创建数据库和表。

kong_log_mysql.sql 数据库表结构如下：

```sql
/*创建数据库 kong_log*/
CREATE DATABASE `kong_log`
/*打开数据库 kong_log*/
USE `kong_log`;
/*如果表 access_log 已经存在，则将其删除 */
DROP TABLE IF EXISTS `access_log`
/*创建表 access_log*/
CREATE TABLE `access_log` (
    `id` bigint(20) NOT NULL AUTO_INCREMENT,
    `create_time` datetime DEFAULT CURRENT_TIMESTAMP,
    `out_bytes` int(11) DEFAULT NULL,
    `in_bytes` int(11) DEFAULT NULL,
    `status` smallint(6) DEFAULT NULL,
    `upstream_addr` varchar(50) DEFAULT NULL,
    `query_string` varchar(255) DEFAULT NULL,
    `request_time` double DEFAULT NULL,
    `machine` varchar(50) DEFAULT NULL,
    `app_name` varchar(50) DEFAULT NULL,
    `upstream_response_time` double DEFAULT NULL,
    `remote_addr` varchar(50) DEFAULT NULL,
    `uri` varchar(255) DEFAULT NULL,
    `date_time` datetime DEFAULT NULL,
    `forwarded_ip` varchar(50) DEFAULT NULL,
    `http_host` varchar(50) DEFAULT NULL,
    `method` varchar(50) DEFAULT NULL,
    `user_agent` varchar(500) DEFAULT NULL,
    PRIMARY KEY (`id`)
) ENGINE=InnoDB AUTO_INCREMENT=65 DEFAULT CHARSET=gb2312;
```

(4) 在 example 服务中添加 MySQL 日志插件。先点击 Konga 管理工具左侧菜单的 SERVICES 按钮，然后在列表中点击 example-service，再在打开的页面上依次点击 Plugins→ADD PLUGIN→Other→ADD KONG MYSQL LOG 按钮，此时得到的添加 MySQL 日志插件界面如图 10-56 所示。

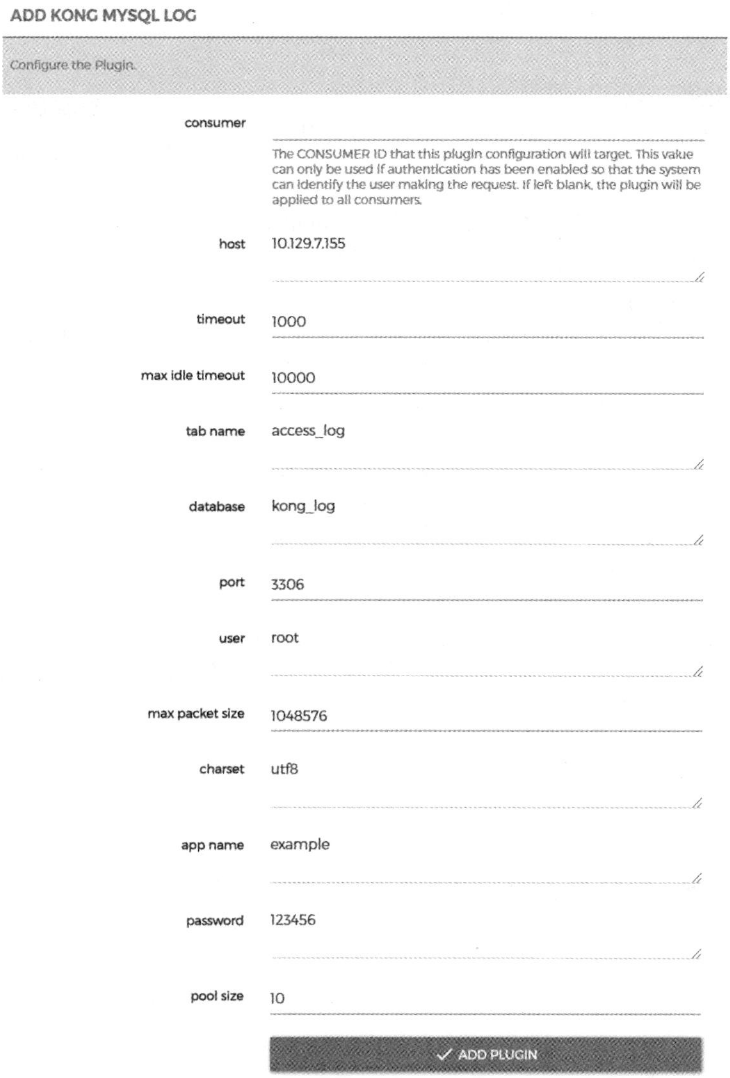

图 10-56　添加 MySQL 日志插件

下面简要介绍图 10-56 中各项的含义。

- consumer：目标消费者 ID。如果该项为空，则表示插件将应用于所有消费者。
- host：MySQL 主机的 IP 地址，其默认值为 127.0.0.1。
- timeout：连接的超时时间，其默认值为 1000 毫秒。
- max idle timeout：空闲连接的最大超时时间，其默认值为 10 000 毫秒。
- tab name：日志表的名称，其默认值为 access_log。

- database：日志数据库的名称，其默认值为 kong_log。
- port：MySQL 主机的端口，此处其值为 3306。
- user：用户名，其默认值为 root。
- max packet size：传输包大小的上限值，其默认值为 1 MB。
- charset：字符集编码，其默认值为 utf8。
- app name：应用的名称标识，此处其值为 example。
- password：密码，其默认值为 123456。
- pool size：连接池的大小，其默认值为 10。

(5) 验证 MySQL 日志插件。多次访问 http://example.com?name=lily 后，通过 SQLyog 工具可以看到以下的日志消息已经存入到 MySQL 数据库了，如图 10-57 所示。

id	create_time	out_bytes	in_bytes	status	upst...	query_string	req...	machine	a..	upstream...	remote_addr	uri
49	2020-05-27 15:01	532	482	200	10.129.	name=lily	0.014	byvlq-gra	kon	0.01	10.129.210.210	/
50	2020-05-27 15:01	35907	418	200	10.129.		0.015	byvlq-gra	kon	0.007	10.129.210.210	/favicon.ico
51	2020-05-27 15:01	531	482	200	10.129.	name=lily	0.006	byvlq-gra	kon	0.006	10.129.210.210	/
52	2020-05-27 15:01	35907	418	200	10.129.		0.006	byvlq-gra	kon	0.005	10.129.210.210	/favicon.ico
53	2020-05-27 15:01	531	482	200	10.129.	name=lily	0.004	byvlq-gra	kon	0.004	10.129.210.210	/
54	2020-05-27 15:01	35907	418	200	10.129.		0.006	byvlq-gra	kon	0.005	10.129.210.210	/favicon.ico
55	2020-05-27 15:01	531	482	200	10.129.	name=lily	0.007	byvlq-gra	kon	0.006	10.129.210.210	/
56	2020-05-27 15:01	35907	418	200	10.129.		0.008	byvlq-gra	kon	0.007	10.129.210.210	/favicon.ico
57	2020-05-27 15:01	531	482	200	10.129.	name=lily	0.004	byvlq-gra	kon	0.004	10.129.210.210	/
58	2020-05-27 15:01	35907	418	200	10.129.		0.005	byvlq-gra	kon	0.005	10.129.210.210	/favicon.ico
59	2020-05-27 15:01	531	482	200	10.129.	name=lily	0.004	byvlq-gra	kon	0.004	10.129.210.210	/
60	2020-05-27 15:01	35907	418	200	10.129.		0.005	byvlq-gra	kon	0.004	10.129.210.210	/favicon.ico
61	2020-05-27 15:01	531	482	200	10.129.	name=lily	0.006	byvlq-gra	kon	0.006	10.129.210.210	/
62	2020-05-27 15:01	35907	418	200	10.129.		0.005	byvlq-gra	kon	0.005	10.129.210.210	/favicon.ico
63	2020-05-27 15:01	531	482	200	10.129.	name=lily	0.005	byvlq-gra	kon	0.004	10.129.210.210	/
64	2020-05-27 15:01	35907	418	200	10.129.		0.004	byvlq-gra	kon	0.004	10.129.210.210	/favicon.ico

图 10-57　验证 MySQL 日志插件

对于本节的 MySQL 日志插件，本书提供完整的插件源代码和 MySQL 的操作封装，请读者结合源代码学习，并在实际的工作场景中举一反三，灵活运用。

10.10　小结

本章详细介绍了 Kong 社区版内置的 7 大类插件，共包括 20 多种不同插件的安装、配置、应用，这些插件即插即用，读者结合实际工作有效地利用，将会为你带来巨大的帮助和收益。

Kong 除了社区版内置的插件外，还支持自定义插件开发，从下一章开始我们将介绍自定义插件的原理和开发，以满足更多个性化的需求。

第 11 章
自定义插件

在上一章中,我们重点介绍了 Kong 社区版的内置插件,这些插件虽然即插即用,但功能有限,有时并不能满足我们复杂的个性化需求。

从本章开始,我们将会介绍 Kong 的自定义插件。这类插件由我们自主实现,可以轻松满足各种个性化的业务定制需求。自定义插件将在客户端请求和响应的生命周期中被执行,在执行过程中,我们可以很方便地控制插件的输入、输出数据或者改变插件的行为。这里可以选择的语言有 Lua 和 Go。

11.1 简介

Kong 的自定义插件由一组 Lua 模块文件组成,其中每个文件均可以被视为一个独立的模块,实现独立的功能。插件的模块文件名称遵循以下约定:

```
kong.plugins.<plugin_name>.<module_name>
```

其中,`plugin_name` 是自定义插件的名称,`module_name` 是模块文件的名称。

在 Kong 内部,我们使用 `lua_package_path` 所设置的路径来搜索和加载所需的模块文件。除此之外,我们还需要将插件的名称添加到配置文件 /etc/kong/kong.conf 的 `plugins` 属性中,该属性是一个以英文逗号分隔的列表。例如下面的配置表示在启动时除了用 `bundled` 关键词加载内置插件集合,还加载自定义插件:

```
plugins = bundled,my-custom-plugin          #插件名集合,以英文逗号分隔
```

11.1.1 基本插件

一个最基本的自定义插件由如下两个 Lua 模块文件组成:

```
my-custom-plugin
├── handler.lua
└── schema.lua
```

下面简要介绍这两个文件的含义。

- handler.lua：插件处理文件。它是基本插件的核心，其中的拦截接口需遵循 Kong 的接口规范。需要在客户端请求生命周期中实现这些接口。
- schema.lua：插件配置文件。它用于定义插件运行时所需要的配置信息，配置信息涉及的类型主要有 number、string、boolean、array、table 和 record 等。在 schema.lua 配置文件中可以定义配置信息的默认值和有效合法的校验规则。schema.lua 配置文件结构灵活，可以根据需求设计和定义各种数据结构。Konga 将根据实际的配置信息类型自动渲染界面，如常见的文本框、数字选择器、开关选项、下拉菜单和分组等。

11.1.2　高级插件

有时自定义插件需要与 Kong 以及外部进行更深层次的集成，比如需要在数据库中拥有自己的表，需要存储和管理自己的数据，需要远程调用 HTTP、Redis 和 MySQL 等，或者需要在 Admin API 中公开管理接口等。对于类似这样的需求，我们可以附加更多的自定义模块文件，其结构如下所示：

```
my-custom-plugin
├── api.lua
├── daos.lua
├── handler.lua
├── migrations
│   ├── init.lua
│   └── 000_base_my_custom_plugin.lua
└── schema.lua
......
```

当然，模块文件的结构不仅限于此。表 11-1 给出了这些常见模块文件的用途。

表 11-1　模块文件的用途表

模　块　名	是否必须	描　述
api.lua	否	定义可以在 Admin API 中公开的管理接口列表，它通过 API 与自定义实体交互
daos.lua	否	定义 DAO 数据库的访问对象列表，这些对象是自定义实体的抽象
handler.lua	是	需要实现的接口，其中每个接口都在连接、请求和响应的生命周期中运行
migrations/*.lua	否	数据库迁移（例如创建表等）。在用户需要将自定义实体存储在数据库中时使用
schema.lua	是	定义插件的配置信息，使用户只能输入有效的配置值

11.2　原理

Kong 插件允许在连接、请求、响应或 TCP 流生命周期中的入口点注入自定义逻辑，为此必须实现基本插件拦截接口中的一个或多个方法，这些方法在名为 handler 的模块文件中实现，该模块文件的名称结构如下：

```
kong.plugins.<plugin_name>.handler
```

基本插件的拦截主要分为两种——HTTP 拦截和 TCP 拦截，这本质上是对 Nginx Lua 执行各阶段的再封装，具体如表 11-2 和表 11-3 所示。

表 11-2　HTTP 拦截方法与阶段表

方　法　名	阶　　段	描　　述
init_worker()	init_worker	在每个工作进程启动时执行，用于在正式工作之前完成一些初始化操作
certificate()	ssl_certificate	在 SSL 证书握手阶段执行，用于在握手时动态加载证书等
rewrite()	rewrite	将从客户端收到的每个请求作为重写阶段的处理程序执行。注意：只有插件被配置为全局插件时，该方法才会执行
access()	access	在请求访问阶段，即在将客户端的每个请求代理到上游服务器之前执行。用于访问控制
header_filter()	header_filter	从上游服务器接收到所有的响应头时执行，用于添加、替换和删除响应头
body_filter()	body_filter	从上游服务器接收到响应体的每个块时执行。由于响应流返回客户端时，它可能超出缓冲区大小并按块流式传输，因此如果响应流较大，则会多次调用此方法。该方法可用于对响应数据进行过滤，比如截断和替换等
log()	log	当最后一个响应字节发送到客户端时执行，用于记录访问量、统计平均响应时间等

表 11-3　TCP 拦截方法与阶段表

方　法　名	阶　　段	描　　述
init_worker()	init_worker	在每个工作进程启动时执行，如需要初使化一些内容
preread()	preread	当 TCP 连接建立时执行，用于预初使化信息等
log()	log	每一个 TCP 连接关闭后执行，用于记录日志等

对于上述两个表中的方法，除了 init_worker() 方法之外，其余所有的方法都有一个入口参数，即插件的配置参数 config，此参数是一个 Lua 表，其中包含用户为插件所定义的结构属性和值。

为了更加直观地了解模块文件，下面给出了一个示例，其中实现了模块文件的所有可用方法，方法的实现逻辑为空：

```
-- 扩展基础插件处理方法是可选的，可以从你的插件实现中调用打印日志扩展方法
local BasePlugin = require "kong.plugins.base_plugin"
local CustomHandler = BasePlugin:extend()
-- 插件版本
CustomHandler.VERSION  = "1.0.0"
-- 插件优先级，数字越大表示运行优先级越高
CustomHandler.PRIORITY = 10

-- 插件处理方法的构造函数
```

```lua
-- my-custom-plugin 为插件实例的名称
function CustomHandler:new()
    CustomHandler.super.new(self, "my-custom-plugin")
end

function CustomHandler:init_worker()
-- 执行父类,将打印出插件日志
    CustomHandler.super.init_worker(self)
        -- 在这里实现自定义逻辑
end

function CustomHandler:preread(config)
    CustomHandler.super.preread(self)
        -- 在这里实现自定义逻辑
end

function CustomHandler:certificate(config)
    CustomHandler.super.certificate(self)
        -- 在这里实现自定义逻辑
end

function CustomHandler:rewrite(config)
    CustomHandler.super.rewrite(self)
        -- 在这里实现自定义逻辑
end

function CustomHandler:access(config)
    CustomHandler.super.access(self)
        -- 在这里实现自定义逻辑
end

function CustomHandler:header_filter(config)
    CustomHandler.super.header_filter(self)
        -- 在这里实现自定义逻辑
end

function CustomHandler:body_filter(config)
    CustomHandler.super.body_filter(self)
        -- 在这里实现自定义逻辑
end

function CustomHandler:log(config)
    CustomHandler.super.log(self)
        -- 在这里实现自定义逻辑
end
-- 返回此表,Kong 需要执行上述这些方法
return CustomHandler
```

我们可以把插件中的自定义逻辑抽取到另一个模块文件中,再从插件中通过 require 关键字加载调用。这种模式在逻辑复杂且冗长时将非常有用,可以使插件的结构更加清晰。在下面的示例中,我们将 access 方法和 body_filter 方法抽取到外部,再在处理方法中对它们加载调用:

```lua
local BasePlugin = require "kong.plugins.base_plugin"
-- 实际的逻辑是在这些模块文件中实现的
local access = require "kong.plugins.my-custom-plugin.access"
local body_filter = require "kong.plugins.my-custom-plugin.body_filter"
local CustomHandler = BasePlugin:extend()
CustomHandler.VERSION  = "1.0.0"
CustomHandler.PRIORITY = 10

function CustomHandler:new()
    CustomHandler.super.new(self, "my-custom-plugin")
end

function CustomHandler:access(config)
    CustomHandler.super.access(self)
    access.execute(config)
end

function CustomHandler:body_filter(config)
    CustomHandler.super.body_filter(self)
    body_filter.execute(config)
end
return CustomHandler
```

11.3 详解 PDK

PDK（Plugin Development Kit，插件开发工具包）是 Lua 函数和变量的集合，是一个语义版本化的组件，可以在请求和响应的上下文阶段在自定义插件中被调用。PDK 的使用非常方便、灵活、快捷，在插件的开发过程中必不可少。

PDK 在 Kong 的名称空间下有很多种功能。本节接下来先在 11.3.1 节介绍 PDK 的单个属性，这些属性可以直接访问，后面几节再介绍 PDK 分组的功能，即每个功能下面又细分为多个。

11.3.1 单个属性

- kong.version：当前 Kong 节点的版本号，类型为字符串。其用法如下：

    ```
    print(kong.version)        -- "2.0"
    ```

- kong.version_num：当前 Kong 节点的版本号，类型为整数。该属性可用于版本比较。其用法如下：

    ```
    if kong.version_num < 13000 then -- 000.130.00 -> 0.13.0
    end
    ```

- kong.pdk_major_version：当前 PDK 的主要版本号，类型为整数。其用法如下：

```
if kong.pdk_major_version < 2 then
    -- 如果当前 PDK 的主要版本号低于 2，执行此部分
end
```

- `kong.pdk_version`：当前 PDK 的版本号，类型为字符串。其用法如下：

  ```
  print(kong.pdk_version)       -- "1.0.0"
  ```

- `kong.configuration`：当前 Kong 节点运行的配置信息和环境变量信息（只读），其中配置信息来源于配置文件。注意如果返回的配置信息在配置文件中是以逗号分隔的，则将转变为字符串数组。其用法如下：

  ```
  print(kong.configuration.prefix)    -- "/usr/local/kong"
  -- 该表是只读的，因此如果给其赋值，将引发错误
  kong.configuration.prefix = "kong"
  ```

- `kong.db`：Kong 的 DAO 实例，其中包含 Kong 的各种内部实体对象。
- `kong.dns`：Kong 的 DNS 解析器实例，它是 `lua-resty-dns-client` 模块中的对象。
- `kong.worker_events`：Kong 的 IPC 模块，用于工作进程之间的通信，它是 `lua-resty-worker-events` 模块中的对象。
- `kong.cluster_events`：Kong 的集群事件模块实例，用于 Kong 集群中各节点之间的通信。
- `kong.cache`：Kong 的缓存对象实例。

11.3.2　`kong.client`

`kong.client`：有关客户端信息的模块功能集，用于在请求的上下文中检索客户端信息，包括如下函数。

- `kong.client.get_ip()`：返回发起请求的客户端 IP 地址。如果在 Kong 前面有负载均衡器，就返回负载均衡器的 IP 地址；如果客户端的请求直接连接的是 Kong，那么就返回客户端的 IP 地址。

  阶段：certificate，rewrite，access，header_filter，body_filter，log。

  用法：

  ```
  -- 客户端 127.0.0.1 通过负载均衡器（代理服务器）192.168.0.1 访问到 Kong 服务器
  kong.client.get_ip()    -- 返回 "192.168.0.1"
  ```

- `kong.client.get_forwarded_ip()`：返回发起请求的客户端 IP 地址。与 `kong.client.get_ip()` 方法不同的是，如果在 Kong 前面有负载均衡器，此方法将会判断

负载均衡器的 IP 地址是否受信任。当受信任时，此方法才会返回客户端的 IP 地址，否则返回负载均衡器的 IP 地址。判断负载均衡器的 IP 地址是否受信任基于以下几个参数：

- trusted_ips
- real_ip_header
- real_ip_recursive

阶段：certificate，rewrite，access，header_filter，body_filter，log。

用法：

```
-- 客户端127.0.0.1通过负载均衡器192.168.0.1（受信任的IP地址）访问到Kong服务器
kong.client.get_forwarded_ip()        -- 返回 "127.0.0.1"
```

- kong.client.get_port()：返回发起请求的客户端端口。如果在 Kong 前面有负载均衡器，就返回负载均衡器的端口；如果客户端的请求直接连接的是 Kong，那么就返回客户端的端口。

阶段：certificate，rewrite，access，header_filter，body_filter，log。

用法：

```
-- 客户端: 41000 <-> 80: 负载均衡器: 31000 <-> 80:Kong:21000 <-> 80: 服务
kong.client.get_port()                            -- 返回 31000
```

- kong.client.get_forwarded_port()：返回发起请求的客户端端口。与 kong.client.get_port() 方法不同的是，如果在 Kong 前面有负载均衡器，此方法将会判断负载均衡器的 IP 地址是否受信任。当受信任时，此方法才会返回客户端的端口，否则返回负载均衡器的端口。判断负载均衡器的 IP 地址是否受信任基于以下几个参数：

- trusted_ips
- real_ip_header
- real_ip_recursive

阶段：certificate，rewrite，access，header_filter，body_filter，log。

用法：

```
-- 客户端:41000 <-> 80: 负载均衡器:31000 <-> 80:Kong:21000 <-> 80: 服务
kong.client.get_forwarded_port()              -- 返回 41000
```

- kong.client.get_credential()：返回当前已经过身份验证的消费者的凭据。如果消费者未设置身份验证，则返回 nil。

阶段：access，header_filter，body_filter，log。

用法：

```
local credential = kong.client.get_credential()
if credential then
    consumer_id = credential.consumer_id
else
    -- 未验证请求
end
```

- kong.client.load_consumer(consumer_id, search_by_username)：从数据库（或缓存）中查找消费者并返回。

  阶段：access，header_filter，body_filter，log。

  参数：

  - consumer_id：要查找的消费者的 ID，根据此项查找消费者，其值为字符串类型。
  - search_by_username：可选项，其值为布尔类型。如果其值为 true，那么根据 consumer_id 没有找到消费者时，将使用 username 字段再次搜索。

  返回：

  - 如果查找成功，第一个返回值 consumer 返回消费者实例，第二个返回值 err 返回 nil。
  - 如果查找失败，第一个返回值 consumer 返回 nil，第二个返回值 err 返回错误信息。

  用法：

  ```
  local consumer_id = "lily"
  local consumer,err = kong.client.load_consumer(consumer_id, true)
  ```

- kong.client.get_consumer()：返回当前已经过身份验证的消费者。如果消费者未设置身份验证，则返回 nil。

  阶段：access，header_filter，body_filter，log。

  用法：

  ```
  local consumer = kong.client.get_consumer()
  if consumer then
      consumer_id = consumer.id
  end
  ```

- kong.client.authenticate(consumer, credential)：为当前的客户端请求设置身份验证的消费者或凭据。虽然两个参数均可以取为 nil，但至少得设置一个，否则此函数将会引发错误。

参数：

- `consumer`：设置的消费者实体。注意：如果设置其值为 `nil`，则会清除现有请求中的值。
- `credential`：设置的凭据实体。注意：如果设置其值为 `nil`，则会清除现有请求中的值。

阶段：access。

用法：

```
kong.client.authenticate(consumer, credential)
```

- `kong.client.get_protocol(allow_terminated)`：返回与当前路由相匹配的协议（HTTP、HTTPS、TCP 或 TLS）。如果没有匹配路由，则表明是错误的请求，此时将返回 `nil`。

阶段：access, header_filter, body_filter, log。

参数 `allow_terminated`：可选项，其值为布尔类型。如果其值为 `true`，那么在协议为 HTTPS 时，将检查 `X-Forwarded-Proto` 报头。

用法：

```
kong.client.get_protocol(allow_terminated)        -- 返回 "http"
```

11.3.3 `kong.ctx`

`kong.ctx`：用于获取当前请求的上下文数据，包括如下函数。

- `kong.ctx.shared`：用于在当前请求生命周期内涉及的多个插件之间共享数据。在一个插件中设置需要的共享数据后，此数据就可以被后面的其他插件所共享。需要注意的是，名称冲突可能导致共享数据被覆盖。

阶段：rewrite, access, header_filter, body_filter, log。

用法：

```
-- 两个插件 A 和 B，且插件 A 的优先级高于插件 B
-- 插件 A 的 handler.lua 文件
function plugin_a_handler:access(conf)
    kong.ctx.shared.sign= "hello"

    kong.ctx.shared.tab = {
        book_name = "kong"
    }
end

-- 插件 B 的 handler.lua 文件
```

```
function plugin_b_handler:access(conf)
    kong.log(kong.ctx.shared.sign)              --"hello"
    kong.log(kong.ctx.shared.tab.book_name)     --"kong"
end
```

- kong.ctx.plugin：该函数与 kong.ctx.shared 相似，不同点在于它不能在多个插件之间共享数据，而只能在当前插件实例中使用，因此不会有名称冲突导致共享数据被覆盖的问题。比如服务同时配置了几个限速的插件，且每个插件实例都有自己的数据，则这些数据不能被共享。

阶段：rewrite，access，header_filter，body_filter，log。

用法：

```
-- 插件的 handler.lua 文件
function plugin_handler:access(conf)
    kong.ctx.plugin.val_1 = "hello"
    kong.ctx.plugin.val_2 = "kong"
end

function plugin_handler:log(conf)
    local value = kong.ctx.plugin.val_1 .. " " .. kong.ctx.plugin.val_2
    kong.log(value)      --"hello kong"
end
```

11.3.4　kong.ip

kong.ip：用于确定 IP 地址的受信任度，包含下面的函数。

- kong.ip.is_trusted(address)：该模块用于确定指定的 IP 地址是否在 trusted_ips 属性定义的受信任 IP 地址范围内。受信任的 IP 地址是已知的，可以替换客户端的 IP 地址（根据所选的请求头字段，例如 X-Forwarded-*）。

阶段：init_worker，certificate，rewrite，access，header_filter，body_filter，log。

参数 address：表示 IP 地址。值为布尔类型，字符串格式。

返回：如果返回的布尔值为 true，表示指定的 IP 地址是受信任的；如果为 false，表示不受信任。

用法：

```
if kong.ip.is_trusted("10.1.1.1") then
    kong.log("The IP is trusted")
end
```

11.3.5 `kong.log`

kong.log（别名为 `kong.log.notice()`）：包含 namespace 前缀的"日志记录工具"实例，包括如下函数。

- kong.log(…)：把日志信息写到错误日志文件中。此处错误日志的级别为 notice，由 **kong.conf** 配置文件中的 `error_log` 和 `log_level` 属性决定。这个函数会将输入的参数串联在一起形成日志信息，该信息中将包含 Lua 文件和行号信息。与 `ngx.log()` 不同，这个函数将在错误消息前面加上 `[kong]` 前缀而不是 `[lua]` 前缀。

    从 Kong 中调用此函数时，产生的日志文件格式如下：

    `[kong] %file_src:%line_src %message`

    从插件中调用此函数时，产生的日志文件格式如下：

    `[kong] %file_src:%line_src [%namespace] %message`

    其中：

    - `%namespace`：名称空间，这样便于调试和排错，查看日志会更加直观和清晰。
    - `%file_src`：日志的文件名。
    - `%line_src`：日志的行号。
    - `%message`：日志的信息。

    阶段：init_worker, certificate, rewrite, access, header_filter, body_filter, log。

    参数：可以是任何类型。如果参数是表，则会将之转换为字符串。

    用法：

    `kong.log("hello ", "kong")`

- kong.log.LEVEL(…)：与 kong.log(…) 相似，不同点在于该函数的错误日志级别由 `<level>` 代替了 notice，表示生成的错误日志的严重级别。它支持的级别如下：
    - kong.log.alert()
    - kong.log.crit()
    - kong.log.err()
    - kong.log.warn()
    - kong.log.notice()
    - kong.log.info()
    - kong.log.debug()

    阶段：init_worker, certificate, rewrite, access, header_filter, body_filter, log。

参数：可以是任何类型。如果参数是表，则会将之转换为字符串。

用法：

```
kong.log.warn("something require attention")
kong.log.err("something failed: ", err)
kong.log.alert("something requires immediate action")
```

- kong.log.inspect(…)：与 kong.log(…) 类似，此函数将生成具有 notice 级别的错误日志。该函数接收任何数量的参数。如果通过 kong.log.inspect.off() 禁用日志记录，将不打印任何内容，且会以 NOP 函数（一条没有什么意义的指令）的方式运行以节省 CPU 周期。

  此函数与 kong.log(…) 的不同之处在于，其每个参数都将以"可阅读有格式"的方式显示。

  - 数字将被打印（例如 5→"5"）。
  - 字符串将被引用（例如 "hi"→'"hi"'）。
  - 数组表将呈现（例如：{1,2,3}→"{1,2,3}"）。
  - 类似于字典的表将在多行中呈现。

  产生的日志文件格式如下：

  `%file_src:%func_name:%line_src %message`

  其中，%file_src 表示日志的文件名，%func_name 表示函数名称，%line_src 表示日志的行号。%message 表示被格式化的日志信息。

  阶段：init_worker, certificate, rewrite, access, header_filter, body_filter, log。

  参数：多个参数之间用空格隔开。

  注意：此函数只用于调试，应避免在生产环境中使用，因为格式化信息需要消耗资源。若代码中存在此函数且没有删除掉，则可以通过 kong.log.inspect.off() 来关闭。

  用法：

  ```
  kong.log.inspect("some value", a_variable)
  ```

- kong.log.inspect.on()：用于启用 kong.log.inspect(…) 函数。

  阶段：init_worker, certificate, rewrite, access, header_filter, body_filter, log。

  用法：

  ```
  kong.log.inspect.on()
  ```

- kong.log.inspect.off()：用于禁用 kong.log.inspect(…) 函数。

  阶段：init_worker, certificate, rewrite, access, header_filter, body_filter, log。

  用法：

  ```
  kong.log.inspect.off()
  ```

11.3.6 `kong.nginx`

kong.nginx：用于检索 Nginx 系统的安装信息和元信息，包括下面的函数。

- kong.nginx.get_subsystem()：返回 http 或 stream，字符串格式。

  阶段：任何阶段。

  用法：

  ```
  kong.nginx.get_subsystem()    -- "http"
  ```

11.3.7 `kong.node`

kong.node：用于获取节点信息，包括如下函数。

- kong.node.get_id()：获取节点的 ID 信息，其返回值是节点的 UUID。用法如下：

  ```
  local id = kong.node.get_id()
  ```

- kong.node.get_memory_stats([unit[, scale]])：获取节点对内存使用情况的统计信息。其参数的含义如下。
  - unit：表示单位，字符串类型，可选项。在统计结果中它的后缀可以是 b/B、k/K、m/M 和 g/G，这些后缀分别是 byte（字节）、kilobyte（千字节）、megabyte（兆字节）和 gigabyte（千兆字节）的缩写。其默认值为 b/B。
  - scale：表示精度，数字类型，可选项。其值是要精确到的小数点右边的位数。默认值为 2，表示要精确到小数点右边两位数。

  返回：节点的内存使用统计信息表。如果统计结果的单位为 b/B，就不显示单位后缀了，直接显示数值。如果单位为其他，则数值后面有单位后缀。

  用法：

  ```
  local res = kong.node.get_memory_stats()
  {
      -- 共享内存词典的信息
      lua_shared_dicts = {
          kong = {
  ```

```
            allocated_slabs = 12288,
            capacity = 24576
    },
    -- 数据库缓存的信息
    kong_db_cache = {
        allocated_slabs = 12288,
        capacity = 12288
    }
  },
  -- 工作进程的内存信息
  workers_lua_vms = {
    {
      http_allocated_gc = 1102,
      pid = 18004
    },
    {
      http_allocated_gc = 1102,
      pid = 18005
    }
  }
}

local res = kong.node.get_memory_stats("k", 1)
{
    -- 共享内存词典的信息
    lua_shared_dicts = {
      kong = {
        allocated_slabs = "12.0 KiB",
        capacity = "24.0 KiB",
    },
        -- 数据库缓存内存信息
        kong_db_cache = {
            allocated_slabs = "12.0 KiB",
            capacity = "12.0 KiB",
        }
    },
    -- 工作进程的内存信息
    workers_lua_vms = {
      {
        http_allocated_gc = "1.1 KiB",
        pid = 18004
      },
      {
        http_allocated_gc = "1.1 KiB",
        pid = 18005
      }
    }
}
```

11.3.8 kong.request

kong.request：客户端请求的函数集，用于检索客户端请求的信息，包括如下函数。

- `kong.request.get_scheme()`：获取请求 URL 中的协议部分。

    阶段：rewrite，access，header_filter，body_filter，log，admin_api。

    返回：返回值为字符串类型，小写形式，比如 `"http"` 或 `"https"`。

    用法：

    ```
    kong.request.get_scheme()     -- "https"
    ```

- `kong.request.get_host()`：获取请求 URL 的主机部分。

    阶段：rewrite，access，header_filter，body_filter，log，admin_api。

    返回：返回值为字符串类型，小写形式，是请求 URL 的主机部分。

    用法：

    ```
    kong.request.get_host()     -- "example.com"
    ```

- `kong.request.get_port()`：获取请求 URL 的端口部分。

    阶段：certificate，rewrite，access，header_filter，body_filter，log，admin_api。

    返回：返回的值为数字类型，是请求 URL 的端口部分。

    用法：

    ```
    kong.request.get_port()     -- 80
    ```

- `kong.request.get_forwarded_scheme()`：获取请求 URL 的转发协议部分，如果请求来自受信任的转发源，也会考虑 X-Forwarded-Proto。

    阶段：rewrite，access，header_filter，body_filter，log，admin_api。

    返回：返回的值为字符串类型，小写形式，是请求 URL 的转发协议部分。

    用法：

    ```
    kong.request.get_forwarded_scheme()     -- "https"
    ```

- `kong.request.get_forwarded_host()`：获取请求 URL 的转发主机部分，如果请求来自受信任的转发源，也会考虑 X-Forwarded-Proto。

    阶段：rewrite，access，header_filter，body_filter，log，admin_api。

    返回：返回的值为字符串类型，小写形式，是请求 URL 的转发主机部分。

    用法：

    ```
    kong.request.get_forwarded_host()     -- "example.com"
    ```

- `kong.request.get_forwarded_port()`：获取请求 URL 的转发端口部分，如果请求来自受信任的转发源，也会考虑 X-Forwarded-Proto。

  阶段：rewrite，access，header_filter，body_filter，log，admin_api。

  返回：返回的值为数字类型，是请求 URL 的转发端口部分。

  用法：

  ```
  kong.request.get_forwarded_port()      -- 80
  ```

- `kong.request.get_http_version()`：获取客户端请求所使用的 HTTP 版本号。

  阶段：rewrite，access，header_filter，body_filter，log，admin_api。

  返回：返回的值如 1、1.1、2.0 或 nil，是客户端请求所使用的 HTTP 版本号。

  用法：

  ```
  kong.request.get_http_version()      -- 1.1
  ```

- `kong.request.get_method()`：获取请求 URL 的 HTTP 方法。

  阶段：rewrite，access，header_filter，body_filter，log，admin_api。

  返回：返回的值为字符串类型，大写形式，是请求 URL 的 HTTP 方法。

  用法：

  ```
  kong.request.get_method()       -- "GET"
  ```

- `kong.request.get_path()`：获取请求 URL 的路径部分。

  阶段：rewrite，access，header_filter，body_filter，log，admin_api。

  返回：返回的值为字符串类型，按原值返回，不会进行任何大小写格式化，是请求 URL 的路径部分，不包含查询字符串部分。

  用法：

  ```
  kong.request.get_path()      -- "/v1/path1/path2"
  ```

- `kong.request.get_path_with_query()`：获取请求 URL 的路径部分和查询字符串部分（如果存在）。

  阶段：rewrite，access，header_filter，body_filter，log，admin_api。

  返回：返回的值为字符串类型，按原值返回，不会进行任何大小写格式化，是请求 URL 的路径部分和查询字符串部分。

用法：

```
kong.request.get_path_with_query()    -- "/v1/path1/path2?hello=kong"
```

- `kong.request.get_raw_query()`：获取请求 URL 的查询字符串部分。

  阶段：rewrite，access，header_filter，body_filter，log，admin_api。

  返回：返回的值为字符串类型，按原值返回，不会进行任何大小写格式化，也不会对特殊字符进行 URL 解码，不包含前缀字符"?"，是请求 URL 的查询字符串部分。

  用法：

  ```
  kong.request.get_raw_query()    -- "hello=kong"
  ```

- `kong.request.get_query_arg()`：获取请求 URL 的查询字符串中指定参数的值。如果在查询字符串中多次出现相同名称的参数，则此函数将返回第一次出现的参数值。

  阶段：rewrite，access，header_filter，body_filter，log，admin_api。

  返回：返回的值要么是一个字符串，要么是一个布尔值 true（如果没有给参数赋值），要么是 nil（如果没有找到参数）。它是请求 URL 的查询字符串中指定参数的值。

  用法：

  ```
  -- 请求 /path?hello=kong&id=1234
  kong.request.get_query_arg("hello")    -- "kong"
  ```

- `kong.request.get_query([max_args])`：返回从查询字符串中获得的查询参数表。参数表中 key 是参数名；value 要么是一个字符串，要么是一个布尔值 true（如果没有给参数赋值），要么是一个数组（如果一个参数在查询字符串中被多次赋值）。key 和 value 将根据 URL 编码进行转义。

  在默认情况下，这个函数最多返回 100 个参数。我们可以通过指定可选的 max_args 参数来自定义这个限制值，注意它必须大于 1 且小于等于 1000。

  阶段：rewrite，access，header_filter，body_filter，log，admin_api。

  参数 max_args：其值为数字类型，是可选项。用于设置已解析参数的最大数量限制。

  返回：返回的值是表类型，是从查询字符串中获得的查询参数表。

  用法：

  ```
  -- 发起一个 GET 请求
  /path?hello=kong&id=1234&key1=&key2=value21&key2=value22
  for k, v in pairs(kong.request.get_query()) do
      kong.log.inspect(k, v)
  ```

```
end
-- 打印以下信息
-- "hello" "kong"
-- "id" 1234
-- "key1" true
-- "key2" {"value21" , "value22"}
```

- kong.request.get_header(name)：获取具有指定名称的请求头。

  阶段：rewrite，access，header_filter，body_filter，log，admin_api。

  参数 name：为字符串类型，不区分大小写，且其中的"-"可以写成"_"，比如说 X-Custom-Header 也可以写为 x_custom_header。表示请求头的名称。

  返回：此函数的返回值要么是字符串，要么是 nil（如果在请求中没有找到指定的请求头名称）。如果有相同的请求头名称在请求中出现多次，则此函数将返回第一次出现的值。

  用法：

  ```
  -- 根据以下信息请求
  -- Host: example.com
  -- X-Custom-Header: kong client
  -- X-Another: abc
  -- X-Another: xyz

  kong.request.get_header("Host")                 -- "example.com"
  kong.request.get_header("x-custom-header")      -- "kong client"
  kong.request.get_header("X-Another")            -- "abc"
  ```

- kong.request.get_headers([max_headers])：返回包含请求头的 Lua 表。在返回的表中，key 是请求头的名称，value 是请求头的值，该值可能是一个字符串或字符串数组（当有多个请求头时）。表中的请求头名称不区分大小写，key 被格式化为小写形式，"-"可以写为"_"，比如说 X-Custom-Header 即是 x_custom_header。

  在默认情况下，这个函数最多返回 100 个请求头。我们可以通过指定可选的 max_headers 参数来自定义这个限制值，注意它必须大于 1 且小于等于 1000。

  阶段：rewrite，access，header_filter，body_filter，log，admin_api。

  参数 max_headers：数字类型，可选项，用于设置请求头的最大数量限制。

  用法：

  ```
  -- Host: example.com
  -- X-Custom-Header: kong client
  -- X-Another: abc
  -- X-Another: xyz
  ```

```
local headers = kong.request.get_headers()
headers.host                    -- "example.com"
headers.x_custom_header         -- "kong client"
headers.x_another[1]            -- "abc"
headers["X-Another"][2]         -- "xyz"
```

- `kong.request.get_raw_body()`：返回原始的请求体。如果没有请求体，则返回空字符串。如果请求体的大小大于 Nginx 缓冲区的大小（由 `client_body_buffer_size` 参数设置），则此函数调用失败并返回错误消息说明此限制。

  阶段：rewrite，access，admin_api。

  返回：返回的值为字符串类型，是请求 URL 的原始请求体。

  用法：

  ```
  -- 请求的有效负载（payload）是 "Hello, world!"
  kong.request.get_raw_body():gsub("world", "kong")   -- "Hello, kong!"
  ```

- `kong.request.get_body([mimetype[, max_args]])`：以键/值表的形式返回请求体的数据。这是一个高级、强大且方便开发者使用的函数，它将依据请求的内容类型使用最合适的格式解析请求体。
  - 如果指定 `mimetype`，那么使用请求的内容类型解析请求体。
  - 如果请求的内容类型为 application/x-www-form-urlencoded，那么以表单编码形式解析请求体。
  - 如果请求的内容类型为 multipart/form-data，那么将请求体解析为复合表单数据。
  - 如果请求的内容类型为 application/json，那么将请求体解析为 JSON 类型，即 `json.decode(kong.request.get_raw_body())`，JSON 类型将转换为匹配的 Lua 类型。
  - 如果以上都不是，则返回 `nil` 并显示一条错误消息以告知无法解析请求体。

  阶段：rewrite，access，admin_api。

  参数：
  - `mimetype`：其值为字符串类型，是可选项，表示 MIME 类型。
  - `max_args`：其值为数字类型，是可选项，用于设置解析参数的最大数量限制（表示 application/x-www-form-urlencoded 格式时，请求的有效负载中解析表单参数最大的数量限制）。

  返回：
  - 第一个返回值 `body`：返回请求体数据，为表类型或 `nil`。
  - 第二个返回值 `err`：返回字符串或 `nil` 与错误信息。

- 第三个返回值 mimetype：返回字符串或 nil。返回请求体实际所使用的 MIME 类型，返回值是解析主体的 MIME 类型的字符串，从而允许调用者识别请求体并根据 MIME 类型正确解析它。

用法：

```
local body, err, mimetype = kong.request.get_body()
body.name      -- "lily"
body.id        -- "123"
```

11.3.9 kong.response

kong.response：发送给下游客户端的响应模块。此模块包含一组函数集，可以控制和调整响应信息。响应信息可能由 Kong 产生，比如插件直接拒绝一个请求；也可能由上游服务器通过代理直接返回。与 kong.service.response 不同的是，此模块允许在把响应信息发送回客户端之前先对其进行修改，它包括如下函数。

- kong.response.get_status()：从响应给下游客户端的信息中获得状态码。

    如果请求已被代理（由本节后面讲的 kong.response.get_source() 获取响应信息来源），返回值将来自上游服务器（与 11.3.13 节讲的 kong.service.response.get_status() 相同）。

    如果请求没有被代理，并且响应信息是由 Kong 自己产生的（即本节后面讲的 kong.response.exit()），则返回值将按原样返回。

    阶段：header_filter、body_filter、log、admin_api。

    返回：返回的值为数字类型，是当前为发送给下游客户端的响应信息设置的 HTTP 状态码。

    用法：

    ```
    kong.response.get_status()     --200
    ```

- kong.response.get_header(name)：此函数返回的是响应头列表，该列表由上游服务器的响应头和 Kong 自身添加的响应头这两部分共同组成。

    阶段：header_filter、body_filter、log、admin_api。

    参数 name：字符串类型，是响应头的名称。

    返回：返回的值既可以是字符串，也可以是 nil（在响应信息中没有找到符合参数名称的响应头）。如果具有相同名称的响应头出现了多次，则返回第一次出现的值。

用法：

```
-- 首先在返回的请求中放置以下响应头
-- X-Custom-Header: kong client
-- X-Another: abc
-- X-Another: xyz
-- 然后用以下代码获取响应头的值
kong.response.get_header("x-custom-header")    -- "kong client"
kong.response.get_header("X-Another")          -- "abc"
kong.response.get_header("X-None")             -- nil
```

- `kong.response.get_headers([max_headers])`：返回包含响应头的 Lua 表。表中 key 是响应头的名称，value 是响应头的值，该值可能是一个字符串或字符串数组（如果有多个响应头）。

与在 11.3.13 节讲的 `kong.service.response.get_headers()` 函数不同的是，该函数会返回客户端能够接收到的所有响应头，包括 Kong 自身添加的。

在默认情况下，这个函数最多返回 100 个响应头。我们可以通过指定可选的 `max_headers` 参数来自定义这个限制值，注意它必须大于 1 且小于等于 1000。

阶段：header_filter，body_filter，log，admin_api。

参数 max_headers：数字类型，可选项，用于设置响应头的最大数量限制值。

返回：

- 表类型，是包含响应头的 Lua 表。
- 字符串，如果响应头的个数多于 `max_headers` 参数设置的值，就返回字符串 `"truncated"`，表示截断。

用法：

```
-- 首先在返回的请求中放置以下响应头
---- X-Custom-Header: kong client
-- X-Another: abc
-- X-Another: xyz
-- 然后用以下代码获取响应头的值
local headers = kong.response.get_headers()
headers.x_custom_header        -- "kong client"
headers.x_Another[1]           -- "abc"
headers["X-Another"][2]        -- "xyz"
```

- `kong.response.get_source()`：此函数用于确定当前响应信息的来源。响应信息既可能来自上游服务器，也可能来自 Kong 本身（Kong 是反向代理，可以中断请求，并生成自己的响应信息）。

阶段：header_filter，body_filter，log，admin_api。

返回：返回的值为字符串类型，是当前响应信息的来源，包含以下三个可能的值。

- `"service"`：表示通过 Kong 将请求代理到上游服务器，响应成功。
- `"error"`：表示在处理请求时发生了错误（例如连接到上游服务器时超时）。
- `"exit"`：表示在处理请求的过程中调用了 `kong.response.exit()` 函数（当请求被插件或 Kong 本身中断时，例如无效凭据）。

用法：

```
if kong.response.get_source() == "service" then
    kong.log("The response comes from the Service")
elseif kong.response.get_source() == "error" then
    kong.log("There was an error while processing the request")
elseif kong.response.get_source() == "exit" then
    kong.log("There was an early exit while processing the request")
end
```

☐ `kong.response.set_status(status)`：用于在把响应信息发送到客户端之前修改它的 HTTP 状态码。一般在 header_filter 阶段使用，因为此时 Kong 正在准备将响应头发回给客户端，也可以用于其他阶段。

阶段：rewrite，access，header_filter，admin_api。

参数 `status`：数字类型，表示新的 HTTP 状态码。

返回：返回 nothing。对于无效的输入，将返回错误。

用法：

```
kong.response.set_status(404)
```

☐ `kong.response.set_header(name, value)`：用于在把响应信息发送到客户端之前修改响应头的名称和值，或者说重新设置响应头。此函数将覆盖具有相同名称的响应头。该函数与上面讲的 `kong.response.set_status(status)` 类似。

阶段：rewrite，access，header_filter，admin_api。

参数：

- `name`：字符串类型，表示新的响应头名称。
- `value`：可以是字符串类型、数字类型或布尔类型，表示新的响应头的值。

返回：返回 nothing。对于无效的输入，将返回错误。

用法：

```
kong.response.set_header("X-Custom-Header", "value")
```

- kong.response.add_header(name, value)：将指定的名称和值添加到现有的响应头中。与上面讲的 kong.response.set_header() 不同，该函数不会覆盖具有相同名称的现有响应头，相反，它会再添加一个具有相同名称的头。

  阶段：rewrite，access，header_filter，admin_api。

  参数：
  - name：字符串类型，表示要添加的新的响应头名称。
  - value：可以是字符串类型、数字类型或布尔类型，表示要添加的新的响应头的值。

  返回：返回 nothing。对于无效的输入，将返回错误。

  用法：
  ```
  kong.response.add_header("Cache-Control", "no-cache")
  kong.response.add_header("Cache-Control", "no-store")
  ```

- kong.response.clear_header(name)：从发送给客户端的响应信息中，删除指定名称的响应头。

  阶段：rewrite，access，header_filter，admin_api。

  参数 name：字符串类型，表示要删除的响应头名称。

  返回：

  返回 nothing。对于无效的输入，将返回错误。

  用法：
  ```
  kong.response.clear_header("X-Custom-Header")
  ```

- kong.response.set_headers(headers)：用表的方式设置响应头。表中的 key 对应响应头的名称，value 可以是一个字符串或字符串数组（如果有多个响应头）。此函数将覆盖与现有响应头中具有相同名称的值。

  阶段：rewrite，access，header_filter，admin_api。

  参数 headers：表类型，表示将要设置的响应头信息。

  返回：返回 nothing。对于无效的输入，将返回错误。

  用法：
  ```
  kong.response.set_headers({
  ["X-Custom-Header "] = "kong client",
      ["Cache-Control"] = { "no-store", "no-cache" }
  })
  ```

```
-- 按此顺序，在响应中添加以下头信息
-- X-Extra-Header: hello
-- Cache-Control: no-store
-- Cache-Control: no-cache
-- X-Custom-Header: kong client
```

- kong.response.exit(status[, body[, headers]])：在插件中调用该函数后，将中断当前阶段的执行流程，但不会中断此插件的其他后续阶段。例如，现在有多个插件配置，如果在其中某一个插件的 access 阶段调用了该函数，那么将不会执行其他插件，但是当前插件的 header_filter、body_filter 和 log 阶段仍然会执行。

阶段：rewrite，access，admin_api，header_filter（仅当响应体为空时）。

参数：

- status：数字类型，表示返回的 HTTP 状态码。
- body：表或字符串类型，可选项，用于设置响应体。如果是字符串，则不会进行任何特殊处理，响应体将直接按原样发送。如果是表，将进行 JSON 编码并设置 Content-Type=application/json。
- headers：表类型，可选项，表示响应头表。除非手动指定，否则此方法将在响应信息中自动设置 Content-Length。

返回：返回 nothing。对于无效的输入，将返回错误。

用法：

```
return kong.response.exit(403, "Access Forbidden", {
    ["Content-Type"] = "text/plain",
    ["WWW-Authenticate"] = "Basic"
})

return kong.response.exit(403, [[{"message":"Access Forbidden"}]], {
    ["Content-Type"] = "application/json",
    ["WWW-Authenticate"] = "Basic"
})

return kong.response.exit(403, { message = "Access Forbidden" }, {
    ["WWW-Authenticate"] = "Basic"
})
```

11.3.10 `kong.router`

kong.router：路由模块，包含一组函数集，用来访问与当前请求相关联的路由信息，包括如下函数。

- kong.router.get_route()：返回当前的路由实体，客户端请求将与此路由相匹配。

  阶段：access，header_filter，body_filter，log。

  返回：返回的值为表类型，是路由实体。

  用法：

  ```
  local route = kong.router.get_route()
  local protocols = route.protocols
  ```

- kong.router.get_service()：返回当前的服务实体，客户端请求将被路由到此服务。

  阶段：access，header_filter，body_filter，log。

  返回：返回的值为表类型，是服务实体。

  用法：

  ```
  local service = kong.router.get_service()
  local host = service.host
  ```

11.3.11 kong.service

kong.service：服务模块，包含一组函数集，用于设置从当前请求到服务之间与连接有关的内容，例如连接到指定的主机名、IP地址、端口，或选择用指定的上游实体以进行负载均衡和健康检测，它包括如下函数。

- kong.service.set_upstream(host)：通过host参数设置用户所需的上游服务的名称，使用此方法实际上等效于设置一个新的上游实体。

  阶段：access。

  参数 host：字符串类型，表示上游主机名称。

  返回：

  - 设置成功时，第一个返回值ok返回布尔值true，第二个返回值err返回nil。
  - 设置失败时，第一个返回值ok返回nil，表示没有找到上游服务器实体；第二个返回值err返回字符串，表示错误消息。

  用法：

  ```
  local ok, err = kong.service.set_upstream("service.prod")
  if not ok then
      kong.log.err(err)
      return
  end
  ```

- `kong.service.set_target(host, port)`：直接设置需要连接的上游服务器的主机和端口，使用此方法不会经过负载均衡算法，也不会进行重试和健康检测。

    阶段：access。

    参数：

    - `host`：字符串类型，是上游服务器的 IP（IPv4/IPv6）地址。
    - `port`：数字类型，是上游服务器的端口。

    用法：

    ```
    kong.service.set_target("service.local", 443)
    kong.service.set_target("192.168.130.1", 80)
    ```

- `kong.service.set_tls_cert_key(chain, key)`：设置与服务握手时使用的客户端证书。

    阶段：rewrite，access，balancer。

    参数：

    - `chain`：cdata 类型，是客户端证书和中间链，由 `ngx.ssl.parse_pem_cert` 函数返回。
    - `key`：cdata 类型，是客户端证书对应的私钥，由 `ngx.ssl.parse_pem_priv_key` 函数返回。

    返回：

    - 设置成功时，第一个返回值 ok 返回布尔值 true，第二个返回值 err 返回 nil。
    - 设置失败时，第一个返回值 ok 返回 nil，第二个返回值 err 返回字符串，表示错误消息。

    用法：

    ```
    local chain = assert(ssl.parse_pem_cert(cert_data))
    local key = assert(ssl.parse_pem_priv_key(key_data))

    local ok, err = kong.service.set_tls_cert_key(chain, key)
    if not ok then
    -- 在这里处理错误消息
    end
    ```

11.3.12 `kong.service.request`

`kong.service.request`：包含一组函数集，用于处理对服务的请求信息，它包括如下函数。

- `kong.service.request.enable_buffering()`：启用缓冲代理，允许插件同时访问服务主体和响应头。

  阶段：rewrite，access。

  用法：

  ```
  kong.service.request.enable_buffering()
  ```

- `kong.service.request.set_scheme(scheme)`：为服务设置请求所使用的协议。

  阶段：access。

  参数 `scheme`：字符串类型，是请求要使用的协议，支持的值是 `"http"` 或 `"https"`。

  返回：返回 nothing。对于无效的输入，将返回错误。

  用法：

  ```
  kong.service.request.set_scheme("https")
  ```

- `kong.service.request.set_path(path)`：为服务设置请求的路径部分，不包括查询字符串。

  阶段：access。

  参数 `path`：字符串类型。

  返回：返回 nothing。对于无效的输入，将返回错误。

  用法：

  ```
  kong.service.request.set_path("/v2/api")
  ```

- `kong.service.request.set_raw_query(query)`：为服务设置请求的原始查询字符串，不带前导字符"?"。

  阶段：rewrite，access。

  参数 `query`：字符串类型。

  返回：返回 nothing。对于无效的输入，将返回错误。

  用法：

  ```
  kong.service.request.set_raw_query("sign=hello%20kong")
  ```

- kong.service.request.set_method(method)：为服务设置请求的 HTTP 方法。

  阶段：rewrite，access。

  参数 method：字符串类型，其取值中的所有字符均应大写。支持的值有 "GET"、"HEAD"、"PUT"、"POST"、"DELETE"、"OPTIONS"、"MKCOL"、"COPY"、"MOVE"、"PROPFIND"、"PROPPATCH"、"LOCK"、"UNLOCK"、"PATCH" 和 "TRACE"。

  返回：返回 nothing。对于无效的输入，将返回错误。

  用法：

  ```
  kong.service.request.set_method("POST")
  ```

- kong.service.request.set_query(args)：为服务设置请求的查询字符串。与上面所讲的 kong.service.request.set_raw_query(query) 不同的是，args 参数必须是一个表。

  阶段：rewrite，access。

  参数 args：表类型。表中的每个 key 都是一个字符串，对应于参数名称；每个 value 可以为布尔值、字符串、字符串数组或布尔值数组。此外，所有字符串类型的值都将进行 URL 编码。

  返回：返回 nothing。对于无效的输入，将返回错误。

  用法：

  ```
  kong.service.request.set_query({
      sign = "hello kong",
      q1 = {"x", "y", true},
      zzz = true,
      q2 = ""
  })
  -- 将产生以下查询字符串
  -- q1=x&q1=y&q1&q2=&sign=hello%20kong&zzz
  ```

- kong.service.request.set_header(header, value)：给服务的请求设置指定的请求头。任何现有的具有相同名称的请求头都将被覆盖。如果设置 header 参数为 "host"（不区分大小写），还将为服务设置请求的 SNI。

  阶段：rewrite，access。

  参数：

  - header：字符串类型，表示指定的请求头名称。
  - value：可以是字符串类型、布尔类型或数字类型，表示指定的请求头值。

返回：返回 nothing。对于无效的输入，将返回错误。

用法：

```
kong.service.request.set_header("host", "example.com")
```

- `kong.service.request.add_header(header, value)`：把指定的请求头添加到对服务的请求中。与上一个函数不同的是，该函数不会覆盖具有相同名称的现有请求头，相反，具有相同名称的请求头会保留并保持顺序不变。

  阶段：rewrite，access。

  参数：
  - `header`：字符串类型，是指定的请求头名称。
  - `value`：可以是字符串类型、布尔类型或数字类型，是指定的请求头值。

  返回：返回 nothing。对于无效的输入，将返回错误。

  用法：

  ```
  kong.service.request.add_header("Cache-Control", "no-cache")
  kong.service.request.add_header("Cache-Control", "no-store")
  ```

- `kong.service.request.clear_header(header)`：在对服务的请求中，删除名称与指定名称相同的请求头。

  阶段：rewrite，access。

  参数 `header`：字符串类型，用于指定要删除的请求头的名称。

  返回：返回 nothing。对于无效的输入，将返回错误。如果请求的请求头中没有满足删除条件的内容，则不会有错误。

  用法：

  ```
  kong.service.request.set_header("X-Custom-Header", "x")
  kong.service.request.add_header("X-Custom-Header", "y")
  kong.service.request.clear_header("X-Custom-Header")
  ```

- `kong.service.request.set_headers(headers)`：为服务的请求设置请求头表。表中的 key 对应请求头的名称，value 可以是一个字符串或字符串数组（如果有多个请求头）。此函数将覆盖与现有请求头中具有相同名称的值。

  阶段：rewrite，access。

  参数 `headers`：表类型。

返回：返回 nothing。对于无效的输入，将返回错误。

用法：

```
kong.service.request.add_header("x-custom-header", "kong client")
kong.service.request.set_header("X-Another", "abc")
kong.service.request.set_headers({
    ["X-Another"] = "xyz",
    ["Cache-Control"] = { "no-store", "no-cache" },
    ["Sign"] = "Hello"
})

-- 将以下请求头按顺序添加到请求中
-- x-custom-header: kong client
-- Cache-Control: no-store
-- Cache-Control: no-cache
-- Sign:Hello
-- X-Another: xyz
```

- kong.service.request.set_raw_body(body)：为服务的请求设置原始请求体。在这个函数中，还可以设置 Content-Length。

  阶段：rewrite，access。

  参数 body：字符串类型。如果将其设为空字符串 `""`，则表示是空的请求体。

  返回：返回 nothing。对于无效的输入，将返回错误。

  用法：

  ```
  kong.service.request.set_raw_body("Hello, kong!")
  ```

- kong.service.request.set_body(args[, mimetype])：为服务的请求设置请求体，参数 args 以键/值表的形式提供。如果提供 mimetype 参数，将根据该参数指定的类型对请求体进行编码；如果未提供，则根据客户端请求的内容类型对请求体进行编码，具体如下。
  - 如果客户端请求的内容类型为 application/x-www-form-urlencoded，那么以 urlencoded 形式进行编码。
  - 如果客户端请求的内容类型为 multipart/form-data，那么将请求体编码为复合表单数据。
  - 如果客户端请求的内容类型为 application/json，那么将请求体编码为 JSON 格式，即 kong.service.request.set_raw_body(json.encode(args))。Lua 数据类型将转换为匹配的 JSON 串类型。
  - 如果提供了 mimetype 参数，则将请求体设置为对应的内容类型。
  - 如果以上都不是，则返回 nil 并显示一条错误消息，告知无法对请求体进行编码。

  阶段：rewrite，access。

参数:

- args: 表类型,表示即将转换为适当格式并存储在请求体中的数据表。
- mimetype: 字符串类型,是可选项。其取值有以下三种类型: application/x-www-form-urlencoded、multipart/form-data、application/json。

返回:

- 设置成功时,第一个返回值 ok 返回布尔值 true,第二个返回值 err 返回 nil。
- 设置失败时,第一个返回值 ok 返回 nil,第二个返回值 err 返回字符串,其中有失败的原因。

用法:

```
kong.service.set_header("application/json")
local ok, err = kong.service.request.set_body({
    name = "lily",
    age = 20,
    numbers = {1, 2, 3}
})
-- 产生以下 JSON 格式的消息
-- { "name": "lily", "age": 20, "numbers":[1, 2, 3] }

local ok, err = kong.service.request.set_body({
    sign = "hello kong",
    b1 = {"x", "y", true},
    z1 = true,
    b2 = ""
}, "application/x-www-form-urlencoded")
-- 产生以下请求体
-- b1=x&b2=y&b1&b2=&sign=hello%20kong&z1
```

- kong.service.request.disable_tls(): 为流代理模块禁用向上游的 TLS 握手。这实际上是覆盖了 proxy_ssl 指令,通过设置 proxy_ssl=off 来关闭当前流会话。注意,一旦调用了这个函数,就不可能再为当前会话重新启用 TLS 握手了。

阶段: preread, balancer。

返回:

- 如果禁用成功,第一个返回值 ok 返回布尔值 true,第二个返回值 err 返回 nil。
- 如果禁用失败,第一个返回值 ok 返回 nil,第二个返回值 err 返回字符串,表示错误消息。

用法:

```
local ok, err = kong.service.request.disable_tls()
if not ok then
-- 在这里处理错误消息
end
```

11.3.13 `kong.service.response`

`kong.service.response`：包含一组函数集，用于获取服务的响应信息，包括如下函数。

- `kong.service.response.get_status()`：将上游服务的响应信息中的 HTTP 状态码以数字类型返回。

  阶段：header_filter，body_filter，log。

  返回：返回的值为数字类型或 `nil`。如果是数字类型，表示客户端请求已被代理，该数字是来自于上游服务响应信息中的 HTTP 状态码；如果是 `nil`，表示客户端的请求没有被代理，响应信息的来源并非上游服务（即 `kong.response.get_source()` 返回的不是 `"service"`）。

  用法：

  ```
  kong.log.inspect(kong.service.response.get_status())    -- 401
  ```

- `kong.service.response.get_headers([max_headers])`：返回一个 Lua 表，该表包含来自于上游服务的响应头信息。表中的 key 是响应头的名称，value 是响应头的值，为一个字符串或字符串数组（如果有多个响应头）。

  与 11.3.9 节所讲的 `kong.response.get_headers()` 函数不同的是，此函数只返回在上游服务的响应信息中存在的响应头（忽略了 Kong 本身添加的响应头）。另外，如果请求没有代理到服务（例如身份验证插件拒绝了请求，并产生了 HTTP 状态码为 401 的响应），则返回的响应头值可能是 `nil`，因为尚未收到来自于服务的响应信息。

  在默认情况下，这个函数最多返回 100 个响应头。我们可以通过指定 `max_headers` 参数来自定义这个限制值，注意它必须大于 1 且小于等于 1000。

  阶段：header_filter，body_filter，log。

  参数 `max_headers`：数字类型，可选项，用于设置返回响应头的最大数量限制。

  返回：

  - 返回值为表类型，是包含响应头的表。
  - 返回值为字符串类型。如果响应头的个数多于 `max_headers` 参数设置的限制值，就会返回字符串 `"truncated"` 表示截断。

  用法：

  ```
  -- 首先在上游返回的响应模块中放置以下响应头
  -- X-Custom-Header: kong client
  ```

```
-- X-Another: abc
-- X-Another: xyz
-- 然后获取上游响应头的值
local headers = kong.service.response.get_headers()
if headers then
    kong.log.inspect(headers.x_custom_header)      -- "kong client"
    kong.log.inspect(headers.x_another[1])         -- "abc"
    kong.log.inspect(headers["X-Another"][2])      -- "xyz"
end
```

- `kong.service.response.get_header(name)`：返回具有与指定名称相同名称的响应头的值。

  阶段：header_filter、body_filter、log。

  参数 name：字符串，表示指定的响应头名称。

  返回：返回的值为字符串或 nil。如果是字符串，则为响应头的值；如果是 nil，则表示在响应信息中没有找到符合指定名称的响应头。另外，如果具有相同名称的响应头多次出现在响应信息中，则返回第一次出现的值。

  用法：

  ```
  -- 首先在上游返回的响应中放置以下响应头
  -- X-Custom-Header: hello kong
  -- X-Another: abc
  -- X-Another: xyz
  -- 然后获取上游响应头的值
  kong.log.inspect(kong.service.response.get_header("x-custom-header"))
                                                          -- "hello kong"
  kong.log.inspect(kong.service.response.get_header("X-Another"))  -- "abc"
  ```

- `kong.service.response.get_raw_body()`：返回上游服务原始的响应体。

  阶段：header_filter、body_filter、log。

  返回：返回的值为字符串类型，是原始的响应体。

  用法：

  ```
  -- 需要在 rewrite 或 access 阶段调用插件
  -- 调用 11.3.12 节所讲的 kong.service.request.enable_buffering() 后，才能调用此函数
  local body = kong.service.response.get_raw_body()
  ```

- `kong.service.response.get_body(mimetype[,mimetype[,max_args]])`：返回解析后的响应体。

  阶段：header_filter、body_filter、log。

参数：

- mimetype：字符串类型，可选项，表示 MIME 类型。
- max_args：数字类型，可选项，用于设置最大解析数目的限制值。

返回：返回的值为字符串类型，是解析后的响应体。

用法：

```
-- 需要在 rewrite 或 access 访问阶段调用插件
-- 调用 11.3.12 节所讲的 kong.service.request.enable_buffering() 后，才能调用此函数
local body = kong.service.response.get_body()
```

11.3.14 `kong.table`

`kong.table`：包含一组实用函数集，用于操作 Lua 表，它包括如下函数。

- `kong.table.new([narr[, nrec]])`：返回一个 Lua 表，表的数组和散列部分有预分配的插槽数。

  参数：

  - narr：数字类型，可选项，用于指定要在数组部分预分配的插槽数。
  - nrec：数字类型，可选项，用于指定要在散列部分预分配的插槽数。

  返回：返回的值为表类型，是新创建的 Lua 表。

  用法：

  ```
  local tab = kong.table.new(6, 8)
  ```

- `kong.table.clear(tab)`：从数组和散列条目中删除指定的 Lua 表。

  参数 tab：表类型，是将要被删除的 Lua 表。

  返回：无返回值。

  用法：

  ```
  local tab = {
      "hello",
      name= "lily"
  }
  kong.table.clear(tab)

  kong.log(tab[1])      --nil
  kong.log(tab.name)    --nil
  ```

11.4 插件开发

在本节中,我们通过开发一个简单的自定义插件来说明开发的整个过程。下面是一个名为 hello-kong 的插件示例,如果插件配置文件 schema.lua 中的 `say_hello` 设置为 `true`,则请求后将在响应头中添加 `Hello-Kong=Welcome`,反之添加 `Hello-Kong=Bye`。这里我们推荐采用 IntelliJ IDEA+EmmyLua 作为开发工具。

插件的 schema.lua 配置文件如下:

```lua
return {
    no_consumer = true,
    fields = {
        say_hello = { type = "boolean", default = true }
    }
}
```

插件的 handler.lua 处理文件如下:

```lua
local BasePlugin = require "kong.plugins.base_plugin"
local HelloKongHandler = BasePlugin:extend()
HelloKongHandler.PRIORITY = 2000        -- 插件优先级,该值越高,对应插件的运行优先级越高
function HelloKongHandler:new()
    HelloKongHandler.super.new(self, "hello-world")
end

function HelloKongHandler:access(conf)
    HelloKongHandler.super.access(self)
    -- 判断 say_hello 的值以设置响应头,若 say_hello 为 true 则设置为 Welcome,反之设置为 Bye
    if conf.say_hello then
        kong.response.set_header("Hello-Kong", "Welcome")
    else
        kong.response.set_header("Hello-Kong", "Bye")
    end
end
return HelloKongHandler
```

11.5 插件测试的运行环境

在插件开发完毕后,正式应用前,需要先搭建运行环境对插件进行单元测试和集成测试。安装测试环境所需的运行基础包,包括 OpenResty 1.15.8.3、OpenSSL 1.1.1g、LuaRocks 3.3.1 和 PCRE 8.43 等。Kong 已经帮我们准备好了如下安装脚本:

```
$ git clone https://github.com/kong/kong-build-tools        -- 构建、打包和发布所需的工具
$ cd openresty-build-tools
$ ./kong-ngx-build -p build \                                -- 编译构建 Kong
    --OpenResty 1.15.8.3 \
    --OpenSSl 1.1.1g \
    --LuaRocks 3.3.1 \
    --PCRE 8.43
```

然后设置路径环境变量。可以将以下这些代码自行添加到 .profile 或 .bashrc 文件中，方便使用：

```
$ export PATH=
$HOME/path/to/kong/openresty-build-tools/build/openresty/bin:$HOME/path/to/kong/
openresty-build-tools/build/openresty/nginx/sbin:$HOME/path/to/kong/openresty-
build-tools/build/luarocks/bin:$PATH
$ export OPENSSL_DIR=
$HOME/path/to/kong/openresty-build-tools/build/openssl
```

为了方便统一管理容器，在此使用 Docker Compose。这是 Docker 提供的一个命令行工具，用来管理和运行由多个容器组成的应用。安装 Docker Compose 的过程如下：

```
$ yum install epel-release                              -- 安装并启用 epel 源
$ yum install -y python-pip                             -- 安装 python-pip
$ pip install --upgrade pip                             -- 更新 pip
$ yum -y install python-devel python-subprocess32       -- 安装 python-devel/subprocess32
$ pip install docker-compose                            -- 安装 docker-compose
```

之后，使用 Kong 准备好的单元/集成测试容器套件 kong-tests-compose，其中包括 Redis 5.0.7、PostgreSQL 9.6 和 Cassandra 3.9 镜像，执行下面的命令下载 kong-tests-compose，并自动创建和启动容器，将在后面测试时自动连接和写入数据。

```
$ git clone https://github.com/thibaultcha/kong-tests-compose.git  -- 克隆文件
$ cd kong-tests-compose
$ docker-compose up                                                -- 创建并启动容器
```

最后，从 Github 站点克隆下载 Kong，并切换至 next 分支，执行 `make dev` 命令，安装开发依赖项。除此之外，还可以使用 `make test` 命令运行单元测试，使用 `make test-integration` 命令运行集成测试，使用 `make test-plugins` 命令运行插件测试，使用 `make all` 命令运行所有测试。以上测试的所有内容在 kong/spec 目录。

```
$ git clone https://github.com/Kong/kong.git            -- 克隆下载 Kong
$ cd kong                                               -- 进入目录
$ git checkout next                                     -- 切换到 next 分支
$ make dev                                              -- 安装开发依赖项
```

注意：如果在执行 `make dev` 命令的过程中遇到 `Could not find library file for YAML`，请执行以下命令，安装所需的 YAML 类库：

```
$ yum install libyaml-devel libyaml                     -- 安装 YAML 类库
```

11.6 插件的制作与安装

LuaRocks 是一个非常流行的 Lua 包管理器，基于 Lua 语言开发，以命令行的方式管理 Lua 包依赖、安装第三方 Lua 包，我们在 11.5 节中已经安装过它。rockspec 文件为 LuaRocks 包管理器的描述文件。下面以 hello-kong 插件为例，编写 rockspec 描述文件，文件内容包括包名、版本、支持的平台、Git 来源信息、描述、依赖项以及插件模块，该描述文件的内容如下：

```
package = "kong-plugin-hello-kong"
version = "0.1-1"
local pluginName = package:match("^kong%-plugin%-(.+)$")
supported_platforms = {"linux", "macosx"}
source = {
    url = "http://github.com/Kong/kong-plugin.git",
    tag = "0.1"
}
description = {
    summary = "hello-kong",
    homepage = "http://getkong.org",
    license = "Apache 2.0"
}
dependencies = {
}
build = {
    type = "builtin",
    modules = {
        ["kong.plugins."..pluginName..".handler"] = "src/handler.lua",
        ["kong.plugins."..pluginName..".schema"] = "src/schema.lua",
    }
}
```

rockspec 描述文件编写完成后，我们可以使用如下 `lint` 命令来检查在当前目录下 rockspec 文件的语法 / 格式是否存在问题，如果存在问题，将有明确的错误提示，反之不会有任何提示：

```
$ luarocks lint kong-plugin-hello-kong-0.1-1.rockspec
```

之后就可以使用如下 `make` 命令基于刚编写的 rockspec 文件，通过下载对应源代码来安装 hello-kong 插件：

```
$ luarocks make kong-plugin-hello-kong-0.1-1.rockspec
```

我们也可以将插件的所有文件内容打包成一个 rock 包，这样方便后期在其他机器上安装和使用。我们先用 `pack` 命令根据本地的 rockspec 文件将 Lua 源码包打包成一个二进制的 rock 文件，然后再用 `install` 命令安装即可，这两个命令如下：

```
$ luarocks pack kong-plugin-hello-kong
$ luarocks install kong-plugin-hello-kong-0.1-1.all.rock
```

最后，我们看一下 rock 命令集合的功能和作用。由于篇幅有限，不能一一展开讲解，请读者结合自身需要使用，如表 11-4 所示。

表 11-4 rock 命令表

命 令	说 明
build	构建、编译并安装 rock 文件
doc	显示已安装的 rock 文件
download	从服务器上下载特定的 rock 或 rockspec 文件
help	帮助命令
install	安装 rock 文件
lint	检查在当前目录下 rockspec 文件的语法 / 格式
list	列出当前已安装的 rock 文件
config	查询并设置 LuaRocks 的配置
make	基于 rockspec 文件在当前目录下生成编译包并安装 rock 文件
new_version	自动为新版本的 rock 文件编写 rockspec 文件
pack	创建并打包一个 rock 文件，包装源或二进制文件
path	返回当前配置的程序包路径
purge	从结构树上移除所有已安装的 rock 文件
remove	移除和卸载 rock 文件
search	搜索、查询 LuaRocks 的存储库
show	显示已安装的 rock 文件信息
unpack	从 rock 文件中解压内容
upload	将 rockspec 文件上传到公共的 rock 存储库
write_rockspec	为 rockspec 文件编写模板

关于 LuaRocks 的更多命令信息及用法，请查看 GitHub 上的 LuaRocks 官网文档。

11.7　插件测试与运行

编写插件测试文件，其中主要包括添加服务、添加路由、添加插件、请求测试、结果验证、Kong 服务启停。我们将编写的 it-works_spec.lua 测试文件放至 $HOME/path/to/kong/spec/03-plugins/plugin-hello-world 测试目录。

it-works_spec.lua 测试文件的内容如下：

```lua
local helpers = require "spec.helpers"
local cjson = require "cjson"
-- strategy 分别在 Postgres 和 Cassandra 数据库进行测试
for _, strategy in helpers.each_strategy() do
    describe("Plugin: hello-kong [#" .. strategy .. " ]", function()
        local proxy_client
-- 构建测试环境开始测试
setup(function()
    -- 获得数据库路由、服务和插件实体对象的信息
```

```lua
    local bp = helpers.get_db_utils(strategy, {
        "routes",
        "services",
        "plugins",
    }, { "hello-kong" })
    -- 插入服务数据
    local service = bp.services:insert {
        host = "getkong.org",
        port = 80,
        protocol = "http",
    }
    -- 插入路由数据
    bp.routes:insert {
        protocols = { "http" },
        hosts = { "mykong.com" },
        service = { id = service.id },
    }
    -- 插入插件数据
    bp.plugins:insert {
        name = "hello-kong",
        service = { id = service.id },
    }
    -- 启动 Kong
    assert(helpers.start_kong {
        nginx_conf = "spec/fixtures/custom_nginx.template",
        plugins = "hello-kong",
    })
    -- 构建 HTTP 客户端对象
    proxy_client = helpers.proxy_client()
end)
-- 测试结束
teardown(function()
    -- 关闭 HTTP 客户端
    if proxy_client then
        proxy_client:close()
    end
    -- 关闭 Kong
    helpers.stop_kong()
end)
    -- 请求测试
    it("sends data immediately after a request", function()
        local res = proxy_client:get("/", {
            headers = {
                host = "mykong.com",
            },
        })
        -- 验证返回的 HTTP 状态码是否为 200
        local body = assert.res_status(200, res)
        -- 验证返回的响应头中的 Hello-Kong 是否为 Welcome
        assert.same("Welcome", res.headers["Hello-Kong"])
    end)
end)
end
```

使用如下命令运行 hello-kong 插件，如果看到绿色的实体圆圈，则表示插件运行成功，且测试通过。

```
$ make test-plugins
```

关于插件在 Kong 和 Konga 中的安装和配置，请参考第 10 章。

11.8　插件与 C 语言

除了可以通过 Kong 插件使用纯 Lua 语言开发自定义插件之外，还可以使用 LuaJIT 中的 FFI（Foreign Function Interface，外部函数调用接口）扩展库，简洁高效地调用外部动态链接库中的 C 语言函数。无论是已经存在的第三方 C 函数库，还是自定义开发的 C 函数库，我们都可以调用。

下面演示如何在 Lua 插件代码中通过 LuaJIT FFI 扩展库调用外部动态链接库中的 C 语言函数，此函数用于计算一个矩形的面积。

先用 C 语言编写一个用于计算矩形面积的 `area_rectangle` 函数，该函数实现了根据参数传入的长和宽计算矩形的面积。

在 area_rectangle_func.c 文件中，`#include<stdlib.h>` 和 `#include<stdio.h>` 语句是指将 stdlib.h 和 stdio.h 头文件包含到 area_rectangle_func.c 文件中。stdlib.h 头文件是标准库文件，其中包含了 C 和 C++ 语言最常用的一些系统函数，而 stdio.h 头文件则是标准输入输出函数库的简称。

area_rectangle_func.c 文件的内容如下：

```
#include <stdlib.h>
#include <stdio.h>

float area_rectangle(float x,float y){                      /* 计算矩形面积的函数 */
    printf("Area of a rectangle Calculator, x=%f, y=%f\n",x,y);
                                                            /* 打印通过参数传入的长和宽 */
    return x * y;                                           /* 返回计算结果，即长乘宽 */
}
```

使用下方 gcc 编译器命令将刚编写的 C 语言源文件 area_rectangle_func.c 编译成 so（shared object，动态链接库）文件，并将编译生成的 libarea_rectangle_func.so 文件放置到 /usr/local/share/lua/5.1/kong/so 目录：

```
$ gcc -Wall -shared -fPIC -o libarea_rectangle_func.so area_rectangle_func.c
```

在上述命令中，`-Wall` 参数表示生成的所有警告信息；`-shared` 参数表示生成的 so 文件；`-fPIC` 参数表示在编译阶段，告知编译器产生与位置无关的代码，这样可使所生成的 so 文件的代码段被共享，即此代码段在被多个应用程序使用加载时，不会生成多个内存副本；最后，"-o 文件名"表示生成具有指定名称的文件。

若要在 Kong 插件中使用此 so 文件，首先需要加载 LuaJIT FFI 库，然后通过 ffi 对象加载刚编译生成的 libarea_rectangle_func.so 文件，并声明调用的 C 函数 area_rectangle，之后在插件的 access 方法中读取请求地址中的 x 和 y 参数（长和宽），最后传递这两个参数，调用 area_rectangle 函数，并返回结果。相关代码如下所示：

```lua
local basePlugin = require "kong.plugins.base_plugin"
local ffi = require 'ffi'                                    -- 加载 LuaJIT FFI 库
local C = ffi.load('area_rectangle_func')                    -- 加载 so 文件
ffi.cdef[[                                                   -- 声明调用的 C 函数和数据结构
    float area_rectangle(float x,float y);
]]

local plugin = basePlugin:extend()
plugin.PRIORITY = 1000

function plugin:new()
    plugin.super.new(self, "kong.plugins.area_rectangle")
end

function plugin:access()
    plugin.super.access(self)
    local x = tonumber(kong.request.get_query_arg("x"))      -- 从请求地址中取得 x 参数（长）
    local y = tonumber(kong.request.get_query_arg("y"))      -- 从请求地址中取得 y 参数（宽）
    return kong.response.exit(200,
        "Area of a rectangle Calculator:" ..
    C.area_rectangle(x,y))                                   -- 调用 area_rectangle 函数
end

return plugin
```

这里需要说明一下，ffi.load(name [,global]) 语句中的 global 参数是可选项，如果该参数为 true，则 name 参数表示的动态链接库（即上述代码中的 libarea_rectangle_func）信息会被加载到一个全局命名空间，这样还可以使用 ffi.C.area_rectangle(x,y) 的方式进行调用。

访问 GitHub 上的 KongGuide/Book/kong-area-rectangle-plugin 目录，下载计算矩形面积的插件源代码 kong-area-rectangle-plugin。将其中的 area-rectangle 插件目录放至 /root/custom-plugins/kong/plugins/area-rectangle 目录中，并用如下命令修改 /etc/kong/kong.conf 配置文件中第 74 行的 plugins 和第 1153 行的 lua_package_path，这两个修改分别是添加启动时需要加载的自定义插件名称 area-rectangle 以及设置自定义插件的搜索路径：

```
plugins = bundled, area-rectangle
lua_package_path = ./?.lua;./?/init.lua;/root/custom-plugins/?.lua;
```

除上述内容之外，还需要修改 /etc/ld.so.conf 文件，在其中配置 so 文件的搜索路径。如果未配置该路径，那么当 Kong 再次启动时，将提示 cannot open shared object file: No such file or directory，即在系统中找不到此共享库（lib*.so 文件）。只要在 /etc/ld.so.conf 文件的最后一行添加路径 /usr/local/share/lua/5.1/kong/so，并使用 ldconfig 命令使配置立即生效即可，默认的搜索目录为 /lib 和 /usr/lib：

```
$ vim /etc/ld.so.conf           -- 编辑此文件，在其最后一行添加 so 文件的搜索路径
$ sudo ldconfig                 -- 使配置立即生效
```

之后，重新启动 Kong：

```
$ kong restart
```

在 10.2 节所搭建环境的基础上，在 example 服务中添加 area-rectangle 插件。先点击 Konga 管理工具左侧菜单的 SERVICES 按钮，然后在列表中点击 example-service，再在打开的页面上依次点击 Plugins→ADD PLUGIN→Other→ADD AREA RECTANGLE 按钮即可得到添加 area-rectangle 插件的页面。

最后，验证插件。打开浏览器，输入地址 http://example.com/?x=5.0&y=6.0，将在页面上得到返回结果 Area of a rectangle Calculator:30，即矩形面积的计算结果为 30。

11.9　插件与 Go 语言

在 Kong 2.0 之前，Lua 语言是官方推荐用来开发 Kong 插件的主要语言。在此之后，Kong 公司引入了 Go 语言生态体系。Go 语言是 Google 公司开发的一种静态编译型语言，其语法风格与 C 语言相似，被誉为"互联网时代的 C 语言"。对于开发者来讲，Go 语言提供了更多的选择性和可能性，我们可以使用它的全部功能特性，比如 goroutine、I/O 和 IPC 等。

为了支持在 Kong 中运行 Go 插件，需要用到一个外置的 go-pluginserver 进程，这是一个完全运行在 Go 环境中用 Go 语言开发的服务，专用于运行 Go 插件，我们可以在 kong.conf 配置文件中决定是否开启 Go 语言插件支持，如果选择开启，那么将在启动 Kong 时同时启动此进程，并打开 Unix domain socket（又叫 IPC socket），以使 Kong 与 go-pluginserver 进程可以全双工无障碍地进行高效事件传递、函数调用以及数据流转。

11.9.1　Go 安装

要在 Kong 中开发 Go 插件，首先需要安装 Go 环境。打开 Go 官网下载安装包 go1.14.5.linux-amd64.tar.gz，然后解压并设置环境变量，验证 Go 是否安装成功。相关代码如下：

```
# 下载 Go 安装包
$ wget https://dl.google.com/go/go1.14.5.linux-amd64.tar.gz

# 执行 tar 命令将安装包解压到 /usr/local/go 目录
$ tar -C /usr/local -zxvf go1.14.5.linux-amd64.tar.gz

# 编辑 profile 文件
$ vim /etc/profile

# 添加 /usr/local/go/bin 目录到环境变量
# 在最后一行添加 Go 安装执行路径
export GOROOT=/usr/local/go
export PATH=$PATH:$GOROOT/bin

# 使用 source 命令使环境变量立即生效
$ source /etc/profile

# 验证是否安装成功
$ go version
```

11.9.2 开发流程

要开发 Go 插件，推荐使用 GoLand 2020 工具，此时主要需要做以下工作。

- 导入 Kong go-pdk 包。
- 定义配置结构类型信息。
- 编写 New() 函数创建配置结构实例。
- 在该结构上添加方法以处理 Kong 事件。
- 使用 go build 命令或 kong/go-plugin-tool 工具编译插件。
- 将编译生成的插件动态链接库共享文件放入 go_plugins_dir 目录。

定义此配置结构用于读取和验证来自数据库或 Admin API 的配置数据，保证配置结构与数据类型相匹配。我们可以在配置结构中添加更多业务需求字段，这些配置信息将在 Kong 和 go-pluginserver 进程之间传递。

配置文件的结构如下：

```
type MyConfig struct {
    Path string
    Reopen bool
}
```

插件中还必须定义一个名为 New() 的构造函数，该函数将根据配置类型创建实例并以 interface{} 的形式返回：

```go
func New() interface{} {
    return &MyConfig{}
}
```

这里需要说明的是，函数名的首字母必须大写，表示这是对外公开的方法。

在配置结构实例上定义方法以处理 Kong 事件，如 Access、Rewrite、Preread、Certificate、Log 等方法，其中 Access 方法的定义如下：

```go
func (conf *MyConfig) Access (kong *pdk.PDK) {
    ...
}
```

在上方代码中，`kong *pdk.PDK` 参数是 go-pdk 包中的，它是所有 PDK 函数的入口点，与 Lua 的 PDK 相似，可以在请求、响应的生命周期中获取或操作上下文中的各种数据和行为。

11.9.3 开发示例

下面提供了一个简单的示例，演示如何使用 Go 语言开发一个 Kong 插件，插件名为 go-hello。此示例将在客户端发出请求后，在插件中取出当前所访问的请求头域名 example.com，将此域名与插件所配置的变量 Message 组合成内容为 Go says hello kong to example.com 的字符串，之后将此字符串作为 x-hello-from-go 响应头的值，最后返回给客户端。go-hello.go 插件处理文件的内容如下：

```go
package main
// 导入 fmt 和 go-pdk 包
import (
    "fmt"
    "github.com/Kong/go-pdk"
)
// 定义配置文件结构体
type Config struct {
    Message string
}

// 新建配置实例
func New() interface{} {
    return &Config{}
}
// 执行 Access 方法
func (conf Config) Access(kong *pdk.PDK) {
    host, err := kong.Request.GetHeader("host")
    if err != nil {
        kong.Log.Err(err.Error())
    }
    message := conf.Message
    if message == "" {
```

```
            message = "hello"
        }
        kong.Response.SetHeader("x-hello-from-go", fmt.Sprintf("Go says %s to %s",
            message, host))
}
```

接下来，安装 Git，下载并编译 go-hello 插件源代码 kong-go-hello-plugin。下载 go-pluginserver 源代码并编译，你也可使用安装包中自带且已经编译的 go-pluginserver。

go-hello 插件需要使用的编译模式为 plugin，即以 `-buildmode=plugin` 标识构建生成 so 动态链接库共享文件，该标识意味着此 so 文件能够被 go-pluginserver 服务动态加载并创建插件实例，如果没有此参数，则生成的是一个静态的可执行文件。相关命令如下：

```
# 安装 Git
$ sudo yum install -y git

# 下载 go-plugins 项目示例，其中包括 go-hello.go 文件
$ git clone https://github.com/Kong/go-plugins.git

# 使用 go build 命令把 go-hello.go 文件编译成 so 动态链接库共享文件
$ go build -buildmode=plugin go-hello.go

# 下载 go-pluginserver
# 也可使用安装包中自带已编译的 go-pluginserver，将其安装在 /usr/local/bin 目录
$ git clone https://github.com/Kong/go-pluginserver.git

# 编译 go-pluginserver
$ go build

# 将编译后的 go-pluginserver 文件复制到 bin 目录
$ cp go-pluginserver /usr/local/bin
```

已经编译的 go-pluginserver 在 Kong 安装包中自带且可以直接使用，读者也可以根据实际环境的需要再次编译。需要注意的是，Go 插件与 go-pluginserver 的编译环境和版本必须严格保持一致，包括公共库 kong/go-pdk，Go 标准库 fmt、rpc、reflect，OS 库 libpthread、libc、ld-xx 以及相同的环境变量 $GOROOT/$GOPATH 等。

如果读者没有 Go 环境，为了保持环境和版本的一致性，也可以使用官方提供的 `docker run --rm -v $(pwd):/plugins kong/go-plugin-tool:<version> build <source>` 镜像对 go-hello 插件进行编译，如 `docker run --rm -v /root/go-plugins:/plugins kong/go-plugin-tool:2.0.4-centos-7 build go-hello.go`。用此容器命令也可以生成 go-hello.so 动态链接库共享文件。

编译后的 go-pluginserver 程序可以手动启动运行，附加的后缀参数 `-version` 用于打印运行时版本；`-kong-prefix` 用于设置 Kong 的路径前缀；`-plugins-directory` 用于设置 Go

插件的搜索路径；`dump-plugin-info` 则可以打印指定的 so 插件信息，并以 `MessagePack` 对象的形式返回。对于 go-pluginserver 的详细用法，读者可以使用 `go-pluginserver -help` 命令查看更多信息。

下面将开启 Go 语言支持，需要修改 /etc/kong/kong.conf 配置文件，其中 go_pluginserver_exe 是 Go 的可执行文件的完整路径。go_plugins_dir 是插件的目录，用于存放已经编译后的插件 so 动态链接库共享文件，配置文件中的 go_plugins_dir 默认值为 off，表示不支持运行 Go 插件，如果其值为实际的路径，则表示支持。配置文件修改完毕后，重新启动 Kong。

```
# 可执行文件 go-pluginserver 的完整路径
go_pluginserver_exe = /usr/local/bin/go-pluginserver

# Go 插件目录，将刚编译的 go-hello.so 放入此目录
go_plugins_dir = /root/kong-go-plugins

# 启用 go-hello 插件
plugins = bundled, go-hello
```

在 10.2 节所搭建环境的基础上，在 example 服务中添加 go-hello 插件。先点击 Konga 管理工具左侧菜单的 SERVICES，然后在列表中点击 example-service，再在打开的页面上点击 Plugins→ADD PLUGIN→Other→ADD GO HELLO，最后在 message 项中填写 hello kong，如图 11-1 所示。

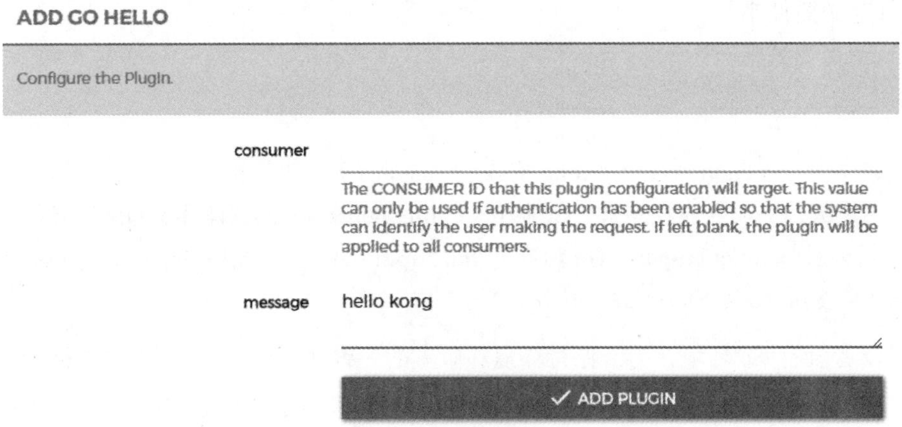

图 11-1　添加 go-hello 插件

验证插件。打开浏览器，输入地址 http://example.com，可以看到返回的响应头 `x-hello-from-go: Go says hello kong to example.com`，如图 11-2 所示。

```
▼ Response Headers    view source
Accept-Ranges: bytes
Content-Encoding: gzip
Content-Length: 435
Content-Type: text/html; charset=UTF-8
ETag: "fad1c359e73dd61:0"
Vary: Accept-Encoding
Via: kong/2.0.2
x-hello-from-go: Go says hello kong to example.com
X-Kong-Proxy-Latency: 1
X-Kong-Upstream-Latency: 7
```

图 11-2 go-hello 插件返回的响应头

11.10 小结

本章详细介绍了自定义插件的概念、原理、开发、测试流程以及 PDK 所提供的 API 接口，最后还演示了如何使用 C 语言和 Go 语言与 Kong 相结合的方式来调用外部函数。多种语言的支持使我们有了更多的选择和可能性，使整体性能更优、更灵活。

在实际工作中，系统内置的插件往往很难满足我们的个性化业务需求，这就需要我们通过开发自定义插件来解决。另外，在开发和调试自定义插件时，建议采用 TDD（Test-Driven Development，测试驱动开发）与错误日志和调试日志信息的输出相结合的方式进行排错，这将有助于我们提高代码质量和加速开发过程，从而缩短迭代周期。

了解了自定义插件的开发，下一章我们将通过案例进行实战演练，让我们开始吧！

第 12 章

高级案例实战

本章将会介绍 9 大实战案例，这些是前面所有知识的总结和应用，既能巩固理论知识又能增强实战能力。这些案例经典且开箱即用，具有很强的参考意义和很高的应用价值。

12.1 案例 1：智能路由

在实际工作中，微服务的维护与迭代升级是非常频繁的，这不仅意味着对微服务的部署频率会越来越高，测试、发布周期会越来越短，还意味着新部署的版本功能性和稳定性可能存在问题，这会影响用户体验和市场口碑，给公司带来损失和挑战。

如果能通过智能路由使部分用户使用新版本加以验证，就可以解决或减少上述问题的发生，从而最大限度地降低带来的影响和风险。

在实际的生产环境中，随着系统的不断迭代升级和发展，线上可能有多个版本的服务同时存在，如图 12-1 所示，这些服务通常会有一些差异，比如页面样式、颜色、操作流程、业务逻辑。有时我们需要实现只有部分地区的用户、部分年龄段或某些特定的用户才能请求或访问到新功能，经过一段时间，待新功能经过全面验证或改善后，再全量开放并推广给所有的用户使用。比如将不同版本的 iPhone 或 Android 移动端用户或 VIP 用户通过网关路由到指定的新版本集群，或将 IP 地址为北京区域的用户路由到指定的新版本集群等。

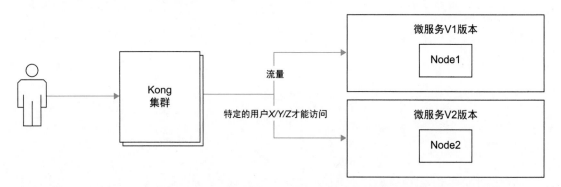

图 12-1　根据设定的策略进行智能路由

12.1.1 插件需求

我们已经准备了 Spring Boot Restful Web 微服务站点进行演示（请查看本书提供的源代码 kong.training 或查看 4.2.1 节），此处分为 V1 和 V2 两个版本，现在假设只有用户 ID 为 100010 和 100011 的用户才能使用新版本 V2，其他客户仍然使用 V1 版本。

修改 kong.training 的 UserController.java 文件中的返回版本的方法 `getVersion()`，命令如下：

```
@RequestMapping(value = "version", produces = { "application/json" })
public String getVersion() {
    return "v1.0";      // 或 "v2.0"，请在部署时编译不同版本
}
```

12.1.2 插件开发

根据上面定义的需求，本示例将会先从客户端请求中读取用户 ID，读取该信息的来源有 3 种：请求头、查询字符串和 cookie。然后插件将读取的用户 ID 值与配置好的数据信息进行匹配对比，看其是否在配置范围内，以判断是否需要把当前发出请求的用户负载路由到新版本 V2。

在这里我们指定用户 ID 作为标识，读者也可以设置其他标识，以达到举一反三、灵活运用的目的。

我们用 schema.lua 配置文件来保存配置的数据信息，该配置文件的内容如代码清单 12-1 所示，其中的配置信息分别是上游服务的名称、请求头的名称、cookie 的名称、查询字符串的名称、配置文件中数据的版本号、需要路由到 V2 新版本的用户 ID、用作标识信息的数据的读取来源。

代码清单 12-1　schema.lua 配置文件

```
return {
    no_consumer = true,
    fields = {
        upstream_service_name = { required = true, type = "string" },
        header_key_name = { required = true, type = "string" },
        cookie_key_name = { required = true, type = "string" },
        query_key_name = { required = true, type = "string" },
        data_version = {required = true, type = "number"},
        identify_values = { required = true, type = "array" },
        identify_source = { type = "string", enum = {"header", "query", "cookie"},
            default = "header" },
    }
}
```

插件的主体结构如代码清单 12-2 所示，其中函数 `iter` 和 `init_data` 实现的是对配置数

据进行拆分和初始化，进而在进程中缓存这些数据，以便下次使用时可以直接、快速地查找。而函数access是客户端请求在被路由到上游服务之前执行的访问阶段。

代码清单12-2　插件主体结构

```
-- 当前配置文件中数据的版本号
local data_version = 0
-- 数据缓存词典，可与路由或服务相关联
local data_dict = {}
local cookie = require "resty.cookie"
local plugin = require("kong.plugins.base_plugin"):extend()

function plugin:new()
    plugin.super.new(self, "smart-route")
end

-- 以 ":" 号对数据进行拆分，返回键/值
local function iter(config_array)
-- 篇幅有限，请详见本书提供的源代码（后面的省略号同此）
......
end

-- 初始化数据
local function init_data(config_array)
......
end

-- access阶段
function plugin:access(conf)
......
end

-- 插件的优先级
plugin.PRIORITY = 12

return plugin
```

注意：由于篇幅有限，请通过前言提供的方式下载并查看完整源代码，这里只呈现最关键、最主要的代码，下面的其他案例均同此。

对于智能路由插件的关键代码中access阶段函数主体的分析如代码清单12-3所示，该函数首先判断外部配置文件中的数据版本号是否发生了变化，如果发生了变化，则需要重新初始化之前缓存的数据；然后判断当前用户标识信息的读取来源是请求头、查询字符串还是cookie，针对这三种不同的读取来源，其各自的读取处理逻辑是不同的；最后，插件将读取到的标识信息值与缓存词典中配置的数据进行匹配对比，看读取到的信息是否包含在配置范围之内，如果包含，就将当前发出请求的用户路由到指定的V2版本集群，反之仍将其路由到默认的V1版本集群。

代码清单 12-3　智能路由插件 access 阶段的函数主体

```lua
function plugin:access(conf)
    plugin.super.access(self)
        -- 判断外部配置文件中的数据版本号是否发生了变化, 如果变化了, 需要重新初始化
        -- 将配置信息初始化到缓存词典中, 以加快查询速度
        if(conf.data_version > data_version) then
            data_dict = {}
            init_data(conf.identify_values)
            data_version = conf.data_version
        end

    local identify_value = nil
    if conf.identify_source == "header" then
        -- 如果标识信息的读取来源是请求头, 就读取指定的请求头名称
        identify_value = kong.request.get_header(conf.header_key_name)
    elseif conf.identify_source == "query" then
        -- 如果标识信息的读取来源是查询字符串, 就读取指定的查询字符串名称
        identify_value = kong.request.get_query_arg(conf.query_key_name)
    elseif conf.identify_source == "cookie" then
        -- 如果标识信息的读取来源是cookie, 就读取指定的cookie名称
        identify_value = cookie:new():get(conf.cookie_key_name)
    end
    -- 如果读取的标识信息值包含在缓存词典的配置数据中, 则将发出请求的用户路由到V2新版本的
    -- 上游服务集群
    if identify_value ~= nil and data_dict[identify_value] ~= nil
        and data_dict[identify_value] == true then
        -- 更改上游服务的信息
        kong.service.set_upstream(conf.upstream_service_name)
    end
end
```

12.1.3　插件部署

先将上面开发的智能路由插件放置到 Kong 的自定义插件目录中, 放置后的目录如下所示:

/root/custom-plugins/kong/plugins/smart-route

然后修改 /etc/kong/kong.conf 配置文件中第 74 行的 `plugins` 和第 1153 行的 `lua_package_path`, 命令如下:

```
plugins = bundled, smart-route
lua_package_path = ./?.lua;./?/init.lua;/root/custom-plugins/?.lua;
```

这两个修改分别是添加启动时需要加载的插件名称 `smart-route` 和设置自定义插件的搜索路径 /root/custom-plugins, 注意搜索路径只需要设置一次。

最后, 重新启动 Kong:

```
$ kong restart
```

12.1.4　插件配置

在 4.2.3 节中设置 www.kong-training.com 路由后，在路由列表中点击进入，再依次点击左侧的 Plugin→ADD PLUGIN→Other 按钮，选择 ADD SMART ROUTE，此时打开的添加智能路由自定义插件页面如图 12-2 所示。

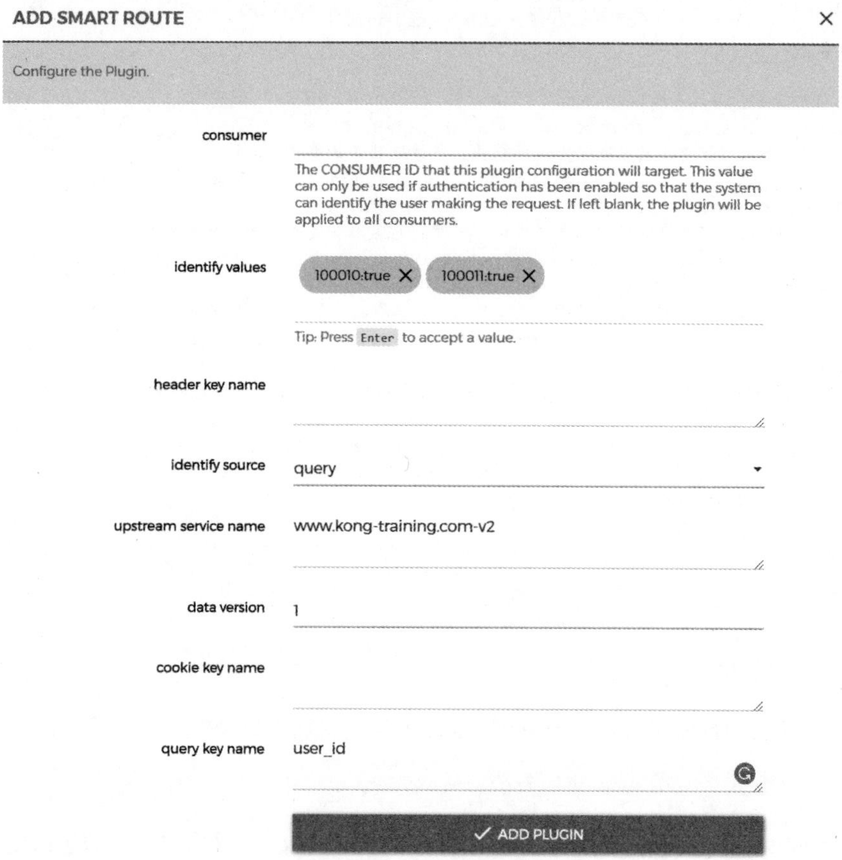

图 12-2　添加自定义智能路由插件

下面简要解释图 12-2 中部分项的含义。

- identify values：需要路由到 V2 新版本的用户 ID 列表。若用户 ID 为 100010 和 100011 且冒号后的值为 true，则表示需要将对应的用户路由到新版本 V2；若用户 ID 未配置或为 false 则表示不需要路由至新版本。可以在每一次输入值后按回车键以同时设置多个不同的用户 ID，输入值的格式为"用户 ID：是否路由至新版本"。
- header key name：需要从客户端请求中读取的请求头的名称。

- identify source：用作标识信息的数据的读取来源。这里的值是 query，可以下拉从 header/query/cookie 中选择需要的值。
- upstream service name：新版本上游服务的名称。这里的值是 www.kong-training.com-v2。
- data version：当前的数据版本号。这里的值是 1，意味着在下次请求时，将刷新本地缓存词典中的数据。
- cookie key name：需要从客户端请求中读取的 cookie 的名称。
- query key name：需要从客户端请求中读取的查询字符串的名称。这里的值为 user_id。

12.1.5　插件验证

执行如下两条命令：

```
$ curl http://www.kong-training.com/user/version?user_id=100010
$ curl http://www.kong-training.com/user/version?user_id=100011
```

返回 v2.0，说明将用户 ID 为 100010 和 100011 的用户路由至 V2 新版本。

再执行如下两条命令：

```
$ curl http://www.kong-training.com/user/version?user_id=100012
$ curl http://www.kong-training.com/user/version?user_id=100013
```

返回 v1.0，说明用户 ID 为其他的用户被路由至 V1 旧版本。

12.2　案例 2：动态限频

动态限频插件可以控制微服务站点的请求流量。当微服务站点面对大流量访问的时候，可以通过动态限频插件在网关层面对请求流量进行并发控制，以防止大流量对后端核心服务造成影响和破坏，从而导致系统被拖垮且不可用。换言之就是通过调节请求流量的阈值来控制系统的最大请求流量值，以最大限度地保障服务的可用性，示意图详见图 12-3。常用的限频方案如表 12-1 所示。

表 12-1　常用的限频方案

名　　称	描述示例
总并发连接数限制	按照 IP 地址限制微服务站点的并发连接数，使之不超过最大的并发连接数
固定时间窗口限制	限制在自然单位时间内只能请求调用 n 次，每次开始时都要重新计数。比如每分钟限制 10 次，表示在 00 至 59 秒内只能请求 10 次
滑动时间窗口限制	限制在单位时间内只能请求调用 n 次，但在任何时间都可以开始计数。比如每分钟限制 10 次，意味着从前一分钟的 30 秒至后一分钟的 30 秒内也只能请求 10 次。此方式在固定时间窗口限制算法的基础上，避免了在窗口边界可能出现的两倍流量问题

(续)

名　称	描述示例
漏桶算法	限制在单位时间内只能请求调用 x 次,以一定的速率放过 y 个请求,"桶中"是进入队列处于等待状态的请求,"桶外"是被拒绝的请求
令牌桶算法	限制在单位时间内只能请求调用 x 次,从桶中取出令牌并以一定的速率放过 y 个请求,如桶中无令牌可取就等待或直接拒绝。但是允许一定的突发请求流量。令牌以一定的速率放入桶中,当桶满时,新添加的令牌就被丢弃或拒绝

其中,漏桶算法与令牌桶算法的区别在于,漏桶算法会强行限制速率,而令牌桶算法能够在限制速率的同时还允许有某种程度的突发请求流量可以进入等待队列。

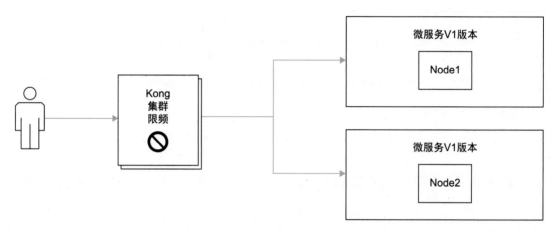

图 12-3　动态限频示意图

另外,可通过以下几种方式实现多维度限频。

❏ 对请求的目标 URL 进行限频。
❏ 对客户端的访问 IP 进行限频。
❏ 对特定用户或企业进行限频。
❏ 多维度、细粒度的多组合限频。

12.2.1　插件需求

用户资源接口的限频需求规则如表 12-2 所示。

表 12-2 用户资源接口的限频需求规则表

资源接口的请求地址	谓词	注释	分规则	总规则（2 个）
user?companyId={companyId}&name={name}	GET	获取指定的用户信息	限制企业 10 002 每秒请求 25 次	限制每个企业每秒请求 1000 次 限制所有企业每秒请求 5000 次
user?companyId={companyId}	POST	添加用户信息	限制企业 10 003 每秒请求 30 次	
user?companyId={companyId}&name={name}	PUT	更新用户信息	/	
user?companyId={companyId}&name={name}	DELETE	删除用户信息	/	
user/all/{companyId}	GET	获取指定企业的所有用户信息	限制企业 10 000 每秒请求 10 次	
			限制企业 10 001 每秒请求 20 次	

通过表 12-2，可以得知共有 3 个层级的限频规则。

12.2.2 插件开发

设计动态限频插件需要考虑如下 3 个级别的限频规则。

- 第 1 级别：指定企业 / 指定接口级别的限频。
    - 对所配置的指定接口进行先匹配后计数，如果发出请求的企业的标识信息和指定标识能匹配上就计数，匹配不上则不计数。计数标识：域名＋路径＋请求方法＋指定企业（Domain_Path_Method_Company）。

- 第 2 级别：指定企业 / 所有接口级别的限频。
    - 对指定企业的所有接口，分别进行自动计数，即对于指定企业的每一个不同的请求都会计数。计数标识：域名＋指定企业（Domain_Company）。

- 第 3 级别：总量控制 / 所有企业 / 所有接口级别的限频。
    - 限制某域名的总请求量，只要访问此域名就计数，不考虑请求路径、参数、请求方法、企业。计数标识：域名（Domain）。

动态限频插件的 schema.lua 配置文件如代码清单 12-4 所示，其中的配置信息分别为：是否打开调试模式，将限频的最新信息以响应头的方式显示给客户端；请求头名称，将从指定的请求头中读取企业 ID；限频服务器数据来源的 IP 地址；限频服务器数据来源的端口；限频服务器数据来源的 URL；限频服务器与数据来源建立连接的超时时间；来源数据的缓存过期时间；限频服务器与数据来源之间的空闲连接超时时间；连接限频服务器与数据来源的连接池大小；限频服务器的数据来源请求失败后的重试次数；采用的计数策略，有 `local`、`cluster` 和 `redis` 三种取值。

下面所有示例的代码及配置，请读者自行查看并下载本书所提供的源代码。

代码清单 12-4 schema.lua 配置文件

```lua
return {
    no_consumer = true,
    fields = {
        debug_mode = {type = "boolean", default = true},
        header_name = {type = "string", default = "companyId"},
        limit_data_host = {required = true, type = "string",
            default = "10.129.171.141"},
        limit_data_port = {required = true, type = "number", default = 8000},
        limit_data_url = {required = true, type = "string", default = "/user"},
        timeout = {required = true, type = "number", default = 1000},    -- 单位为毫秒
        key_ttl = {required = true, type = "number", default = 60},    -- 单位为秒
        idle_timeout = {required = true, type = "number", default = 60000},
                                                                       -- 单位为毫秒
        pool_size = {required = true, type = "number", default = 128},
        http_try_number = {required = true, type = "number", default = 3},
        policy = {type = "string", enum = {"local", "cluster", "redis"},
            default = "local"},
        ......
    }
}
```

限频服务器类 RateLimitController 的具体实现如代码清单 12-5 所示，在这里限频服务器的数据来源信息和 3 个级别的限频规则均为模拟数据，请根据不同的企业需要自行设置返回值。

代码清单 12-5 限频服务器类 RateLimitController

```java
@RestController
@EnableAutoConfiguration
@RequestMapping("ratelimit")
public class RateLimitController {
    // ratelimit?domain=www.kong.com&path=/user&method=GET&companyId=10000
    @RequestMapping(value = "", produces = { "application/json" })
    public LimitData getRateLimit(
        @RequestParam(value = "companyId", required = true) int companyId,
        @RequestParam(value = "path", required = true) String path,
        @RequestParam(value = "method", required = true) String method,
        @RequestParam(value = "domain", required = true) String domain) {
            // 从这里根据条件查询此路径接口对应的限频数据，这里数据模拟直接赋值
            LimitData limitData = new LimitData();
            // 数据在网关缓存 10 分钟
            limitData.setTTL(10*60);

            RateLimit[] rateLimits= new RateLimit[3];
            // 限频的 3 个层级
            // 第 1 层级
            RateLimit rateLimit1 = new RateLimit();
            rateLimit1.setSecond(25);
            rateLimit1.setType(RateLimitType.Domain_Path_Method_Company);
            rateLimit1.setKey(String.format("%s-%s-%s-%s",
                domain,path,method,companyId));
```

```
            //第 2 层级
            RateLimit rateLimit2 = new RateLimit();
            rateLimit2.setSecond(1000);
            rateLimit2.setType(RateLimitType.Domain_Company);
            rateLimit2.setKey(String.format("%s-%s", domain,companyId));
            //第 3 层级
            RateLimit rateLimit3 = new RateLimit();
            rateLimit3.setSecond(5000);
            // rateLimit3.setMinute(6000);
            // rateLimit3.setHour(7000);
            // rateLimit3.setDay(8000);
            rateLimit3.setType(RateLimitType.Domain);
            rateLimit3.setKey(domain);

            rateLimits[0] = rateLimit1;
            rateLimits[1] = rateLimit2;
            rateLimits[2] = rateLimit3;

            limitData.setRateLimits(rateLimits);
            return limitData;
        }
    }
```

如下代码为限频服务器返回的限频数据：

```
{
    "ttl": 600,
    "rateLimits": [
        {
            "type": "Domain_Path_Method_Company",
            "key": "www.kong-training.com-/user-GET-10000",
            "second": 25
        },
        {
            "type": "Domain_Company",
            "key": "www.kong-training.com-10000",
            "second": 1000
        },
        {
            "type": "Domain",
            "key": "www.kong-training.com",
            "second": 5000,
            "minute": 6000,
            "hour": 7000,
            "day": 8000
        }
    ]
}
```

其中 ttl 表示缓存数据的过期时间，单位为秒；rateLimits 表示 3 个级别的限频规则；second、minute、hour、day 分别为每秒、每分钟、每小时、每天的限频次数，这里我们只用到 second。

对于动态限频插件的关键代码中 query_from_web 函数的分析如代码清单 12-6 所示，这里我们采用非阻塞的 HTTP 客户端请求库 resty.http，该函数将请求域名、请求路径、请求方法、企业 ID 信息发送到限频服务器的数据来源服务器后，获得 3 个级别的限频数据。

代码清单 12-6 query_from_web 函数

```lua
local function query_from_web(http_conf, query)
    local httpc = http.new()
    httpc:connect(http_conf.limit_data_host, http_conf.limit_data_port)
    httpc:set_timeout(http_conf.timeout)
    -- 使用 httpc:request 方法请求，读者也选用 httpc:request_uri 方法
    local res, err = httpc:request {
        method = "GET",
        path = http_conf.limit_data_url .. "?" .. query
    }
    return httpc, res, err
end
```

对于插件的关键代码中 query_from_web_try 函数的分析如代码清单 12-7 所示，实现该函数主要是为了能够可靠有效地获取 3 个级别的限频信息。可靠性具体表现为：当获取失败时，会根据设置的最大重试次数再次尝试获取，并在获取成功后将当前连接放入连接池，以便下次复用这个已经建立的连接；如果长连接的空闲时间超过了所设置的时长，将自动关闭；当连接池的大小超过所设置的大小时，将关闭连接池中最近最少使用的连接。

代码清单 12-7 query_from_web_try 函数

```lua
function _M.query_from_web_try(http_conf, query)
    local httpc, res, err
    for i = 1, http_conf.http_try_number, 1 do
        httpc, res, err = query_from_web(http_conf, query)
        if not err and res.status == 200 then
            break
        else
            kong.log.err("try request error:" .. http_conf.limit_data_url
                .. " number: (" .. i .. "/" .. http_conf.http_try_number .. ")",
                (res and res.status or nil), " ", err)
        end
    end
    if err or res.status ~= 200 then
        ngx.log(ngx.ERR, "request error: ", err or "nil" .. "/" .. res.status)
        return nil, err, http_conf.key_ttl
    end

    local json = cjson.decode(res:read_body())
    local ok, err =
        httpc:set_keepalive(http_conf.idle_timeout, http_conf.pool_size)
    if not ok then
        ngx.log(ngx.ERR, "could not keepalive connection: ", err)
        return nil, err, http_conf.key_ttl
    end
```

```
    return json, err, json["ttl"]
end
```

对于插件的关键代码中 `get_usage` 函数的分析如代码清单 12-8 所示，该函数将根据参数传入的 `identifier` 词典对象分别计算并判断 3 个限频级别当前的使用次数是否超限，是否在单位时间范围内已用完。其中 `policies` 为计数存储策略，主要有 `local`、`cluster` 和 `redis` 这 3 种取值，分别表示本地、PostgreSQL 数据库和 Redis，由于后两者为集群全局范围内的计数策略，因此必将增加通信成本，而 `local` 为本地共享内存计数。

代码清单 12-8 `get_usage` 函数

```
-- 取得限频级别当前的使用次数
local function get_usage(conf, identifier, current_timestamp, limits)
    local usage = {}
    local stop

    for name, limit in pairs(limits) do
        if(limit >= 0) then
            local current_usage, err = policies[conf.policy].usage(conf,
                identifier, current_timestamp, name)
            if err then
                return nil, nil, err
            end

            -- 取得限频级别还能使用的剩余次数
            local remaining = limit - current_usage

            -- 返回使用次数的情况
            usage[name] = {
                limit = limit,
                remaining = remaining
            }
            -- 如果剩余使用次数用完，记录限频的时间单位在哪一级别，结果可以是天、时、分、秒
            if remaining <= 0 then
                stop = name
            end
        end
    end
    return usage, stop
end
```

对于插件关键代码中在 access 阶段函数主体的分析如代码清单 12-9 所示，其内容为：首先从配置信息指定的请求头中读取出当前请求的企业 ID、请求域名、请求方法和请求路径的值，然后根据这些上下文信息构建缓存键和构建用于查询限频服务器数据来源的请求参数，之后从远程限频服务器的 API 取得对应的配置的限频信息并缓存在 `kong.cache`（对 `mlcache` 的封装）中，最后根据请求的上下文参数信息进行使用次数的判断和计数操作。如果请求次数达到速率所限制的使用次数，就返回 HTTP 状态码 429 和信息 `API rate limit exceeded`（表示超过速率限制），反之企业可以正常请求。

需要说明的是第 1 级别的限频只在与配置规则相匹配的情况下才会计数，而第 2、3 级别的限频在任何情况下都会依次计数。此外，在限频的同时，微服务站点在响应时还将返回以下两个响应头以方便查看或调试，这种情况下需要打开调试模式。

- X-RateLimit-Limit-second: 25
  - 表示限频总次数
- X-RateLimit-Remaining-second: 5
  - 表示剩余次数

代码清单 12-9　动态限频插件 access 阶段的函数主体

```
function plugin:access(conf)
    plugin.super.access(self)
    ...
    -- 从请求头中读取企业 ID、请求域名、请求方法、请求路径
    local company_id = kong.request.get_header(conf.header_name)
    local host = kong.request.get_host()
    local method = kong.request.get_method()
    local path = kong.request.get_path()

    -- 构建缓存键
    local cache_key_str = cache_key(string.format("%s_%s_%s_%s",
        host, path, method,company_id))
    -- 构建查询限频服务器数据来源的请求参数
    local query = string.format("domain=%s&path=%s&method=%s&companyId=%s",
        host, path, method,company_id)
    -- 查询限频信息并缓存在 kong.cache 中
    -- kong.cache 为 mlcache 的再封装，见 9.4.3 节
    local limit_value_json, err = kong.cache:get(cache_key_str, {},
        http_client.query_from_web_try, conf, query)

    local identifier_1 = (limit_value_json["rateLimits"][1].key)
    local identifier_2 = (limit_value_json["rateLimits"][2].key)
    local identifier_3 = (limit_value_json["rateLimits"][3].key)

    local limits_level_1 = {
        second = limit_value_json["rateLimits"][1].second,
        minute = limit_value_json["rateLimits"][1].minute,
        hour = limit_value_json["rateLimits"][1].hour,
        day = limit_value_json["rateLimits"][1].day,
    }
    ......
    -- 构建 3 层限频速率的基础数据
    identifier_limits[identifier_1] = limits_level_1
    identifier_limits[identifier_2] = limits_level_2
    identifier_limits[identifier_3] = limits_level_3

    for identifier, limits in pairs(identifier_limits) do
        -- 取得当前使用次数
        local usage, stop, err = get_usage(conf, identifier, current_timestamp,
```

```
                    limits)
        if usage then
            if conf.debug_mode then
                for k, v in pairs(usage) do
                    -- 设置客户端返回的请求头信息
                    kong.response.set_header(RATELIMIT_LIMIT .. "-" .. k, v.limit)
                    kong.response.set_header(RATELIMIT_DATE,
                        osdate("%Y-%m-%d %H:%M:%S"))
                    kong.response.set_header(RATELIMIT_REMAINING .. "-" ..
                        k, mathmax(0, (stop == nil or stop == k)
                        and v.remaining - 1 or v.remaining))
                end
            end
            -- 如果达到速率所限制的使用次数，就返回 HTTP 状态码 429 和超出速率限制的信息
            if stop then
                return kong.response.exit(429, "API rate limit exceeded")
            end
        end
    end
    -- 如果未超出使用次数，则企业正常请求并增加对请求的统计信息
    for identifier, limits in pairs(identifier_limits) do
        policies[policy].increment(conf, limits, identifier, current_timestamp, 1)
    end
end
```

12.2.3 插件部署

先将上面开发的动态限频插件放置到 Kong 的插件目录，放置后的目录如下：

`/root/custom-plugins/kong/plugins/rate-limiting-plus`

然后修改 /etc/kong/kong.conf 配置文件中第 74 行的 `plugins`，具体为添加插件名称 `rate-limiting-plus`：

`plugins = bundled, rate-limiting-plus`

最后，重新启动 Kong：

`$ kong restart`

12.2.4 插件配置

在 4.2.3 节中设置 www.kong-training.com 路由后，在路由列表中点击进入，再依次点击左侧的 Plugin→ADD PLUGIN→Other 按钮，然后选择 ADD RATE LIMITING PLUS，此时打开的添加自定义动态限频插件页面如图 12-4 所示。

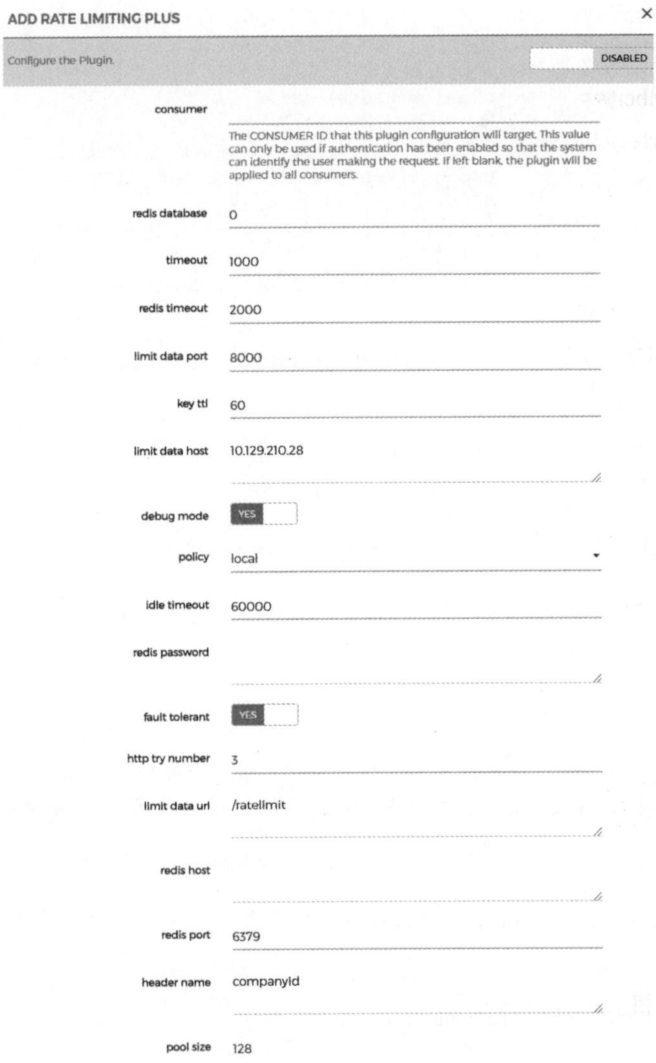

图 12-4 添加自定义动态限频插件

下面简要解释图 12-4 中部分项的含义。

- timeout：限频服务器与数据来源建立连接的超时时间，单位为毫秒。
- limit data port：限频服务器数据来源的端口。
- key ttl：来源数据的缓存过期时间，单位为秒。
- limit data host：限频服务器数据来源的 IP 地址。
- debug mode：可选项，表示是否打开调试模式，将限频的最新信息以响应头的方式显示给客户端。

- policy：采用的计数策略。有 redis、cluster 和 local 三种取值。这里为 local。
- idle timeout：限频服务器与数据来源之间的空闲连接超时时间，单位为毫秒。
- http try number：限频服务器的数据来源获取失败后的重试次数。
- limit data url：限频服务器数据来源的 URL。
- header_name：从请求头中读取出的企业 ID 标识信息。这里为 companyId。
- pool size：连接限频服务器数据来源的连接池大小。

12.2.5 插件验证

这里我们采用压力性能测试工具 ab（apache bench），其验证过程的命令如下所示，其中 -n 是请求次数，-c 是请求并发数，-H 是需要添加的请求头：

```
$ yum -y install httpd-tools                                -- 用yum安装ab工具
$ ab -c 10 -n 100 -H "companyId:10000" http://www.kong-training.com/user/all
```

读者也可以选择 wrk、h2load 等工具验证。

随后可以在 Kong 的日志中看到以下信息，包括 HTTP 状态码 429 和消息 `API rate limit exceeded`（表示超过速率限制）：

```
API rate limit exceeded
```

除了上述方法，也可以通过自行编写多线程客户端对 HTTP 进行请求调用，然后在客户端查看结果对插件进行验证。

读者可以延展此插件的功能和作用，比如用它实现人机识别：对于 API 接口，可以直接返回 `Too Many Requests`；对于诸如投票、定票、秒杀、注册、抢红包等的站点页面可以判断是否为机器行为；在直接跳到验证码、滑动拼图、文字点选、推理拼图等验证页面的场景下，可以进行进一步人机验证或拒绝。

12.3 案例 3：下载限流

目前互联网上有很多在线存储服务，为用户提供了超大容量的存储、访问、备份、共享、云解压等许多功能。在初期，这些服务可以通过免费开放的方式吸引大量用户，但当用户量达到一定规模时，服务平台也随之需要付出服务器、网络带宽以及硬盘存储等大量资源和成本。如果一直都免费开放，那么服务平台将会面临巨大的压力。

服务平台通过对用户采取一些限制措施以进行各项功能的收费，其中最重要的就是限制下载速度，那么服务平台是如何做到这点的呢？如图 12-5 所示，通常的做法是在网关层对限流做全局控制，针对每个不同等级的用户分别设置不同的下载速度。

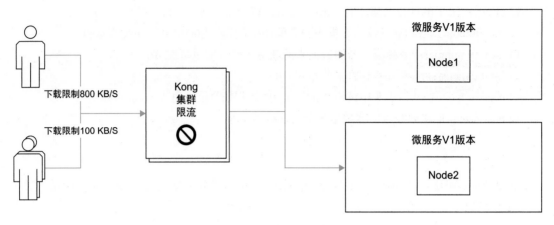

图 12-5　下载限流示意图

12.3.1　插件需求

下载限流插件需要根据预先设置好的针对不同等级用户的下载速度，对用户进行下载限流，在此过程中，管理员可以随时调整用户的下载阈值。在本节是通过读取请求头中的用户 ID 作为判断用户等级的标识信息，实际鉴权时请根据自身的业务而定。

12.3.2　插件开发

下载限流插件的 schema.lua 配置文件的内容如代码清单 12-10 所示，其中的配置信息分别为配置数据的版本号；默认的用户下载速度；用户请求头的标识信息，此处为用户 ID；指定用户的下载速度，可以同时设置多个值，格式为"用户 ID：下载速度"。

代码清单 12-10　schema.lua 配置文件

```
return {
    no_consumer = true,
    fields = {
        data_version = {required = true,type = "number"},
        default_rate_limiting = {required = true,type = "string",default="100K"},
        user_id_header_name = { required = true, type = "string",default = "user_id" },
        user_limit_values = { required = true,type = "array" ,
            default = {"10000001:500K","10000002:800K"} },
    }
}
```

对于下载限流插件的关键代码中 access 阶段函数主体的分析如代码清单 12-11 所示，其内容为：在 access 阶段，首先检测外部配置数据的版本号，如果配置文件中的数据版本发生了变化，则重新初始化本地的缓存，其目的是加块数据的读取和判断速度；之后从当前请求的请求头中读取指定的用户 ID 以判断此用户是否为特别配置，如果是，就根据配置来限制此用户的下载速度，反之此用户采用默认的下载速度下载。

代码清单 12-11　下载限流插件 access 阶段函数主体

```lua
function plugin:access(conf)
    plugin.super.access(self)
    -- 判断配置数据的版本是否发生了变化，如果变化了，则需要重新初始化本地缓存
    if(conf.data_version > data_version) then
        user_limit_data_dict = {}
        init_data(conf.user_limit_values)
        data_version = conf.data_version
    end
    -- 从当前请求的请求头中读取指定的用户 ID
    local user_id = kong.request.get_header(conf.user_id_header_name)
    -- 判断用户 ID 是否取出以及该 ID 是否存在于特别配置中
    if user_id and user_limit_data_dict[user_id] then
        -- 如果存在于特别配置中，则根据该配置限制此用户的下载速度
        ngx.var.limit_rate = user_limit_data_dict[user_id]
    else
        -- 如果不存在于配置中，则使用默认的配置值限制下载速度
        ngx.var.limit_rate = conf.default_rate_limiting
    end
end

-- 初始化数据
local function init_data(config_array)
    for _, name, value in iter(config_array) do
        user_limit_data_dict[name] = value
    end
end
```

12.3.3　插件部署

先将上面开发的下载限流插件放置到 Kong 插件目录，放置后的目录如下：

`/root/custom-plugins/kong/plugins/download-rate-limiting`

然后修改 /etc/kong/kong.conf 配置文件中第 74 行的 `plugins`，具体为添加插件名称 `download-rate-limiting`：

`plugins = bundled, download-rate-limiting`

最后，重新启动 Kong：

`$ kong restart`

12.3.4　插件配置

在 4.2.3 节中设置 www.kong-training.com 路由后，在路由列表中点击进入，再依次点击左

侧的 Plugin→ADD PLUGIN→Other 按钮，然后选择 ADD DOWNLOAD RATE LIMITING，此时打开的添加下载限流插件页面如图 12-6 所示。

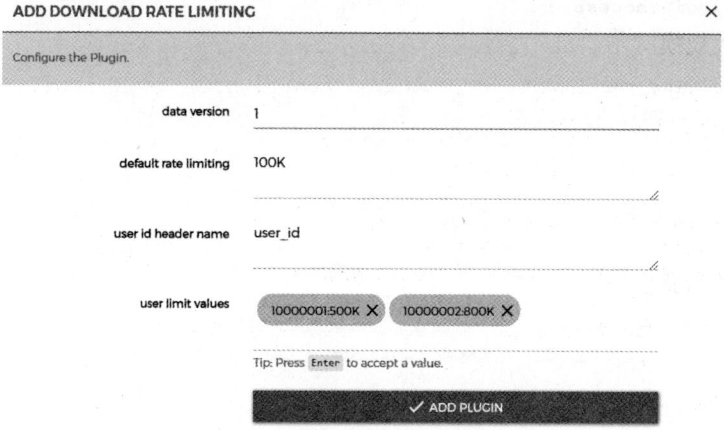

图 12-6　添加自定义下载限流插件

下面简要解释图 12-6 中各项的含义。

- data version：配置数据的版本号。这里版本为 1。
- default rate limiting：默认的用户下载速度。这里为 100K。
- user id header name：用户请求头的标识名称。这里为 user_id。
- user limit values：用于设置指定用户的下载速度，可以同时有多个值。这里为 10000001:500K 和 10000002:800K，分别表示用户 ID 为 10000001 的用户每秒下载速度不能超过 500 KB/s，用户 ID 为 10000002 的用户每秒下载速度不能超过 800 KB/s。

12.3.5　插件验证

为了演示，我们这里先准备一个较大的文件 linux.rar，其大小为 208 MB，放置后端服务器上。然后在浏览器上访问 http://www.kong-training.com/linux.rar，下载该文件。限制下载速度后的下载进度如图 12-7 所示。

图 12-7　限制用户下载速度后的下载进度

从图 12-7 中可以看到匿名用户的下载速度不会超过默认的下载速度值 100 KB/s。此外，当请求头中带有用户 ID 且其值为 10000001 时，下载速度不会超过 500 KB/s；当请求头中带有用户 ID 且 ID 值为 10000002 时，下载速度不会超过 800 KB/s。

如果有更大规模的用户配置数据，建议将此配置信息存储于数据库中。另外，如果读者有兴趣，可以基于 ngx.req.socket、ngx.req.append_body、ngx.req.finish_body 等主要 Nginx Lua API 实现对上传速度的限制。

12.4 案例 4：流量镜像

微服务虽然为我们带来了快速开发部署的便利，但如何降低并解决由此变更给用户带来的风险却成为了一个问题。网关流量镜像（也称为流量复制或影子流量）指的是将生产流量复制到测试集群或者新版本的集群中，在引导实时流量之前先进行测试，这样可以有效地降低版本变更的风险。因为这种流量被视为"即发即忘"，所以并不会干扰到正常的生产流量。流量镜像示意图如图 12-8 所示，从中可以看出在将正常流量发往 Node1 和 Node2 的同时，也会将镜像流量发往 Node3。

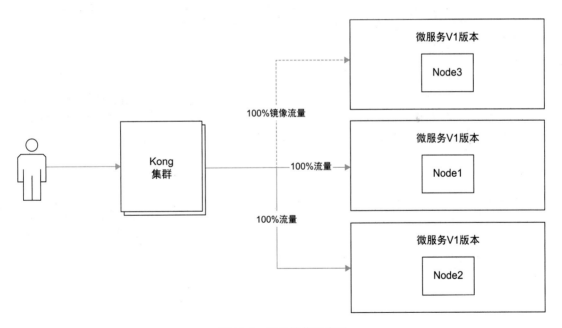

图 12-8　流量镜像示意图

12.4.1 插件需求

流量镜像插件需要在所有流量都到 V1 版本的同时,也将它们复制到 V2 版本,然后用此镜像流量模拟真实的线上服务环境,通过收集数据、观察性能、提前发现问题和提高测试覆盖率,这之后再正式发布 V2 版本。采用此机制能够有效地减少各种风险对用户产生的影响。

12.4.2 插件开发

流量镜像插件的 schema.lua 配置文件的内容如代码清单 12-12 所示,其中的配置信息分别为流量镜像地址、流量镜像端口、连接的超时时间、连接池中空闲连接的超时回收时间、连接池的大小。

代码清单 12-12   schema.lua 配置文件

```lua
return {
    no_consumer = true,
    fields = {
        traffic_mirroring_host = {
            required = true, type = "string",default="www.mirroring.com" },
        traffic_mirroring_port = { required = true, type = "number",default=80 },
        connect_timeout = { required = true, type = "number",default=1000 },-- 毫秒
        connect_pool_idle_timeout = {
            required = true,type = "number",default=60000 },              -- 毫秒
        connect_pool_size = { required = true,type = "number",default=128 }
    }
}
```

对于流量镜像插件的关键代码中 send_data_mirror 函数的分析如代码清单 12-13 所示,该函数实现的是将当前请求的上下文信息发送至流量镜像服务器,对返回的内容不进行任何处理。

代码清单 12-13   send_data_mirror 函数

```lua
-- 发送请求的上下文信息到流量镜像服务器
local function send_data_mirror(premature,conf,request)
    local httpc = http.new()
    httpc:connect(conf.traffic_mirroring_host, conf.traffic_mirroring_port)
    httpc:set_timeout(conf.connect_timeout)
    local res, err = httpc:request {
        path = request.path,
        method = request.method,
        body = request.body,
        headers = request.headers,
        query = request.query
    }

    if err or res == nil then
        kong.log.err("request error: ",res.status)
        return
```

```
        end
        local content = res:read_body()
        -- 对于返回的内容不进行任何处理，只是打印调试
        kong.log.warn("received: ", content)
        -- 设置 keepalive
        local ok, err = httpc:set_keepalive(conf.connect_pool_idle_timeout,
            conf.connect_pool_size)
        if not ok then
            kong.log.err("could not keepalive connection: ", err)
        end
    end
```

对于流量镜像插件的关键代码中 access 阶段函数主体的分析如代码清单 12-14 所示，其内容为：在请求的 access 阶段，首先读取当前请求上下文信息中的请求路径、请求方法、请求体、请求头和查询字符串，然后将这些参数构造成新的请求对象，再通过 ngx.timer.at 函数异步调用 send_data_mirror 函数从而将请求发送到流量镜像服务器。

代码清单 12-14　流量镜像插件 access 阶段的函数主体

```
function plugin:access(conf)
    plugin.super.access(self)
    local request = {
        path = kong.request.get_path(),
        method = kong.request.get_method(),
        body = kong.request.get_raw_body(),
        headers = kong.request.get_headers(),
        query = kong.request.get_raw_query()
    }
    -- 将请求异步发送到镜像服务器
    local ok, err = ngx.timer.at(0, send_data_mirror, conf, request)
    if not ok then
        kong.log.err("create timer failed", err)
    end
end
```

12.4.3　插件部署

先将上面开发的流量镜像插件放置到 Kong 插件目录，放置后的目录如下：

```
/root/custom-plugins/kong/plugins/traffic-mirroring
```

然后修改 /etc/kong/kong.conf 配置文件中第 74 行的 plugins，即添加插件名称 traffic-mirroring：

```
plugins = bundled, traffic-mirroring
```

最后，重新启动 Kong：

```
$ kong restart
```

12.4.4 插件配置

在 4.2.3 节中设置 www.kong-training.com 路由后,在路由列表中点击进入,再依次点击左侧的 Plugin→ADD PLUGIN→Other 按钮,之后选择 ADD TRAFFIC MIRRORING,最后打开的添加流量镜像插件页面如图 12-9 所示。

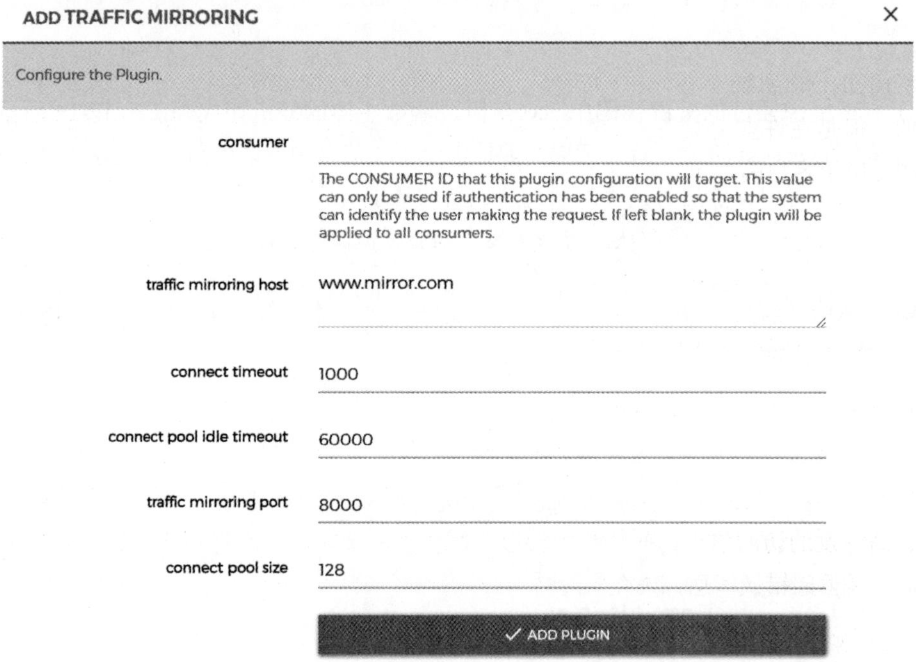

```
ADD TRAFFIC MIRRORING                                    ×

Configure the Plugin.

           consumer
                      The CONSUMER ID that this plugin configuration will target. This value
                      can only be used if authentication has been enabled so that the system
                      can identify the user making the request. If left blank, the plugin will be
                      applied to all consumers.

traffic mirroring host    www.mirror.com

    connect timeout       1000

connect pool idle timeout 60000

traffic mirroring port    8000

   connect pool size      128

                      ✓ ADD PLUGIN
```

图 12-9 添加自定义流量镜像插件

下面简要解释图 12-9 中部分项的含义。

- traffic mirroring host:流量镜像地址。
- connect timeout:连接的超时时间(单位为毫秒)。
- connect pool idle timeout:连接池中空闲连接的超时回收时间(单位为毫秒)。
- traffic mirroring port:流量镜像端口。
- connect pool size:连接池的大小(单位为个)。

12.4.5 插件验证

将 4.2 节案例中的微服务站点部署出 V1 和 V2 两个版本,将 V2 版本部署后的地址配置到流量镜像插件中。通过以下地址请求 V1 版本:

```
http://www.kong-training.com/user/version
```

之后可以看到在浏览器返回了 V1 版本的信息"v1.0",同时也可以在网关的日志中看到"v2.0"信息(`kong.log.warn("received: ", content)`),但"v2.0"信息并不会返回给用户。

12.5 案例 5:动态缓存

众所周知,微服务的访问速度以及性能是由代码质量、硬件配备、网络带宽以及框架结构等决定的,但是在许多情况下,我们还可以通过缓存技术来极大地改善用户的访问体验,缓存中存放的是位于客户端和原始服务器之间的内容副本。

在客户端与服务器之间存在着多层对于用户无感知、不可见的缓存策略,比如浏览器缓存、DNS 缓存、CDN 缓存、专用 Redis、memcached、Varnish 缓存服务、反向代理缓存、请求内容缓存、MAC 缓存、ARP 缓存、路由表缓存、磁盘缓存、SSD 缓存、内存缓存、页缓存、寄存器高速缓存等。本节所讲的缓存是用户请求内容的缓存。

缓存技术的基本原理为:如果客户端所请求的内容已经存在于缓存中了,则直接从缓存中返回该内容,而不需要去请求原始服务器;如果不存在于缓存中,则需要请求原始服务器并将请求所返回内容写入缓存中,从而有效减轻上游服务器的请求负担,并以此面对来自高峰期的大流量、高并发的访问请求,或者当上游服务器发生故障时,可以将缓存中的内容暂时返回给客户,而不是返回错误消息,以此来达到增加服务的可靠性和提高用户体验的目的。

12.5.1 插件需求

动态缓存示意图如图 12-10 所示,我们基于微服务的架构通常为 REST JSON 风格,现在需要在网关层缓存处理所有的 API GET 幂等接口(即对于同一个请求调用,多次调用所产生结果是一致的),如果缓存中有客户端所需的数据,则直接返回这些数据,达到降低后端上游业务服务器压力的目的,如果缓存中没有或所需的数据已过期,则从微服务原始服务器取出数据并将其写入缓存再返回。

在这里我们的示例采用的是 Redis 分布式缓存,而非网关服务器的内存或磁盘,当然这样做也是可以的,但需要注意缓存大小以及过期时间的设置。

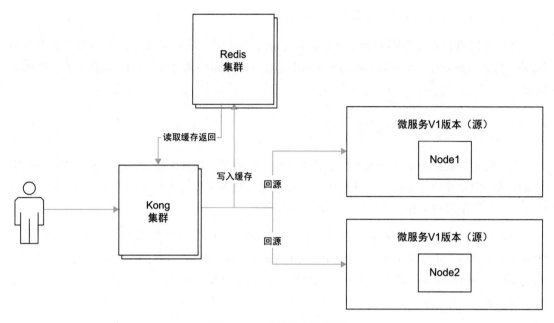

图 12-10 动态缓存示意图

12.5.2 插件开发

动态缓存插件的 schema.lua 配置文件如代码清单 12-15 所示，其中的配置信息分别为缓存过期时间和 Redis 连接的主机、端口、超时时间、主服务器名、哨兵角色名、哨兵地址（多个）、密码、数据库名称、空闲连接的最大超时时间和连接池大小。

代码清单 12-15　schema.lua 配置文件

```lua
return {
    no_consume = true,

    fields = {
        cache_TTL = {
            type = "number",default = 300,required = true
        },
        redis = {
            type = "table",
            schema = {
                fields = {
                    host = {type = "string", required = false},
                    port = {type = "number",default = 6379,required = true},
                    timeout = {type = "number", required = true, default = 2000},
                    sentinel_master_name = {type = "string", required = false},
                    sentinel_role = {type = "string", required = false,
                        default = "master"},
                    sentinel_addresses = {type = "array", required = false},
```

```
                    password = {type = "string", required = false},
                    database = {type = "number", required = true, default = 0},
                    max_idle_timeout = {type = "number", required = true,
                        default = 10000},
                    pool_size = {type = "number", required = true, default = 1000}
                }
            }
        }
    }
}
```

对于动态缓存插件的关键代码中 async_write_cache 函数的分析如代码清单 12-16 所示，该函数实现的是将响应体、响应头、状态码信息进行 JSON 编码序列化后，附带上缓存键和缓存过期时间，异步写入远程 Redis 中。

由于篇幅有限，关于 Redis 的操作和 JSON 的编码解码操作，请读者根据本书前言提供的方式自行查看代码。

代码清单 12-16 async_write_cache 函数

```
-- 对数据进行编码序列化后，异步写入远程 Redis 中
local function async_write_cache(config, cache_key, body, headers, status)
    ngx.timer.at(0, function(premature)
        local redis = _redis:new()
        redis:init(config)
        local cache_value = _encoder.encode(status, body, headers)
        redis:set(cache_key, cache_value, config.cache_TTL)
    end)
end
```

对于动态缓存插件的关键代码中 body_filter 阶段函数主体的分析如代码清单 12-17 所示，其内容为在 body_filter 阶段，接收从上游服务器返回的响应体，即使响应体返回的数据较大，也要一直等待直到接收到完整数据，之后将上游服务器返回的所有信息，如响应体信息、响应头信息和状态信息，通过调用函数 async_write_cache 一并写入远程 Redis 中，在此过程中如果上游服务器的响应头返回了指定的缓存过期时间，则将用它覆盖配置中的标准过期时间。

需要说明的是，在这里我们是否将返回的数据异步写入 Redis 缓存的条件有两个，一个是返回的状态码必须为 200，另一个是返回的内容类型必须为 JSON 格式。

代码清单 12-17 动态缓存插件 body_filter 阶段函数主体

```
function _plugin:body_filter(config)
    _plugin.super.body_filter(self)

    local ctx = ngx.ctx.response_cache
    if not ctx then
        return
    end
```

```
-- 如果上游服务器指定了缓存的过期时间（以秒为单位），则将用它覆盖配置中的标准过期时间
local cache_TTL = kong.service.response.get_header(HEADER_Accel_Expires)
if cache_TTL then
    config.cache_TTL = cache_TTL
end

local chunk = ngx.arg[1]
local eof = ngx.arg[2]
-- 即使响应体返回的数据较大，也要等待直到接收到完整数据为止
local res_body = ctx and ctx.res_body or ""
res_body = res_body .. (chunk or "")
ctx.res_body = res_body

local status = kong.response.get_status()
local content_type = kong.response.get_header(HEADER_Content_Type)
-- 当返回的状态码为 200 且内容类型为 JSON 格式时，将返回的数据异步写入 Redis 缓存
if eof and status == 200 and
    content_type and content_type == HEADER_Application_Json then
    local headers = kong.response.get_headers()
    headers[HEADER_Connection] = nil
    headers[HEADER_X_Rest_Cache] = nil
    headers[HEADER_Transfer_Encoding] = nil
    async_write_cache(config, ctx.cache_key, ctx.res_body, headers, status)
end

end
```

对于动态缓存插件的关键代码中 access 阶段函数主体的分析如代码清单 12-18 所示，其内容为在 access 阶段，首先判断客户端请求中的请求方法是否为 GET，如果不是，表示并非本插件的处理范围，直接返回即可；如果是 GET，则会将当前请求的请求域名、请求方法、请求路径和请求参数通过 MD5 算法得到一个散列值作为缓存键，之后根据此缓存键查询 Redis 缓存中是否存在所请求的数据，如果存在，则将其取回进行反序列化解码，然后还原到当前的响应上下文中，最后返回给客户端。

代码清单 12-18　动态缓存插件 access 阶段的函数主体

```
function _plugin:access(config)
    _plugin.super.access(self)

    local method = kong.request.get_method()
    if method ~= "GET" then
        return
    end

    local redis = _redis:new()
    redis:init(config)
    -- 生成缓存键
    -- 缓存键由请求域名、请求方法、请求路径和请求参数通过 MD5 散列算法而得
    local cache_key = generate_cache_key()
    -- 查询 Redis 缓存
    local cached_value, err = redis:get(cache_key)
```

```
    if cached_value and cached_value ~= ngx.null then
        -- 将命中的数据进行反序列化解码
        local response = _encoder.decode(cached_value)
        -- 在响应头中添加 X-REST-Cache=Hit，表示缓存命中了数据
        kong.response.set_header("X-REST-Cache", "Hit")
        if response.headers then
            for header, value in pairs(response.headers) do
                kong.response.set_header(header, value)
            end
        end
        kong.response.exit(200, response.content)
        return
    else
        -- Miss 表示缓存中不存在，未命中
        kong.response.set_header("X-REST-Cache", "Miss")
        ngx.ctx.response_cache = {cache_key = cache_key}
    end

end
```

这里需要注意，在 Lua 函数中读取 Redis 缓存的数据，当返回结果为空时，返回的是 userdata 类型的 `ngx.null`，而不是 `nil`。这是因为 `nil` 在 Lua 语言中有特殊意义，即如果一个变量被设置为 `nil`，就等于该变量是未定义的。换言之，如果把 Redis 查询为空的结果设置为 `nil`，就无法区分查询为空和未定义了。

12.5.3　插件部署

先将上面开发的动态缓存插件放置到 Kong 插件目录：

```
/root/custom-plugins/kong/plugins/rest-cache
```

然后修改 /etc/kong/kong.conf 配置文件中第 74 行的 `plugins`，具体为添加插件名称 `rest-cache`：

```
plugins = bundled, rest-cache
```

之后，重新启动 Kong：

```
$ kong restart
```

最后，部署 Redis，拉取镜像，运行容器：

```
$ docker pull redis:5.0                                -- 拉取redis5.0 镜像
$ docker run -d \                                       -- 运行 redis 容器
    --name redis \                                      -- 容器实例名称
    -p 6379:6379 \                                      -- 外部端口与容器端口的映射
    -v /home/software/redis/data:/data \                -- 外部数据目录的映射
    redis:5.0 \
    redis-server --appendonly yes
```

在上述的最后一步中，部署 Redis 采用了 appendonly，表示持久化模式，即把数据写入磁盘中。读者也可以根据实际情况选择以下三种模式：主从模式、哨兵模式、Redis 集群模式（Redis3.0 版本之后）。

12.5.4　插件配置

在 4.2.3 节中设置 www.kong-training.com 路由后，在路由列表中点击进入，再依次点击左侧的 Plugin→ADD PLUGIN→Other 按钮，之后选择 rest-cache，此时打开的添加动态缓存页面如图 12-11 所示。

图 12-11　添加自定义动态缓存插件

下面简要解释图 12-11 中部分项的含义。

- host：Redis 连接的主机。
- timeout：Redis 连接的超时时间。
- sentinel_role：哨兵角色名。
- database：数据库名称。
- port：Redis 连接的端口。
- sentinel_addresses：哨兵地址（多个）。
- sentinel_master_name：主服务器名。
- max_idle_timeout：空闲连接的最大超时时间（以毫秒为单位）。
- password：Redis 连接的密码。
- pool_size：Redis 连接的连接池大小。
- cache ttl：缓存过期时间（以秒为单位）。

12.5.5 插件验证

按如下地址访问微服务站点：

http://www.kong-training.com/user?companyId=100010&name=tom

如图 12-12 所示，可以看到在 Response Headers 中显示 X-REST-Cache: Miss，表明返回的数据来自于后端上游服务器，而非 Redis 缓存。这是由于首次请求的是缓存中没有的数据。

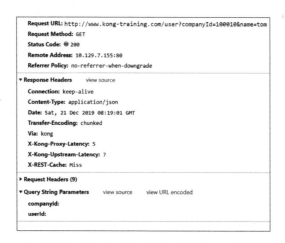

图 12-12　验证自定义动态缓存插件（数据来自后端服务器）

接下来再次请求同样的数据时，Response Headers 中显示 X-REST-Cache: Hit，表明返回的数据来自于 Redis 缓存，如图 12-13 所示。

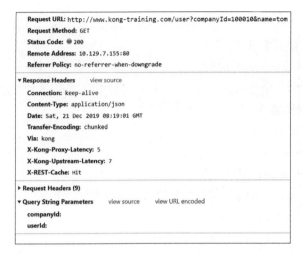

图 12-13　验证自定义动态缓存插件（数据来自 Redis 缓存）

读者也可以基于 Nginx 共享内存 `lua_shared_dict`、`lua-resty-lrucache`、`lua-resty-mlcache` 等在此案例基础上构建本地多级缓存，另外关于 css/js/jpg/svg 等静态文件的缓存，读者可采用 Nginx 缓存模块 `proxy_cache_path`。

12.6　案例 6：IP 地址位置

基于位置的服务（Location Based Service，LBS）可以应用在生活中的各个方面，比如根据用户当前的位置获取周边的景点、酒店、商场、餐馆、影院、图书馆、博物馆、加油站等信息；移动端手机可以通过 GPS 实现定位，而 PC 端则可以通过 IP 地址定位到具体城市的某个地理位置，从而进行个性化的页面信息展示。

再比如对于一个生活服务电商平台，在网关后面可能有很多不同的业务微服务，但是不可能每一个业务微服务都需要自己写代码来获取位置信息。这就需要在网关层做统一处理，由网关从远程定位服务器或本地缓存中获取到用户的地址位置信息，再将其附加到当前请求的上下文中，直接透传给后端业务微服务。

12.6.1　插件需求

IP 地址位置插件需要在网关层统一根据当前用户请求的 IP 地址，从远程定位服务器或本地缓存中获取用户的地址位置信息，并附加到当前上下文的请求头中，再传递给上游服务器的后端业务微服务。

插件的详细属性信息如表 12-3 所示。

表 12-3　插件的详细属性表

属　　性	说　　明	举　　例
ip	当前请求的 IP 地址	162.105.181.201
longitude	经度	116.3103998015213
latitude	纬度	39.99458184558329
radius	半径	3 千米
confidence	可信度	0.8
isp	互联网服务提供商	联通
country	国家	中国
province	省份	北京
city	城市	北京
location	详细位置	北京市海淀区颐和园路 5 号北京大学
code	邮政编码	100091

12.6.2　插件开发

插件的 schema.lua 配置文件的内容如代码清单 12-19 所示，其中的配置信息分别为定位服务的域名、定位服务的端口、定位服务的 URL 地址、连接的超时时间、连接池中空闲连接的超时回收时间、连接池的大小以及缓存定位数据的存活时间。

代码清单 12-19　schema.lua 配置文件

```
return {
    no_consumer = true,
    fields = {
        lbs_service_host = {required = true, type = "string", default = "www.lbs.com"},
        lbs_service_port = {required = true, type = "number", default = 80},
        lbs_service_url = {required = true, type = "string", default = "/lbs"},
        connect_timeout = {required = true, type = "number", default = 1000},
                                                                              -- 以毫秒为单位
        connect_pool_idle_timeout =
            {required = true, type = "number", default = 60000}, -- 以毫秒为单位
        connect_pool_size = {required = true, type = "number", default = 128},
        key_TTL = {required = true, type = "number", default = 0}, --s,0=infinite
    }}
```

对于插件关键代码中 get_ip 函数的分析如代码清单 12-20 所示，该函数用于取得真实的客户端 IP 地址，其具体实现为：首先从 X-Forwarded-For（该请求头用于记录经过的代理服务器的 IP 地址信息）中取值，如果有此请求头，直接取出其中第 1 个值即可，这是由于每经过一级代理，就把这次请求的来源 IP 追加在 X-Forwarded-For 中，因此取出第 1 个即意味着得到了真实的客户端 IP；如果无此请求头，则从 X-Real-IP 中取（需要有 realip_module 模块），此值记录了客户端的真实 IP 地址；如果前两者都没有值，再从 Nginx 变量中取 remote_ addr，此值表示最后一个代理服务器的 IP 地址，如果中间没有代理服务器，这就是真实的客户端 IP 地址。

需要说明的是，以上过程受配置项 `real_ip_recursive` 和 `trusted_ips` 的影响。理解此过程特别重要，此外也可以通过 `kong.client.get_forwarded_ip()` 方法获取真实的客户端 IP 地址，但仍会受到 `real_ip_recursive` 和 `trusted_ips` 参数的影响。

代码清单 12-20　get_ip 函数

```lua
-- 取得真实的客户端 IP 地址
function get_ip()
    local ip = kong.request.get_header("X-Forwarded-For")
    if ip ~= nil then
        local ips = pl_stringx.split(ip, ',')
        return ips[1]
    end
    ip = kong.request.get_header("X-Real-IP");
    if ip ~= nil then
        return ip
    end
    return ngx.var.remote_addr
end
```

对于插件关键代码中 query_from_web 函数的分析如代码清单 12-21 所示，该函数用于根据传入的 IP 地址，从远程定位服务器中取得它所对应的地址位置信息（JSON 串）。

代码清单 12-21　query_from_web 函数

```lua
-- 根据传入的 IP 地址，查询远程定位服务器，取得对应的地址位置信息
local function query_from_web(ip, conf)
    local httpc = http.new()
    httpc:connect(conf.lbs_service_host, conf.lbs_service_port)
    httpc:set_timeout(conf.connect_timeout)
    local res, err = httpc:request {
        path = conf.lbs_service_url,
        query = "ip=" .. ip,
        method = "GET"
    }
    if err or res == nil then
        kong.log.err("request error: ", res.status)
        return nil, err, 10
    end
    local json = cjson.decode(res:read_body())
    -- 设置 keepalive 长连接
    local ok, err = httpc:set_keepalive(conf.connect_pool_idle_timeout,
        conf.connect_pool_size)
    if not ok then
        kong.log.err("could not keepalive connection: ", err)
        return nil, err, 10
    end
    return json, err, conf.key_TTL
end
```

对于插件关键代码中 access 阶段函数主体的分析如代码清单 12-22 所示，其内容为：在请求的 access 阶段，首先会根据取得的 IP 地址判断 kong.cache 本地缓存中是否已经有地理位置信息，如果有则将之附加到当前请求上下文的请求头中；如果没有或已过期，则调用函数 query_from_web 进行位置数据的远程服务查询，之后再设置到当前上下文的请求头中。

代码清单 12-22　IP 地址位置插件 access 阶段的函数主体

```
function plugin:access(conf)
    plugin.super.access(self)
    local ip = get_ip()
    local cache_key = "lbs_" .. ip
    -- kong.cache 为 mlcache 的再封装，见 9.4.3 节
    local json, err = kong.cache:get(cache_key, { TTL = 0 }, query_from_web, ip, conf)

    if err then
        kong.log.err("internal-error: ", err)
        return kong.response.exit(500, "internal error")
    end

    if json == nil then
        kong.log.err("internal-error: cache json is null")
        return kong.response.exit(500, "cache error")
    end
    -- 在请求的请求头中添加地理位置信息
    kong.service.request.add_header("X-IP", ip)
    kong.service.request.add_header("X-Location", json["location"])
    kong.service.request.add_header("X-Longitude", json["longitude"])
    kong.service.request.add_header("X-Latitude", json["latitude"])
    kong.service.request.add_header("X-Radius", json["radius"])
    kong.service.request.add_header("X-Confidence", json["confidence"])
end
```

12.6.3　插件部署

先将上面开发的 IP 地址位置插件放置到 Kong 插件目录：

```
/root/custom-plugins/kong/plugins/ip-lbs
```

然后修改 /etc/kong/kong.conf 配置文件中第 74 行的 plugins，添加插件名称 ip-lbs：

```
plugins = bundled, ip-lbs
```

最后，重新启动 Kong：

```
$ kong restart
```

12.6.4　插件配置

在 4.2.3 节中设置 www.kong-training.com 路由后，在路由列表中点击进入，再依次点击左

侧的 Plugin→ADD PLUGIN→Other 按钮，之后选择 ADD IP LBS，此时打开的添加 IP 地址位置插件页面如图 12-14 所示。

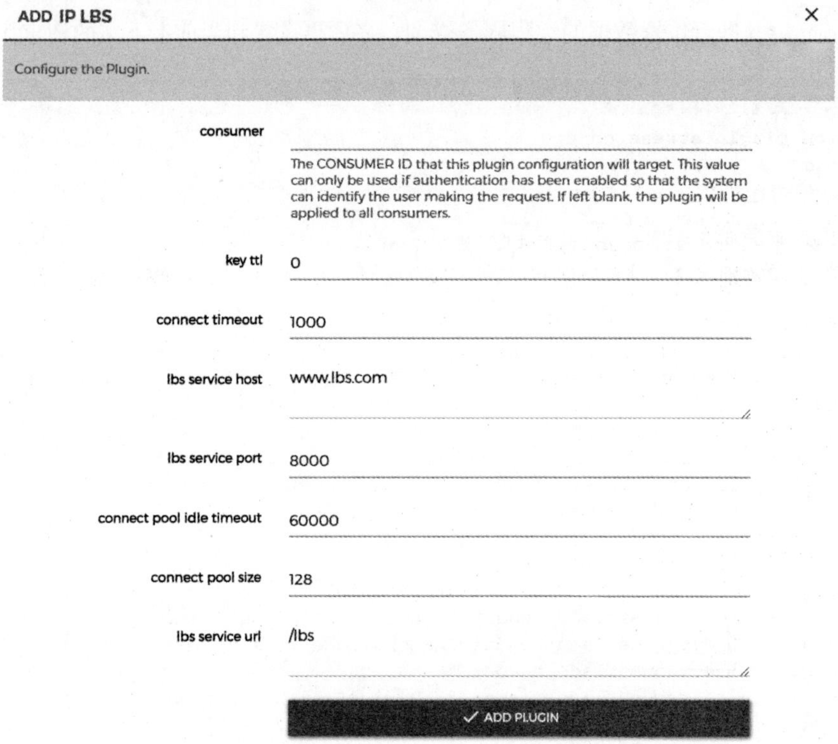

图 12-14　添加自定义 IP 地址位置插件

下面简要解释图 12-14 中部分项的含义。

- key ttl：缓存数据的存活时间（以秒为单位，0 表示无限）。
- connect timeout：连接的超时时间（以毫秒为单位）。
- lbs service host：定位服务的域名(也可采用免费的 GeoLite2-City 或收费的 IP 地址库服务)。
- lbs service port：定位服务的端口。
- connect pool idle timeout：连接池中空闲连接的超时回收时间（以毫秒为单位）。
- connect pool size：连接池的大小（以个为单位）。
- lbs service url：定位服务的 URL 地址。

12.6.5　插件验证

在学校内，按如下地址访问微服务站点，即可以看到返回的用户信息中的位置结果为北京市海淀区颐和园路 5 号北京大学：

```
http://www.kong-training.com/user?companyId=100010&name=tom
```

12.7　案例 7：合并静态文件

合并前端静态文件（JS/CSS）的方式共有两种。第一种为静态合并，即在静态资源正式发布之前就使用工具将多个静态文件合并为 1 个文件。第二种为动态合并，如图 12-15 所示，把多个静态文件的地址以参数的形式传入给 Kong 服务器，然后 Kong 服务器会解析拆分这些参数，之后再请求后端静态文件服务器，最后将这些静态文件合并成一个文件缓存下来并返回给客户端。这样可以有效地减少 HTTP 请求次数和对静态文件服务器端（如 Varnish 或 squid）的压力，从而提高页面加载速度，进一步提升客户体验。

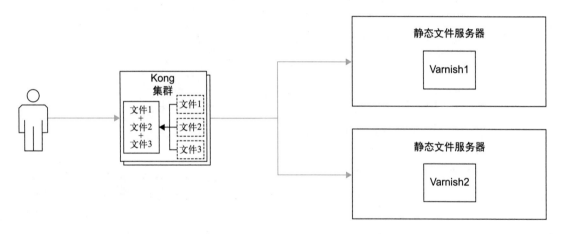

图 12-15　动态合并示意图

12.7.1　插件需求

合并静态文件插件需要在网关层对多个静态文件进行动态合并与缓存。同时网关层还要限制合并的文件个数以及合并后的文件大小，以防止不合理或恶意的请求对网关层造成性能影响。

在本节，对前端 HTML 页面中的 CSS 和 JS 提供以下格式的请求内容：

```
<link rel="stylesheet"
    type="text/css" href="??file1.css;file2.css;subdir/file3.css?v=1" />
<script
    type="text/javascript" src="??file1.js;file2.js;subdir/file3.js?v=2"></script>
```

其中，href 和 src 中的资源是以双问号 ?? 作为前缀标识，以分号 ; 分隔文件。接下来，我们在网关层把这些 CSS 或 JS 文件合并为 1 个文件。

12.7.2 插件开发

合并静态文件插件的 **schema.lua** 配置文件如代码清单 12-23 所示,其中的配置信息分别为静态文件服务器的域名、静态文件服务器的端口、要合并的文件之间的分隔符、能够合并的最大文件个数、合并后的文件大小上限值、连接超时时间(毫秒)、连接池中空闲连接的超时回收时间(毫秒)、连接池的大小(个数)、缓存数据的存活时间。

代码清单 12-23 schema.lua 配置文件

```lua
return {
    no_consumer = true,
    fields = {
        static_file_host = {required = true, type = "string",
            default = "www.static-file-server.com"},
        static_file_port = {required = true, type = "number", default = 80},
        concat_delimiter = {required = true, type = "string", default = ""},
        concat_max_files_number = {required = true, type = "number", default = 10},
        concat_max_files_size = {required = true, type = "number",
            default = 1048576},                 -- 默认值为 1MB
        connect_timeout = {required = true, type = "number", default = 1000},
                                                -- 以毫秒为单位
        connect_pool_idle_timeout = {required = true, type = "number",
            default = 60000},                   -- 以毫秒为单位
        connect_pool_size = {required = true, type = "number", default = 128},
        key_TTL = {required = true, type = "number", default = 0}, --s,0=infinite
    }
}
```

对于合并静态文件插件的关键代码中 query_from_server 函数的分析如代码清单 12-24 所示,该函数用于从指定的静态文件服务器上获取单个静态文件的内容,并在获取成功后将当前连接放入连接池,以便下次复用这个已经建立的连接。此外,如果长连接的空闲时间超过了 connect_pool_idle_timeout 所设置的时长,它将自动关闭;如果连接池的大小超过 connect_pool_size 所设置的大小,则将关闭连接池中最近最少使用的连接。

代码清单 12-24 query_from_server 函数

```lua
-- 从远程静态文件服务器获取单个静态文件的数据
local function query_from_server(path, conf)
    local httpc = http.new()
    httpc:connect(conf.static_file_host, conf.static_file_port)
    httpc:set_timeout(conf.connect_timeout)
    local res, err = httpc:request {
        path = "/" .. path,
        method = "GET"
    }
    if err or res.status ~= 200 then
        kong.log.err("request error: ", res.status,path)
        return "",err
    end
```

```
        local data = res:read_body()
        -- 设置 keepalive 长连接
        local ok, err = httpc:set_keepalive(conf.connect_pool_idle_timeout,
            conf.connect_pool_size)
        if not ok then
            kong.log.err("could not keepalive connection: ", err)
            return "",err
        end
        return data,nil
    end
```

对于合并静态文件插件的关键代码中 generate_content 函数的分析如代码清单 12-25 所示，该函数主要用于在从客户端请求中解析出多个静态文件信息后，根据这些信息，通过调用函数 query_from_server 从后端的静态文件服务器中分别获取请求所需的多个文件的内容，然后再次进行文件合并操作，合并后的文件大小如果超过了 concat_max_files_size 所配置的值，则记录并返回错误信息，以防止合并后的文件过大、无限制，进而对网关服务器的性能和稳定性造成不良影响。最后还需要将合并后的文件类型设置为原请求的类型。

代码清单 12-25 generate_content 函数

```
    -- 将多个静态文件的内容合并
    local function generate_content(file_parts, conf)
        local content = ""
        file_parts[1] = pl_stringx.lstrip(file_parts[1],"?")
        for _, file in ipairs(file_parts) do
            local file_data,err = query_from_server(file, conf)
            if err then
                kong.log.err("internal-error: ", err)
                return nil,err,10
            end
            content = content.. conf.concat_delimiter .. file_data
        end
        -- 判断合并后的文件大小是否超过限制
        if #content > conf.concat_max_files_size then
            kong.log.err("[concat_max_files_size] exceeded limit: ",
                conf.concat_max_files_size)
            return nil,"File size exceeded limit:" .. conf.concat_max_files_size ,10
        end
        -- 设置合并后的文件类型为原请求的类型
        if pl_stringx.endswith(file_parts[1], 'js') then
            kong.response.set_header("content-type", "text/javascript")
        else
            kong.response.set_header("content-type", "text/css")
        end
        return content,nil,conf.key_TTL
    end
```

对于合并静态文件插件的关键代码中 access 阶段函数主体的分析如代码清单 12-26 所示，其内容为在请求的 access 阶段，首先获取前端请求的查询参数，然后判断是否以双问号 ?? 作为前缀标识，如果不是直接返回，如果是则判断请求需合并的文件个数是否超过了 concat_ max_files_number 配置的限制值,如果超过将拒绝合并,同时返回状态码 400 和信息 "File number exceeded limit" 表示文件个数超出限制;如果未超过,先对请求的多个静态文件请求参数信息进行 MD5 散列,再判断合并后的文件是否已经存在于 kong.cache 缓存中,如果存在且还未过期,则从缓存中取出直接返回,反之调用函数 generate_content 生成合并后的文件,并缓存之后返回。

代码清单 12-26　合并静态文件插件 access 阶段的函数主体

```
function plugin:access(conf)
    plugin.super.access(self)
    -- 获取前端请求的查询参数
    local query = kong.request.get_raw_query()
    -- 判断是否以 ?? 号开头
    local is_double_question = pl_stringx.startswith(query, '?')

    if not is_double_question then
        return
    end
    -- 将请求的文件按分号;进行拆分,判断需合并文件的个数是否超过限制
    local file_parts = pl_stringx.split(query,';')
    if file_parts and #file_parts > conf.concat_max_files_number then
        kong.log.err("[concat_max_files_number] exceeded : ",
            conf.concat_max_files_number)
        return kong.response.exit(400, "File number exceeded limit")
    end
    -- 对请求的多个静态文件信息进行MD5散列
    local uri_md5 = md5(query)
    local cache_key = "concat_" .. uri_md5
    print("cache_key:" .. cache_key)
    -- 从缓存中查找是否已经存在合并后的文件,如果存在直接返回,反之,需先生成合并后的内容
    -- kong.cache基于lua-resty-mlcache再封装,构建多级缓存、锁机制,确保原子回调,见9.4.3节
    local content, err = kong.cache:get(cache_key, { TTL = 0 },
        generate_content, file_parts, conf)
    if err then
        kong.log.err("internal-error: ", err)
        return kong.response.exit(500, "Internal error")
    end

    if content == nil then
        kong.log.err("internal-error: static content is null")
        return kong.response.exit(500, "Cache error")
    end
    return kong.response.exit(200, content)
end
```

12.7.3　插件部署

先将上面开发的合并静态文件插件放置到 Kong 插件目录,放置后的目录如下:

```
/root/custom-plugins/kong/plugins/static-file-concat
```

然后修改 /etc/kong/kong.conf 配置文件中第 74 行的 `plugins`，添加插件名称 `static-file-concat`：

```
plugins = bundled, static-file-concat
```

最后，重新启动 Kong：

```
$ kong restart
```

12.7.4 插件配置

在 4.2.3 节中设置 www.kong-training.com 路由后，在路由列表中点击进入，再依次点击左侧的 Plugin→ADD PLUGIN→Other 按钮，之后选择 ADD STATIC FILE CONCAT，此时打开的添加合并静态文件插件页面如图 12-16 所示。

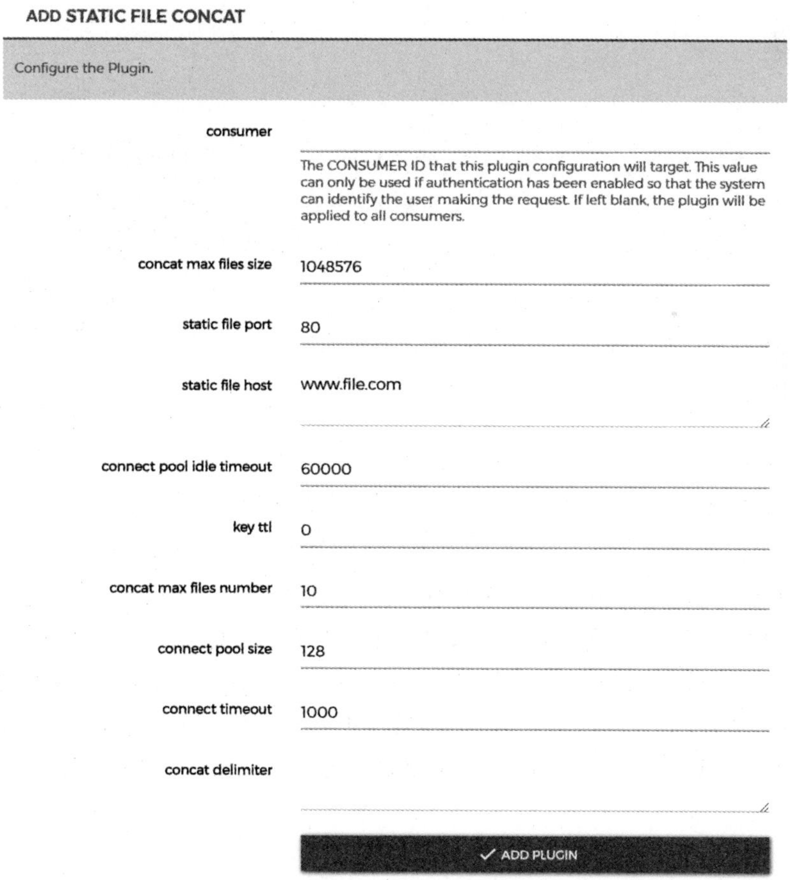

图 12-16　添加自定义合并静态文件插件

下面简要解释图 12-16 中部分项的含义。

- concat max files size：合并后所允许的文件大小上限值（默认值为 1 MB）。
- static file port：静态文件服务器的端口（默认值为 80）。
- static file host：静态文件服务器的域名。
- connect pool idle timeout：连接池中空闲连接的超时回收时间（以毫秒为单位）。
- key ttl：缓存数据的存活时间。
- concat max files number：能够合并的最大文件个数。
- connect pool size：连接池的大小（以个为单位）。
- connect timeout：连接的超时时间（以毫秒为单位）。
- concat delimiter：所合并的文件之间的分隔符。

12.7.5 插件验证

按如下地址访问微服务站点：

```
http://www.kong-training.com/many-css-js.html
```

可以看到返回给客户端的是合并后的文件。注意：如果合并后文件的大小或合并的文件个数超出了限制，将分别报 [concat_max_files_size] exceeded limit（合并文件大小超出限制）和 [concat_max_files_number] exceeded limit（合并文件个数超出限制）的错误。

后期读者如果有兴趣，可采用 Nginx 缓存模块 proxy_cache_path 将缓存层前置，让本插件主要用于文件合并而非缓存，体验更多趣味性和可能性。

12.8 案例 8：WAF

在国际上，对 WAF（Web Application Firewall，Web 应用防火墙）公认的描述为：WAF 通过执行一系列针对 HTTP/HTTPS 的安全策略来专门为 Web 应用提供保护。

传统的网络防火墙硬件设备主要工作在 OSI 模型的第三、四层，只能检测第三层的 IP 报文、限制第四层的端口和封堵第四层的 TCP 协议，因此不可能对第七层的 HTTP 通信请求进行更进一步的验证或攻击规则分析，难以应对诸如 SQL 注入、cookie 劫持、XSS 跨站、网页篡改、网页木马上传、敏感文件访问和恶意爬虫扫描等应用层的攻击。如图 12-17 所示，WAF 的出现和应用有效地解决了以上问题，充分保障了业务的稳定运行，避免了网站数据的泄露。

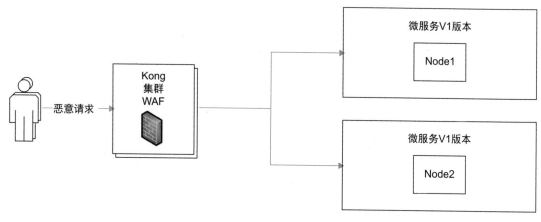

图 12-17 WAF 示意图

12.8.1 插件需求

WAF 插件需要对请求的内容进行规则匹配和行为分析，识别出恶意请求行为并执行包括阻断、记录、告警等操作。用户可以根据自身业务和自身情况自定义防护规则，精准拦截恶意流量或者放行合法请求。拦截的日志要能输入到 ELK，通过 Prometheus、Grafana 进一步从不同维度进行可视化统计、聚合、分析和预警。

此外，插件还需要有以下特点：主动防御、灵活配置、快速部署、实时生效、实施成本低、弹性可扩展、业务零侵入、可视化报表。

12.8.2 插件开发

WAF 插件的处理过程如下：

(1) 读取多种规则到内存；
(2) 截获用户的请求内容；
(3) 判断请求内容是否触发了规则；
(4) 如果触发了规则，就拦截请求，反之通过。

WAF 插件的主要规则如表 12-4 所示。

表 12-4　WAF 插件的规则表

规　则　名	说　明
url.rule	对请求 URL 进行正则过滤
args.rule	对请求的查询字符串参数进行正则过滤

(续)

规 则 名	说 明
post.rule	对请求体的参数进行正则过滤
cookie.rule	对请求 cookie 进行正则过滤
useragent.rule	对请求的 User-Agent 进行正则过滤
whiteurl.rule	请求路径的白名单

在以上 6 种主规则中，每个里面都可以包含多种子规则，这些规则以文件的形式存储，最初所有规则都会被读取到内存字典中以提升性能，当文件内容发生变化时，只需要调整插件规则数据中的版本即可再次刷新缓存数据。另外，规则中的正则表达式也会在内存中编译并缓存。请读者从本书提供的代码中查看插件源文件以及 wafconf 目录下的规则文件。

除以上规则外，读者也可以根据实际的需求自行定义规则。

WAF 插件主要的屏蔽、防止功能如下：

- 屏蔽常见的 SQL 注入；
- 屏蔽常见的扩展名访问；
- 屏蔽 XSS 跨站；
- 防止 SVN/ 备份之类的文件泄露；
- 屏蔽常见的压力测试工具的攻击；
- 屏蔽常见的扫描器、爬虫黑客工具等；
- 防止图片附件类目录被非法访问；
- 屏蔽常见的 Linux/Windows 系统命令；
- 防止 iframe 嵌入；
- 防止敏感的文件被访问；
- 防止已知的木马脚本上传。

WAF 插件的 schema.lua 配置文件的内容如代码清单 12-27 所示，其中的配置信息分别为 IP 白名单列表、IP 黑名单列表、是否开户 WAF 插件、WAF 插件的日志目录、是否开启白名单检查、是否开启请求 URL 检查、是否开启请求参数检查、是否开启 User-Agent 检查、是否开启 cookie 检查、是否开启 POST 请求参数检查、外部提示页面的地址、是开启跳转到外部提示页面（如果不开启，则采用内部预警信息提示）、当前规则的版本号。

代码清单 12-27 schema.lua 配置文件

```
local typedefs = require "kong.db.schema.typedefs"
return {
    name = "kong-waf",
    fields = {
```

```
                {consumer = typedefs.no_consumer},
                {run_on = typedefs.run_on_first},
                {protocols = typedefs.protocols_http},
                {config = {
                    type = "record",
                    fields = {
                        {whitelist = {type = "array", elements = typedefs.cidr_v4, }, },
                        {blacklist = {type = "array", elements = typedefs.cidr_v4, }, },
                        {waf_enable = {type = "boolean", required = true, default = true}, },
                        {log_dir = {type = "string", required = true,
                            default = "/usr/local/kong/logs"}, },
                        {white_url_check = {type = "boolean", required = true,
                            default = false}, },
                        {url_check = {type = "boolean", required = true, default = true}, },
                        {url_args_check = {type = "boolean", required = true,
                            default = true}, },
                        {user_agent_check = {type = "boolean", required = true,
                            default = true}, },
                        {cookie_check = {type = "boolean", required = true, default = true}, },
                        {post_check = {type = "boolean", required = true, default = false}, },
                        {waf_redirect_url = {type = "string", required = true,
                            default = "www.youdeny.com"}, },
                        {waf_redirect = {type = "boolean", required = true, default = false}, },
                        {version = {type = "number", required = true, default = 1, },}
                    },
                },
            },
}}
```

对于 WAF 插件的 handler.lua 文件的分析如代码清单 12-28 所示,其内容为在 access 阶段,首先判断 waf_enable 的值是否为 true,以确定是否开启了 WAF 插件,如果未开启,则直接返回,反之先执行函数 check_init,对 WAF 插件的规则数据进行初始化,再执行函数 execute,依次执行插件开启的规则。

代码清单 12-28　handler.lua 文件

```
local access = require "kong.plugins.kong-waf.access"
local plugin = {}
plugin.PRIORITY = 2000
plugin.VERSION = "1.0.1"

function plugin:new()
    plugin.super.new(self, "kong-waf")
end

function plugin:access(conf)
    -- 是否开启了 WAF 插件
    if not conf.waf_enable then
        return
    end
```

```
        access.check_init(conf)
        access.execute(conf)
    end

    return plugin
```

对于 WAF 插件的关键代码中 check_init 函数的分析如代码清单 12-29 所示，该函数首先检查本地 WAF 规则的版本是否发生了变化，如果发生了变化，则需要修改、调整配置中的 version，将之加 1，之后由函数 get_rule 重新读取 WAF 规则文件信息到本地缓存中，以此提高规则的查询速度，提升性能。

代码清单 12-29　check_init 函数

```
-- 初始化 WAF 插件的规则数据
function _M.check_init(conf)
    if inited or conf.version > version then
        all_rules[USERAGENT_RULE] = get_rule(USERAGENT_RULE)
        all_rules[COOKIE_RULE] = get_rule(COOKIE_RULE)
        all_rules[WHITEURL_RULE] = get_rule(WHITEURL_RULE)
        all_rules[URL_RULE] = get_rule(URL_RULE)
        all_rules[ARGS_RULE] = get_rule(ARGS_RULE)
        all_rules[POST_RULE] = get_rule(POST_RULE)
        inited = true
        version = conf.version
    end
end

-- 从 wafconf 目录取得对应文件的所有 WAF 规则内容，保存至本地缓存中
local function get_rule(rulefilename)
    local io = require 'io'
    -- WAF 规则的路径
    local RULE_PATH = "/usr/local/share/lua/5.1/kong/plugins/kong-waf/wafconf"
    -- 打开规则文件
    local RULE_FILE = io.open(RULE_PATH..'/'..rulefilename, "r")
    if RULE_FILE == nil then
        return
    end
    local RULE_TABLE = {}
    for line in RULE_FILE:lines() do
        table.insert(RULE_TABLE, line)
    end
    RULE_FILE:close()
    return(RULE_TABLE)
end
```

对于 WAF 插件的关键代码中 execute 函数的分析如代码清单 12-30 所示，该函数是具体执行规则的逻辑，多个规则依次执行。其内容为首先判断某项规则是否处于打开状态，如果是，则进行具体的规则检查，如果检查到客户端的请求内容与规则相匹配，则向客户端返回提示信

息,该信息分为两种,第一种是状态码 301,表示直接跳转到某个已经存在的外部安全提示页面,第二种是内置的 HTML 页面。

由于篇幅有限,请读者通过本书提供的源代码查看各种规则的触发条件。

代码清单 12-30　execute 函数

```
-- WAF 规则检查器,依次运行所有 WAF 规则
function _M.execute(conf)
    if ip_check(conf) then
    elseif conf.user_agent_check and user_agent_attack_check(conf) then
    elseif conf.cookie_check and cookie_attack_check(conf) then
    elseif conf.white_url_check and white_url_check(conf) then
    elseif conf.url_check and url_attack_check(conf) then
    elseif conf.url_args_check and url_args_attack_check(conf) then
    elseif conf.post_check and post_attack_check(conf) then
    else
        return
    end
end

-- 记录 WAF 日志信息
local function log_record(method, url, data, ruletag, conf)
......
end

-- 被 WAF 规则拦截后,返回给客户端的文件
--IP 规则检查
local function ip_check(conf)
......
end

-- 白名单规则检查
local function white_url_check(conf)
......
end

-- cookie 规则检查
local function cookie_attack_check(conf)
......
end

-- url 规则检查
local function url_attack_check(conf)
......
end

-- url 参数规则检查
local function url_args_attack_check(conf)
......
end

-- user agent 规则检查
```

```lua
local function user_agent_attack_check(conf)
......
end

--post 数据规则检查
local function post_attack_check(conf)
......
End

local function waf_output(conf)
    if conf.waf_redirect then
        --跳转至外部安全提示页面
        ngx.redirect(conf.waf_redirect_url, 301)
    else
        --内置的安全提示页面
        ngx.header.content_type = "text/html"
        -- local binary_remote_addr = ngx.var.binary_remote_addr
        ngx.status = ngx.HTTP_FORBIDDEN
        local config_output_html = [[
            <html xmlns="http://www.w3.org/1999/xhtml"><head>
            <meta http-equiv="Content-Type" content="text/html; charset=utf-8">
            <title>网站防火墙</title>
            <body>
                <div>
                    --已拦截IP为:%s的请求,此请求含有危险非法内容,可能存在攻击行为
                </div>
            </body></html>
        ]]
        ngx.say(string.format(config_output_html, get_client_ip()))
        ngx.exit(ngx.status)
    end
end
```

12.8.3 插件部署

先将上面开发的 WAF 插件放置到 Kong 插件目录,放置后的目录如下:

`/root/custom-plugins/kong/plugins/kong-waf`

然后修改 /etc/kong/kong.conf 配置文件中第 74 行的 plugins,添加插件名称 kong-waf:

`plugins = bundled, kong-waf`

之后将规则放置到以下目录:

`/usr/local/share/lua/5.1/kong/plugins/kong-waf/wafconf`

最后,重新启动 Kong:

```
$ kong restart
```

12.8.4 插件配置

在 4.2.3 节中设置 www.kong-training.com 路由后，在路由列表中点击进入，再依次点击左侧的 Plugin→ADD PLUGIN→Other 按钮，之后选择 ADD KONG WAF，此时打开的添加 WAF 插件页面如图 12-18 所示。

字段	值
consumer	The CONSUMER ID that this plugin configuration will target. This value can only be used if authentication has been enabled so that the system can identify the user making the request. If left blank, the plugin will be applied to all consumers.
whitelist	Tip: Press Enter to accept a value.
blacklist	Tip: Press Enter to accept a value.
waf enable	YES
log dir	/usr/local/kong/logs
white url check	NO
url check	YES
url args check	YES
user agent check	YES
cookie check	YES
post check	NO
waf redirect url	www.youdeny.com
waf redirect	NO
version	1

✓ SUBMIT CHANGES

图 12-18 添加自定义 WAF 插件

下面简要解释图 12-18 中部分项的含义。

- whitelist：IP 白名单列表。
- blacklist：IP 黑名单列表。
- waf enable：是否开启 WAF 插件。
- log dir：WAF 插件的日志目录。
- white url check：是否开启白名单检查。
- url check：是否开启请求 URL 检查。
- url args check：是否开启请求参数检查。
- user agent check：是否开启 User-Agent 检查。
- cookie check：是否开启 cookie 检查。
- post check：是否开启 POST 请求参数检查。
- waf redirect url：外部提示页面的地址。
- waf redirect：是否开启跳转到外部提示页面（如果不开启，则采用内部提示）。
- version：当前规则的版本号（版本号发生变化后，会重新读取规则）。

12.8.5 插件验证

依次输入以下内容进行验证。

1. 请求路径中带有 java.lang 信息：

```
http://www.kong-training.com/java.lang
```

2. 请求路径中带有 phpmyadmin 信息：

```
http://www.kong-training.com/user/phpmyadmin
```

3. 请求路径中带有 SQL 注入信息：

```
http://www.kong-training.com/user/execute(select * from user where 1=1)
```

4. 请求头中带有明显的扫描工具标识：

```
$ curl -H "User-Agent:netsparker"
http://www.kong-training.com/user?companyid=100010&name=tom
```

如图 12-19 所示，可以看到以上危险请求均被 WAF 插件成功拦截。

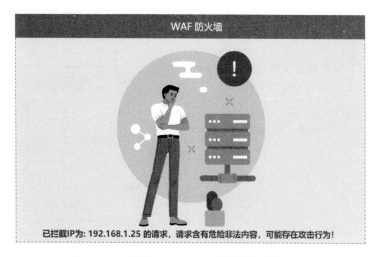

图 12-19　验证自定义 WAF 插件的拦截效果图

以上是在串路即主路 Kong 网关代理服务器上进行的规则检查拦截，你也可以结合流量镜像案例先在旁路上进行规则检查，再反过来对其主路上的请求 IP 进行禁用限制，从而实现无影响的、更加智能化的检查拦截。

注意：本 Kong 案例参考了 loveshell/ngx_lua_waf 与 unixhot/waf，是在其基础上改进而成的，适用于 Kong，能够可视化管理且提升了一定的性能。

12.9　案例 9：跨数据中心

目前很多公司都构建了自己的多数据中心机房，其主要目的是保证服务的高可用、提升用户体验以及服务的数据容灾，使得在任意一个数据中心的服务发生故障时，都能自动调度转移到另一个数据中心，而且中间不需要人工介入。这里需要强调和说明的是，假如数据中心的服务发生了故障，第一时间需要考虑的是调度转移机制以保证服务的可用性而非性能。

本节案例所讨论的是当数据中心内部的服务发生故障时的跨机房切换，如果是某个数据中心整个机房的灾难性故障，则需要结合 GSLB（Global Server Load Balance，全局负载均衡）或 GTM（Global Traffic Manager，全局流量管理），根据资源的健康状况和流量负载做出全局的、智能的数据中心调度决策。

12.9.1　插件需求

如图 12-20 所示，有北京和上海两大数据中心机房，2 个机房中都有大量微服务集群，在正常情况下，请求会优先访问本地机房里的微服务集群。现在假设本地机房的某微服务集群整体出现了故障,这便需要容灾机制自动将请求的路由切换到另一个数据中心的服务,以保证用户的正常访问。

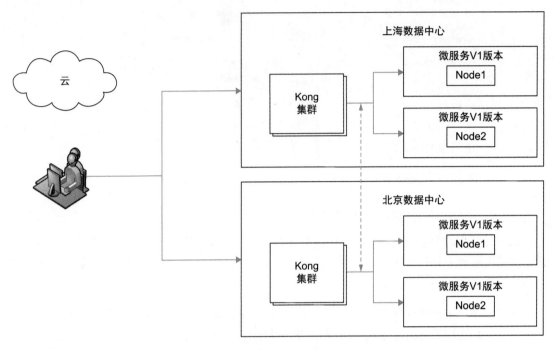

图 12-20 跨数据中心的服务示意图

12.9.2 源码调整

为了实现上面的需求,除了要开发跨数据中心插件以外,还要增加、调整 Kong 的源代码。又因为需要判断数据中心的上游服务器集群的健康状态,所以需要新封装上下文接口,以方便在插件中直接调用 API 进行判断。

总的来说,我们需要扩展 PDK 的上游管理接口文件 kong/pdk/upstream.lua。该文件的关键代码中对 upstream.get_balancer_health(upstream_name) 函数的分析如代码清单 12-31 所示。此函数可以根据传入的 upstream_name 参数判断指定负载环形均衡器中上游服务器节点是否处于健康状态,如果是,就直接调用本地数据中心的上游服务器集群;反之,将请求的路由切换到其他数据中心对应的上游服务器集群。

代码清单12-31 upstream.get_balancer_health(upstream_name) 函数

```
function upstream.get_balancer_health(upstream_name)
    check_phase(PHASES.access)
    -- upstream_name 参数必须为字符串
```

```
        if type(upstream_name) ~= "string" then
            error("upstream_name must be a string", 2)
        end
        -- 根据upstream_name参数从缓存中返回上游服务器节点的基础信息
        local upstream = balancer.get_upstream_by_name(upstream_name)
        if not upstream then
            return nil, "could not find an Upstream named '" .. upstream_name .. "'"
        end
        -- 根据upstream.id实时取得负载环形均衡器中上游服务器节点的整体健康状况
        local health_info, err = balancer.get_balancer_health(upstream.id)
        if err then
            return nil, "failed getting upstream health '" .. upstream_name .. "'"
        end

        return health_info
    end
    return upstream
end
```

除此之外，还需要调整 kong/pdk/init.lua 文件，其内容如代码清单 12-32 所示，在第 212 行的 MAJOR_VERSIONS[1].modules 中添加 "upstream" 即可。最后，重新启动 Kong 时就会加载新添加的 PDK 上游新模块，如果在这里不调整，即使有模块文件，也不会加载到当前进程中。

代码清单 12-32 调整 kong/pdk/init.lua 文件

```
local MAJOR_VERSIONS = {
    [1] = {
    version = "1.3.0",
    modules = {
        "table","node","log","ctx","ip","client","service","request",
        "service.request","service.response","response","router",
        "nginx","upstream",
    },
    },
    latest = 1,
}
```

12.9.3 插件开发

跨数据中心插件的 schema.lua 配置文件的内容如代码清单 12-33 所示，其中的配置信息分别为上游服务器的名称；为失效情况备援的数据中心，在这里我们默认有 2 个，分别为北京和上海。

代码清单 12-33 schema.lua 配置文件

```
return {
    no_consumer = true,
    fields = {
        -- 上游服务器的名称
        upstream_service_name = { required = true, type = "string" },
```

```
                -- 为失效情况备援的数据中心。这里有 2 个，分别为北京、上海
                failover_data_center = { type = "string", enum = {"beijing", "shanghai"},
                    default = "beijing" },
        }
}
```

有了刚开发定义的 PDK 模块 kong.upstream，我们就可以直接在插件的 access 阶段直接调用 API 接口了。如代码清单 12-34 所示，首先取得当前本地使用的上游服务信息，然后判断本地的上游服务器集群是否处于健康状态，如果健康，就把请求直接路由至本地数据中心（北京），反之则路由至另一个数据中心（上海）。

代码清单 12-34　插件的主体结构及跨数据中心的主逻辑

```
local plugin = require("kong.plugins.base_plugin"):extend()

function plugin:new()
    plugin.super.new(self, "bridg-data-center")
end

function plugin:access(plugin_conf)
    plugin.super.access(self)
    -- 取得当前使用的上游服务名称
    local upstream_name = kong.router.get_service().host
    -- 判断当前环形均衡器中的上游服务器节点是否处于健康状态
    local health = kong.upstream.get_balancer_health(upstream_name).health
    -- 如果当前北京的负载均衡器中的上游服务器节点均不健康，则转到另外的数据中心
    if(health and health ~= "HEALTHY") then
        local dc_upstream_name = upstream_name
            .. "_" .. plugin_conf.failover_data_center
        -- 将上游服务器设置为上海
        kong.service.set_upstream(dc_upstream_name)
    end

end
plugin.PRIORITY = 1000
return plugin
```

12.9.4　插件部署

先将上面开发的插件放置到 Kong 插件目录，放置后的目录如：

```
/root/custom-plugins/kong/plugins/bridg-data-center
```

然后修改 /etc/kong/kong.conf 配置文件中第 74 行的 plugins，添加插件名称 bridg-data-center：

```
plugins = bundled, bridg-data-center
```

最后，重新启动 Kong：

```
$ kong restart
```

12.9.5 插件配置

在 4.2.3 节中设置 www.kong-training.com 路由后，在路由列表中点击进入，再依次点击左侧的 Plugin→ADD PLUGIN→Other 按钮，之后选择 ADD BRIDG DATA CENTER，最后打开的添加跨数据中心插件页面如图 12-21 所示。

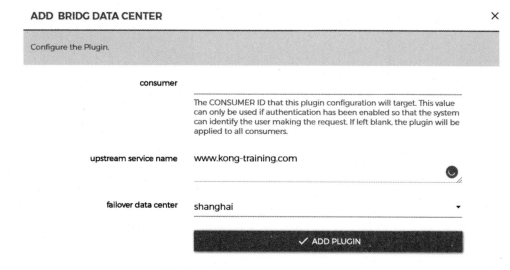

图 12-21　添加自定义跨数据中心插件

下面简要解释图 12-21 中部分项的含义。

- upstream service name：上游服务的名称。这里为 www.kong-training.com。
- failover data center：为失效情况备援的数据中心，通过下拉选择值。这里为 shanghai。

12.9.6 插件验证

运行以下命令：

```
$ curl http://www.kong-training.com/health/node
```

在正常情况下，返回结果应为北京数据中心的上游服务器 IP 地址。

将北京数据中心的上游服务器全部关闭，再次请求将会返回上海数据中心的上游服务器 IP 地址。总结一下，此案例实现了优先使用本地数据中心的上游服务器集群，当本地节点都失效时，自动跨数据中心访问其他数据中心所对应的服务器集群。

12.10　小结

本章详细介绍了非常接地气且经典实用的九大实战案例，这些代表性的案例均经过了笔者的精挑细选、精心设计，是前面所有知识的汇总和应用，具有广泛的使用价值和借鉴参考意义。在这里需要特别说明的是要谨慎使用第三方库，不要使用任何阻塞方法，以免长时间占用 CPU，影响请求的响应时间和客户体验。

附录 A
Kong CLI

全局选项

- `--help`：打印命令帮助信息。
- `-v`：开启 verbose 模式。
- `-vv`：开启 debug 模式（此模式下在 Kong 启动时将显示更多的信息）。

表 A-1 展示了 Kong CLI 命令的详情。

表 A-1 Kong CLI

命 令	说 明
`kong check`	用法：`kong check <conf file>` 作用：检查配置文件是否有效 `<conf file>`：配置文件的地址。默认值为 /etc/kong/kong.conf
`kong config`	用法：`kong config COMMAND [OPTIONS]` 作用：使用声明式的配置文件 COMMAND： ◎ `init`：生成一个示例文件 ◎ `db_import <file>`：把配置文件导入到数据库 ◎ `db_export <file>`：从数据库中导出配置文件 ◎ `parse <file>`：解析配置文件并检查其语法，不会载入到 Kong 实例 OPTIONS： ◎ `-c`：表示 --conf，即配置文件 ◎ `-p`：表示 --prefix，即指定配置文件的目录前缀
`kong health`	用法：`kong health [OPTIONS]` 作用：检测正在运行中的 Kong 节点的健康状况 OPTIONS： `-p`：表示 --prefix，即运行中的 Kong 节点的目录前缀
`kong migrations`	用法：`kong migrations COMMAND [OPTIONS]` 作用：管理数据库结构的迁移 COMMAND： ◎ `bootstrap`：引导初始化数据库结构 ◎ `up`：数据库结构迁移的升级 ◎ `finish`：在运行 up 之后，结束所有未运行完成的数据库结构迁移 ◎ `list`：列出所有已经运行过的表结构 ◎ `reset`：重置数据库

(续)

命 令	说 明
kong migrations	OPTIONS: ⊙ -y：表示 --yes，即确定，是默认值，以非交互式运行 ⊙ -q：表示 --quiet，禁止所有信息输出 ⊙ -f：表示 --force，即使数据库报告已经执行，也强制运行迁移命令 ⊙ --db-timeout：数据库操作的超时时间（默认为 60 秒），该操作适用于所有数据库（包括 Cassandra 的模式一致性） ⊙ --lock-timeout：锁的超时时间（默认为 60 秒），等待主节点完成运行节点的同步数据迁移 ⊙ -c：表示 --conf，即配置文件

kong prepare	用法：kong prepare [OPTIONS]
	作用：另一种启动 Kong 的方式，从 Nginx 二进制文件启动 Kong，而无须使用 kong start 命令
	示例：
	    kong migrations up
	    kong prepare -p /usr/local/kong -c kong.conf
	    nginx -p /usr/local/kong -c /usr/local/kong/nginx.conf
	OPTIONS：
	⊙ -c：表示 --conf，即配置文件
	⊙ -p：表示 --prefix，目录前缀
	⊙ --nginx-conf：自定义配置文件模板地址

kong quit	用法：kong quit [OPTIONS] 作用：优雅地关闭正在运行的 Kong 节点 该命令会将 SIGQUIT 信号发送到 Nginx，即在关闭 Kong 节点之前，会等待它完成当前的请求后再关闭 如果达到设置的超时时间，则强制节点停止（SIGTERM 信号） OPTIONS： ⊙ -p：表示 --prefix（可选字符串），是 Kong 运行目录的前缀 ⊙ -t：表示 --timeout（默认为 10 秒），在强制关闭 Kong 节点之前的超时时间 ⊙ -w：表示 --wait（默认值为 0 秒），启动关闭操作之前的等待时间
kong reload	用法：kong reload [OPTIONS] 作用：重新加载 Kong 节点 此命令会将 HUP 信号发送到 Nginx，之后它将生成新的工作进程，在停止旧的工作进程之前，会处理完当前请求 OPTIONS： ⊙ -c：表示 --conf（可选字符串），即配置文件 ⊙ -p：表示 --prefix（可选字符串），是 Kong 运行目录的前缀 ⊙ --nginx-conf：可选字符串，是自定义的 Nginx 配置模板
kong restart	用法：kong restart [OPTIONS] 作用：重新启动 Kong 节点 此命令等效于执行 kong stop 和 kong start 命令 OPTIONS： ⊙ -c：表示 --conf（可选字符串），配置文件 ⊙ -p：表示 --prefix（可选字符串），是 Kong 运行目录的前缀 ⊙ --nginx-conf：可选字符串，是自定义的 Nginx 配置模板 ⊙ --run-migrations：（可选布尔值），在重启节点之前运行迁移 ⊙ --db-timeout：数据库操作的超时时间（默认 60 秒） ⊙ --lock-timeout：锁超时时间（默认为 60 秒）

（续）

命令	说 明
kong start	用法：kong start [OPTIONS] 作用：启动 Kong 节点 OPTIONS： ⊙ -c：表示 --conf（可选字符串），即配置文件 ⊙ -p：表示 --prefix（可选字符串），是目录前缀 ⊙ --nginx-conf：（可选字符串），是自定义的 Nginx 配置模板 ⊙ --run-migrations：（可选布尔值），在启动节点之前运行迁移 ⊙ --db-timeout：（默认为 60）数据库操作的超时时间（包括 Cassandra 的模式一致性、等待主节点同步数据的超时时间），以秒为单位 ⊙ --lock-timeout：（默认为 60）当启用 run-migrations 时，等待主节点完成运行节点的同步数据迁移的超时时间，以秒为单位
kong stop	用法：kong stop [OPTIONS] 作用：直接关闭正在运行的 Kong 节点，该命令会将 SIGTERM 信号发送到 Nginx OPTIONS： ⊙ -p：表示 --prefix（可选字符串），是 Kong 运行目录的前缀
kong version	用法：kong version [OPTIONS] 作用：打印 Kong 节点的版本。若使用 -a 选项，将打印所有基础依赖项的版本 OPTIONS： ⊙ -a：表示 --all，即获取所有基础依赖项的版本（nginx/lua/ngx_lua）

附录 B
Kong PDK 索引表

PDK 索引表

- **kong.client**

  - kong.client.get_ip() — 270
  - kong.client.get_forwarded_ip() — 270
  - kong.client.get_port() — 271
  - kong.client.get_forwarded_port() — 271
  - kong.client.get_credential() — 271
  - kong.client.load_consumer(consumer_id, search_by_username) — 272
  - kong.client.get_consumer() — 272
  - kong.client.authenticate(consumer, credential) — 272
  - kong.client.get_protocol(allow_terminated) — 273

- **kong.ctx**

  - kong.ctx.shared — 273
  - kong.ctx.plugin — 274

- **kong.ip**

  - kong.ip.is_trusted(address) — 274

- **kong.log**

  - kong.log(…) — 275
  - kong.log.LEVEL(…) — 275
  - kong.log.inspect(…) — 276
  - kong.log.inspect.on() — 276
  - kong.log.inspect.off() — 277

- **kong.nginx**

  - kong.nginx.get_subsystem() — 277

- **kong.node**

  - kong.node.get_id() — 277
  - kong.node.get_memory_stats([unit[, scale]]) — 277

- **kong.request**
  - kong.request.get_scheme() — 279
  - kong.request.get_host() — 279
  - kong.request.get_port() — 279
  - kong.request.get_forwarded_scheme() — 279
  - kong.request.get_forwarded_host() — 279
  - kong.request.get_forwarded_port() — 280
  - kong.request.get_http_version() — 280
  - kong.request.get_method() — 280
  - kong.request.get_path() — 280
  - kong.request.get_path_with_query() — 280
  - kong.request.get_raw_query() — 281
  - kong.request.get_query_arg() — 281
  - kong.request.get_query([max_args]) — 281
  - kong.request.get_header(name) — 282
  - kong.request.get_headers([max_headers]) — 282
  - kong.request.get_raw_body() — 283
  - kong.request.get_body([mimetype[, max_args]]) — 283

- **kong.response**
  - kong.response.get_status() — 284
  - kong.response.get_header(name) — 284
  - kong.response.get_headers([max_headers]) — 285
  - kong.response.get_source() — 285
  - kong.response.set_status(status) — 286
  - kong.response.set_header(name, value) — 286
  - kong.response.add_header(name, value) — 287
  - kong.response.clear_header(name) — 287
  - kong.response.set_headers(headers) — 287
  - kong.response.exit(status[, body[, headers]]) — 288

- **kong.router**
  - kong.router.get_route() — 289
  - kong.router.get_service() — 289

- **kong.service**
  - kong.service.set_upstream(host) — 289
  - kong.service.set_target(host, port) — 290
  - kong.service.set_tls_cert_key(chain, key) — 290

- **kong.service.request**

  - kong.service.request.enable_buffering()   291
  - kong.service.request.set_scheme(scheme)   291
  - kong.service.request.set_path(path)   291
  - kong.service.request.set_raw_query(query)   291
  - kong.service.request.set_method(method)   292
  - kong.service.request.set_query(args)   292
  - kong.service.request.set_header(header, value)   292
  - kong.service.request.add_header(header, value)   293
  - kong.service.request.clear_header(header)   293
  - kong.service.request.set_headers(headers)   293
  - kong.service.request.set_raw_body(body)   294
  - kong.service.request.set_body(args[, mimetype])   294
  - kong.service.request.disable_tls()   295

- **kong.service.response**

  - kong.service.response.get_status()   296
  - kong.service.response.get_headers([max_headers])   296
  - kong.service.response.get_header(name)   297
  - kong.service.response.get_raw_body()   297
  - kong.service.response.get_body(mimetype[, mimetype[, max_args]])   297

- **kong.table**

  - kong.table.new([narr[, nrec]])   298
  - kong.table.clear(tab)   298

站在巨人的肩上
Standing on the Shoulders of Giants

站在巨人的肩上

Standing on the Shoulders of Giants